光盘界面

案例欣赏

案例欣赏

视频文件

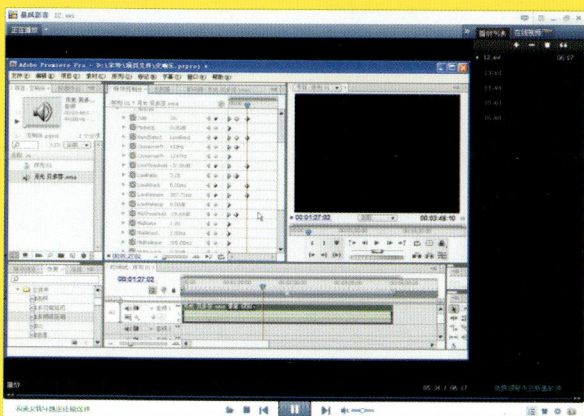

素材下载

第9章 光芒字

第5章 旅游宣传片

第9章 光影流动字幕

第7章 旧电影胶片

第7章 校正画面色调

第4章 快慢镜头

清华
电脑学堂

Premiere Pro CS4

中文版　标准教程

□ 关秀英 王泽波 吴军希 等编著

清华大学出版社

北　京

内 容 简 介

本书详细介绍了 Premiere Pro CS4 视频编辑的详细流程与操作方法，以及编辑视频需要的理论知识。全书共 13 章，内容涉及视频编辑基础、Premiere 入门知识、使用素材、视频转场、视频特效、字幕工具、音频特效和调音台，以及输出影片的众多方法。本书结构合理，图文并茂，各章安排了丰富的实验指导和习题，配书光盘提供了大容量多媒体语音视频教程。本书适合作为大专院校和高职高专相关专业教材，也可供 DV 影像后期处理用户参考。

图书在版编目（CIP）数据

Premiere Pro CS4 中文版标准教程 / 关秀英等编著. —北京：清华大学出版社，2010.8
（2019.7 重印）

ISBN 978-7-302-22728-1

Ⅰ. ①P… Ⅱ. ①关… Ⅲ. ①图形软件，Premiere Pro CS4 – 教材 Ⅳ. ①TP391.41

中国版本图书馆 CIP 数据核字（2010）第 088268 号

责任编辑：冯志强
责任校对：徐俊伟
责任印制：杨　艳
出版发行：清华大学出版社
　　　　　网　　址：http://www.tup.com.cn，http://www.wqbook.com
　　　　　地　　址：北京清华大学学研大厦 A 座　　　　邮　　编：100084
　　　　　社 总 机：010-62770175　　　　　　　　　　邮　　购：010-62786544
　　　　　投稿与读者服务：010-62776969，c-service@tup.tsinghua.edu.cn
　　　　　质 量 反 馈：010-62772015，zhiliang@tup.tsinghua.edu.cn
印 装 者：三河市铭诚印务有限公司
经　　销：全国新华书店
开　　本：185mm×260mm　　印 张：23　插 页：2　字　数：574 千字
　　　　　附光盘 1 张
版　　次：2010 年 8 月第 1 版　　　　　　　　　　　印　　次：2019 年 7 月第 10 次印刷
定　　价：39.80 元

产品编号：033979-01

前　言

随着数字技术的发展，以计算机为主导的高科技设备早已进入社会生活的各个领域。在影视娱乐领域中，数字电影、数字音视频节目也已进入人们的生活，影视节目的制作技术发生了惊人的变化，以 Premiere 为代表的数字音视频编辑软件成为人们编辑数字影视节目时的首选工具。Premiere Pro CS4 是 Adobe 公司推出的新一代视频编辑软件，能够帮助用户自由编辑 DV、高清非线性视频及其他影像文件。

1. 本书主要内容

本书帮助读者轻松学习从视频编辑基础知识到后期合成与输出的整个过程，全书共分 13 章。

第 1 章介绍视频编辑的基础知识，包括线性编辑和非线性编辑简介、视频编辑相关术语、蒙太奇和常见的音视频格式等。第 2 章对 Premiere Pro CS4 软件本身进行概述性介绍，包括对其主要功能、新增功能和工作环境等内容的讲解。

第 3 章介绍基础的 Premiere 编辑知识，包括如何创建项目、如何采集和导入素材以及管理素材的基本操作方法和技巧等。第 4 章讲解素材的编辑方法，不仅包括了添加、修剪、组接素材的基本操作，还介绍了三点/四点编辑方法，以及滚动编辑、波纹编辑等较为复杂的视频剪辑技巧。第 5 章介绍 Premiere 视频转场的相关知识，包括视频转场的应用，以及对影视节目常用视频转场的介绍等。

第 6 章介绍 Premiere 视频特效的添加与设置方法，还对 Premiere 关键帧进行了详细介绍，包括通过设置运动路径来实现关键帧动画的方法等。第 7 章介绍 Premiere 中的校正类视频特效，包括调整类、键控类等多个不同类型的视频特效。第 8 章讲解 Premiere 合成特效方面的有关知识，并通过逐一讲解十多个功能各异的抠像特效，使用户能够更好、更快地掌握 Premiere 抠像技术。

第 9 章介绍创建 Premiere 字幕的方法，主要包括字幕属性的设置、字幕样式和图形对象的应用，以及字幕特效的制作方法等。第 10 章介绍编辑音频素材的方法，主要包括音频素材的剪辑、设置音频选项、使用关键帧增强或者淡化声音，以及常用音频转场和特效的使用方法等。第 11 章针对 Premiere 调音台进行介绍，内容有如何混合音频素材、摇动和平衡的设置、特殊效果的创建以及子混合音轨的创建方法。

第 12 章介绍影视节目在制作完成后的影片合成与输出，主要包括影片的输出设置和 Adobe Media Encoder 的使用方法等。第 13 章介绍如何使用 Adobe Encore 构建视频光盘，内容主要有 Adobe Encore 简介、工作流程、自定义工作界面和创建导航菜单的方法等。

2. 随书光盘内容

为了帮助读者更好地学习和使用本书，本书专门配带了多媒体学习光盘，提供了本书实例源文件、最终效果图和全程配音的教学视频文件。在使用本光盘之前，需要首先安装光盘中提供的 tscc 插件才能运行视频文件。随书光盘的特色介绍如下。

□ **人性化设计** 光盘主界面有 4 个按钮，分别是"实例欣赏"、"素材下载"、"教学视频"和"网站支持"。用户只需单击相应的按钮，就可以进入相关程序。

□ **功能完善** 本光盘由专业技术人员使用 Director 技术开发，具有自动运行功能，只需将光盘放入光驱中，系统将自动运行并进入主界面。

3．本书使用对象

本书内容全面，结构完整，图文并茂，通俗易懂，配有丰富的实例，每个实例的设计与操作技巧并重，步骤的讲解细致到位，知识点突出。因此，在简单易懂的同时可以给用户很大的启发。本书使用对象非常广泛，包括学生、视频处理爱好者，以及没有任何视频编辑经验但是希望自己制作影视节目的普通家庭读者等。

参与本书编写的除了封面署名人员外，还有王敏、马海军、祁凯、孙江玮、田成军、刘俊杰、赵俊昌、王泽波、张银鹤、刘治国、何方、李海庆、王树兴、朱俊成、康显丽、崔群法、孙岩、倪宝童、王立新、王咏梅、辛爱军、牛小平、贾栓稳、赵元庆、郭磊、杨宁宁、郭晓俊、方宁、王黎、安征、亢凤林、李海峰等。由于时间仓促，水平有限，疏漏之处在所难免，欢迎读者朋友登录清华大学出版社的网站 www.tup.com.cn 与我们联系，帮助我们改进提高。

编　者

2010 年 3 月

目　　录

Premiere Pro CS4 中文版标准教程

第1章

影视编辑基础知识

　　人类文明发展之初，人们主要通过绘画来记录生活画面。此后，摄影、电影、电视等技术的出现，使得记录形式逐步由静态图像转变为动态影像，并实现了忠实记录和回放生活片段的愿望。随后，美国人 E·S·鲍特尝试通过剪接、编排电影胶片的方式为电影增加戏剧效果，影像编辑的概念由此产生。

　　随着数字技术的兴起，影片编辑早已由直接剪接胶片演变至借助计算机进行数字化编辑的阶段。然而，无论是通过怎样的方法来编辑视频，其实质都是组接视频片段的过程。不过，要怎样组接这些片段才能符合人们的逻辑思维，并使其具有艺术性和欣赏性，便需要视频编辑人员掌握相应的理论和视频编辑知识。为此，本章将对电视制式、数字视频、常见的音视频格式，以及非线性编辑的系统构成与制作流程等内容进行讲解，此外还介绍了蒙太奇效果在影视作品中的使用方法及技巧等内容，以便用户都能够在短时间内了解并熟悉视频编辑，从而为学习 Premiere Pro CS4 打下良好的基础。

本章学习要点：

➢ 了解数字视频
➢ 熟悉电视制式
➢ 非线性编辑知识
➢ 影视编辑蒙太奇
➢ 常见音视频格式

在现阶段，视频（Video）泛指一切将动态影像静态化后，以图像形式加以捕捉、记录、储存、传送、处理，并进行动态重现的技术。本节将对视频原理、电视制式以数字视频等知识进行讲解。

1.1.1 视频画面的运动原理

视频的概念最早源于电视系统，是指由一系列静止图像所组成，但能够通过快速播放使其"运动"起来的影像记录技术。也就是说，视频本身不过是一系列静止图像的组合罢了，那么它又是怎样带给观众动态的视觉感受呢？

事实上，早在电视、电影出现之前，古时的人们便发现燃烧的木炭在被挥动时会由一个"点"变成一条"线"，如图 1-1 所示。根据该现象，人们发现了"视觉滞留"原理：当眼前物体的位置发生变化时，该物体反映在视网膜上的影像不会立即消失，而是会短暂滞留一定时间。如此一来，当多幅内容相近的画面被快速、连续播放时，人类的大脑便会在"视觉滞留"原理的影响下认为画面中的内容在运动。

图 1-1 视觉滞留现象

提示

通常来说，物体影像会在视网膜上滞留 0.1~0.4 秒。导致影像滞留时间不同的原因在于物体的运动速度和每个人之间的个体差异。

1.1.2 数字视频的概念

现如今，数字技术正以异常迅猛的速度席卷全球的视频编辑与处理领域，数字视频正逐步取代模拟视频，成为新一代视频应用的标准。然而，什么是数字视频？它与传统模拟视频的差别又是什么呢？要了解这些问题，便需要首先了解模拟信号与数字信号以及两者之间的差别。

1. 模拟信号

从表现形式上来看，模拟信号由连续且不断变化的物理量来表示信息，其电信号的幅度、频率或相位都会随着时间和数值的变化而连续变化，如图 1-2 所示。模拟信号的这一特性，使得信号所受到的任何干扰都会造成信号失真。长期以来的应用实践也证明，模拟信号会在复制或传输过程中，不断发生衰减，并混入噪波，从而使其保真度大幅降低。

提 示

在模拟通信中，为了提高信噪比，需要在信号传输过程中及时对衰减的信号进行放大，这就使得信号在传输时所叠加的噪声（不可避免）也会被同时放大。随着传输距离的增加，噪声累积越来越多，以致传输质量严重恶化。

2. 数字信号

与模拟信号不同的是，数字信号的波形幅值被限制在有限个数值之内，因此其抗干扰能力强。除此之外，数字信号还具有便于存储、处理和交换，以及安全性高（便于加密）和相应设备易于实现集成化、微型化等优点，其信号波形如图1-3所示。

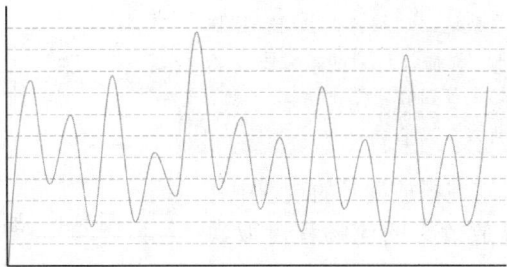

图1-2 模拟信号示意图

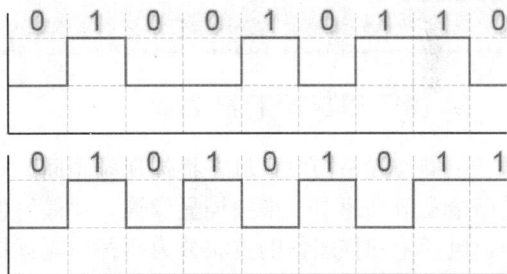

图1-3 二进制数字信号波形示意图

提 示

由于数字信号的幅值为有限个数值，因此在传输过程中虽然也会受到噪声干扰，但当信噪比恶化到一定程度时，只需在适当的距离采用判决再生的方法，即可生成无噪声干扰且和最初发送时一模一样的数字信号。

3. 数字视频的本质

在对模拟信号与数字信号有了一定的了解后，什么是数字视频便很容易解释了。简单地说，使用数字信号来记录、传输、编辑和修改的视频数据，即称为数字视频。

1.1.3 帧、场与扫描方式

帧、场和扫描方式这些词汇都是视频编辑中常常出现的专业术语，它们之间的共同点是都与视频播放息息相关。本节将逐一对这些专业术语以及与其相关的知识进行讲解。

1. 帧

视频是由一幅幅静态画面所组成的图像序列，而组成视频的每一幅静态图像便被称之为"帧"。也就是说，帧是视频（包含动画）内的单幅影像画面，相当于电影胶片上的每一格影像，以往人们常常说到的"逐帧播放"指的便是逐幅画面地查看视频，如图1-4

所示。

提 示

上面的 8 幅图像便是由一幅 8 帧 GIF 动画逐帧分解而来的，当快速、连续地播放这些图像时（即播放 GIF 动画文件），人们便可以在屏幕上看到一只不断奔跑的兔子。

🔵 图1-4　逐帧播放动画片段

在播放视频的过程中，播放效果的流畅程度取决于静态图像在单位时间内的播放数量，即"帧速率"，其单位为 fps（帧/秒）。目前，电影画面的帧速率为 24fps，而电视画面的帧速率则为 30fps 或 25fps。

注 意

要想获得动态的播放效果，显示设备至少应以 10fps 的速度进行播放。

2. 隔行扫描与逐行扫描

扫描方式是指电视机在播放视频画面时采用的播放方式。电视机的显像原理是通过电子枪发射高速电子来扫描显像管，并最终使显像管上的荧光粉发光成像。在这一过程中，电子枪扫描图像的方法分为两种：隔行扫描方式与逐行扫描方式。

提 示

电视机在工作时，电子枪会不断地快速发射电子，而这些电子在撞击显像管后便会引起显像管内壁的荧光粉发光。在"视觉滞留"现象与电子持续不断撞击显像管的共同作用下，发光的荧光粉便会在人眼视网膜上组成一幅幅图像。

❑ **隔行扫描**

隔行扫描是指电子枪首先扫描图像的奇数行（或偶数行），当图像内所有的奇数行（或偶数行）全部扫描完成后，再使用相同方法逐次扫描偶数行（或奇数行），如图 1-5 所示。

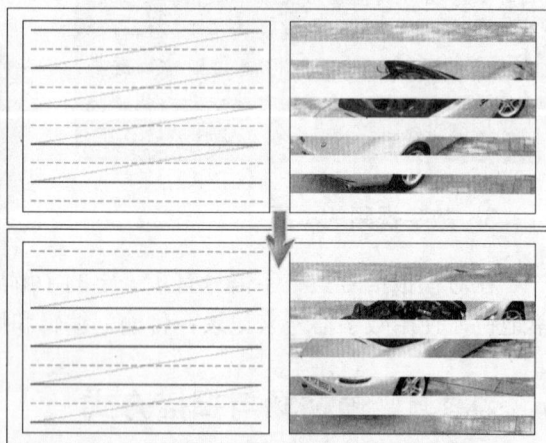

🔵 图1-5　隔行扫描示意图

❑ **逐行扫描**

顾名思义，逐行扫描便是在显示图像的过程中，采用每行图像依次扫描的方法来播放视频画面，如图 1-6 所示。

早期由于技术的原因，逐行扫描整幅图像的时间要大于荧光粉从发光至衰减所消耗的时间，因此会造成人眼的

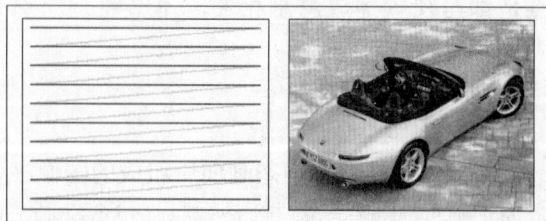

🔵 图1-6　逐行扫描示意图

4

视觉闪烁感。在不得已的情况下，只好采用一种折衷的方法，即隔行扫描。在视觉滞留现象的帮助下，人眼并不会注意到图像每次只显示一半，因此很好地解决了视频画面的闪烁问题。

然而，随着显示技术的不断增强，逐行扫描会引起视觉不适的问题已经解决。此外由于逐行扫描的显示质量要优于隔行扫描，因此隔行扫描技术已被逐渐淘汰。

3．场

在采用隔行扫描方式进行播放的显示设备中，每一帧画面都会被拆分开进行显示，而拆分后得到的残缺画面即称为"场"。也就是说，视频画面播放为 30fps 的显示设备，实质上每秒需要播放 60 场画面；而对于 25fps 的显示设备来说，其每秒需要播放 50 场画面。

在这一过程中，一幅画面内被首先显示的场被称为"上场"，而紧随其后进行播放的、组成该画面的另一场则被称为"下场"。

注意

"场"的概念仅适用于采用隔行扫描方式进行播放的显示设备（如电视机），对于采用胶片进行播放的显像设备（胶片放映机）来说，由于其显像原理与电视机类产品完全不同，因此不会出现任何与"场"相关的内容。

需要指出的是，通常人们会误认为上场画面与下场画面由同一帧拆分而来。事实上，DV 摄像机采用的是一种类似于隔行扫描的拍摄方式。也就是说，摄像机每次拍摄到的都是依次采集到的上场或下场画面。例如，在一个每秒采集 50 场的摄像机中，第 123 行和 125 行的采集是在第 122 行和 124 行采集完成大约 1/50 秒后进行。因此，将上场画面和下场画面简单地拼合在一起时，所拍摄物体的运动往往会造成两场画面无法完美拼合。

1.1.4　分辨率与像素宽高比

分辨率和像素都是影响视频质量的重要因素，与视频的播放效果有着密切联系。本节将针对该方面的各项知识进行介绍，使用户能够更清楚地认识和了解视频。

1．像素与分辨率

在电视机、计算机显示器及其他相类似的显示设备中，像素是组成图像的最小单位，而每个像素则由多个（通常为 3 个）不同颜色（通常为红、绿、蓝）的点组成，如图 1-7 所示。至于分辨率，则是指屏幕上像素的数量，通常用"水平方向像素数量×垂直方向像素数量"的方式来表示，

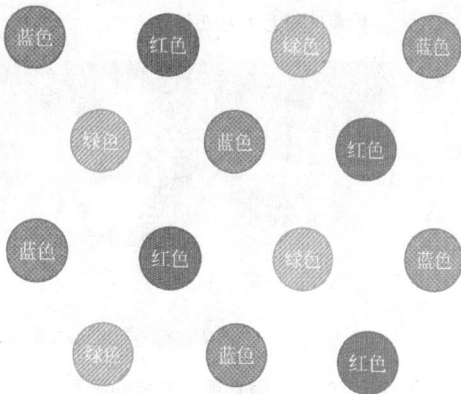

图 1-7 显示设备表面的像素分布与分布结构示意图

例如 720×480、720×576 等。

显示设备通过调整像素内不同颜色点之间的强弱比例，来控制该像素点的最终颜色。理论上讲，通过对红、绿、蓝 3 个不同颜色因子的控制，像素点可显示出任何色彩。

像素与分辨率对视频质量的正面影响在于：每幅视频画面的分辨率越大、像素数量越多，整个视频的清晰度也就越高。这是因为，一个像素在同一时间内只能显示一种颜色，因此在画面尺寸相同的情况下，拥有较大分辨率（像素数量多）图像的显示效果也就越为细腻，相应的影像也就越为清晰；反之，视频画面便会模糊不清，如图 1-8 所示。

在实际应用中，视频画面的分辨率会受到录像设备和播放设备的限制。例如在传统电视机中，视频画面的垂直分辨率表现为每帧图像中水平扫描线的数量，即电子束穿越荧屏的次数。至于水平分辨率，则取决于录像设备、播放设备和显示设备。例如，老式 VHS 格式录像带的水平分辨率为 250 线，而 DVD 的水平分辨率则为 500 线。

图 1-8　分辨率不同时的画面显示效果

2. 帧宽高比与像素宽高比

帧宽高比即视频画面的长宽比例，目前电视画面的宽高比通常为 4:3，电影则为 16:9，如图 1-9 所示。至于像素宽高比，则是指视频画面内每个像素的长宽比，具体比例由视频所采用的视频标准所决定。

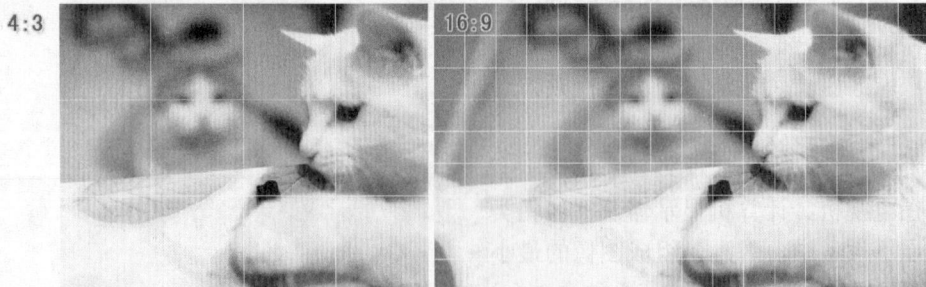

图 1-9　不同宽高比的视频画面

不过，由于不同显示设备在播放视频画面时的像素宽高比也有所差别，因此当某一显示设备在播放与其像素宽高比不同的视频时，就必须对图像进行矫正操作。否则，视频画面的播放效果便会较原效果产生一定的变形，如图 1-10 所示。

1.1.5 视频色彩系统的应用

色彩本身没有情感，但它们却会对人们的心理感产生一定的影响。例如红、橙、黄等暖色调往往会使人联想到阳光、火焰等，从而给人以炽热、向上的感觉；至于青、蓝、蓝绿、蓝紫等冷色调则会使人联想到水、冰、夜色等，给人以凉爽、宁静、平和的感觉，如图 1-11 所示。

图 1-10 因像素宽高比不匹配而造成的画面变形

提 示

在色彩的应用中，冷暖色调只是相对而言。譬如说，在画面整体采用红色系颜色，且大红与玫瑰红同时出现时，大红就是暖色，而玫瑰红则会被看作是冷色；但是，当玫瑰红与紫罗兰同时出现时，玫瑰红便是暖色。

在实际拍摄及编辑视频的过程中，尽管每个画面内都可能包含多种不同色彩，但总会有一种色彩占据画面主导地位，从而成为画面色彩的基调。因此，在操作时便应根据需要来突出或淡化、转移该色彩对表现效果的影响。例如，在中国传统婚庆场面中，便应当着重突显红色元素，以烘托婚礼中的喜庆气氛，如图 1-12 所示。

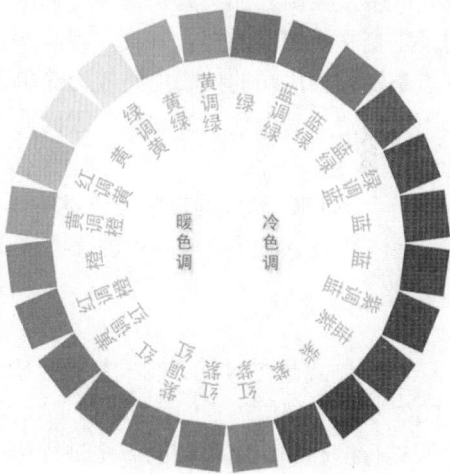

图 1-11 冷暖色调分类示意图

1.2 数字视频基础

现如今，数字技术正以异常迅猛的速度席卷全球的视频编辑与处理领域，数字视频开始取代模拟视频，并逐渐成为新一代的视频应用标准。

图 1-12 中国传统婚庆场面

1.2.1 电视制式

在电视系统中，发送端将视频信息以电信号形式进行发送，电视制式便是在其间实现图像、伴音及其他信号正常传输与重现的方法与技术标准，因此也称为电视标准。电视制式的出现，保证了电视机、视频及视频播放设备之间所用标准的统一或兼容，为电视行业的发展做出了极大的贡献。目前，应用最为广泛的彩色电视制式主要有 3 种类型，下面便对其分别进行介绍。

提 示

> 在电视技术的发展过程中，陆续出现了黑白制式和彩色制式两种不同的制式类别，其中彩色制式由黑白制式发展而来，并实现了黑白信号与彩色信号间的相互兼容。

1. NTSC 制式

NTSC 制式由美国国家电视标准委员会（National Television System Committee）制定，主要应用于美国、加拿大、日本、韩国、菲律宾，以及中国台湾等国家和地区。由于采用了正交平衡调幅的技术方式，因此 NTSC 制式也称为正交平衡调幅制电视信号标准，优点是视频播出端的接收电路较为简单。不过，由于 NTSC 制式存在相位容易失真、色彩不太稳定（易偏色）等缺点，因而此类电视都会提供一个手动控制的色调电路供用户选择使用。

符合 NTSC 制式的视频播放设备至少拥有 525 行扫描线，分辨率为 720×480 电视线，工作时采用隔行扫描方式进行播放，帧速率为 29.97fps，因此每秒约播放 60 场画面。

2. PAL 制式

PAL 制式是在 NTSC 制式基础上研制出来的一种改进方案，其目的主要是为了克服 NTSC 制式对相位失真的敏感性。PAL 制式的原理是将电视信号内的两个色差信号分别采用逐行倒相和正交调制的方法进行传送。这样一来，当信号在传输过程中出现相位失真时，便会由于相邻两行信号的相位相反而起到互相补偿的作用，从而有效地克服了因相位失真而引起的色彩变化。此外，PAL 制式在传输时受多径接收而出现彩色重影的影响也较小。不过，PAL 制式的编/解码器较 NTSC 制式的相应设备要复杂许多，信号处理也较麻烦，接收设备的造价也较高。

PAL 制式也采用了隔行扫描的方式进行播放，共有 625 行扫描线，分辨率为 720×576 电视线，帧速度为 25fps。目前，PAL 彩色电视制式广泛应用于德国、中国、中国香港、英国、意大利等国家和地区。然而即便采用的都是 PAL 制式，不同国家和地区的 PAL 制式电视信号也有一定的差别。例如，我国采用的是 PAL-D 制式，英国、中国香港、中国澳门使用的是 PAL-I 制式，新加坡使用的是 PAL-B/G 或 D/K 制式等。

3. SECAM 制式

SECAM 意为"顺序传送彩色信号与存储恢复彩色信号制"，是由法国在 1966 年制定的一种彩色电视制式。与 PAL 制式相同的是，该制式也克服了 NTSC 制式相位易失真的缺点，但在色度信号的传输与调制方式上却与前两者有着较大差别。总体来说，SECAM 制式的特点是彩色效果好、抗干扰能力强，但兼容性相对较差。

在使用中，SECAM 制式同样采用了隔行扫描的方式进行播放，共有 625 行扫描线，分辨率 720×576 电视线，帧速率则与 PAL 制式相同。目前，该制式主要应用于俄罗斯、法国、埃及、罗马尼亚等国家。

1.2.2 高清概念全解析

近年来，随着视频设备制造技术、存储技术以及用户需求的不断提高，"高清数字电视"、"高清电影/电视"等概念逐渐流行开来。然而，什么是高清，高清能够为用户带来怎样的好处却不是每个人都非常的了解，因此接下来将介绍与"高清"相关的名词与术语。

1．高清的概念

高清是人们针对视频画质提出的一个名词，英文为 High Definition，意为"高分辨率"。由于视频画面的分辨率越高，视频所呈现出的画面也就越为清晰，因此"高清"代表的便是高清晰度、高画质的视觉享受。

目前，将视频从画面清晰度来界定的话，大致可分为"普通清晰度"、"标准清晰度"和"高清晰度"这 3 种层次，各部分之间的标准如表 1-1 所示。

表 1-1 视频画面清晰度分级参数详解

项 目 名 称	普 通 视 频	标 清 视 频	高 清 视 频
垂直分辨率	400i	720p 或 1080i	1080p
播出设备类型	LDTV 普通清晰度电视	SDTV 标准清晰度电视	HDTV 高清晰度电视
播出设备参数	480 条垂直扫描线	720～1080 条可见垂直扫描线	1080 条可见垂直扫描线
部分产品	DVD 视频盘等	HD DVD、Blu-ray 视频盘等	HD DVD、Blu-ray 视频盘等

提 示

目前，人们在描述视频分辨率时，通常都会在分辨率乘法表达式后添加 p 或 i 的标识，以表明视频在播放时会采用逐行扫描（p）还是隔行扫描（i）。

2．高清电视

高清电视又叫 HDTV，是由美国电影电视工程师协会确定的高清晰度电视标准格式。一般所说的高清，通常指的就是高清电视。目前，常见的电视播放格式主要有以下几种。

- ❑ **D1** 480i 格式，与 NTSC 模拟电视清晰度相同，525 条垂直扫描线，480 条可见垂直扫描线，帧宽高比为 4：3 或 16：9，隔行/60Hz，行频为 15.25kHz。
- ❑ **D2** 480p 格式，与逐行扫描 DVD 规格相同，525 条垂直扫描线，480 条可见垂直扫描线，帧宽高比为 4：3 或 16：9，分辨率为 640×480，逐行/60Hz，行频为 31.5kHz。
- ❑ **D3** 1080i 格式，是标准数字电视显示模式，1125 条垂直扫描线，1080 条可见垂直扫描线，帧宽高比为 16：9，分辨率为 1920×1080，隔行/60Hz，行频为 33.75kHz。
- ❑ **D4** 720p 格式，是标准数字电视显示模式，750 条垂直扫描线，720 条可见垂直扫描线，帧宽高比为 16：9，分辨率为 1280×720，逐行/60Hz，行频为 45kHz。

- **D5** 1080p 格式，是标准数字电视显示模式，1125 条垂直扫描线，1080 条可见垂直扫描线，帧宽高比为 16：9，分辨率为 1920×1080，逐行扫描，专业格式。
- **其他** 此外还有 576i，是标准的 PAL 电视显示模式，625 条垂直扫描线，576 条可见垂直扫描线，帧宽高比为 4：3 或 16：9，隔行/50Hz，记为 576i 或 625i。

其中，所有能够达到 D3/4/5 播放标准的电视机都可纳入"高清电视"的范畴。不过，只支持 D3 或 D4 标准的产品只能算做"标清"设备，而只有达到 D5 播出标准的产品才能称为"全高清（Full HD）"设备。

提 示

行频也称水平扫描率，是指电子枪每秒在荧光屏上扫描水平线的数量，以 kHz 为单位，属于显示设备的固定工作参数。显示设备的行频越大，其工作越稳定。

1.2.3 数字视频压缩技术

数字视频压缩技术是指按照某种特定算法，采用特殊记录方式来保存数字视频信号的技术。目前，使用较多的数字视频压缩技术有 MPEG 系列技术和 H.26X 系列技术，下面将对其分别进行介绍。

1. MPEG

MPEG（Moving Pictures Experts Group，动态图像专家组）标准是由 ISO（International Organization for Standardization，国际标准化组织）所制定并发布的视频、音频、数据压缩技术，目前共由 MPEG-1、MPEG-2、MPEG-4、MPEG-7 及 MPEG-21 等多个不同版本。其中，MPEG 标准的视频压缩编码技术利用了具有运动补偿的帧间压缩编码技术以减小时间冗余度，利用 DCT 技术以减小图像空间冗余度，并在数据表示上解决了统计冗余度的问题，因此极大地增强了视频数据的压缩性能，为存储高清晰度的视频数据奠定了坚实的基础。

- **MPEG-1**

MPEG-1 是专为 CD 光盘所定制的一种视频和音频压缩格式，采用了块方式的运动补偿、离散余弦变换（DCT）、量化等技术，其传输速率可达 1.5Mbps。MPEG-1 的特点是随机访问，拥有灵活的帧率、运动补偿可跨越多个帧等；不足之处在于压缩比还不够大，且图像质量较差，最大清晰度仅为 352×288。

- **MPEG-2**

MPEG-2 制定于 1994 年，其设计目的是为了提高视频数据传输率。MPEG-2 能够提供 3～10Mbps 的数据传输率，在 NTSC 制式下可流畅输出 720×486 分辨率的画面。

- **MPEG-4**

与 MPEG-1 和 MPEG-2 相比，MPEG-4 不再只是一种具体的数据压缩算法，而是一种为满足数字电视、交互式绘图应用、交互式多媒体等多方面内容整合及压缩需求而制定的国际标准。MPEG -4 标准将众多的多媒体应用集成于一个完整框架内，旨在为多媒体通信及应用环境提供标准的算法及工具，从而建立起一种能够被多媒体传输、存储、检索等应用领域普遍采用的统一数据格式。

2．H.26X

H.26X 系列压缩技术是由 ITU（国际电传视讯联盟）所主导，旨在使用较少的带宽传输较多的视频数据，以便用户获得更为清晰的高质量视频画面。

❏ **H.263**

H.263 是国际电联 ITU-T 专为低码流通信而设计的视频压缩标准，其编码算法与之前版本的 H.261 相同，但在低码率下能够提供较 H.261 更好的图像质量，两者之间存在如下差别。

➢ H.263 的运动补偿使用半像素精度，而 H.261 则用全像素精度和循环滤波。
➢ 数据流层次结构的某些部分在 H.263 中是可选的，使得编解码可以拥有更低的数据率或更好的纠错能力。
➢ H.263 包含 4 个可协商的选项以改善性能。
➢ H.263 采用无限制的运动向量以及基于语法的算术编码。
➢ 采用事先预测和与 MPEG 中的 P-B 帧一样的帧预测方法。
➢ H.263 支持更多的分辨率标准。

此后，ITU-T 又于 1998 年推出了 H.263+（即 H.263 第 2 版），该版本进一步提高了压缩编码性能，并增强了视频信息在易误码、易丢包异构网络环境下的传输。由于这些特性，使得 H.263 压缩技术很快取代了 H.261，成为主流视频压缩技术之一。

❏ **H.264**

H.264 是目前 H.26X 系列标准中最新版本的压缩技术，其目的是为了解决高清数字视频体积过大的问题。H.264 由 MPEG 组织和 ITU-T 联合推出，因此它即是 ITU-T 的 H.264，又是 MPEG-4 的第 10 部分，因此无论是 MPEG-4 AVC、MPEG-4 Part 10，还是 ISO/IEC 14496-10，实质上与 H.264 都完全相同。

与 H.263 及以往的 MPEG-4 相比，H.264 最大的优势在于拥有很高的数据压缩比率。在同等图像质量条件下，H.264 的压缩比是 MPEG-2 的 2 倍以上，是原有 MPEG-4 的 1.5～2 倍。这样一来，观看 H.264 数字视频将大大节省用户的下载时间和数据流量费用。

1.2.4 流媒体技术

所谓流媒体技术，是指将连续的影像与声音信息经过压缩处理后，可以让用户边下载边观看，而无须等待整个视频文件全部下载至计算机上才可观看的网络传输技术。

目前，主流的流媒体技术共有以下几种，分别是 Real Networks 公司的 Real System、Microsoft 公司的 Windows Media Technology、Apple 公司的 Quick Time 以及 Adobe 公司的 Flash Video 技术等。不过，无论是哪种流媒体技术，其原理都是先在使用者的计算机上创建一个缓冲区，然后通过不断播放和更新缓冲区中的数据来实现持续不断的边下载边播放。

1.3 数字视频编辑基础

现阶段，人们在使用影像录制设备获取视频后，通常还要对其进行剪切、重新编排等一系列处理，然后才会将其用于播出。在上述过程中，对源视频进行的剪切、编排及其他操作统称为视频编辑操作，而当用户以数字方式来完成这一任务时，整个过程便称为数字视频编辑。

1.3.1　线性编辑与非性线编辑

在电影电视的发展过程中，视频节目的制作先后经历了"物理剪辑"、"电子编辑"和"数字编辑" 3 个不同发展阶段，其编辑方式也先后出现了线性编辑和非线性编辑。下面将分别介绍这两种不同的视频编辑方式。

1．线性编辑

线性编辑是一种按照播出节目的需求，利用电子手段对原始素材磁带进行顺序剪接处理，从而形成新的连续画面的技术。在线性编辑系统中，工作人员通常使用组合编辑手段将素材磁带顺序编辑后，以插入编辑片段的方式对某一段视频画面进行同样长度的替换。因此，当人们需要删除、缩短或加长磁带内的某一视频片段时，线性编辑便无能为力了。

在以磁带为存储介质的"电子编辑"阶段，线性编辑是一种最为常用且重要的视频编辑方式，其特点如下。

❑ **技术成熟、操作简便**

线性编辑所使用的设备主要有编辑放映机和编辑录像机，但根据节目需求还会用到多种编辑设备。不过，由于在进行线性编辑时可以直接、直观地对素材录像带进行操作，因此整体操作较为简单。

❑ **编辑过程烦琐、只能按时间顺序进行编辑**

在线性编辑过程中，素材的搜索和录制都必须按时间顺序进行，编辑时只有完成前一段编辑后，才能开始编辑下一段。

为了寻找合适素材，工作人员需要在录制过程中反复地前卷和后卷素材磁带，这样不但浪费时间，还会对磁头、磁带造成一定的磨损。重要的是，如果要在已经编辑好的节目中插入、修改或删除素材，都要严格受到预留时间、长度的限制，无形中给节目的编辑增加了许多麻烦，同时还会造成资金的浪费。最终的结果便是如果不花费一定的时间，便很难制作出艺术性强、加工精美的电视节目。

❑ **线性编辑系统所需设备较多**

在一套完整的线性编辑系统中，所要用到的编辑设备包括编辑放映机、编辑录像机、遥控器、字幕机、特技器、时基校正器等设备。要全套购买这些设备，不仅投资较高，而且设备间的连线多、故障率也较高，重要的是出现故障后的维修也较为复杂。

提　示

在线性视频编辑系统中，各设备间的连线分为视频线、音频线和控制线 3 种类型。

2．非线性编辑

进入 20 世纪 90 年代后，随着计算机软硬件技术的发展，计算机在图形图像处理方面的技术逐渐增强，应用范围也覆盖至广播电视的各个领域。随后，出现了以计算机为中心，利用数字技术编辑视频节目的方式，非线性视频编辑由此诞生。

从狭义上讲，非线性编辑是指剪切、复制和粘贴素材时无须在存储介质上对其进行重新安排的视频编辑方式。从广义上讲，非线性编辑是指在编辑视频的同时，还能实现诸多处理效果，例如添加视觉特技、更改视觉效果等操作的视频编辑方式。

与线性编辑相比，非线性编辑的特点主要集中体现在以下方面。

❑ **素材浏览**

在查看素材时，不仅可以瞬间开始播放，还可以使用不同速度进行播放，或实现逐幅播放、反向播放等。

❑ **编辑点定位**

在确定编辑点时，用户既可以手动操作进行粗略定位，也可以使用时码精确定位编辑点。由于不再需要花费大量时间来搜索磁带，因此大大地提高了编辑效率，如图 1-13 所示。

❑ **调整素材长度**

非线性编辑允许用户随时调整素材长度，并可通过时码标记实现精确编辑。此外，非线性编辑方式还吸取了电影剪接时简便直观的优点，允许用户参考编辑点前后的画面，以便直接进行手动剪辑。

图 1-13 视频编辑素材上的各种标记

❑ **素材的组接**

在非线性编辑系统中，各段素材间的相互位置可随意调整。因此，用户可以在任何时候删除节目中的一个或多个片段，或向节目中的任意位置插入一段新的素材。

❑ **素材的复制和重复使用**

在非线性编辑系统中，由于用到的所有素材全都以数字格式进行存储，因此在复制素材时不会引起画面质量的下降。此外，同一段素材可以在一个或多个节目中反复使用，而且无论使用多少次，都不会影响画面质量。

❑ **便捷的特效制作功能**

在非线性编辑系统中制作特技时，通常可以在调整特技参数的同时观察特技对画面的影响，如图 1-14 所示。此外，根据节目需求，人们可随时扩充和升级软件的特效模块，从而方便

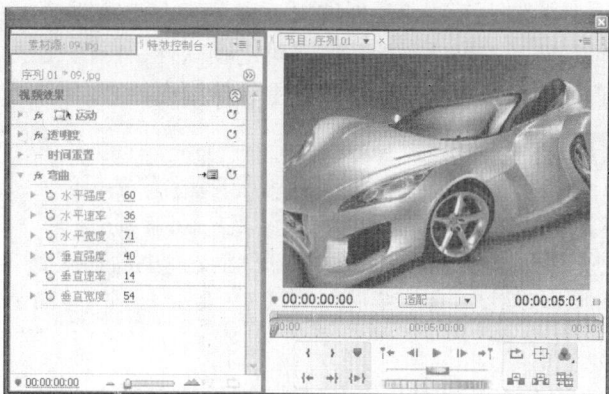

图 1-14 轻松制作特技效果

地增加新的特技功能。

非线性编辑系统中的特技效果独立于素材本身出现。也就是说，用户不仅可以随时为素材添加某种特殊效果，还可随时去除该效果，以便将素材还原至最初的样式。

□ 声音编辑

基于计算机的非线性编辑系统能够方便地从CD唱盘、MIDI文件中采集音频素材。而且，在使用编辑软件进行多轨声音的合成时，也不会受到总音轨数量的限制。

□ 动画制作与合成

由于非线性编辑系统的出现，动画的逐帧录制设备被淘汰。而且，非线性编辑系统除了可以实时录制动画以外，还能够通过抠像的方法实现动画与实拍画面的合成，从而极大地丰富了影视节目的制作手段，如图1-15所示。

图1-15 由动画明星和真实人物共同"拍摄"的电影

1.3.2 非线性编辑系统的构成

非线性编辑的实现，要靠软件与硬件两方面的共同支持，而两者间的组合便称为非线性编辑系统。目前，一套完整的非线性编辑系统，其硬件部分至少应包括一台多媒体计算机，此外还需要视频卡、IEEE 1394卡以及其他专用板卡（如特技卡）和外围设备，如图1-16所示。

其中，视频卡用于采集和输出模拟视频，也就是担负着模拟视频与数字视频之间相互转换的功能，图1-17所示即为一款视频卡。

从软件上看，非线性编辑系统主要由非线性编辑软件、二维动画软件、三维动画软件、图像处理软件和音频处理软件等外围软件构成。

图1-16 非线性编辑系统中的部分硬件设备

现如今，随着计算机硬件性能的提高，编辑处理视频对专用硬件设备的依赖越来越小，而软件在非线性编辑过程中的作用则日益突出。因此，熟练掌握一款像Premiere Pro之类的非线性编辑软件便显得尤为重要。

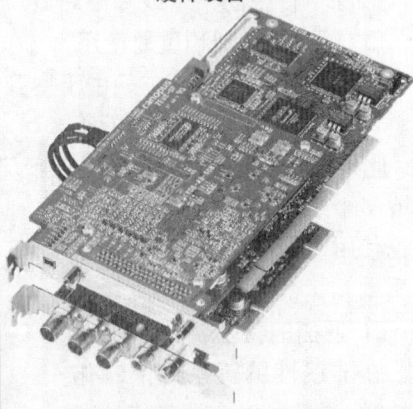

图1-17 非线性编辑系统中的视频卡

1.3.3 非线性编辑的工作流程

无论在哪种非线性编辑系统中，其视频编辑工作流程都可以简单地分为输入、编辑和输出 3 个步骤。当然，由于不同非线性编辑软件在功能上的差异，上述步骤还可进一步地细化。下面，将以 Premiere Pro 为例，简单介绍非线性编辑视频时的整个工作流程。

1．素材采集与输入

素材是视频节目的基础，因此收集、整理素材后将其导入编辑系统，便成为正式编辑视频节目前的首要工作。利用 Premiere Pro 的素材采集功能，用户可以方便地将磁带或其他存储介质上的模拟音/视频信号转换为数字信号后存储在计算机中，并将其导入至编辑项目，使其成为可以处理的素材，如图 1-18 所示。

> **提 示**
>
> 在采集数字格式的音视频素材文件时，Premiere Pro 所进行的操作只是将其"复制/粘贴"至计算机中的某个文件夹内，并将这些数字音视频文件添加至视频编辑项目内。

图 1-18 使用 Premiere Pro 采集素材

除此之外，Premiere Pro 还可以将其他软件处理过的图像、声音等素材直接纳入到当前的非线性编辑系统中，并将上述素材应用于视频编辑的过程中。

2．素材编辑

多数情况下，并不是素材中的所有部分都会出现在编辑完成的视频中。很多时候，视频编辑人员需要使用剪切、复制、粘贴等方法，选择素材内最合适的部分，然后按一定顺序将不同素材组接成一段完整视频，而上述操作便是编辑素材的过程。如图 1-19 所示，即为视频编辑人员在对部分素材进行编辑时的软件截图。

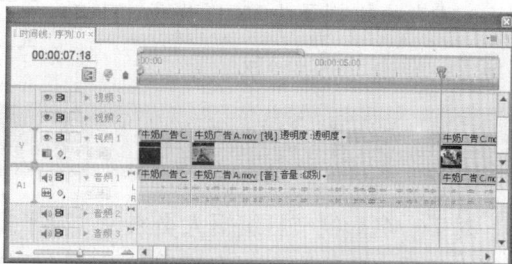

图 1-19 编辑素材中的软件截图

3．特技处理

由于拍摄手段与技术及其他原因的限制，很多时候人们都无法直接得到所需要的画面效果。例如，在含有航空镜头的影片中，很多镜头便无法通过常规方法来获取。此时，视频编辑人员便需要通过特技处理的方式，来向观众呈现此类很难拍摄或根本无法拍摄到的画面效果，如图 1-20 所示。

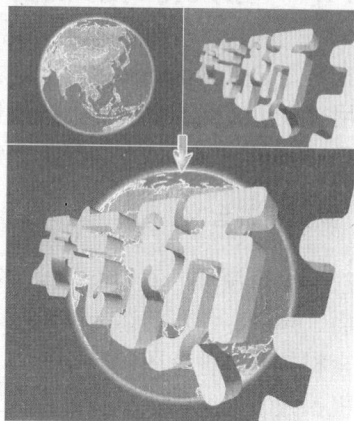

图 1-20 对视频进行合成类特技处理

对于视频素材而言，特技处理包括转场、特效、合成叠加；对于音频素材，特技处理包括转场、特效等。

4. 添加字幕

字幕是影视节目的重要组成部分，Premiere Pro 拥有强大的字幕制作功能，操作也极其简便。除此之外，Premiere Pro 还内置了大量的字幕模板，很多时候用户只需借助字幕模板，便可以获得令人满意的字幕效果，如图 1-21 所示。

图 1-21 Premiere 内置的字幕模板

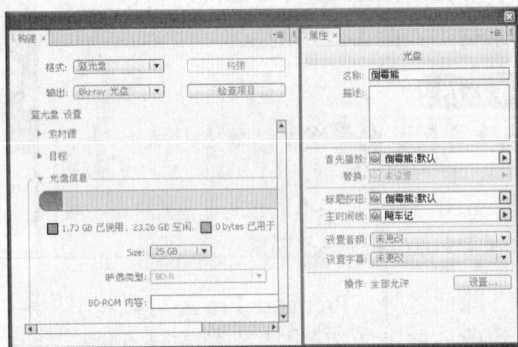

5. 输出影片

视频节目在编辑完成后，就可以输出回录到录像带上。当然，根据需要也可以将其输出为视频文件，以便发布到网上，或者直接刻录成 VCD 光盘、DVD 光盘等，如图 1-22 所示。

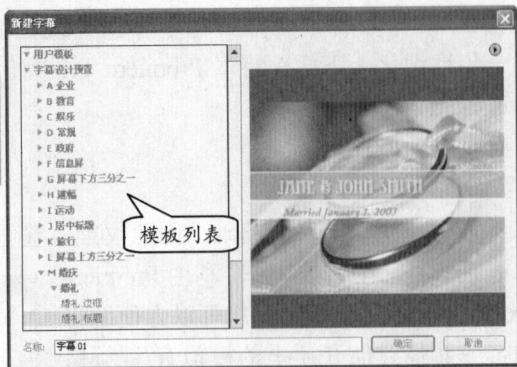

图 1-22 使用 Adobe Encore CS4 将编辑项目输出为光盘

1.4 影视创作基础知识

对于一名影视节目编辑人员来说，除了需要熟练掌握视频编辑软件的使用方法外，还应当掌握一定的影视创作基础知识，以便能够更好地进行影视节目的编辑工作。

1.4.1 蒙太奇与影视剪辑

蒙太奇是法文 montage 的译音，意为文学、音乐与美术的组合体，原本属于建筑学用语，用来表现装配或安装等。在电影创作过程中，蒙太奇是导演向观众展示影片内容的叙述手法和表现手段。下面简单介绍影视创作中的蒙太奇。

1. 蒙太奇的含义

在视频编辑领域，蒙太奇的含义存在狭义和广义之分。其中，狭义的蒙太奇专指对镜头画面、声音、色彩等诸元素编排、组合的手段。也就是说，是在后期制作过程中，将各种素材按照某种意图进行排列，从而使之构成一部影视作品。由此可见，蒙太奇是将摄像机拍摄下来的镜头，按照生活逻辑、推理顺序、作者的观点倾向及其美学原则连接起来的手段，是影视语言符号系统中的一种修辞手法。

从广义上来看，蒙太奇不仅仅包含后期视频编辑时的镜头组接，还包含影视剧作从开始到完成的整个过程中创作者们的一种艺术思维方式。

2. 蒙太奇的功能

在现代影视作品中，一部影片通常由 500～1000 个镜头组成。每个镜头的画面内容、运动形式，以及画面与音响组合的方式，都包含着蒙太奇因素。可以说，一部影片从拍摄镜头时就已经在使用蒙太奇了，而蒙太奇的作用便主要体现在以下几个方面。

❏ **概括与集中**

通过镜头、场景、段落的分切与组接，可以对素材进行选择和取舍，选取并保留主要的、本质的部分，省略烦琐、多余的部分。这样一来，就可以突出画面重点，从而强调特征显著且富有表现力的细节，以达到高度概括和集中画面内容的目的，如图 1-23 所示。

❏ **吸引观众的注意力，激发观众的联想**

在编排影视节目之前，视频素材中的每个独立镜头都无法向人们表达出完整的寓意。然而，通过蒙太奇手法将这些镜头进行组接后，便能够达到引导观众注意力、影响观众情绪与心理，并激发观众丰富联想力的目的。这样一来，

图 1-23　以逐渐放大的方式突出主体

便使得原本无意义的镜头成为观众更好理解影片的工具，此外还能够激发观众的参与心理，从而形成主客体间的共同"创造"。

❏ **创造独特的画面时间**

通过对镜头的组接，运用蒙太奇的方法可以对影片中的时间和空间进行任意的选择、组织、加工和改造，从而形成独特的表述元素——画面时空。与早期的影视作品相比，画面时空的运用使得影片的表现领域变得更为广阔，素材的选择取舍也异常灵活，因此更适于表现丰富多彩的现实生活。

❏ **形成不同的节奏**

节奏是情节发展的脉搏，是画面表现形式与内容是否统一的重要表现，也是对画面情感和气氛的一种修饰和补充。它不仅关系到镜头造型，还涉及影片长度与分配问题，因此其发展过程不仅要根据剧情的进展来确定，还要根据拍摄对象的运动速度和摄像机的运动方式来确定。

在后期编辑过程中，蒙太奇正是通过对镜头的造型形式、运动形式，以及影片长度的控制，实现画面表现形式与内容的密切配合，从而使画面在观众心中留下深刻印象。可以看出，人们不仅可以利用蒙太奇来增强画面的节奏感，还可将自己（创作者）的思想融入到故事中去，从而创造或改变画面中的节奏。

❑ **表达寓意，创造意境**

在对镜头进行分切和组接的过程中，蒙太奇可以利用多个镜头间的相互作用产生新的含义，从而产生一种单个画面或声音所无法表述的思想内容。这样一来，创作者便可以方便地利用蒙太奇来表达抽象概念、特定寓意，或创造出特定的意境。

1.4.2 组接镜头的基础知识

无论是怎样的影视作品，结构上都是将一系列镜头按一定次序组接后所形成的。然而，这些镜头之所以能够延续下来，并使观众将它们接受为一个完整融合的统一体，是因为这些镜头间的发展和变化秉承了一定的规律。因此，在应用蒙太奇思想组接镜头之前，还需要了解一些镜头组接时的规律与技巧。

1. 镜头组接规律

为了清楚地向观众传达某种思想或信息，组接镜头时必须遵循一定的规律，归纳后可分为以下几点。

❑ **符合观众的思维方式与影片表现规律**

镜头的组接必须要符合生活与思维的逻辑关系。如果影片没有按照上述原则进行编排，必然会由于逻辑关系的颠倒而使观众难以理解。

❑ **景别的变化要采用"循序渐进"的方法**

通常来说，一个场景内"景"的发展不宜过分剧烈，否则便不易与其他镜头进行组接。相反，如果"景"的变化不大，同时拍摄角度的变换亦不大，也不利于同其他镜头的组接。

例如，在编排同机位、同景别，恰巧又是同一主体的两个镜头时，由于画面内景物的变化较小，因此将两镜头简单组接后会给人一种镜头不停重复的感觉。在这种情况下，除了重新进行拍摄外，还可采用过渡镜头，使表演者的位置、动作发生变化后再进行组接。

综上所述，在拍摄时"景"的发展变化需要采取循序渐进的方法，并通过渐进式地变换不同视觉距离进行拍摄，以便各镜头间的顺利连接。在应用这一技巧的过程中，人们逐渐发现并总结出了一些典型的组接句型，如表 1-2 所示。

表1-2　镜头组接句型介绍

名　　称	含　　义
前进式句型	该叙述句型是指景物由远景、全景向近景、特写过渡的方法，多用来表现由低沉到高昂向上的情绪或剧情的发展
后退式句型	该叙述句型是由近到远，表示由高昂到低沉、压抑的情绪，在影片中的表现为从细节画面扩展到全景画面的过程
环行句型	这是一种将前进式和后退式句型结合使用的方式。在拍摄时，通常会在全景、中景、近景、特写依次转换完成后，再由特写依次向近景、中景、远景进行转换。在思想上，该句型可用于展现情绪由低沉到高昂，再由高昂转向低沉的过程

❏ **镜头组接中的拍摄方向与轴线规律**

所谓"轴线规律",是指在多个镜头中,摄像机的位置应始终位于主体运动轴线的同一线,以保证不同镜头内的主体在运动时能够保持一致的运动方向。否则,在组接镜头时,便会出现主体"撞车"的现象,此时的两组镜头便互为跳轴画面。在视频的后期编辑过程中,跳轴画面除了特殊需要外基本无法与其他镜头相组接。

❏ **遵循"动接动"、"静接静"的原则**

当两个镜头内的主体始终处于运动状态,且动作较为连贯时,可以将动作与动作组接在一起,从而达到顺畅过渡、简洁过渡的目的,该组接方法称为"动接动"。

与之相应的是,如果两个镜头的主体运动不连贯,或者它们的画面之间有停顿时,则必须在前一个镜头内的主体完成一套动作后,才能与第二个镜头相组接。并且,第二个镜头必须是从静止的镜头开始,该组接方法便称为"静接静"。在"静接静"的组接过程中,前一个镜头结尾停止的片刻叫"落幅",后一个镜头开始时静止的片刻叫"起幅",起幅与落幅的时间间隔大约为1～2秒。

此外,在将运动镜头和固定镜头相互组接时,同样需要遵循这个规律。例如,一个固定镜头需要与一个摇镜头相组接时,摇镜头开始要有"起幅";当摇镜头要与固定镜头组接时,摇镜头结束时必须要有"落幅",否则组接后的画面便会给人一种跳动的视觉感。

提　示

> 摇镜头是指在拍摄时,摄像机的机位不动,只有机身作上、下、左、右的旋转等运动。在影视创作中,摇镜头可用于介绍环境、从一个被摄主体转向另一个被摄主体、表现人物运动、表现剧中人物的主观视线、表现剧中人物的内心感受等。

2. 镜头组接的节奏

在一部影视作品中,作品的题材、样式、风格,以及情节的环境气氛、人物的情绪、情节的起伏跌宕等元素都是确定影片节奏的依据。然而,要想让观众能够很直观地感觉到这一节奏,不仅需要通过演员的表演、镜头的转换和运动,以及场景的时空变化等前期制作因素,还需要运用组接的手段,严格掌握镜头的尺寸、数量与顺序,并在删除多余枝节后才能完成。也就是说,镜头组接是控制影片节奏的最后一个环节。

然而在实施上述操作的过程中,影片内每个镜头的组接都要以影片内容为出发点,并在以此为基础的前提下来调整或控制影片节奏。例如,在一个宁静祥和的环境中,如果出现了快节奏的镜头转换,往往会让观众感觉到突兀,甚至心理上难以接受,而这显然并不合适。相反,在一些节奏强烈、激荡人心的场面中,如果猛然出现节奏极其舒缓的画面,便极有可能冲淡画面的视觉冲击效果。

3. 镜头组接的时间长度

在剪辑、组接镜头时,每个镜头停滞时间的长短,不仅要根据内容难易程度和观众的接受能力来决定,还要考虑到画面构图及画面内容等因素。例如,在处理远景、中景等包含内容较多的镜头时,便需要安排相对较长的时间,以便观众看清这些画面上的内容;对于近景、特写等空间较小的画面,由于画面内容较少,因此可适当减少镜头的停留时间。

此外，画面内的一些其他因素也会对镜头停留时间的长短起到制约作用。例如，画面内较亮的部分往往比较暗的部分更能引起人们的注意，因此在表现较亮部分时可适当减少停留时间；如果要表现较暗的部分，则应适当延长镜头的停留时间。

● 1.4.3 镜头组接蒙太奇简介

在镜头组接的过程中，蒙太奇具有叙事和表意两大功能，并可分为叙事蒙太奇、表现蒙太奇和理性蒙太奇3种基本类型。并且，在此基础上还可对其进行近一步的划分，下面将对这3种不同类型的镜头组接蒙太奇进行简单介绍。

1. 叙事蒙太奇

叙事蒙太奇的特征是以交代情节、展示事件为主旨，按照情节发展的时间流程、因果关系来分切组合镜头、场面和段落，从而引导观众理解剧情。因此，采用该蒙太奇思想组接而成的影片脉络清晰、逻辑连贯、明白易懂。

在叙事蒙太奇的应用过程中，根据具体情况的不同，还可将其分为以下几种情况。

❑ 平行蒙太奇

这种蒙太奇的表现方法是将不同时空（或同时异地）发生的两条或两条以上的情节线并列表现，虽然是分头叙述但却统一在一个完整的结构之中。因此，具有情节集中、节省篇幅、扩大影片信息量，以及增强影片节奏等优点；并且，几条线索的平行展现，也利于情节之间的相互烘托和对比，从而增强影片的艺术感染效果。

❑ 交叉蒙太奇

交叉蒙太奇又称交替蒙太奇，是一种将同一时间不同地域所发生的两条或数条情节线，迅速而频繁地交替组接在一起的剪辑手法。在组织的各条情节线中，其中一条情节线的变化往往影响其他情节的发展，各情节线相互依存，并最终汇合在一起。与其他手法相比，交叉蒙太奇剪辑技巧极易引起悬念，造成紧张激烈的气氛，并且能够加强矛盾冲突的尖锐性，是引导观众情绪的有力手法，多用于惊险片、恐怖片或战争题材的影片。

❑ 重复蒙太奇

这是一种类似于文学复叙方式的影片剪辑手法，其方式是在关键时刻反复出现一些包含寓意的镜头，以达到刻画人物、深化主题的目的。

❑ 连续蒙太奇

该类型蒙太奇的特点是沿着一条情节线索进行发展，并且会按照事件的逻辑顺序有节奏地连续叙事，而不像平行蒙太奇或交叉蒙太奇那样同时处理多条情节线。与其他类型的剪辑方式相比，连续蒙太奇有着叙事自然流畅、朴实平顺的特点。但是，由于缺乏时空与场面的变换，连续蒙太奇无法直接展示同时发生的情节，以及多情节内的队列关系，并且容易带来拖沓冗长、平铺直叙之感。

2. 表现蒙太奇

表现蒙太奇是以镜头对列为基础，通过关联镜头在形式或内容上的相互对照、冲击，从而产生单个镜头本身所不具有的丰富含义，以表达某种情绪或思想，从而达到激发现众进行联想与思考的目的。

❑ 抒情蒙太奇

这是一种在保证叙事和描写连贯性的同时，通过与剧情无关的镜头来表现人物的思想和情感，以及事件发展的手法。最常见、最易被观众所感受到的抒情蒙太奇往往是在一段叙事场面之后，恰当地切入象征情绪情感的其他镜头。

❑ 心理蒙太奇

该类型的剪辑手法是进行人物心理描写的重要手段，能够通过画面镜头组接或声画有机结合，形象而生动地展示出人物的内心世界。常用于表现人物的梦境、回忆、闪念、幻觉、遐想、思索等精神活动。这种蒙太奇在剪接技巧上多用交叉、穿插等手法，其特点是画面和声音形象的片断性、叙述的不连贯性和节奏的跳跃性，并且会在声画形象中带有剧中人物强烈的主观性。

❑ 隐喻蒙太奇

通过镜头或场面的对列进行类比，含蓄而形象地表达创作者的某种寓意。这种手法往往将不同事物之间某种相似的特征突显出来，以引起观众的联想，领会导演的寓意和领略事件的情绪色彩。

❑ 对比蒙太奇

类似文学中的对比描写，即通过镜头或场面之间在内容（如贫与富、苦与乐、生与死、高尚与卑下、胜利与失败等）或形式（如景别大小、色彩冷暖、声音强弱、动静等）间的强烈对比，从而产生相互冲突的作用，以表达创作者的某种寓意及其他思想。

3. 理性蒙太奇

这是通过画面之间的思想关联，而不是单纯通过一环接一坏的连贯性叙事来表情达意的蒙太奇手法。理性蒙太奇与连贯性叙事的区别在于，即使所采用的画面属于实际经历过的事实，但这种事实所表达的总是主观印象。其中，理性蒙太奇又包括杂耍蒙太奇、反射蒙太奇和思想蒙太奇等类别。

1.4.4 声画组接蒙太奇简介

人类历史上最早出现的电影是没有声音的，画面主要是以演员的表情和动作来引起观众的联想，并以些来完成创作思想的传递。随后，人们通过幕后语言配合或者人工声响（如钢琴、留声机、乐队伴奏）的方式与屏幕上的画面相互结合，从而提高了声画融合的艺术效果。

随后，人们开始将声音作为影视艺术的一种表现元素，并利用录音、声电光感应胶片技术和磁带录音技术，将声音作为影视艺术的一个组成因素合并到影视节目之中。

1. 影视语言

影视艺术是声音与画面艺术的结合物，两者离开其中之一都不能称为现代影视艺术。在声音元素里，包括了影视的语言因素。在影视艺术中，对语言的要求不同于其他的艺术形式，有着自己特殊的要求和规则。

❑ 语言的连贯性，声画和谐

在影视节目中，如果把语言分解开来，会发现它不像一篇完整的文章，会出现语言断续，跳跃性大，而且段落之间也不一定有严密的逻辑性。但是，如果将语言与画面相配合，就可以看出节目整体的不可分割性和严密的逻辑性。这种逻辑性表现在语言和画面不是简单的相加，也不是简单的合成，而是互相渗透、互相溶解、相辅相成。

在声画组合中，有些时候是以画面为主，说明画面的抽象内涵；有些时候是以声音为主，画面只是作为形象的提示。由此可以看出，影视语言可以深化和升华主题，将形象的画面用语言表达出来；可以抽象概括画面，将具体的画面表现为抽象的概念；可以表现不同人物的性格和心态；还可以衔接画面，使镜头过渡流畅；还可以省略画面，将一些不必要的画面省略掉。

❏ **语言的口语化、通俗化**

影视节目面对的观众具有多层次化，除了一些特定影片外，都应该使用通俗语言。所谓的通俗语言，就是影片中使用的口头语言。如果语言出现费解、难懂的问题，便会让观众造成听觉上的障碍，并妨碍到视觉功能，从而直接影响观众对画面的感受和理解，当然也就不能取得良好的视听效果。

❏ **语言简练概括**

影视艺术是以画面为基础的，所以影视语言必须简明扼要，点明即止。影片应主要由画面来表达，让观众在有限的时空里展开遐想，自由想象。

❏ **语言准确贴切**

由于影视画面是展示在观众眼前的，任何细节对观众来说都是一览无余的，因此要求影视语言必须相当精确。每句台词，都必须经得起观众的考验。这就不同于广播语言，即便在有些时候不够准确也能混过听众的听觉。在视听画面的影视节目前，观众既看清画面，又听声音效果，互相对照，一旦有所差别，便很容易被观众发现。

2．语言录音

影视节目中的语言录音包括对白、解说、旁白、独白、杂音等。为了提高录音效果，必须注意解说员的素质、录音技巧以及录音方式。

❏ **解说员的素质**

一个合格的解说员必须充分理解稿本，对稿本的内容、重点做到心中有数，对一些比较专业的词语必须理解；在读的时候还要抓准主题，确定语音的基调，也就是总的气氛和情调。在配音风格上要表现爱憎分明，刚柔相济，严谨生动；在台词对白上必须符合人物形象的性格，解说时的语音还要流畅、流利，而不能含混不清楚。

❏ **录音**

录音在技术上要求尽量创造有利的物质条件，保证良好的音质音量，能够尽量在专业录音棚进行。在录音的现场，要有录音师统一指挥，默契配合。在进行解说录音的时候，需要先将画面进行编辑，然后再让配音员观看后做配音。

❏ **解说的形式**

在影视节目的解说中，解说的形式多种多样，因此需要根据影片内容而定。不过大致上可以将其分为三类：第一人称解说、第三人称解说以及第一人称解说与第三人称交替解说的自由形式。

3．影视音乐

在日常生活中，音乐是一种用于满足人们听觉欣赏需求的艺术形式。不过，影视节目中的音乐却没有普通音乐中的独立性，而是具有一定的目的性。也就是说，由于影视节目在内容、对象、形式等方面的不同，决定了影视节目音乐的结构和目的在表现形式上各有特点。此外，影视音乐具有融合性，即影视音乐必须同其他影视因素结合，这是因为音乐本身在表达感情的程度上往往不够准确，但在与语言、音响和画面融合后，便可以突破这种局限性。

提 示

影视音乐按照所服务影片的内容，可分为故事片音乐、新闻片音乐、科教片音乐、美术片音乐以及广告片音乐等；按照音乐的性质，可分为抒情音乐、描绘性音乐、说明性音乐、色彩性音乐、喜剧性音乐、幻想性音乐、气氛性音乐以及效果性音乐等；按照影视节目的段落划分，可分为片头主题音乐，片尾音乐、片中插曲以及情节性音乐等。

1.4.5 影视节目制作的基本流程

一部完整的影视节目从策划、前期拍摄、后期编辑到最终完成，其间需要进行众多繁杂的步骤。不过，单就后期编辑制作而言，整个项目的制作流程却并不是很复杂，接下来便对其进行简单介绍。

1. 准备素材

在使用非线性编辑系统制作节目时，需要首先向系统中输入所要用到的素材。多数情况下，编辑人员要做的工作是将磁带上的音视频信号转录到磁盘中。在输入素材时，应该根据不同系统的特点和不同的编辑要求，决定使用的数据传输接口方式和压缩比，一般来说应遵循以下原则。

❑ 尽量使用数字接口，如 QSDI 接口、CSDI 接口、SDI 接口和 DV 接口。

❑ 对同一种压缩方式来说，压缩比越小，图像质量越高，占用的存储空间越大。

❑ 采用不同压缩方式的非线性编辑系统，在录制视频素材时采用的压缩比可能不同，但却有可能获得同样的图像质量。

2. 节目制作

节目制作是非线性编辑系统中最为重要的一个环节，编辑人员在该环节需要进行的工作主要集中在以下方面。

❑ **素材浏览** 在非线性编辑系统中查看素材拥有极大的灵活性，因为既可以让素材以正常速度播放，也可实现快速重放、慢放和单帧播放等。

❑ **定位编辑点** 可实时定位是非线性编辑系统的最大优点，这为编辑人员节省了大量卷带搜索的时间，从而极大地提高了编辑效率。

❑ **调整素材长度** 通过时码编辑，非线性编辑系统能够提供精确到帧的编辑操作。

❑ **组接素材** 通过使用计算机，非线性编辑系统的工作人员能够快速、准确地在节目中的任一位置插入一段素材，也可以实现磁带编辑中常用的插入和组合编辑。

❑ **应用特技** 通过数字技术，为影视节目应用特技变得异常简单，而且能够在应用特技的同时观看到应用效果。

- ❑ **添加字幕** 字幕与视频画面的合成方式有软件和硬件两种。其中，软件字幕使用的是特技抠像方法，而硬件字幕则是通过视频硬件来实现字幕与画面的实时混合叠加。
- ❑ **声音编辑** 大多数基于计算机的非线性编辑系统都能够直接从 CD 唱盘、MIDI 文件中录制波形声音文件，并利用同样数字化的音频编辑系统进行处理。
- ❑ **动画制作与合成** 非线性编辑系统除了可以实时录制动画外，还能通过抠像实现动画与实拍画面的合成，极大地丰富了节目制作的手段。

3．非线性编辑节目的输出

在非线性编辑系统中，节目在编辑完成后主要通过以下 3 种方法进行输出。

- ❑ **输出到录像带**

这是联机非线性编辑时最常用的输出方式，操作要求与输入素材时的要求基本相近，即优先考虑使用数字接口，其次是分量接口、S-Video 接口和复合接口。

- ❑ **输出 EDL 表**

在某些对节目画质要求较高，即使非线性编辑系统采用最小压缩比仍不能满足要求时，可以考虑只在非线性编辑系统上进行初编。然后，输出 EDL 表至 DVW 或 BVW 编辑台进行精编。

- ❑ **直接用硬盘输出**

该方法可减少中间环节，降低视频信号的损失。不过，在使用时必须保证系统的稳定性，有条件的情况下还应准备备用设备。

1.5 常用数字音视频格式介绍

非线性编辑的出现，使得视频影像的处理方式进入了数字时代。与之相应的是，影像的数字化记录方法也更加多样化，下面将对目前常见的一些音视频编码技术和文件格式进行简单介绍。

1.5.1 常见视频格式

现如今，视频编码技术不断发展，使得视频文件的格式种类也变得极为丰富。为了更好地编辑影片，必须熟悉各种常见的视频格式，以便在编辑影片时能够灵活使用不同格式的视频素材，或者根据需要将制作好的影视作品输出为最为适合的视频格式。

1. MPEG/MPG/DAT

MPEG/MPG/DAT 类型的视频文件都是由 MPEG 编码技术压缩而成的视频文件，被广泛应用于 VCD/DVD 和 HDTV 的视频编辑与处理等方面。其中，VCD 内的视频文件由 MPEG-1 编码技术压缩而成（刻录软件会自动将 MPEG-1 编码的视频文件转换为 DAT 格式），DVD 内的视频文件则由 MPEG-2 压缩而成。

2. AVI

AVI 是由微软公司所研发的视频格式，其优点是允许影像的视频部分和音频部分交错在一起同步播放，调用方便、图像质量好，缺点是文件体积过于庞大。

3．MOV

这是由 Apple 公司所研发的一种视频格式，是基于 QuickTime 音视频软件的配套格式。在 MOV 格式刚刚出现时，该格式的视频文件仅能够在 Apple 公司所生产的 Mac 机上进行播放。此后，Apple 公司推出了基于 Windows 操作系统的 QuickTime 软件，MOV格式也逐渐成为使用较为频繁的视频文件格式。

4．RM/RMVB

这是按照 Real Networks 公司所制定的音频/视频压缩规范而创建的视频文件格式。其中，RM 格式的视频文件只适于本地播放，而 RMVB 除了能够进行本地播放外，还可通过互联网进行流式播放，从而使用户只需进行极短时间的缓冲，便可不间断地长时间欣赏影视节目。

5．WMV

这是一种可在互联网上实时传播的视频文件类型，其主要优点在于：可扩充的媒体类型、本地或网络回放、可伸缩的媒体类型、流的优先级化、多语言支持、扩展性等。

6．ASF

ASF（Advanced Streaming Format，高级流格式）是微软公司为了和现在的 Real Networks 竞争而发展出来的一种可直接在网上观看视频节目的文件压缩格式。ASF 使用了 MPEG-4 压缩算法，其压缩率和图像的质量都很不错。

1.5.2　常见音频格式

在影视作品中，除了使用影视素材外，还需要大量的音频文件来增加影视作品的听觉效果，因此熟悉常见的音频格式也非常重要。

1．WAV

WAV 音频文件也称为波形文件，是 Windows 本身存放数字声音的标准格式。WAV音频文件是目前最具通用性的一种数字声音文件格式，几乎所有的音频处理软件都支持WAV 格式。由于该格式文件存放的是没有经过压缩处理，而直接对声音信号进行采样得到的音频数据，所以 WAV 音频文件的音质在各种音频文件中是最好的，同时它的体积也是最大的，1 分钟 CD 音质的 WAV 音频文件大约有 10MB。由于 WAV 音频文件的体积过于庞大，所以不适合于在网络上进行传播。

2．MP3

MP3（MPEG-AudioLayer 3）是一种采用了有损压缩算法的音频文件格式。由于 MP3在采用心理声学编码技术的同时结合了人们的听觉原理，因此剔除了某些人耳分辨不出的音频信号，从而实现了高达 1:12 或 1:14 的压缩比。

此外，MP3 还可以根据不同需要采用不同的采样率进行编码，如 96kbps、112kbps、128kbps 等。其中，使用 128kbps 采样率所获得 MP3 的音质非常接近于 CD 音质，但其大小仅为 CD 音乐的 1/10，因此成为目前最为流行的一种音乐文件。

3．WMA

WMA 是微软公司为了与 Real Networks 公司的 RA 以及 MP3 竞争而研发的新一代数字音频压缩技术，其全称为 Windows Media Audio，特点是同时兼顾了高保真度和网络传输需求。从压缩比来看，WMA 比 MP3 更优秀，同样音质 WMA 文件的大小是 MP3 的一半或更少，而相同大小的 WMA 文件又比 RA 的音质要好。总体来说，WMA 音频文件既适合在网络上用于数字音频的实时播放，同时也适用于在本地计算机上进行音乐回放。

4．MIDI

严格来说，MIDI 并不是一种数字音频文件格式，而是电子乐器与计算机之间进行通信的一种通信标准。在 MIDI 文件中，不同乐器的音色都被事先采集下来，每种音色都有一个唯一的编号，当所有参数都编码完毕后，就得到了 MIDI 音色表。在播放时，计算机软件即可通过参照 MIDI 音色表的方式将 MIDI 文件数据还原为电子音乐。

1.6 思考与练习

一、填空题

1．视频画面之所以能够以动态影像的方式展现在人们面前，是利用了"_____"的原理。

2．数字信号具有_____能力强、便于存储、处理和交换，以及安全性高和相应设备易于实现集成化、微型化等优点。

3．_____是组成视频画面的一幅幅静态图像。

4．_____是保证电视信号中的图像、伴音及其他信号能够正常传输与重现的方法与技术标准。

5．目前，最为常用的 3 种电视制式分别为_____制式、NTSC 制式和 SECAM 制式。

6．数字视频压缩技术是指按照某种特定算法，采用特殊记录方式来保存_____的技术。

7．在使用非线性编辑系统查看素材时，不仅可以瞬间开始播放，还可以使用不同速度进行播放，或实现逐幅播放、_____等。

8．狭义的_____专指对镜头画面、声音、色彩等诸元素编排、组合的手段。

二、选择题

1．数字视频是采用_____来记录和存储信息的视频。

A．数字信号　　　　B．模拟信号
C．混合信号　　　　D．其他信号

2．在下列关于分辨率的描述中，错误的是_____。

A．在尺寸相同的情况下，分辨率越大，像素总量越多

B．分辨率通常用"水平方向像素数量×垂直方向像素数量"的方式来表示

C．播放视频时，人们看到的最终效果由视频画面的分辨率所决定

D．在尺寸相同的情况下，分辨率越大，图像质量越好

3．全高清电视最本质的性能指标是_____。

A．分辨率达到 1920×1080，逐行扫描

B．分辨率达到 1080×720，逐行扫描

C．分辨率达到 1920×1080，隔行扫描

D．分辨率达到 1080×720，隔行扫描

4. 在 MPEG 系列编码技术中，目前最为流行、应用最为广泛的是_____。

    A. MPEG-1   B. MPEG-2

    C. MPEG-4   D. MPEG-7

5. 由 MPEG 小组与 ITU-T 小组共同开发，且本质上与 MPEG-4 AVG 相同的视频编码格式是_____。

    A. H.261   B. H.262

    C. H.263   D. H.264

6. 在采用蒙太奇手法剪辑影片时，应遵循_____的手法。

    A. 快慢相间

    B. 静接静，动接动

    C. 静接动，动接静

    D. 无须遵循任何手法

7. 在下列选项中，不属于常见视频格式的是_____。

    A. AVI   B. MOV

    C. 3GP   D. RM/RMVB

8. 下列选项中，不支持流媒体播放的视频格式是_____。

    A. ASF   B. AVI

    C. RMVB   D. MOV

三、简答题

1. 简述数字视频与模拟视频之间的差别。

2. 高清的概念是什么？其评判标准都有哪些？

3. 简述非线性编辑系统的构成。

4. 什么是蒙太奇？蒙太奇的种类都有哪些？

5. 制作影视节目的基本流程是什么？

6. 常用音频格式都有哪些？其特点分别是什么？

第 2 章

Premiere Pro CS4 快速入门

　　随着人们生活水平的提高，越来越多的人开始拿起摄像机记录生活中的点点滴滴，并通过工具软件来制作个性化的视频作品。在数量繁多的视频编辑软件中，Premiere Pro 以其强大、专业的功能和简便、快捷的操作方法，受到了广大专业视频编辑人员和视频爱好者的喜爱。

　　Premiere Pro CS4 是目前 Premiere Pro 系列软件中的最新版本，与之前版本的 Premiere Pro 相比，CS4 的功能更加强大，操作也更为简单。

本章学习要点：

➤ 了解 Premiere Pro 的功能
➤ 熟悉功能面板
➤ 配置 Premiere Pro
➤ 自定义工作区

2.1 Premiere Pro 简介

Premiere Pro 是 Adobe 公司开发的一款非线性视频编辑软件，具有操作简单、功能强大等优点，被广泛应用于电视栏目包装、广告制作、影视后期编辑等领域，是目前影视编辑领域内应用最为广泛的视频编辑与处理软件。

2.1.1 Premiere Pro 的主要功能

作为一款应用广泛的视频编辑软件，Premiere Pro 具有从前期素材采集到后期素材编辑与特效制作等一系列功能，为人们制作高品质数字视频作品提供了完整的创作环境。其中，较为主要的功能有以下几项。

1. 捕获素材

利用 Premiere Pro，用户可直接从便携式数字摄像机或磁带录像机上捕获视频素材，如图 2-1 所示。此外，通过麦克风或录音设备，用户还可直接在 Premiere Pro 内捕获音频素材。

图 2-1 采集视频素材

2. 剪辑与编辑素材

Premiere Pro 拥有多种素材编辑工具，让用户能够轻松剪除视频素材中的多余部分，并对素材的播放速度、排列顺序等内容进行调整。

3. 制作特效

Premiere Pro 预置有多种不同效果、不同风格的音视频特效滤镜。在为素材应用这些特效滤镜后，可使素材实现曝光、扭曲画面、立体相册等众多效果，如图 2-2 所示。

图 2-2 为素材应用特效滤镜

4. 为相邻素材添加转场

Premiere Pro 拥有闪白、黑场、淡入淡出等多种不同类型、不同样式的视频转场效果，能够让各种样式的镜头实现自然过渡。如图 2-3 所示，即为两张素材图片在应用"棋盘"转场后的变换效果。

在实际编辑视频素材的过程中,在两个素材片段间应用转场时必须谨慎,以免给观众造成突兀的感觉。

5. 创建与编辑字幕

Premiere Pro拥有多种创建和编辑字幕的工具,灵活运用这些工具能够创建出各种效果的静态字幕和动态字幕,从而使影片内容更加丰富,如图2-4所示。

6. 编辑、处理音频素材

声音也是现代影视节目中的一个重要组成部分,为此 Premiere Pro 也为用户提供了强大的音频素材编辑与处理功能。在 Premiere Pro 中,用户不仅可以直接修剪音频素材,还可制作出淡入淡出、回声等不同的音响效果,如图2-5所示。

7. 影片输出

当整部影片编辑完成后,Premiere Pro 可以将编辑后的众多素材输出为多种格式的媒体文件,如 AVI、MOV 等格式的数字视频,如图2-6所示。或者,将素材输出为 GIF、TIFF、TGA 等格式的静态图片后,再借助其他软件做进一步的处理。

图 2-3　在素材间应用转场效果

图 2-4　创建字幕

图 2-5　对音频素材进行编辑操作

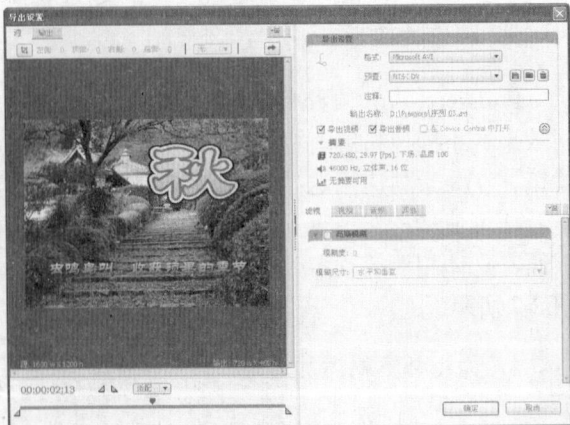

图 2-6　导出影视作品

2.1.2 Premiere Pro CS4 的新增功能

作为 Premiere Pro 系列软件中的最新版本，Adobe 公司在 Premiere Pro CS4 中增加、增强了许多新的功能和改进，这些变化不仅让 Premiere Pro 变得更为强大，还增强了 Premiere Pro 的易用性。本节将对 Premiere Pro CS4 中的部分新增功能进行介绍。

1. 广泛的格式支持

目前，各种类型的数字视频摄制设备种类繁多，视频文件格式也层出不穷，这使得兼容所有的设备和视频文件格式往往很困难。为此，Premiere Pro CS4 通过对以下几个部分的改进，在视频设备与文件格式的支持上做出了良好的开端。

❑ 兼容更多格式的视频文件格式

作为新一代的非线性视频编辑软件，Premiere Pro CS4 几乎可以处理当前任何格式的媒体文件，并提供了对 DV、HDV、Sony XDCAM、XDCAM EX、Panasonic P2 和 AVCHD 的原生支持。

❑ 无带流程的原生编辑

支持大部分流行的无带摄像机，无须转码或二次打包。

❑ 支持所有的主流媒体类型

支持导入和导出 FLV、F4V、MPEG-2、QuickTime、Windows Media、AVI、AIFF、JPEG、PNG、PSD、TIFF 等。

❑ 兼容 ASIO

提 示

ASIO 是由德国 Steinberg 公司所提出的音频流输入输出应用程序，是目前的音频 API 标准之一，其特点是低延迟、高同步、高吞吐率。在录音作业与音乐制作上可达到实时处理的效果。

2. 内嵌流程和高质量节目制作能力、人性化的素材时码显示功能

Premiere Pro CS4 拥有 AAF 项目交换功能，这使其成功进入了多用户、跨平台以及多台计算机协同进行数字创作的领域。而且，可导入、编辑和导出 4096×4096 分辨率图像序列的能力，也为 Premiere Pro CS4 制作高质量的大型视频编辑项目奠定了良好的基础。

除此之外，Adobe 在 Premiere Pro CS4 中添加了对素材时码的即时显示功能。每当用户在【时间线】面板内调整素材位置时，【信息】面板内都会即时显示目标素材所处的位置和长度，以及对应序列中当前时间指示器的位置，如图 2-7 所示。

图 2-7 素材时码实时显示功能

3. 改进的发布方式和格式支持

Premiere Pro 采用的批量编码器可以自动处理同一内容的不同编码版本，并且可以采用任意序列和剪辑作为素材源，然后将其编码为各种

31

各样的视频文件格式。重要的是，这一切编码工作都可以在后台进行，因此能够大大提高用户的工作效率。

在影视文件的最终发布方面，Premiere Pro CS4 对某些内容的发布选项进行了改进，并增加了可发布媒体文件格式的数量。

❏ 带有名称/数值对的 FLV/F4V 队列点。
❏ 统一了的标记对话框。
❏ 能够将项目输出为 Blu-ray 光盘。
❏ 把一个项目文件发布为多种格式。
❏ 可发布支持交互查看的视频。
❏ 可交互编辑多种格式。
❏ 优化了移动设备媒体文件的输出设置。
❏ 增强了移动设备媒体文件的输出格式。
❏ 可直接发布网络视频。

4. 提高了工具的应用效率

为了提高用户在进行影视节目编辑时的工作效率，Premiere Pro CS4 对其内部的各种工具、面板，以及很多与操作效率相关的方面作出了改进。在此之中，最为主要的有以下几部分。

❏ 可定制的用户界面。
❏ 多个项目面板。
❏ 快速搜索素材。
❏ 项目管理器。
❏ 用 Adobe Bridge CS4 进行文件管理。
❏ 可定制的键盘快捷键。
❏ 滚动时间线。
❏ 可分配的面板快捷键。
❏ 多嵌套时间线。
❏ 实时编辑。
❏ 增强的子剪辑创建和编辑。
❏ 波纹、滚动和滑动编辑。
❏ 剪辑替换。

5. 强大的项目、序列和剪辑管理功能

对于一款面向各阶层人员的视频编辑软件来说，能否合理、有效地管理项目内容是评价其易用性和专业性的重要标准之一。在这一问题上，Premiere Pro CS4 通过以下方面向人们展示了其答案。

❏ Rapid Find 搜索功能。该功能可以让用户在输入关键字的同时查看到搜索结果。
❏ 将媒体路径保存在项目中。
❏ 素材重置。当项目中的素材内容发生变化时，可通过重置素材对其进行更新。
❏ 单个序列的导入。

□ 对每个项目单独保存工作区。

□ 独立设置每个序列。这项改进可以让用户方便的将多个序列分别应用不同的编辑和渲染设置。

□ 可删除单个预览文件。该功能让用户能够保留需要的同时删除不需要的预览文件，从而提高磁盘空间利用率。

6. 精确的音频控制

Premiere Pro CS4 对音频拥有精确的调整与控制能力，而该能力主要体现在以下几方面。

□ 为【源监视器】面板增添了对音频素材垂直波形示图的缩放功能。

□ 可在【源监视器】面板中以直接拖动的方式播放波形。

□ 对应离线剪辑时拥有灵活的音频通道映射控制功能。

□ 能够以仅音频或仅视频的方式重新采集 A/V 离线剪辑。

7. 更为专业的编辑控制能力

为了增强新版本 Premiere Pro 的编辑操作专业性，Adobe 在软件的影片编辑方面添加或增强了以下内容。

□ 添加轨道同步锁定控制功能。

□ 新增的源内容控制。该功能是在显示源素材时，能够将通道路由至时间线中的指定轨道上，并根据需要切换音视频通道的开启与关闭。

8. 得到增强、优化的编辑功能

在增强 Premiere Pro 专业性的同时，Adobe 还对软件的易用性做出了改进。其中，较为主要的变化有以下几个方面。

□ 快速的剪辑粘贴。在快速粘贴多个素材到时间线时，播放头跳到粘贴后的剪辑的结尾，随后粘贴的剪辑可以放置在它后面。

□ 从时间线创建子剪辑。

□ 效果控制目标的关键帧吸附。

□ 时间线的垂直吸附。

□ 复制和粘贴转场。允许通过复制、粘贴的形式对项目里的多个素材应用同样的转场。

□ 前次缩放级别快捷键。当使用快速缩放功能在细节和全局方式间切换查看时间线时，只需一个按钮即可实现全局视图和源视图之间的切换。

□ 移除所有效果。只需一个命令即可清除选定素材的所有效果。

9. 丰富的时码显示

Premiere Pro CS4 拥有更为全面、丰富的时码显示能力，这让编辑人员能够精确控制影片的每一个制作环节，使得影片能够拥有更好的播出效果。

□ 即时时码信息框。在时间线里拖动素材时会即时显示素材所处的时码。

❑ 对应每个序列的时码显示设置。

❑ 显示所有可用的时码格式。

❑ 在【信息】面板显示磁带名称。

10. 高效的无带化流程

在数字化技术蓬勃发展的今天，无带化影视录制与编辑系统的应用越来越为广泛。为了适应这一变化，Adobe 对 Premiere Pro CS4 中的相应功能进行了专门的优化，主要体现在以下方面。

❑ 新的媒体浏览面板。新的媒体浏览面板可以显示系统内所有加载卷的内容。该面板使得人们在无带化摄像机中寻找剪辑的操作变得非常简单，因为媒体浏览器只会显示素材剪辑，而屏蔽其他文件。并且，媒体浏览面板拥有可定制的元数据查看视窗，还能够直接通过媒体浏览器在源监视器中打开剪辑。

❑ 支持从 Panasonic P2 浏览导入素材及元数据。

❑ 支持 Panasonic P2 输出。

❑ 支持从 Sony XDCAM 和 XDCAM EX 导入和浏览素材以及元数据。

❑ 支持从 HDV 导入和浏览素材及元数据。

❑ 支持对 AVCHD 的编辑浏览及元数据。

11. 高效的元数据流程

作为描述数据的信息，元数据在标识媒体素材方面有着巨大的作用。为此，Adobe 为 Premiere Pro CS4 设置了高效的元数据管理功能。

❑ 可在【项目】面板中查看元数据。

❑ 新的元数据面板。通过元数据面板查看和编辑选定素材的元数据。

❑ 可通过语音识别来添加元数据信息。通过内建的语音识别系统，Premiere Pro 能够根据用户的语言描述来自动添加数据信息。

❑ 可在素材中进行语音搜索。

12. 与其他 Adobe 软件的协调性

作为 Adobe CS4 系列软件中的一员，Premiere Pro 与其他 CS4 组件有着优良的协调能力。根据 Premiere Pro 与其他 CS4 组件配合频率的不同，CS4 各组件间的协调性主要体现在以下方面。

❑ 灵活的 Adobe Photoshop 层选项。

❑ 支持带有视频的 Photoshop 文件。

该功能使得 Premiere Pro 无须渲染即可导入包含视频的 Photoshop 文件，并且可以直接将其作为视频剪辑使用。

❑ 支持 Photoshop CS4 的混合模式。

❑ 增添了可用于连接 Premiere Pro CS4 和 Encore CS4 的 Dynamic Link。

❑ 可直接将整组剪辑传输至 Adobe After Effects CS4。该功能使得用户只需一个命令即可将一组剪辑传输至 Adobe After Effects CS4 中进行处理，而且用于连续的 Dynamic Link，还可将用户在 After Effects CS4 内所作出的更改自动回显至

Premiere Pro CS4 内，无须进行任何渲染操作。

❑ 可通过 Adobe OnLocation CS4 直接录制屏幕录像。

❑ 可与 Adobe Illustrator CS4 协同。

❑ 增强了 Premiere Pro CS4 与 Soundbooth CS4 的协同能力。

❑ 可在 Adobe Creative Suite 任何组件间实现文字的复制和粘贴。该功能的特点在于，粘贴后的文本会保持其原有格式，如字体、间距和风格等。

2.2 Premiere Pro 的面板

面板是组成 Premiere Pro CS4 软件工作环境的基础，其中包含用户在执行节目编辑任务时所要用到的各种工具和参数。因此，熟悉各个面板的功能便成为新用户学习 Premiere Pro CS4 时必不可少的内容之一。

2.2.1 项目面板

该面板主要分为 3 个部分，分别为素材属性区、素材列表和工具按钮。【项目】面板的主要作用是管理当前编辑项目内的各种素材资源，此外还可在素材属性区域内查看素材属性并快速预览部分素材的内容，如图 2-8 所示。

【项目】面板默认采用列表视图来显示编辑项目中的素材，在单击【项目】面板中的【图标视图】按钮后，即可以缩略图的形式查看和管理编辑素材，如图 2-9 所示。

当编辑项目所要用到的素材过多时，【项目】面板还允许用户通过容器的形式将素材分门别类后放置于不同容器内，如图 2-10 所示。这样一来，为大型影视编辑节目管理素材资源也变得极为简单。

图 2-8　【项目】面板

图 2-9　缩略图显示效果

图 2-10　分类管理不同素材资源

除了上面所介绍的功能外，用户还可直接在【项目】面板内创建新的序列、脱机文件、字幕素材或透明视频等内容。

2.2.2 时间线面板

【时间线】面板是人们在对音视频素材进行编辑操作的主要场所之一，由视频轨道、音频轨道和一些工具按钮组成，如图 2-11 所示。

绝大部分的素材编辑操作都要在【时间线】面板中完成。例如，调整素材在影片中的位置、长度、播放速度，或解除有声视频素材中音频与视频部分的链接等。此外，用户还可在【时间线】面板中为素材应用各种特技处理效果，甚至还可直接对特效滤镜中的部分属性进行调整，例如直接调整两素材间视频转场的播放长度，如图 2-12 所示。

由于【时线间】面板拥有多条平行轨道，因此既能够实时预览作品，又可以实时了解作品的制作进度。例如，平行的视频轨道和音频轨道使用户能够在播放音频的同时查看视频。不仅如此，Premiere Pro 还允许用户在平行轨道中创建透明效果，从而让用户可以在一个视频轨道上看到另一个视频轨道中的部分内容。

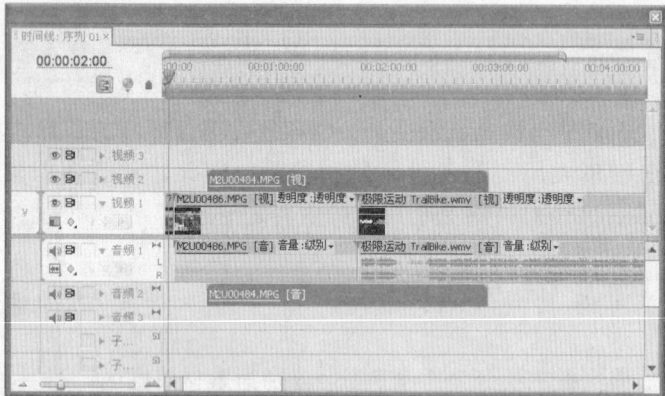

图 2-11 【时间线】面板

图 2-12 在【时间线】面板中调整视频转场长度

当用户完成某一轨道的编辑后，还可在【时间线】面板中将其锁定。这样一来，Premiere Pro 便会禁止用户修改该轨道中的素材片段，从而达到保护轨道内容的目的。

2.2.3 节目面板

【节目】面板用于在用户编辑影片时预览操作结果，该面板共由监视器窗格、当前时间指示器和影片控制按钮所组成，如图 2-13 所示。

在【节目】面板中，用户可对影片进行设置出、入点和未编号标记等操作，而且还可设置监视器窗格的输出类型，如合成视频、透明通道或矢量图等，如图 2-14 所示。

提　示

右击【节目】面板中的监视器窗格后，在弹出的快捷菜单中，执行【显示模式】命令，即可在其级联菜单内选择所要使用的输出模式。此外，在影片控制按钮区域内单击【输出】按钮后，也可在弹出菜单内选择输出模式。

此外，通过【节目】面板还可打开【修整】面板。在该面板中，用户可对影片在播放时的出入点进行精确编辑，如图 2-15 所示。

2.2.4 素材源面板

该面板的界面与【节目】面板基本相同，差别在于该面板用于观察素材原始效果，如图 2-16 所示。在实际的影片编辑过程中，同时观察【素材源】面板与【节目】面板中的内容，可以让影视编辑人员更好地了解素材在编辑前后的差别。

除了可用于查看视频画面或静态图像外，【素材源】面板还能够以波形的方

图 2-13　【节目】面板

图 2-14　更改监视器窗格的显示模式

式来"显示"音频素材。这样一来，编辑人员便可在聆听素材的同时查看音频素材的内容，如图 2-17 所示。

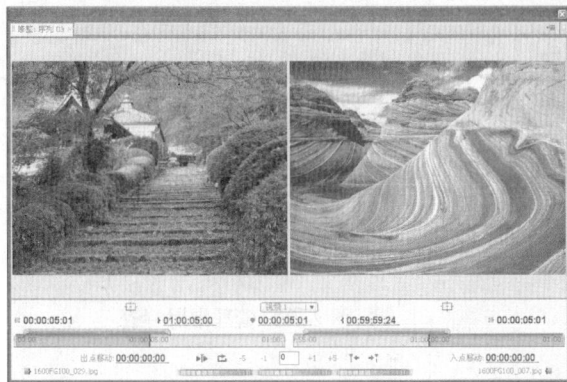

图 2-15　【修整】面板

图 2-16　【素材源】面板

2.2.5 调音台面板

该面板主要用于对音频素材进行编辑操作，界面由声道调节、音量调节和控制按钮所组成，并默认包含 3 个音频轨道，如图 2-18 所示。

通过【调音台】面板，用户不仅可以提高或降低音频轨道的音量，还可通过混合不同音频轨道的方式来产生交叉渐变、摇滚等不同的音响效果。

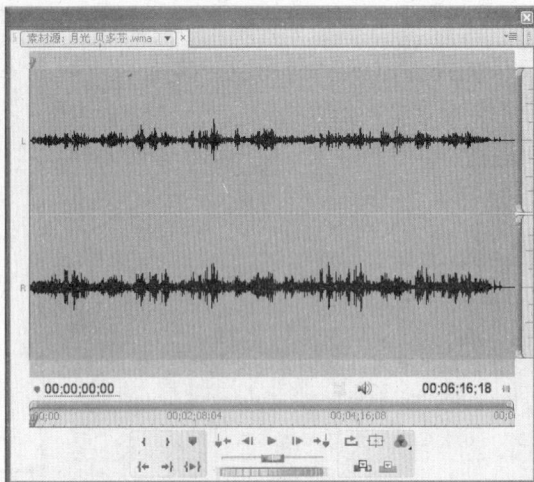

图 2-17 以波形的方式查看音频素材

2.2.6 效果面板

【效果】面板中列出了能够应用于素材的各种 Premiere Pro 特效滤镜，其中包括预置、音频特效、音频过渡、视频特效和视频切换 5 个大类，如图 2-19 所示。

在为素材应用各种特效滤镜的过程中，用户还可通过自定义容器的方式集中管理自己的常用滤镜。这样一来，便可提高编辑操作的执行效率，如图 2-20 所示。

2.2.7 特效控制台面板

该面板用于调整素材的运动、透明度和时间重置，并具备为其设置关键帧的功能，如图 2-21 所示。

图 2-18 【调音台】面板

图 2-19 【效果】面板中的特效滤镜

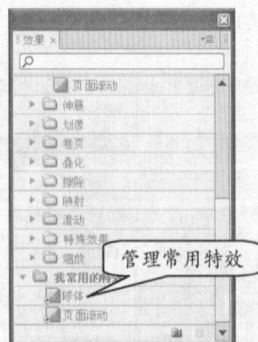

图 2-20 管理常用特效

提 示

【特效控制台】面板时间线视窗中的时间滑块会与【时间线】面板中的时间滑块同步移动。

在【特效控制台】面板中，用户只需调整一些默认参数，即可实现简单的动画效果。例如，将两张放置在不同轨道上的静态图像重叠后，在【特效控制台】面板内调整顶层轨道图片素材的【缩放比例】、【位置】和【旋转】参数，即可创建一个简单的转场动画，如图2-22所示。

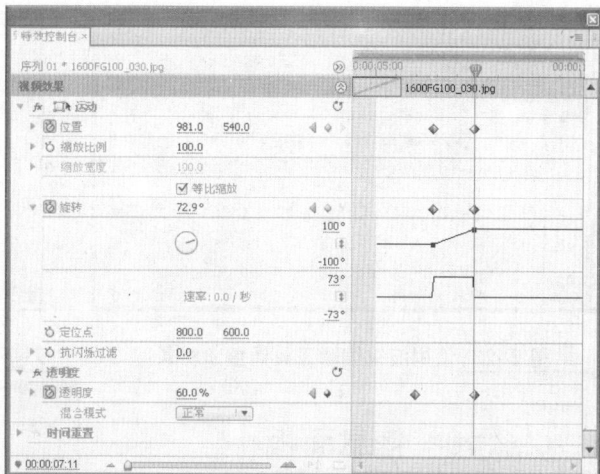

图 2-21 【特效控制台】面板

2.2.8 工具面板

该面板中的工具主要用于对时间线上的素材进行剪辑、添加或移除关键帧等操作。在【工具】面板中，单击某一工具按钮后，即可激活相应的工具调整素材信息，如图2-23所示。

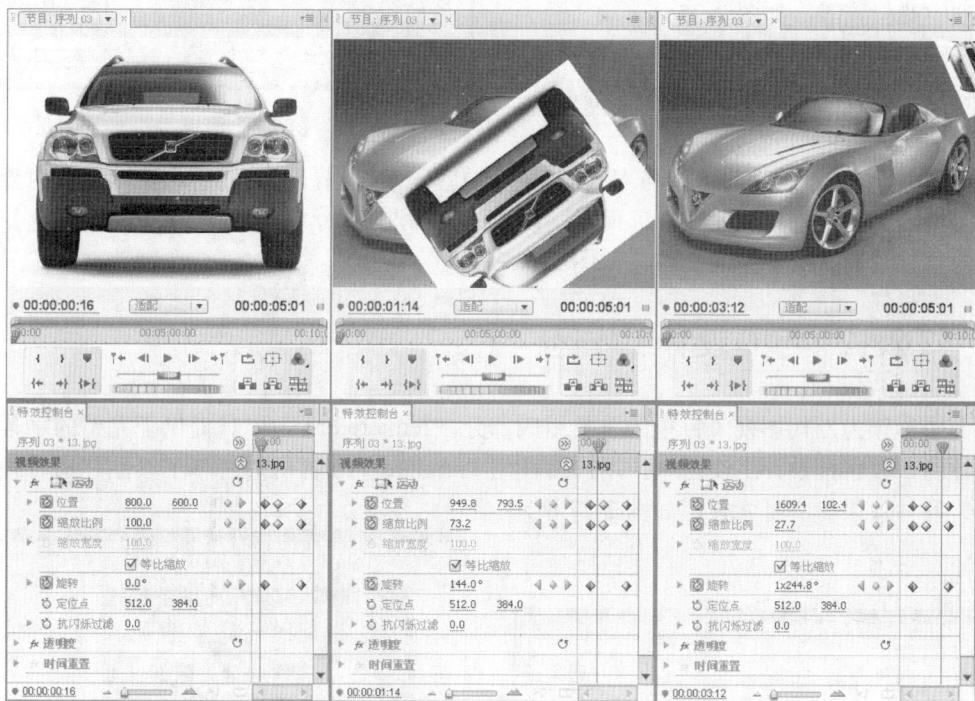

图 2-22 在【特效控制台】面板中自定义转场动画

2.2.9 历史面板

【历史】面板用于记录用户在进行影片编辑操作时执行的每一个 Premiere 命令。通过删除【历史】面板中的指定命令，还可实现按步骤还原编辑操作的目的，如图 2-24 所示。

图 2-23 使用波纹编辑工具调整素材长度

图 2-24 【历史】面板

2.2.10 信息面板

【信息】面板用于显示所选素材以及该素材在当前序列中的信息,包括素材本身的帧速率、分辨率、素材长度和该素材在当前序列中的位置等,如图 2-25 所示。

2.2.11 媒体浏览面板

图 2-25 【信息】面板

【媒体浏览】面板的功能与 Windows 资源管理器类似,能够让用户在该面板内查看计算机磁盘任何位置上的文件。而且,通过设置筛选条件,用户还可在【媒体浏览】面板内单独查看特定类型的文件,如图 2-26 所示。

2.2.12 字幕设计工作区

字幕作为当代影视节目中的重要组成部分,Premiere Pro 为用户提供了完整的字幕创作环境。在字幕设计工作区中,用户可利用 Premiere Pro 提供的字幕工具创建出各种样式、各种效果的字幕素材,如图 2-27 所示。

图 2-26 【媒体浏览】面板

图 2-27 字幕设计工作区

2.3 自定义 Premiere Pro CS4

在对 Premiere 有了一定认识后,便可以开始使用 Premiere 进行编辑、制作影片剪辑了。不过,为了提高在使用 Premiere 时的工作效率,在正式开始编辑影片剪辑前还应当对 Premiere Pro CS4 的界面布局进行一些调整,使其更加符合自己的操作习惯。

2.3.1 配置工作环境

熟悉软件的工作环境是快速提高 Premiere Pro 操作效率的重要方法之一,此后用户还可以按照自己的操作习惯自定义工作区,从而进一步提高编辑影片时的工作效率。本节将介绍自定义 Premiere Pro 工作区的方法。

1. 预设工作区布局方案简介

在 Premiere Pro CS4 中,系统为用户预置了 5 套不同的工作区布局方案,以便用户在进行不同类型的编辑工作时能够达到更高的工作效率。

❑ "编辑"工作区布局方案

这是 Premiere Pro CS4 默认使用的工作区布局方案,其特点在于该布局方案为用户进行项目管理、查看源素材和节目播放效果、编辑时间线等多项工作进行了布局优化,使用户在进行此类操作时能够快速找到所需面板或工具,如图 2-28 所示。

图 2-28 "编辑"工作区布局方案

❑ "元数据"工作区布局方案

当使用"元数据"工作区布局方案时,整个工作区将以【项目】面板和【元数据】

面板为主，以方便用户管理素材，如图 2-29 所示。

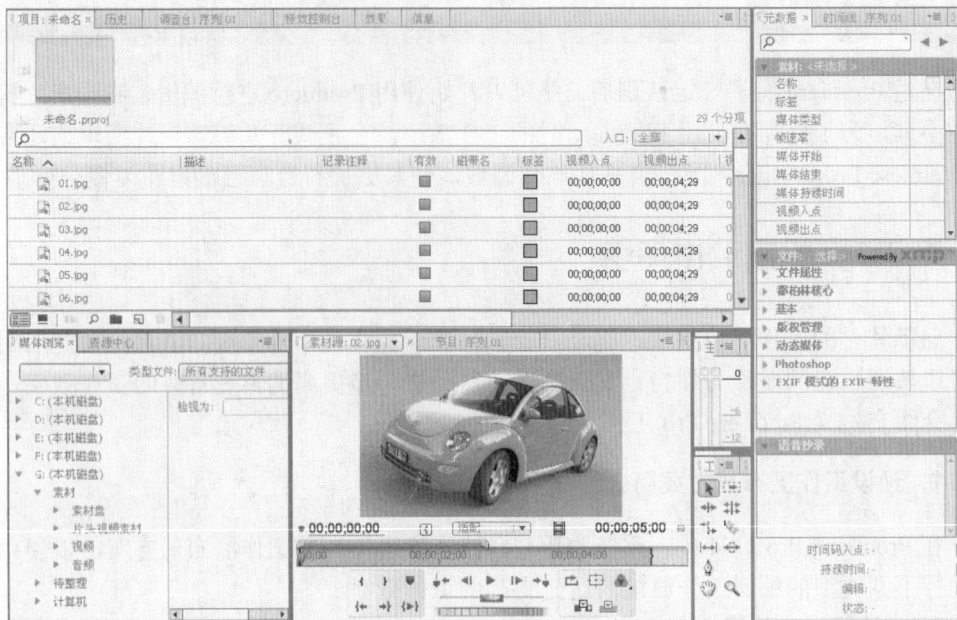

图 2-29 "元数据"工作区布局方案

❑ "效果"工作区布局方案

该工作区布局方案侧重于对素材进行特效类的处理，因此在工作界面中以【特效控制台】面板、【节目】面板和【时间线】面板为主，如图 2-30 所示。

图 2-30 "效果"工作区布局方案

❑ "色彩校正"工作区布局方案

"色彩校正"工作区布局方案多在调整影片色彩时使用，在整个工作环境中，由【效果】面板和 3 个不同的监视器面板所组成，如图 2-31 所示。

图 2-31 "色彩校正"工作区布局方案

❑ "音频"工作区布局方案

这是一种侧重于音频编辑的工作区布局方案，因此整个界面以【调音台】面板为主，用于显示素材画面的【节目】面板反倒变得不是那么重要，如图 2-32 所示。

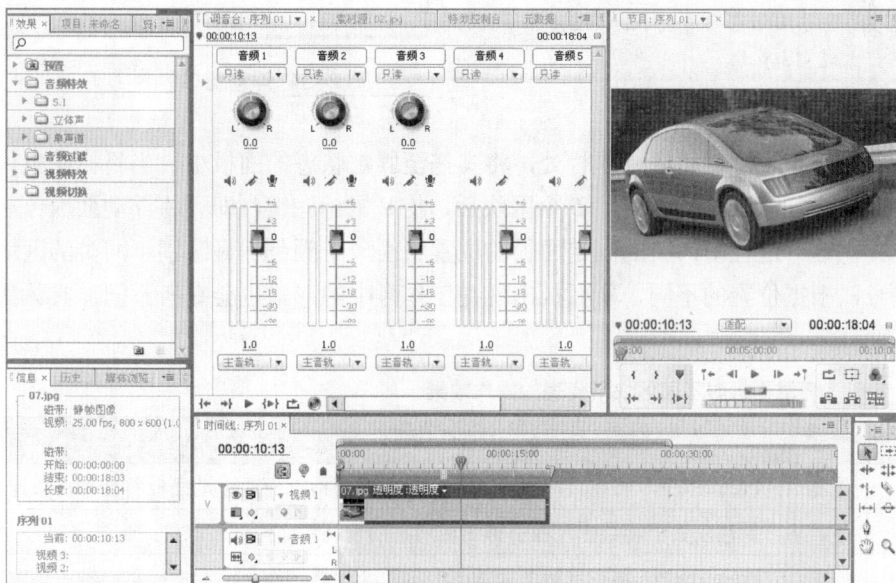

图 2-32 "音频"工作区布局方案

2. 自定义工作区

在编辑影片的过程中，为了让用户能够更好地投入到工作中，而不是反复查找各个面板或常用工具，Premiere Pro CS4 允许用户按照自己的操作习惯来定制工作区。下面将对定制工作区的方法进行讲解。

❑ 浮动工作窗格与工作面板

打开某个 Premiere Pro 编辑项目后，右击工作面板标题处，在弹出的快捷菜单中，执行【解除面板停靠】命令，即可浮动显示相应面板，如图 2-33 所示。浮动工作面板的好处在于，无论用户对 Premiere Pro 工作区进行怎样的调整，处于浮动状态的工作面板总会位于停靠状态面板的上方。

右击工作面板标题处，在弹出的快捷菜单中，执行【解除窗口停靠】命令，则整个窗格区域将变化为浮动窗口，而原窗口内的所有工作面板都将位于刚刚生成的浮动窗口内，如图 2-34 所示。

图 2-33 浮动工作面板

图 2-34 浮动窗口

> **提示**
>
> 将固定的窗格调整为浮动窗口后，Premiere Pro 会自动调整原窗格相邻窗格的大小，从而使整个工作区内不会出现空白区域。

❑ 停靠工作面板

在将光标置于浮动面板标题栏处，将其拖至固定状态的面板中，当目标面板内出现"上"、"中"、"下"、"左"、"右" 5 个区块后，松开鼠标左键，即可将浮动面板停靠在工作区中。在这一过程中，新的固定面板的位置将由一个颜色明显区别于同类的区块来表示。并且，根据位置的不同，新面板出现在工作区中的形式也会有所不同，具体情况如表 2-1 所示。

表 2-1 停靠面板时不同区块所代表的操作效果

位　置	描　　　　述
上	停靠后，Premiere Pro 将在目标面板的上方创建新窗格，而原浮动面板将会独占该窗格
中	停靠后，原浮动面板将会出现在目标面板所在的窗格中
下	停靠后，Premiere Pro 将在目标面板的下方创建新窗格，而原浮动面板将会独占该窗格
左	停靠后，Premiere Pro 将在目标面板的左侧创建新窗格，而原浮动面板将会独占该窗格
右	停靠后，Premiere Pro 将在目标面板的右侧创建新窗格，而原浮动面板将会独占该窗格

Premiere Pro CS4 不支持直接停靠浮动窗口的操作，因此用户只能通过逐一停靠该浮动窗口内部各面板的方法，将浮动窗口转换为固定状态的工作面板。

❑ 保存工作区布局方案

在将工作区全部调整合适后，执行【窗口】|【工作区】|【新建工作区】命令，并在弹出的【新建工作区】对话框内设置自定义方案名称。然后，单击【确定】按钮，即可将当前各面板的位置存储在一套新的工作区布局方案中，如图 2-35 所示。

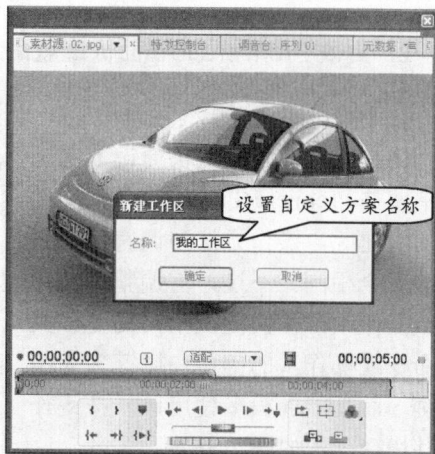

图 2-35 保存工作区布局方案

2.3.2 创建键盘快捷方式

在 Premiere Pro 中，用户不仅可以通过对其参数的设置进行自定义操作界面、视频的采集以及缓存设置等，还可以通过自定义快捷键的方式来简化编辑操作。

1. 更改 Premiere Pro 快捷键参数

在 Premiere Pro CS4 的主界面中，执行【编辑】|【自定义快捷键】命令，在弹出的【键盘快捷键】对话框中，默认显示 Premiere Pro CS4 内的所有菜单及操作快捷键选项，如图 2-36 所示。

在【注释】列表内选择某一菜单命令或操作项后，单击【快捷键】列表中的相应选项，此时即可按下键盘上的任意键或组合键，以便将其设为该菜单命令或操作项的键盘快捷键。在这一过程中，如果用户所设置的键盘快捷键与其他菜单命令或操作项的键盘快捷键相冲突，Premiere Pro CS4 会给出相应提示信息，如图 2-37 所示。此时，用户便需要在单击【撤销】按钮后，重复之前的键盘快捷键设置操作，直到所设置的键盘快捷键不会出现冲突为止，然后便可单击【确定】按钮保存设置。

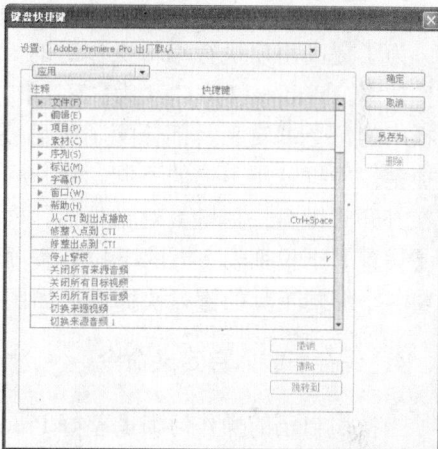

图 2-36 菜单及操作快捷键调整界面

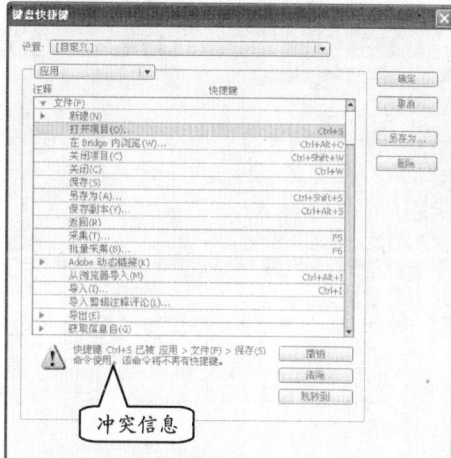

图 2-37 设置键盘快捷键

当自定义的键盘快捷键与原有键盘快捷键发生冲突时，还可通过清除原有键盘快捷键的方式来保证自定义键盘快捷键可正常工作。

2. 更改 Premiere Pro 面板键盘命令

在【键盘快捷键】对话框中，将【设置】下拉列表下方的下拉列表项设置为【面板】后，用户即可在【键盘快捷键】对话框中调整 Premiere Pro CS4 各功能面板的快捷键，操作方法与调整键盘快捷键完全相同。不过，与调整菜单命令或操作项键盘快捷键不同的是，菜单命令或操作项的键盘快捷键多为组合键，而功能面板多使用单一按键作为其快捷键，如图 2-38 所示。

3. 更改编辑工具的快捷键

为了提高用户执行编辑操作时的工作效率，Premiere Pro CS4 为【工具】面板中的每个编辑工具都分配了键盘快捷键。根据使用习惯的不同，用户可在打开【键盘快捷键】对话框后，

图 2-38 设置 Premiere Pro CS4 功能面板快捷键

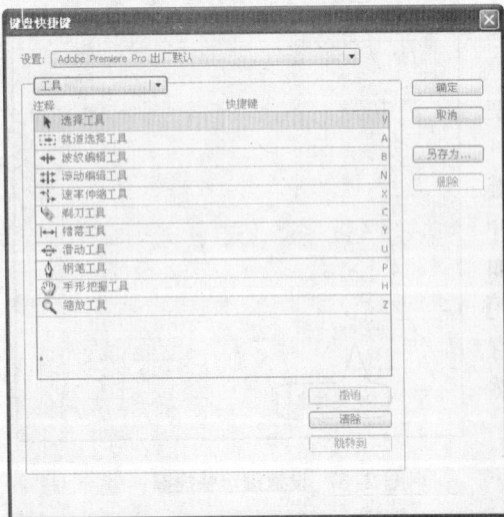

将【设置】下拉列表下方的下拉列表项设置为【工具】后，在【键盘快捷键】对话框中调整各个编辑工具的键盘快捷键，如图 2-39 所示。

4. 保存与载入自定义命令

当按照自己的操作习惯调整好 Premiere Pro CS4 中的各种键盘快捷键后，单击【键盘快捷键】对话框中的【另存为】按钮，并在弹出的【命名快捷键】对话框内设置名称，即可保存自定义键盘快捷键预设方案，如图 2-40 所示。

图 2-39 更改编辑工具的快捷键

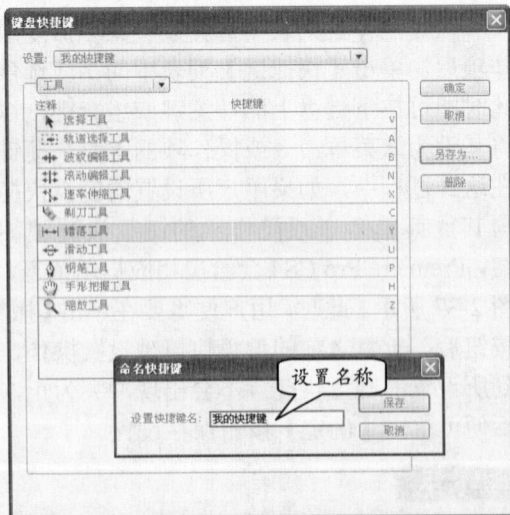

图 2-40 保存自定义键盘快捷键预设方案

2.3.3　设置程序参数

对于 Premiere Pro 这样一款体积庞大、功能众多的应用软件来说，优秀且合理的程序参数设置不仅对软件的良好运行有帮助，还能够在一定程度上提高用户的工作效率。为此，接下来将对 Premiere Pro CS4 的程序参数设置进行简单的讲解。

1．常规

执行【编辑】|【参数】|【常规】命令后，即可弹出【参数】设置对话框，其默认设置项便是【常规】选项卡，如图 2-41 所示。

在【常规】选项卡中，通过对【预卷】和【后卷】选项的调整，可自定义影片在播放前后的预留时间，这样在影片开始播放和播放结束后便不会显得过于突然。

【视频切换默认持续时间】、【音频过渡默认持续时间】和【静帧图像默认持续时间】这 3 个选项用于设置特效的默认持续时间。

在【文件夹】选项组中的设置则用于控制用户在【项目】面板中打开文件夹时，所采用 3 种不同操作方法后的文件夹打开效果，如图 2-42 所示。

2．界面

【界面】选项卡中的滑杆选项用于调整 Premiere Pro CS4 的界面亮度，默认界面效果如图 2-43 所示。

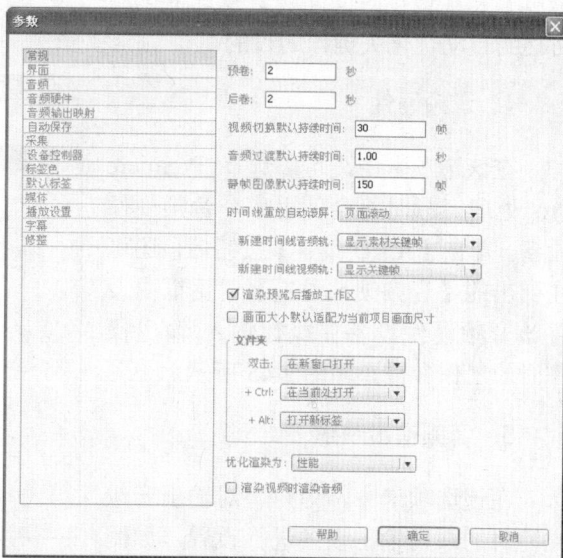

图 2-41　【常规】选项卡

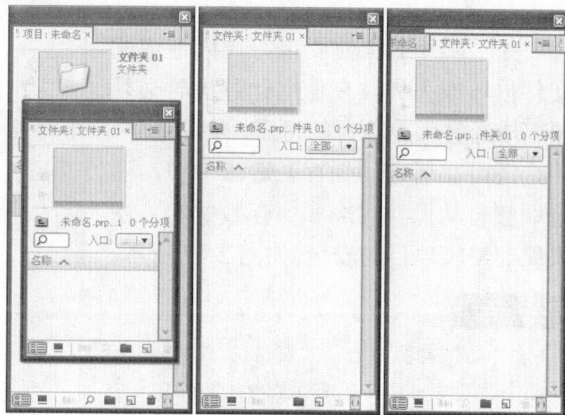

图 2-42　不同方式打开文件夹的效果

3. 音频

在【音频】选项卡中，系统提供了 4 种环绕立体声类型供用户选择，包括"仅有前置"、"前置+环绕"、"前置+重低音"和"前置+环绕+重低音"，如图 2-44 所示。此外，通过选中【减少线性关键帧密度】和【最小时间间隔】复选框，还可达到自动优化关键帧的目的。

4. 音频硬件

在该选项卡中，可以选择 Premiere Pro 处理音频时将会使用哪个音频硬件设备。单击【ASIO 设置】按钮后，还可在弹出的【音频硬件设置】对话框内设置该音频硬件设备在执行输入/输出操作时的工作参数，如图 2-45 所示。

5. 音频输出映射

在该选项卡中，用户可对输出音频文件时的映射输出设备进行设置，如图 2-46 所示。

6. 自动保存

为了防止因突然断电等原因造成的文件损坏或丢失，在使用计算机时必须要养成经常保存项目的习惯。除此之外，用户还可在【自动保存】选项卡中，通过调整自动保存间隔和保存数量的方法来保证编辑项目的安全，如图 2-47 所示。

提 示

开启自动保存功能后，默认情况下 Premiere Pro 会将项目文件自动保存至系统默认目录中的 My Documents\Adobe\Premiere Pro\4.0\Adobe Premiere Pro Auto-Save 文件夹内。

7. 采集

在采集选项卡中，用户可以对捕捉视频或音频素材时的部分采集参数进行调整，如图 2-48 所示。

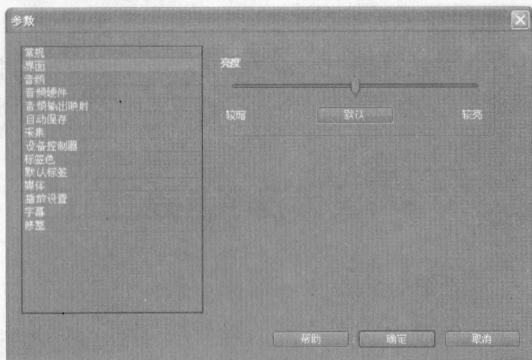

图 2-43 默认界面效果

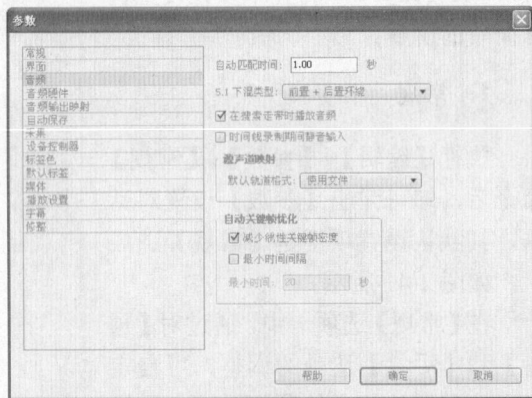

图 2-44 【音频】选项卡

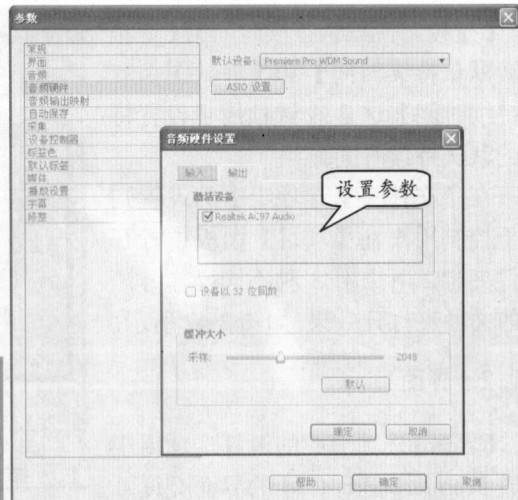

图 2-45 设置音频硬件设备的工作参数

此外，由于采集素材时往往会由于丢帧而造成素材不完整等问题，因此可在启动【采集】选项卡内的相应复选框后，让Premiere Pro在采集素材时出现丢帧问题时自动采取中断采集、弹出提示框和生成日志文件等措施。

8. 设备控制器

该选项卡用于设置 Premiere Pro 所采用的设备控制模式，以便从不同视频设备中采集素材，如图 2-49 所示。

在【设备控制器】选项卡的【设备】下拉列表内选择模式类型后，单击右侧的【选项】按钮，即可在弹出的【DV/HDV设备控制设置】对话框内设置该类型设备采用的视频格式、设备品牌等具体参数，如图 2-50 所示。

9. 标签色

在该选项卡中，可以对 Premiere Pro 操作界面中的素材标签色彩进行调整，以便区分不同类型的素材文件或元素，如图 2-51 所示。

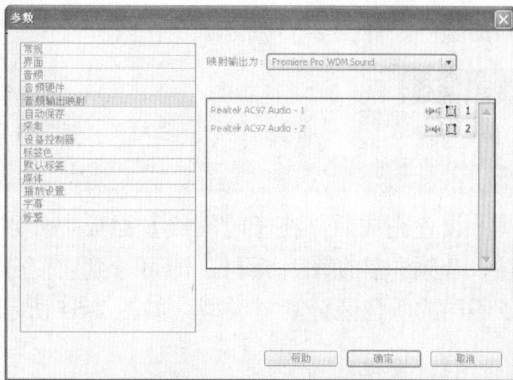

图 2-46 【音频输出映射】选项卡

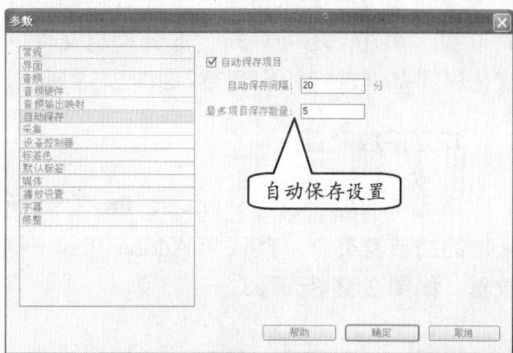

图 2-47 【自动保存】选项卡

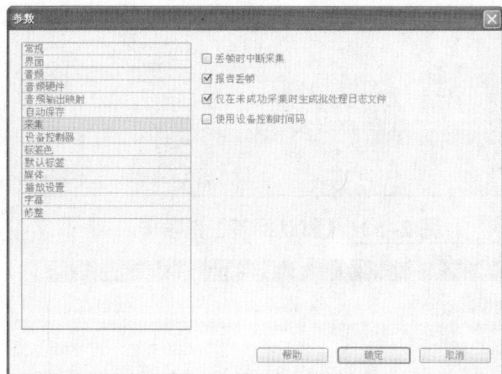

图 2-48 【采集】选项卡

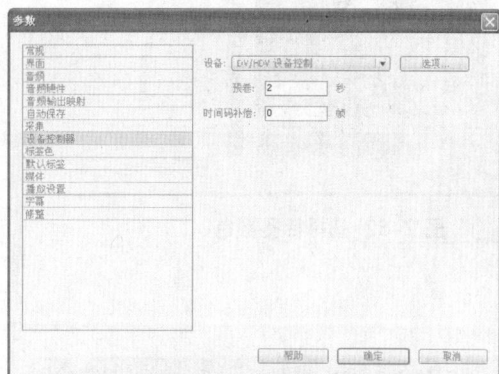

图 2-49 调整设备采集模式

更改标签颜色时，只需单击文本框右侧的"色块"按钮，即可在弹出的【颜色拾取】对话框中选择标签颜色，如图 2-52 所示。

10. 默认标签

在该选项卡中，用户可以根据个人习惯为文件夹、序列、视频、音频等选项设置不同的颜色，如图2-53所示。

提　示

在各标签的下拉列表中，各种颜色均是【标签颜色】选项卡中所设置的颜色。

设置完成后，在【时间线】面板中分别导入视频、音频和静帧图片素材，即可看到它们分别使用了不同的颜色区分素材类型，如图2-54所示。

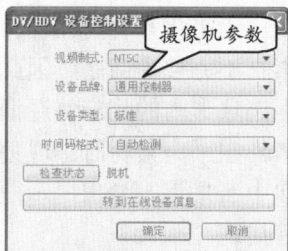
图 2-50　更改采集模式具体参数

11．媒体

【媒体】选项卡中的各个选项主要用于设置媒体高速缓冲文件和高速缓冲数据库的存储位置。此外，还可对同一部分素材文件的媒体时间基准进行相应调整，如图2-55所示。

12．播放设置

该选项卡用于设置 Premiere Pro CS4 所采用的播放器类型，默认为 Adobe Player 播放器，如图2-56所示。

图 2-51　【标签色】选项卡

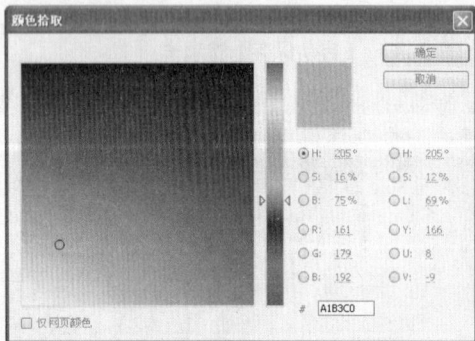
图 2-52　选择标签颜色

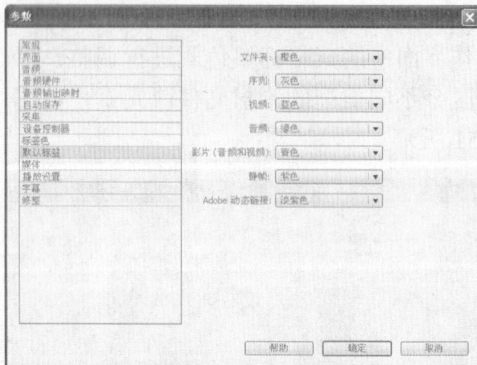
图 2-53　【默认标签】选项卡

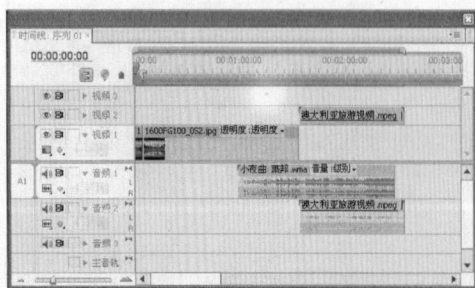
图 2-54　不同标签颜色的实例演示

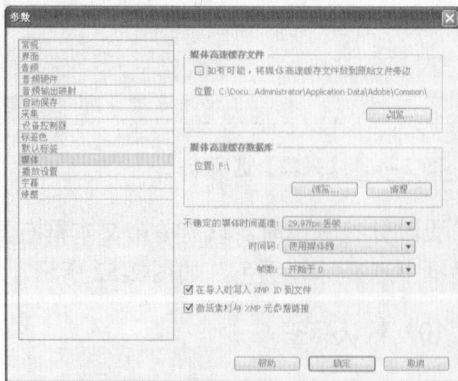
图 2-55　【媒体】选项卡

13. 字幕

在【字幕】选项卡中，用户通过调整【样式示例】和【字体浏览】选项中的内容，可实现调整 Premiere Pro 部分选项示例内容的目的，如图 2-57 所示。

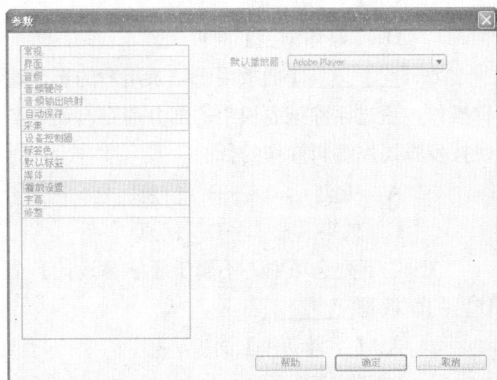

图 2-56 选择播放器类型

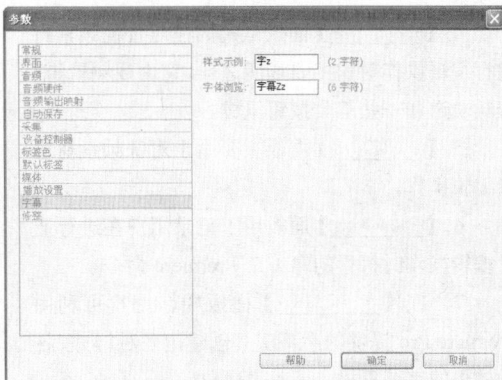

图 2-57 【字幕】选项卡

例如，在调整【样式示例】和【字体浏览】选项中的内容后，【字幕样式】面板中的默认示例内容也发生了变化，如图 2-58 所示。

14. 修整

在该选项卡中，用户可对修整视频和音频素材时的最大偏移量进行设置，如图 2-59 所示。

图 2-58 修改示例内容

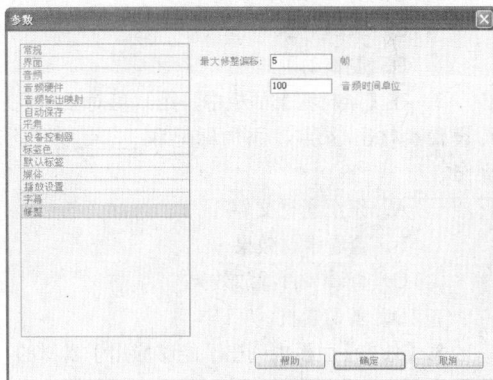

图 2-59 修整参数设置

2.4 思考与练习

一、填空题

1. Premiere Pro 不但可以直接从便携式数字摄像机或磁带录像机上捕获视频素材，还可通过_____直接捕获音频素材。

2. Premiere Pro CS4 支持导入和导出几乎所有的主流媒体格式，如 FLV、F4V、MPEG-2、QuickTime、Windows Media、_____、BWF、

AIFF、JPEG、PNG、PSD、TIFF 等。

3．Premiere Pro CS4 拥有更为全面、丰富的_____能力，这让编辑人员能够精确控制影片的每一个制作环节，使得影片能够拥有更好的播出效果。

4．【_____】面板是人们在对音视频素材进行编辑操作时的主要场所之一，它由视频轨道、音频轨道和一些工具按钮组成。

5．【_____】面板主要用于对音频素材进行编辑操作。

6．【_____】面板用于记录用户在进行影片编辑操作时执行的每一个 Premiere 命令。

7．在【_____】面板中，用户可利用 Premiere Pro 提供的字幕工具创建出各种样式、各种效果的字幕素材。

8．在 Premiere Pro CS4 的主界面中，执行【编辑】|【_____】命令后，系统将会弹出可用于调整各种快捷键的【键盘快捷键】对话框。

二、选择题

1．下列选项中，不属于 Premiere 主要功能的是_____。

    A．捕获素材

    B．剪辑与编辑素材

    C．编辑字幕

    D．制作动画

2．在【素材源】面板中，用户可对素材进行设置素材出/入点、添加标记和_____等操作。

    A．组织素材文件

    B．查看素材效果

    C．查看节目播放效果

    D．剪切素材

3．【效果】面板内列出了能够应用于素材的各种 Premiere Pro 特效滤镜，其中包括预置、音频特效、音频过渡、_____和视频切换 5 个大类。

    A．蒙版特效   B．合成特效

    C．动画特效   D．视频特效

4．【_____】面板不仅具备调整素材运动、透明度和时间重置的功能，还具有为素材设置关键帧的能力。

    A．历史   B．媒体浏览

    C．特效控制台   D．工具

5．在下列面板中，主要用于查看素材播放效果的面板是_____。

    A．【项目】面板

    B．【素材源】面板

    C．【节目】面板

    D．【媒体浏览】面板

6．【_____】面板用于记录用户的影片编辑操作，通过删除该面板中的部分命令，还可实现按步骤还原编辑操作的目的。

    A．历史   B．信息

    C．效果   D．信息

7．在下列选项中，不属于【字幕设计】工作区的面板是_____。

    A．【字幕动作】面板

    B．【字幕】面板

    C．【工具】面板

    D．【字幕属性】面板

8．Premiere Pro CS4 允许用户更改的键盘快捷键不包括以下哪一部分？_____

    A．特效快捷键

    B．菜单快捷键

    C．面板工作快捷键

    D．编辑工具快捷键

三、简答题

1．Premiere CS4 都有哪些新增功能？

2．简单介绍【时间线】面板的构成与作用。

3．【历史】面板的作用是什么？

4．【媒体浏览】面板的功能是什么？

5．怎样自定义 Premiere Pro CS4 的界面？

四、上机练习

1．自定义 Premiere Pro CS4 工作区

由于使用需求的不同，每个人在使用 Premiere Pro CS4 编辑影视节目时都会有自己的使用习惯。为了满足大家的需求，Premiere Pro CS4 支持用户自定义自己的工作环境，接下来要做的便是根据个人操作习惯来改变 Premiere 的默认工作区布局，如图 2-60 所示。

2．自定义键盘快捷键

除了能够自定义工作区外，Premiere Pro

CS4 还允许用户自定义键盘快捷键。通过调整【键盘快捷键】对话框中的各项设置,用户几乎能够对 Premiere Pro CS4 中的所有操作设置快捷操作键,从而达到提高编辑效率的目的,如图 2-61 所示。

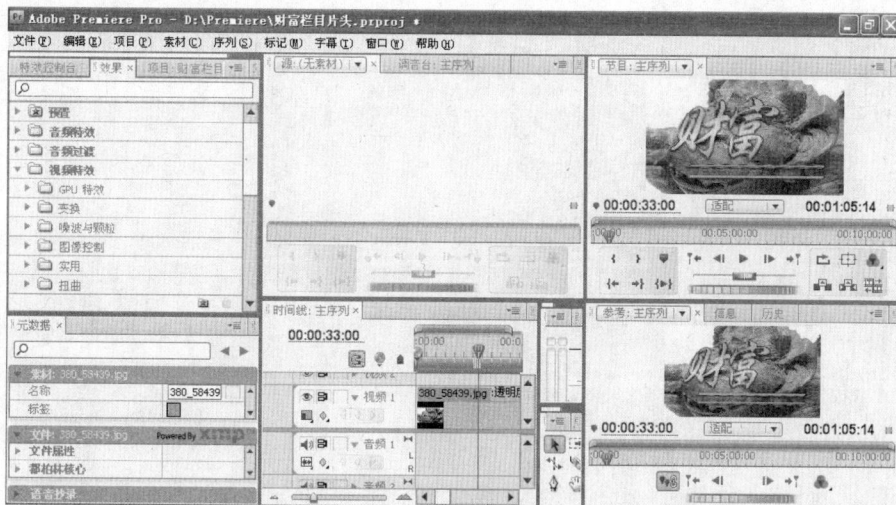

图 2-60 自定义工作区

图 2-61 自定义键盘快捷键

第 3 章
管理编辑项目与素材

在对视频编辑的基本方法和 Premiere Pro 工作环境有了一定认识后，便可开始进入影片编辑阶段。在该阶段中，需要首先学习导入与管理素材，以及管理编辑项目的方法，从而为制作优质影视节目打下良好的基础。

本章学习要点：

- ➢ 创建和配置项目
- ➢ 创建序列
- ➢ 设置首选项
- ➢ 采集和导入素材
- ➢ 管理素材
- ➢ 创建片头和颜色素材

3.1 配置项目

Premiere 中的项目是为获得某个视频剪辑而产生的任务集合，或者可以将其理解为对某个视频文件的编辑处理工作。在制作影片时，由于所有操作都是围绕项目进行的，因此对 Premiere 项目的各项管理、配置工作便显得尤为重要。

3.1.1 创建项目

在 Premiere 中，所有的影视编辑任务都以项目的形式出现，因此创建项目文件便成为使用 Premiere 制作影片时必须首先进行的工作。为此，Premiere 提供了多种创建项目的方法。

1. 通过欢迎界面创建项目

启动 Premiere Pro CS4 后，系统将自动弹出欢迎界面。在该界面中，系统列出了部分最近使用的项目，以及【新建项目】、【打开项目】和【帮助】这 3 个不同功能的按钮，如图 3-1 所示。此时只需单击【新建项目】按钮，即可创建新的 Premiere 影片编辑项目。

> **提示**
>
> 在欢迎界面中，直接单击【退出】按钮后，系统将关闭 Premiere Pro CS4。

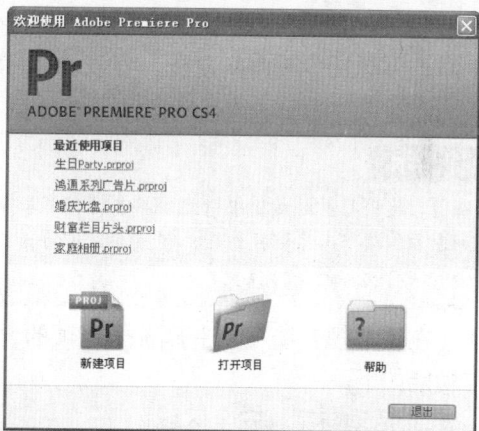

图 3-1　Premiere Pro CS4 欢迎界面

2. 在 Premiere 主界面内创建项目

在进入 Premiere 主界面后，单击【文件】菜单，并选择【新建】级联菜单中的【项目】选项，即可在不通过 Premiere 欢迎界面的情况下直接创建项目，如图 3-2 所示。

图 3-2　在主界面内创建项目

3.1.2 项目设置

执行完成创建项目的命令后，系统将自动弹出【新建项目】对话框。在该对话框中，还需要对项目的配置信息进行一系列调整，使其满足用户在编辑影片时的各项需求。

1. 设置常规配置信息

默认情况下，【新建项目】对话框将直接显示【常规】选项卡中的内容。在这里，用户不仅能够设置项目文件的名称和保存位置，还可对视频画面安全区、音视频显示格式等内容进行调整，如图 3-3 所示。

在【常规】选项卡中，各个选项的含义与功能如下。

❑ **活动与字幕安全区域**

为了确保影片中的字幕和动作能够完整展现在电视机等播放设备的画面中，可通过在【活动与字幕安全区域】选项组中设置垂直与水平距离的方式，标识安全区域的范围。

❑ **视频和音频显示格式**

在【视频】和【音频】选项组中，【显示格式】选项的作用都是设置素材文件在项目内的标尺单位。

❑ **采集格式**

当需要从摄像机等设备内获取素材时，【采集格式】选项的作用便是要求 Premiere Pro 以规定的采集方式来获取素材内容。

2. 配置暂存盘

在【新建项目】对话框内选择【暂存盘】选项卡，以便设置采集到的音视频素材、视频预览文件和音频预演文件的保存位置，如图 3-4 所示。完成后，单击【新建项目】对话框中的【确定】按钮，即可完成项目文件

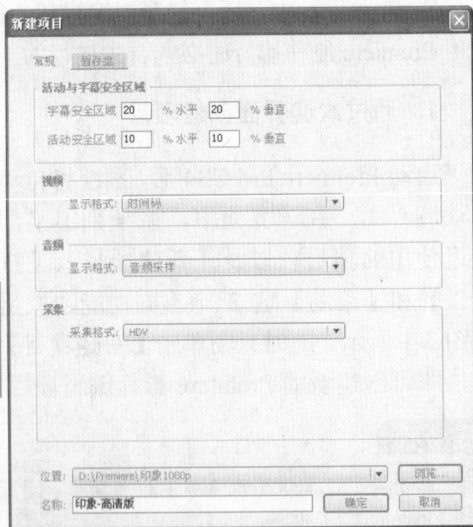

图 3-3 设置项目参数

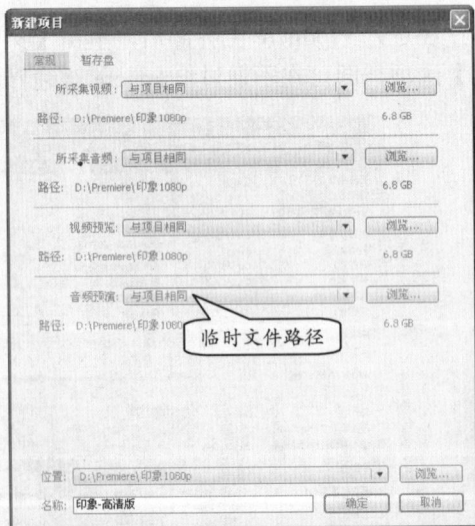

图 3-4 设置临时文件保存位置

Premiere Pro CS4 中文版标准教程

的创建工作。

3.1.3　创建并设置序列

Premiere 内所有组接在一起的素材，以及这些素材所应用的各种滤镜和自定义设置，都必须被放置在一个被称为"序列"的 Premiere 项目元素内。可以看出，序列对项目的重要性极其重要，因为只有当项目内拥有序列时，用户才可进行影片编辑操作。

1. 在新建项目时创建序列

新建项目文件后，Premiere 将自动弹出【新建序列】对话框。在默认显示的【序列预置】选项卡中，Premiere 分门别类地列出了众多序列预置方案，在选择某种预置方案后，还可在右侧文本框内查看相应的方案描述信息与部分参数，如图 3-5 所示。

如果 Premiere 提供的预置方案都不符合需求，还可通过调整【常规】与【轨道】选项卡内各序列参数的方式自定义序列配置信息。

在【常规】选项卡中，用户可对序列所采用的编辑模式、时间基准，以及视频画面和音频所采用的标准进行调整，如图 3-6 所示。

【常规】选项卡中各个选项的含义及作用如下。

❑ **编辑模式**

该选项用于设定新序列将要以哪种序列预置方案为基础来设置新的序列配置方案。

❑ **时间基准**

该选项用于设置序列所应用的帧速率标准，在设置时应根据目标播出设备的规则进行调整。

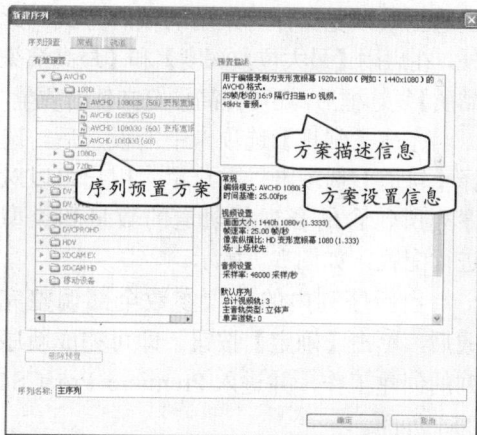

图 3-5　选择序列预置方案

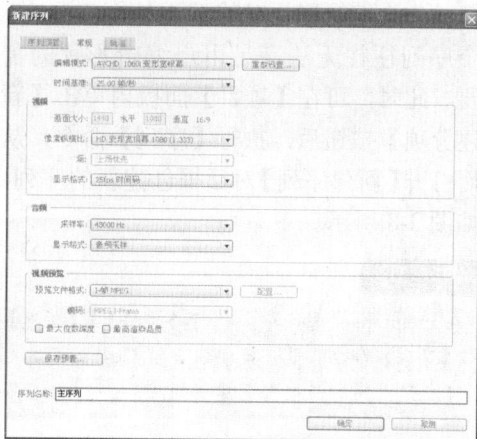

图 3-6　【常规】选项卡

❑ 视频

该选项组中的选项用于调整与视频画面有关的各项参数，其中的【画面大小】选项用于设置视频画面的分辨率；【像素纵横比】下拉列表内则根据编辑模式的不同，包括有0.9091、1.0、1.2121、1.333、1.5、2.0 等多种选项供用户选择；至于【场】选项，则用于设置扫描方式（隔行扫描或逐行扫描）；最后的【显示格式】选项用于设置序列中的视频标尺单位。

❑ 音频

【音频】选项组中的【采样率】用于统一控制序列内的音频文件采样率，而【显示格式】选项则用于调整序列中的音频标尺单位。

❑ 视频预览

在该选项组中，【预览文件格式】用于控制 Premiere 将以哪种文件格式来生成相应序列的预览文件。当采用 Microsoft AVI 作为预览文件格式时，还可在【编码】下拉列表内挑选生成预览文件时采用的编码方式。此外，在启用【最大位数深度】和【最高渲染品质】复选框后，还可提高预览文件的质量。

完成【常规】选项卡中的设置后，选择【轨道】选项卡。在这里，用户可以对序列所包含的音视频轨道的数量和类型进行配置，如图 3-7 所示。

当新序列内的各项参数全部调整完成后，单击【确定】按钮，即可完成新序列的创建工作，并进入 Premiere Pro CS4 的主界面。

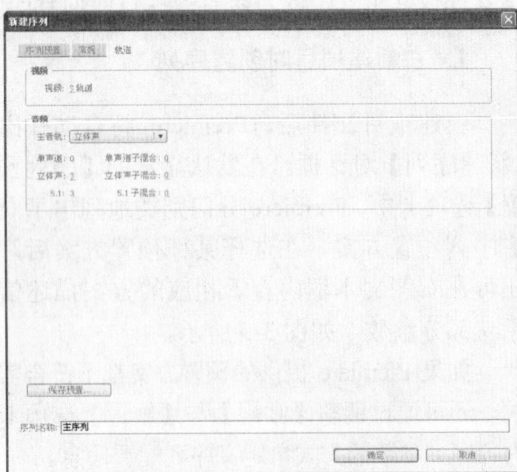

图 3-7 【轨道】选项卡

2. 在项目内新建序列

作为编辑影片时的重要对象之一，一个序列往往无法满足用户编辑影片的需要。此时，可在【项目】面板内单击【新建分项】按钮后，执行【序列】命令，从而打开【新建序列】对话框创建新的序列，如图 3-8 所示。

技 巧

在 Premiere 主界面中，执行【文件】|【新建】|【序列】命令，或直接按组合键 Ctrl+N 后，也可在弹出的对话框内创建新的序列。

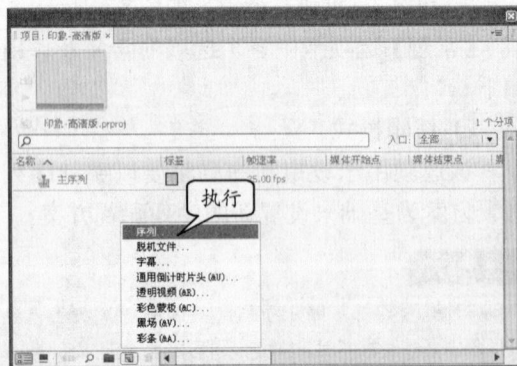

图 3-8 为项目创建更多的序列

3.2 打开和保存项目

在编辑影片的过程中，必须在对项目文件做出更改后及时进行保存，以避免发生意外情况时影响整个制作项目的工作进度。保存项目的另一作用在于，用户可随时对已保存的项目进行重新编辑，如修改其中的错误或更新素材内容等。

3.2.1 保存项目文件

由于 Premiere 在创建项目之初便已经要求用户设置项目的保存位置，因此在保存项目文件时无须再次设置文件保存路径。此时，用户只需执行【文件】|【保存】命令，即可将更新后的编辑操作添加至项目文件内，如图 3-9所示。

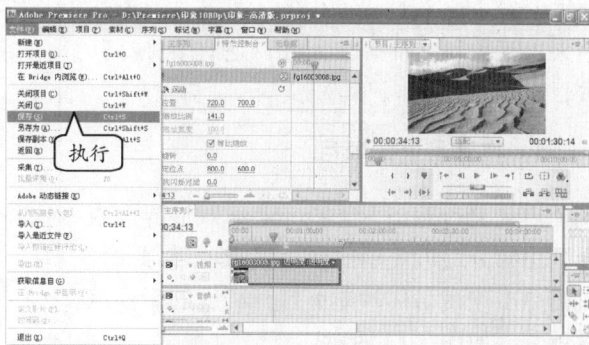

图 3-9 保存项目文件

技 巧

在编辑影片的过程中，直接按组合键 Ctrl + S 后，也可快速保存对项目文件的更改。

1. 保存项目副本

在编辑影片的过程中，如果需要阶段性地保存项目文件，选择保存项目副本是个不错的主意。操作时，选择【文件】菜单，并执行【保存副本】命令，即可在弹出的对话框内设置项目副本的文件名称与保存位置，如图 3-10 所示。

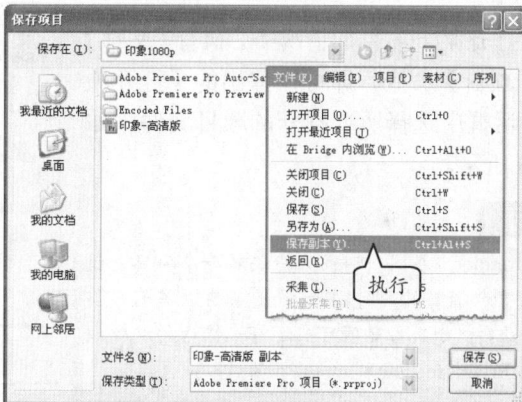

图 3-10 保存项目副本

2. 项目文件另存为

除了保存项目副本外，另存为项目文件也可起到生成项目副本的目的。操作时，执行【文件】|【另存为】命令，即可在弹出的【保存项目】对话框中使用新的名称保存项目文件，如图 3-11 所示。

从功能上来看，保存项目副本和项目文件另存为的功能完全一致，都是在源项目的基础上创建新的项目副本。两者之间的差别在于，使用【保存副本】命令生成项目副本后，Premiere 中的当前项目仍然是源项目；而在使用【另存为】命令生成项目副本后，Premiere 会自

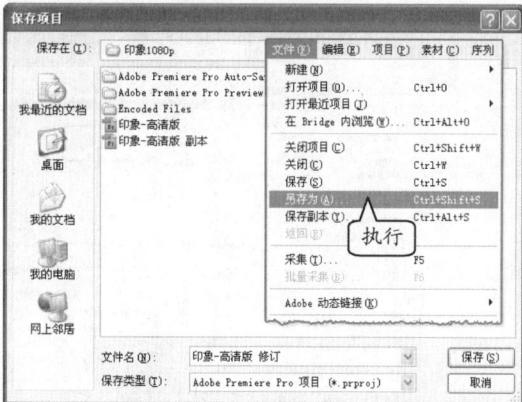

图 3-11 项目文件另存为

动关闭源项目，此时工作区中打开的是刚刚生成的项目副本。

3.2.2 打开项目

打开 Premiere 项目文件的方法有很多种，例如在资源管理器内双击项目文件，或通过 Premiere 欢迎界面中的【打开项目】按钮来打开项目文件等。此外，还有多种打开项目文件的方法。

1. 打开最近的项目

启动 Premiere 后，Premiere 欢迎界面中会列出部分最近使用的影片编辑项目。此时，只需单击项目名称，即可打开相应的影片编辑项目，如图 3-12 所示。

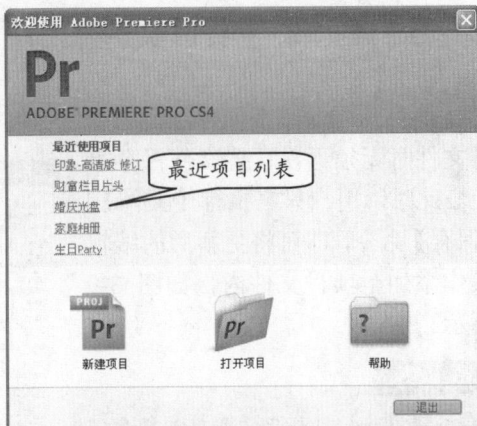

图 3-12　通过欢迎界面打开项目

2. 通过菜单命令打开项目

在打开某一项目的情况下，执行【文件】|【打开项目】命令，即可在弹出的【打开项目】对话框中选择所要打开的项目文件，如图 3-13 所示。

提 示

由于 Premiere 在同一时间只能编辑一个项目，因此在打开新项目的同时，Premiere 会自动关闭当前项目。此时，如果当前项目内还有未保存的编辑操作，则 Premiere 还会提示用户进行保存。

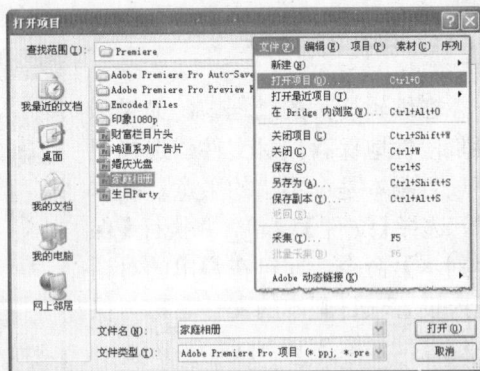

图 3-13　通过菜单命令打开项目

除此之外，用户还可通过执行【文件】|【打开最近项目】命令，并在弹出级联菜单内选择项目选项的方式，快速打开最近曾经打开过的项目，如图 3-14 所示。

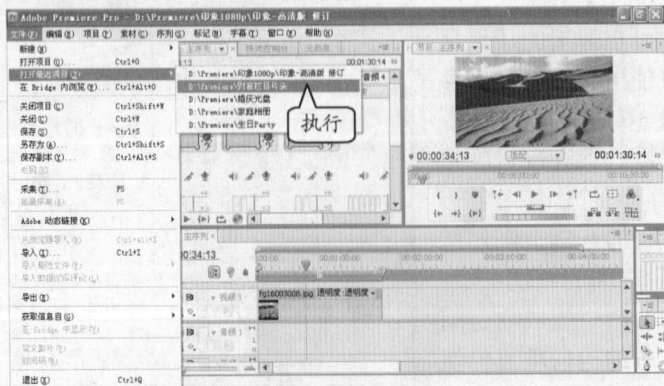

图 3-14　通过菜单命令打开最近项目

3.3 采集素材

　　Premiere 中的素材可以分为两大类，一种是利用软件创作出的素材（如字幕素材），另一种则是通过计算机从其他设备内导入的素材（通常为音视频素材）。本节将向用户介绍通过采集卡导入视频素材，以及通过麦克风录制音频素材的方法。

3.3.1 采集视频

　　所谓视频采集就是将模拟摄像机、录像机、LD 视盘机、电视机输出的视频信号，通过专用的模拟或者数字转换设备，转换为二进制数字信息后存储于计算机的过程。在这一过程中，采集卡是必不可少的硬件设备，如图 3-15 所示。

　　在 Premiere 中，用户可通过 1394 卡或具有 1394 接口的采集卡来采集信号和输出影片。对视频质量要求不高的用户，也可以通过 USB 接口从摄像机、手机和数码相机上接收视频，下面将对其方法进行简单介绍。

　　在正确配置硬件后，便可启动 Premiere，并单击【文件】菜单，执行【采集】命令，打开【采集】面板，如图 3-16 所示。

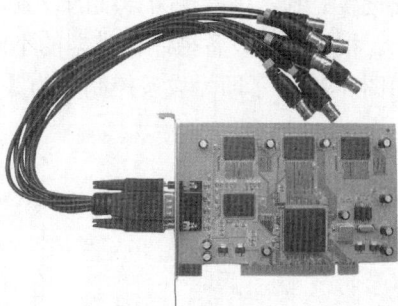

🔘 图 3-15　视频采集卡

> **提　示**
>
> 打开编辑项目后，按快捷键 F5，即可直接在 Premiere 工作区中打开【采集】面板。

> **提　示**
>
> 此时由于还未将计算机与摄像机连接在一起，因此设备状态还是"采集设备脱机"，且部分选项将被禁用。

1. 熟悉【采集】面板

　　在【采集】面板中，左侧为视频预览区域，预览区域的下方则是采集视频时的

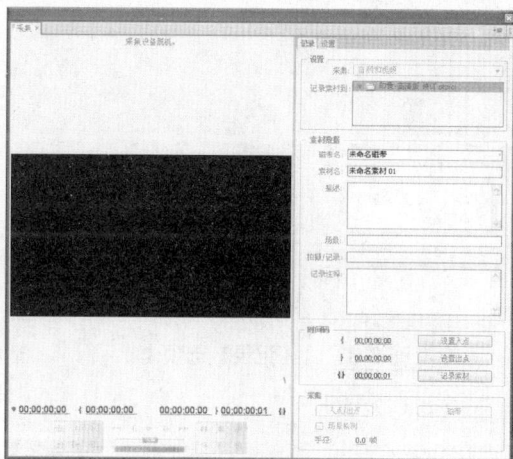

🔘 图 3-16　【采集】面板

设备控制按钮，如图 3-17 所示。利用这些按钮，可控制视频的播放与暂停，并设置视频素材的入点和出点。

> **提　示**
>
> 在使用 Premiere 采集视频素材时，入点和出点是指所采集视频素材的开始位置和结束位置。

　　【采集】面板的右侧为采集参数控制区，各设置选项分别位于【记录】和【设置】选

项卡中。在其中的【记录】选项卡内，用户可对素材的采集类型、采集格式以及素材标识数据等内容进行设置，如图 3-18 所示。在【设置】选项卡中，用户可以针对不同类型的素材，分别设置其存储位置和采集方式等内容，如图 3-19 所示。

如果需要调整素材采集方式，还可在【设置】选项中单击【编辑】按钮，然后在弹出对话框的下拉列表内调整采集设置，如图 3-20 所示。

在【设备控制器】选项组中，单击【设备】下拉列表下方的【选项】按钮后，还可对当前所选设备控制器进行更为详细的设置，如图 3-21 所示。根据所选设备控制器类型的不同，在配置设备控制器时所要调整的参数也不同，例如图 3-22 所示即为设备控制器为【串行设备控制】选项时所要调整的内容。

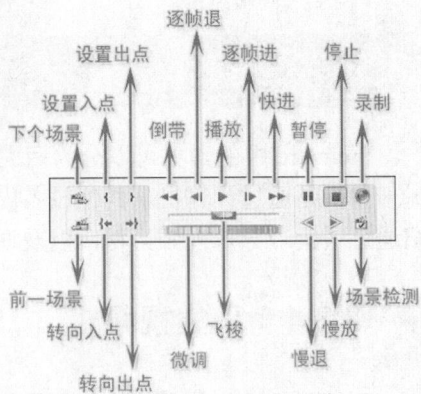

图 3-17 设备控制按钮

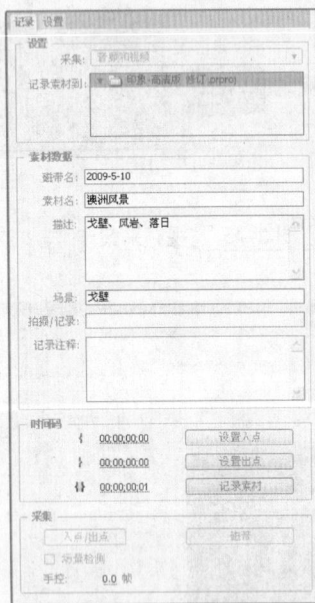

图 3-18 【记录】选项卡

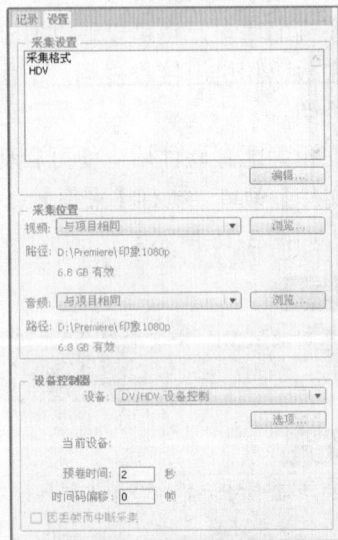

图 3-19 【设置】选项卡

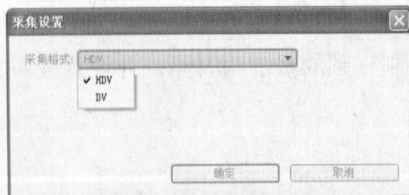

图 3-20 调整采集方式

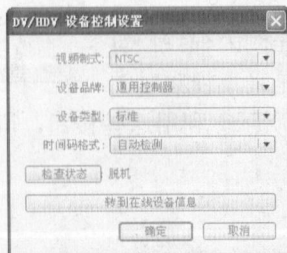

图 3-21 配置设备控制器

图 3-22 串行设备控制器配置选项

2. 采集视频素材

在熟悉【采集】面板中的各项设置后，将计算机与摄像机连接在一起。稍等片刻后，【采集】面板中的选项将被激活，且"采集设备脱机"的信息也将变成"停止"信息。

此时，单击【播放】按钮，当视频画面播放至适当位置时，单击【录制】按钮，即可开始采集视频素材，如图 3-23 所示。

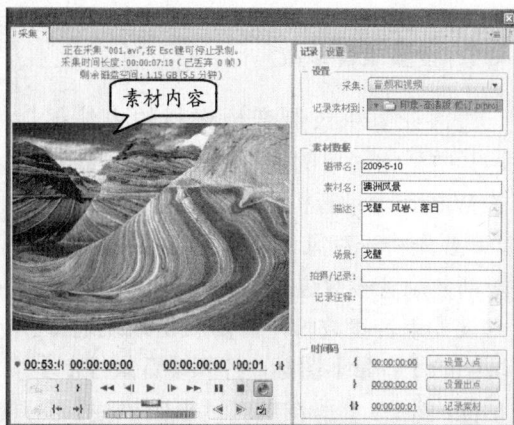

图 3-23 采集视频素材

采集完成后，单击【录制】按钮，Premiere 将自动弹出【保存已采集素材】对话框。在该对话框中，用户可对素材文件的名称、描述信息、场景等内容进行调整，完成后单击【确定】按钮，即可结束素材采集操作，如图 3-24 所示。

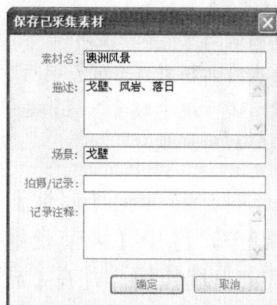

图 3-24 素材采集完成

素材采集完成后，关闭【采集】面板。此时，即可在【项目】面板内查看到刚刚采集获得的素材，如图 3-25 所示。

在【项目】面板中双击采集到的视频素材后，按空格键即可在【素材源】面板中预览该视频素材，如图 3-26 所示。

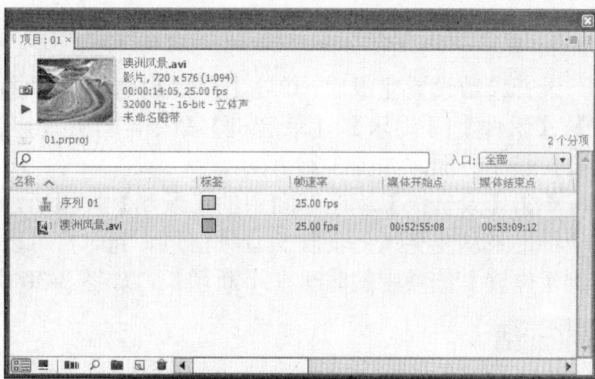

图 3-25 采集到的视频素材

3.3.2 录制音频

与复杂的视频素材采集设备相比，录制音频素材所要用到的设备要简单许多。通常情况下，用户只需拥有一台计算机、一块声卡和一个麦克风即可。本节将向用户介绍利用 Windows 录音机录制音频素材，并将其导入 Premiere 中的方法。

1. 设置录音参数

通常计算机录制音频素材的方法很多，其中最为简单的便是利用操作系统自带的 Windows 录音机程序进行录制。录制时，需要先将麦克风与计算机连接在一起，并对部分录音参数进行调整。

设置录音参数时，需要双击系统通知区域中的【音量】图标，打开【音量控制】对话框。然后，在弹出的对话框中执行【选项】|【属性】命令，如图 3-27 所示。

> **技 巧**
>
> 在控制面板中，双击【声音和音频设备】图标后，在弹出对话框的【音量】选项卡中，单击【设备音量】选项组中的【高级】按钮，也可打开【音量控制】对话框。

此时，将弹出【属性】对话框。在该对话框中，选中【调节音量】选项组中的【录音】单选按钮，并在【显示下列音量控制】列表中启用【麦克风】复选框，如图3-28 所示。

2. 开始录制音频

录音参数设置完成后，单击【开始】按钮，并执行【程序】|【附件】|【娱乐】|【录音机】命令，打开【声音-录音机】程序界面，如图 3-29 所示。

单击【录音机】程序界面中的【录制】按钮后，计算机便将记录从麦克风处获取的音频信息。此时，可以看到左侧【位置】选项中的时间在不断增长，如图 3-30 所示。

> **提 示**
>
> 默认情况下，Windows 录音机只会录制 60 秒时长的音频素材，随后便将自动停止录音。不过，再次单击【录制】按钮后，Windows 录音机可开始继续录制音频。

图 3-26　预览素材

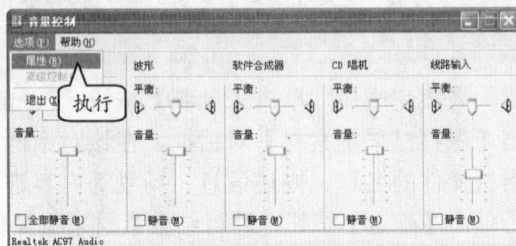

图 3-27　【音量控制】对话框

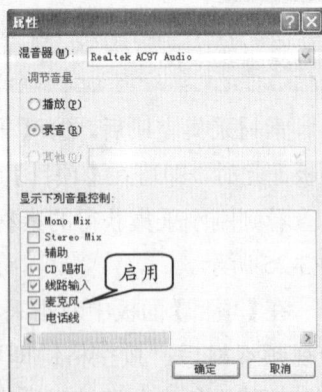

图 3-28　设置录音参数

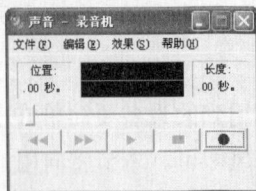

图 3-29　**Windows** 录音机

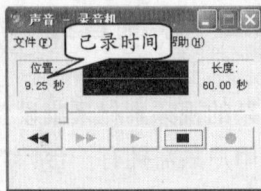

图 3-30　录制音频

3. 编辑音频素材

保存录制好的音频素材后，用户便可对其进行剪辑、转换格式等操作。以剪辑素材为例，用户只需将时间轴上的滑块拖至适当位置后，执行【编辑】|【删除当前位置以前的内容】命令，即可切除滑块左侧的部分素材，如图 3-31 所示。

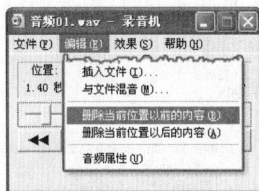

图 3-31　剪辑音频素材

提 示

在时间轴中定位滑块后，若执行【编辑】|【删除当前位置以后的内容】命令，即可切除滑块右侧的部分素材。

此外，在【效果】菜单中，用户还可根据需要来调整音频素材的音量大小、播放速度、回音效果以及反转效果，如图 3-32 所示。

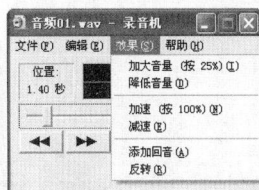

图 3-32　添加音频效果

提 示

执行【添加回音】命令后，将会为声音添加回响效果。如果回音效果不明显，可多次执行该命令；若执行【反转】命令，则可将声音反向播放，再次执行该命令，可以恢复其原有效果。

3.4　导入素材

素材是编辑影片的基础，为此 Premiere Pro CS4 专门调整了自身对不同格式素材文件的兼容性，使得支持的素材类型更为广泛。目前，Premiere 导入素材时主要通过两种方式，一种是通过菜单进行导入，另一种则是利用【项目】面板来完成，下面将分别对其进行介绍。

3.4.1　利用菜单导入素材

若要利用菜单导入素材，则用户只需启动某一 Premiere 项目后，执行【文件】|【导入】命令。然后，在弹出的对话框内选择所要导入的图像、视频或音频素材，并单击【打开】按钮即可将其导入至当前项目，如图 3-33 所示。

无论素材是通过

图 3-33　使用菜单导入素材

采集还是导入的方式添加至 Premiere 项目，所有素材都将显示在【项目】面板中。在双击【项目】面板中的某一素材后，还可在【素材源】面板内查看素材的播放效果，如图 3-34 所示。

図 3-34　查看素材效果

如果需要将某一文件夹中的所有素材全部导入至项目内，则可在选择该文件夹后，单击【导入】对话框中的【导入文件夹】按钮，如图 3-35 所示。

技 巧

在【导入】对话框中打开包含素材文件的文件夹后，在未选择任何文件或文件夹的情况下，单击【导入文件夹】按钮，也可将当前文件夹内的所有素材文件导入至 Premiere 项目内。

此时，【项目】面板内显示的将是所导入的素材文件夹以及该文件夹中的所有素材文件，如图 3-36 所示。

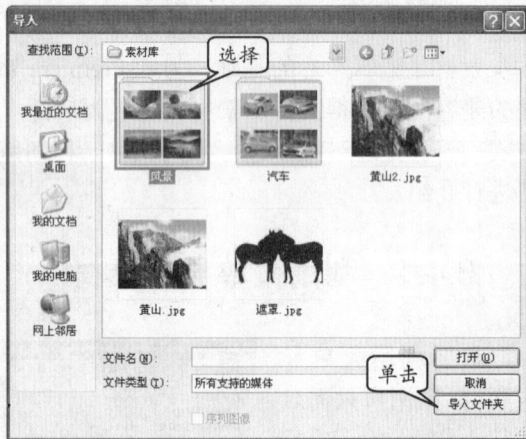

3.4.2　通过面板导入素材

図 3-35　导入文件夹

与使用菜单导入素材的方法相比，通过【项目】面板导入素材的优点是能够减少烦琐的菜单操作，从而使操作变得更高效、快捷。导入素材时，需要右击【项目】面板空白处，并执行【导入】命令，以打开【导入】对话框，如图 3-37 所示。

技 巧

双击【项目】面板空白处，或直接按组合键 Ctrl+I 后，也可打开【导入】对话框。

当系统弹出【导入】对话框后，用户只需选择相应的素材文件或文件夹，并单击【打开】或【导入文件夹】按钮即可。

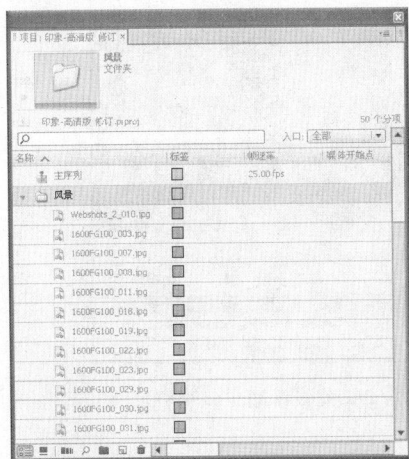

图 3-36 导入文件夹效果

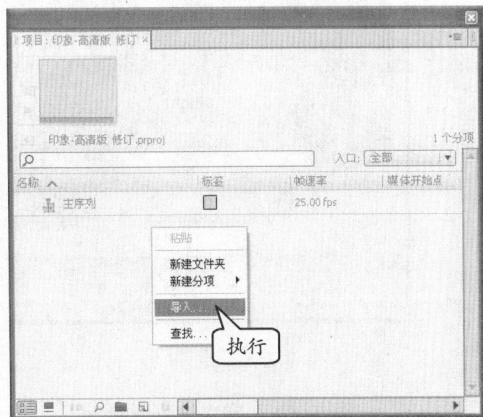

图 3-37 执行【导入】命令

3.5 定义影片

在将素材导入至 Premiere 项目后，为了满足影片的制作要求，用户还需要对不同类型的素材进行专门的设置工作。例如，更改图像素材的显示比例，或是更改视频素材的播放速度等，这一操作在 Premiere 中被称为"定义影片"。

定义影片时，不同类型的素材具有不同的设置选项，但其操作方式却没有什么不同。以定义视频素材为例，只需在【项目】面板内选择素材后，执行【文件】|【定义影片】命令，即可弹出【定义影片】对话框，如图 3-38 所示。

技 巧

在【项目】面板内选择需要重新定义的素材后，依次按 Alt、F、P 键，即可直接打开【定义影片】对话框。

在【帧速率】选项组中，选中【假定帧速率为】单选按钮后，即可在该单选按钮右侧的文本框内定义素材帧速率。根据所定义帧速率的不同，素材的播放时间会有所调整，如图 3-39 所示。

相比之下，定义像素纵横比的对比效果较为明显。例如，将"方形像素（1.0）"纵横模式修改为"D1/DV PAL 宽银幕 16:9（1.4587）"模式后，其前后对比效果如图 3-40 所示。

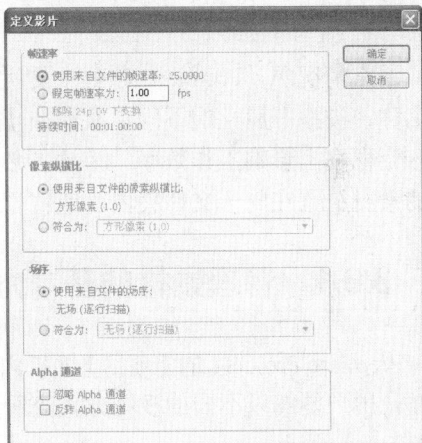

图 3-38 【定义影片】对话框

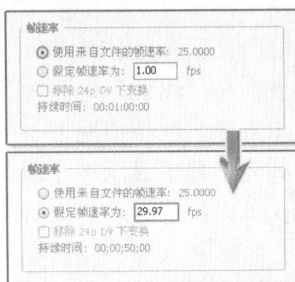

图 3-39 定义视频素材帧速率的结果

方形像素（1.0）   D1/DV PAL 宽银幕 16:9（1.4587）

图 3-40 定义像素纵横比

除此之外，还可以对素材的场序及 Alpha 通道属性进行定义。

提 示

> 无论用户使用何种方法，都无法对音频类素材进行"定义影片"的操作。

3.6 管理素材

通常情况下，Premiere 项目中的所有素材都将直接显示在【项目】面板中，而且由于名称、类型等属性的不同，素材在【项目】面板中的排列方式往往会杂乱不堪，从而在一定程度上影响工作效率。为此，必须对项目中的素材进行统一管理，例如将相同类型的素材放置在同一文件夹内，或将相关联的素材放置在一起等。

3.6.1 管理素材的基本方法

Premiere Pro CS4 的【项目】面板内包含一组专用于管理素材的功能按钮，通过这些按钮，用户能够以不同的视图方式查看素材文件，或是从大量素材中快速查找所需要的素材。

1. 使用不同视图方式查看素材

为了便于用户管理素材，Premiere 共提供了"列表"与"图标"这两种不同的素材显示方式。默认情况下，素材将采用"列表"视图显示在【项目】面板中，此时用户可查看到素材名称、帧速率、视频出/入点、素材长度等众多素材信息，如图 3-41 所示。

在单击【项目】面板底部的【图

图 3-41 使用"列表"视图查看素材

标视图】按钮后，即可切换至"图标"视图模式。此时，素材将以缩略图方式显示在【项目】面板内，从而使得查看素材内容变得更为方便，如图 3-42 所示。

此外，在单击【项目】面板菜单按钮后，执行弹出菜单中的【缩略图】命令，还可在其级联菜单内选择"图标"视图所用素材缩略图的大小，如图 3-43 所示。

2. 自动匹配到序列

Premiere 中的自动匹配到序列功能，不仅可以方便、快捷地将所选素材添加至序列中，还能够在各素材之间添加一种默认的过渡效果。

若要使用该功能，只需从【项目】面板内选择适当的素材后，单击【自动匹配到序列】按钮，如图 3-44 所示。

此时，系统将弹出【自动匹配到序列】对话框，如图 3-45 所示。在【自动匹配到序列】对话框内调整匹配顺序与转场过渡的应用设置后，单击【确定】按钮，即可自动按照设置将所选素材添加到序列中，如图 3-46 所示。

在【自动匹配到序列】对话框中，各选项所用参数的不同，会使得素材匹配到序列后的结果不同。为此，下面将对【自动匹配到序列】对话框内各选项的作用进行讲解。

图 3-42　使用"图标"视图查看素材

图 3-43　调整素材缩略图的大小

图 3-44　将素材自动匹配到序列

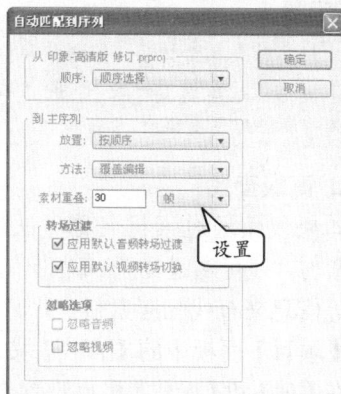

图 3-45　设置匹配参数

❑ **顺序**

在【顺序】选项中，用户可以选择按照【项目】面板中的排列顺序在序列中放置素材，还可按照在【项目】面板中选择素材的顺序将其放置在序列中。

❑ **到序列**

在该栏中，【放置】选项用于设置素材在序列中的位置；【方法】选项用于设置素材以插入或覆盖的形式添加到序列

图 3-46　素材的自动匹配结果

中；【素材重叠】选项则用于设置过渡效果的帧数量或者时长。

❑ **转场过渡**

在该栏中，启用相应的复选框，即可确定是否在素材间添加默认的音频和视频切换效果。

❑ **忽略选项**

如果启用【忽略音频】复选框，则在序列内不会显示音频内容；若启用【忽略视频】复选框，则序列中将不显示视频内容。

3. 查找素材

随着项目进度的逐渐推进，【项目】面板中的素材往往会越来越多。此时，再通过拖曳滚动条的方式来查找素材会变得费时又费力。为此，Premiere 专门提供了查找素材的功能，从而极大地方便了用户操作。

❑ **简单查找**

查找素材时，如果用户了解素材名称，可先将【项目】面板的素材显示方式切换为"列表"视图后，直接在【项目】面板的搜索框内输入所查素材的部分或全部名称。此时，所有包含用户所输关键字的素材都将显示在【项目】面板内，如图 3-47 所示。

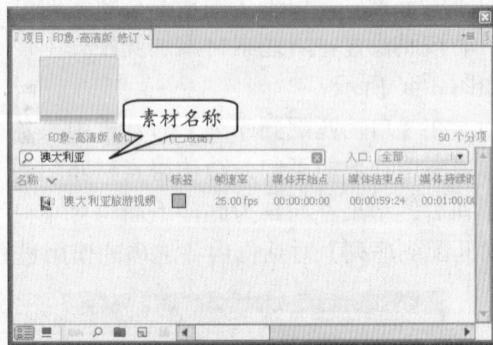

图 3-47　通过名称查找素材

提 示

使用素材名称查找素材后，单击搜索框内的 ✕ 按钮，或者清除搜索框中的文字，即可在【项目】面板内重新显示所有素材。

❑ **高级查找**

如果仅仅通过素材名称无法快速找到匹配素材，还可通过场景、磁带信息或标签内容等信息来查找相应素材。此时，应首先单击【项目】面板中的【查找】按钮，然后分别在【列】和【操作】栏内设置查找条件，并在【查找目标】栏中设置关键字，如图 3-48 所示。完成上述设置后，单击【查找】对

图 3-48　设置查找条件

话框中的【查找】按钮，即可在【项目】面板内看到查寻结果，如图 3-49 所示。

4. 利用容器管理素材

在 Premiere 中，容器指【项目】面板中的文件夹。利用这些文件夹，用户可以分门别类地放置各种音频、视频或图像素材，从而对素材进行更为有效的管理。

图 3-49 高级查找结果

若要利用容器管理素材，便需要首先创建容器。在【项目】面板中，单击【新建文件夹】按钮后，Premiere 将自动创建一个名为"文件夹 01"的容器，如图 3-50 所示。

提 示

通常情况下，新创建的容器会采用"文件夹 01"、"文件夹 02"、"文件夹 03"的名称。

技 巧

执行【文件】|【新建】|【文件夹】命令，或在右击【项目】面板空白处后，执行【新建文件夹】命令，也可在【项目】面板中创建容器。

容器在刚刚创建之初，其名称将处于可编辑状态，此时可通过直接输入文字的方式更改容器名称。完成容器重命名操作后，便可将部分素材拖曳至容器内，从而通过该容器管理这些素材，如图 3-51 所示。

在单击容器内的【伸展/收缩】按钮▼后，Premiere 将会根据当前容器的状态来显示或隐藏容器内容，从而减少【项目】面板中显示素材的数量，如图 3-52 所示。

此外，Premiere 还允许用户在容器中创建容器，从而通过嵌套的方式来管理分类更为复杂的素材。创建嵌套容器的要点在于，必须在选择已有容器的情况下创建新的容器，只有这样才能在所选容器内创建容器，如图 3-53 所示。

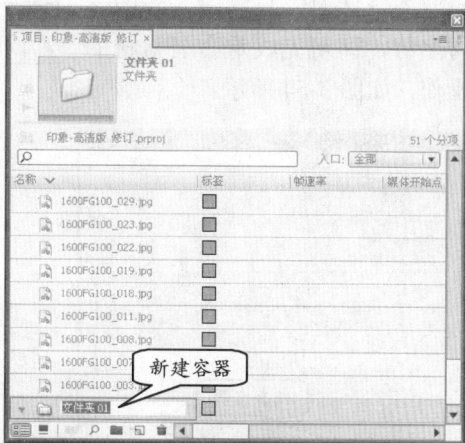

图 3-50 新建容器

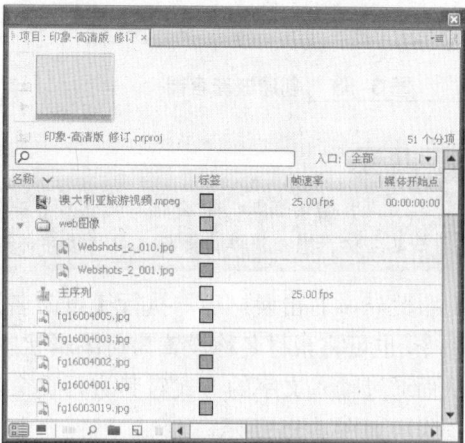

图 3-51 使用容器管理素材

提 示

在已经创建多个相同级别容器的情况下，将其中一个容器拖曳至另一容器中，可快速将所选容器嵌套在另一容器内，使其成为另一容器的子容器。

5. 重命名和清除素材

在编辑影片的过程中，通过更改素材名称，可以让素材的使用变得更加方便、准确。此外，删除多余素材，也能够减少管理素材的复杂程度。

❏ **重命名素材**

在【项目】面板中，单击素材名称后，素材名称将处于可编辑状态。此时，只需输入新的素材名称，即可完成重命名素材的操作，如图 3-54 所示。

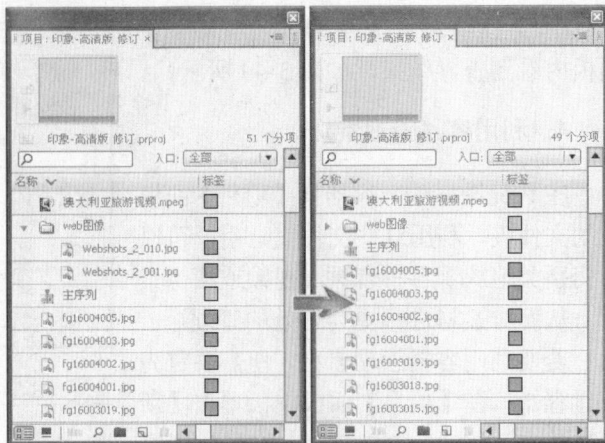

图 3-52 收缩容器所显示的内容

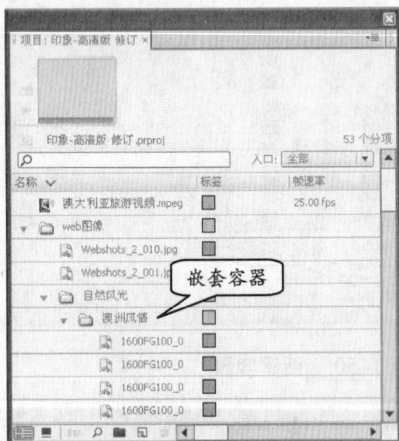

图 3-53 创建嵌套容器

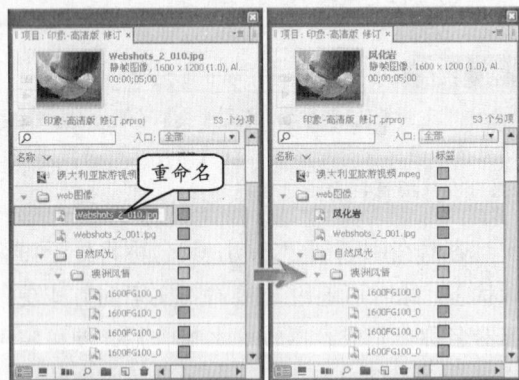

图 3-54 素材重命名

提 示

若单击素材前的图标，将会选择该素材，若要更改其名称，则必须单击素材名称的文字部分。

此外，右击素材后，执行【重命名】命令，也可将素材名称设置为可编辑状态，从而通过输入文字的方式对其进行重命名操作，如图 3-55 所示。

❏ **清除素材**

清除素材的操作虽然简单，但 Premiere 仍提供了多种操作方法。例如，在【项目】面板内选择素材后，单击【清除】按钮即可完成清除任务，如图 3-56 所示。

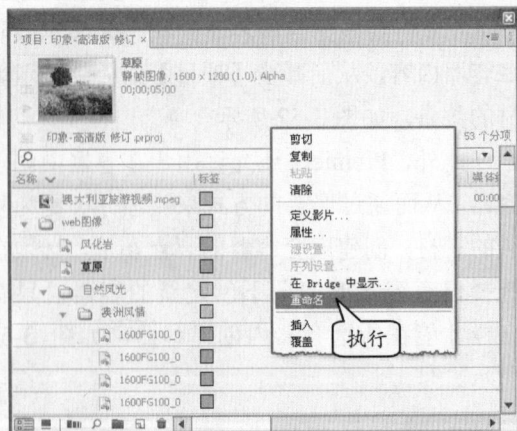

图 3-55 通过快捷菜单命令重命名素材

技 巧

选择素材后，直接按 Delete 或 Backspace 键，即可快速清除所选素材。

需要指出的是，当用户所清除的素材已经应用于序列中时，Premiere 将会弹出警告对话框，提示用户序列中的相应素材会随着用户的清除操作而丢失，如图 3-57 所示。

6．查看素材属性

素材属性是指包括素材尺寸、持续时间、画面分辨率、音频标识等信息在内的一系列数据。通过了解素材属性，有助于用户在编辑影片时选择最为合适的素材，从而为高效地制作优质影片奠定良好的基础。

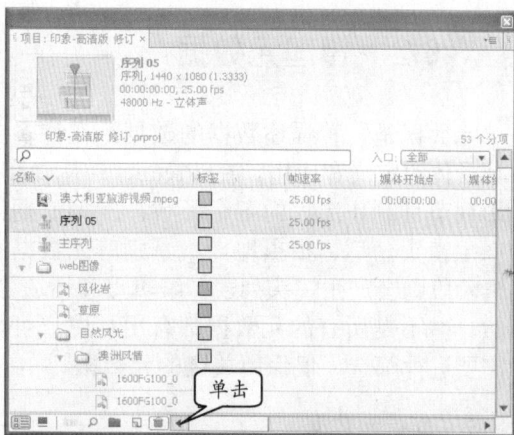

图 3-56　清除多余素材或项目元素

在【项目】面板中，通过调整面板及各列的宽度，即可查看相关的属性信息。除此之外，用户还可右击所要查看的素材文件，执行【属性】命令，如图 3-58 所示。

此时，在弹出的【属性】面板中，用户即可查看到所选素材的实际保存路径、文件类型、大小、分辨率等信息，如图 3-59 所示。根据所选素材类型的不同，用户在【属性】面板内能够看到的信息也会有所差别。例如在查看视频素材的属性时，【属性】面板内还将显示帧速率、平均数据速率等信息，如图 3-60 所示。

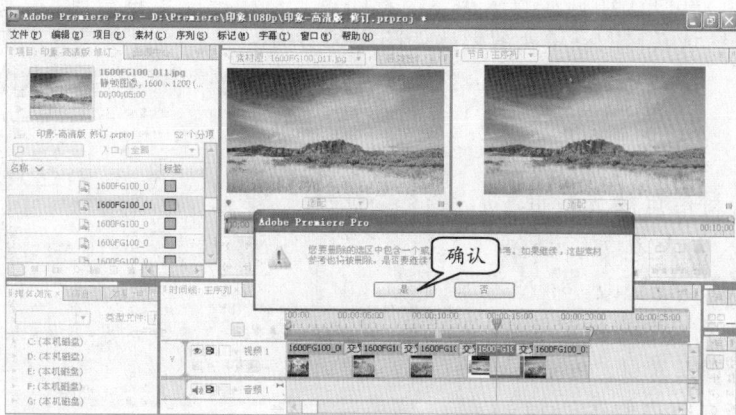

图 3-57　清除已使用的素材

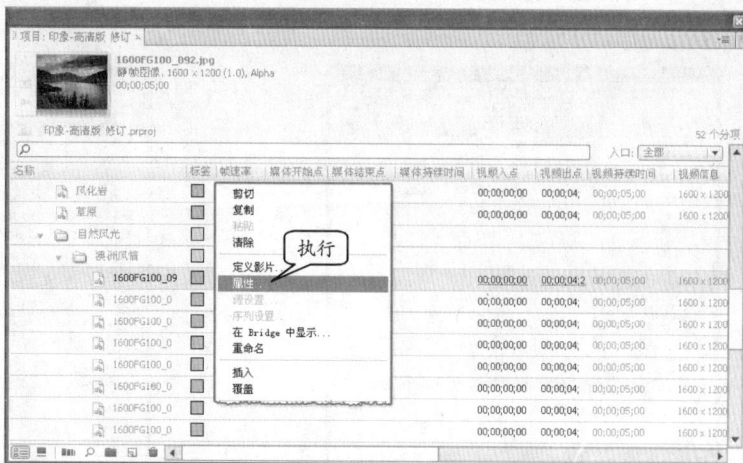

图 3-58　执行菜单命令

73

3.6.2 管理元数据

元数据是一种描述数据的数据，在许多领域内都有其具体的定义和应用。在 Premiere 中，元数据存在于影视节目制作流程的各个环节，例如前期拍摄阶段会产生镜头名称、拍摄地点、景别等元数据；而后期编辑阶段则会产生镜头列表、编辑点和转场等元数据。当然，并不是所有的元数据都有用，用户可以根据实际需要进行筛选，仅保留关键的元数据。

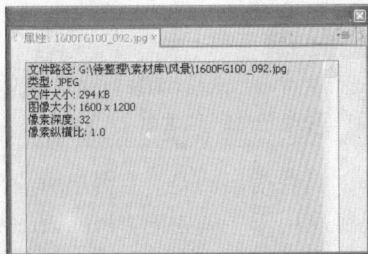

图 3-59　图像素材属性

1．查看元数据

若要查看素材元数据，则应首先选择该素材文件，并执行【窗口】|【元数据】命令，如图 3-61 所示。

此时，在打开的【元数据】面板中，用户即可查看所选素材的各项元数据，如图 3-62 所示。

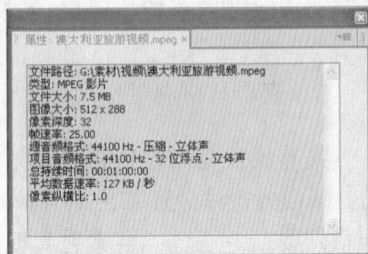

图 3-60　视频素材属性

2．编辑元数据

对于作用为描述素材信息的元数据来说，绝大多数的元数据项都无法更改。不过，为了让用户能够更好地管理素材，Premiere允许用户修改素材的部分元数据，例如素材来源、描述信息、拍摄场景等，如图 3-63 所示。

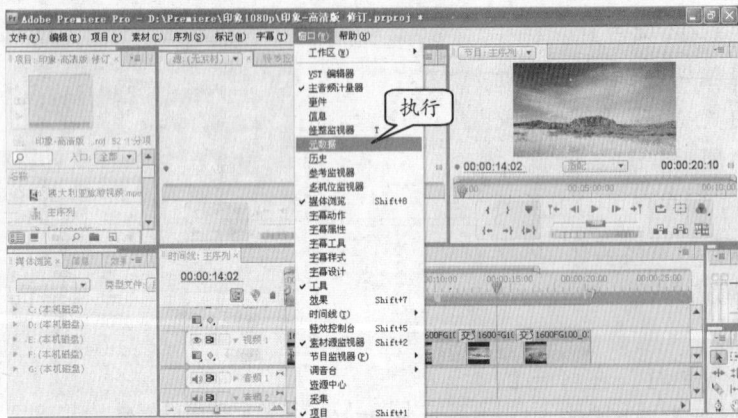

图 3-61　执行菜单命令

图 3-62　【元数据】面板

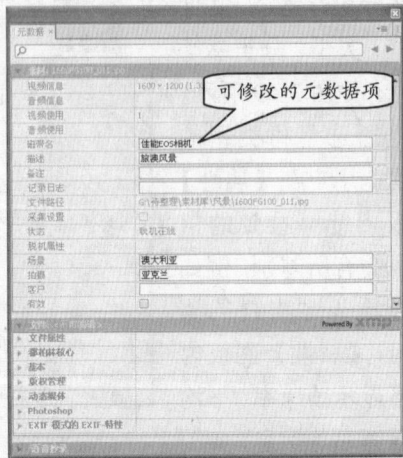

图 3-63　修改素材元数据

3．设定元数据显示内容

默认情况下，【元数据】面板内显示的只是部分元数据信息。在单击【元数据】面板按钮后，执行【元数据显示】命令，即可在弹出的对话框内设置【元数据】面板所显示元数据的类别，如图3-64所示。例如，在禁用【媒体管理】复选框后，【元数据】面板内便将不再显示【媒体管理】项中的所有元数据项。

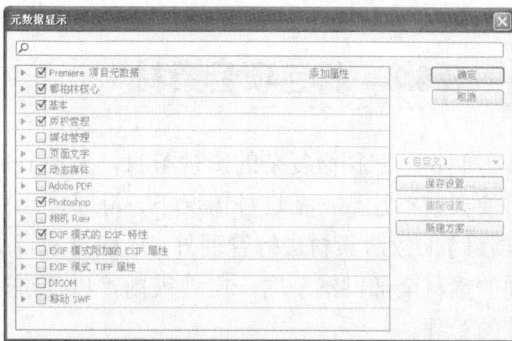

图 3-64 设置所显示元数据的类别

4．自定义元数据

在单击【Premiere 项目元数据】项右侧的【添加属性】按钮，并在弹出的对话框内置属性名称与属性值类型后，单击【确定】按钮，即可为【Premiere 项目元数据】项添加一个新的元数据条目，如图3-65所示。

如果单击【元数据显示】对话框中的【新建方案】按钮，还可在弹出的对话框内设置方案名称，并在单击【确定】按钮后，创建新的元数据信息项，如图 3-66

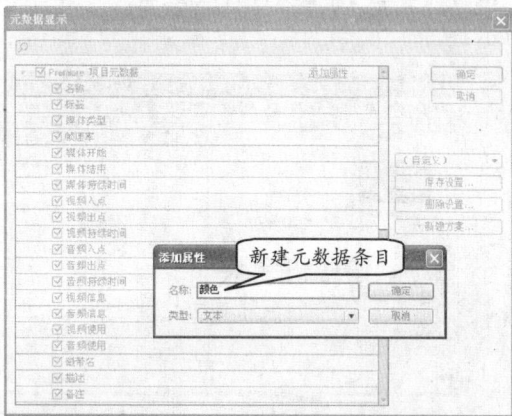

图 3-65 设置新的元数据信息项

所示。在为其添加元数据条目后，用户便可利用该元数据信息项中的条目来记录相应元数据信息，如图3-67所示。

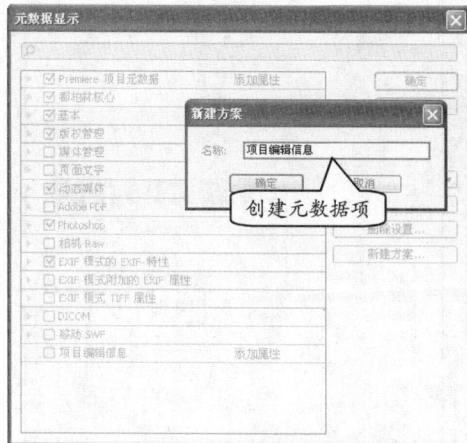

图 3-66 创建元数据项

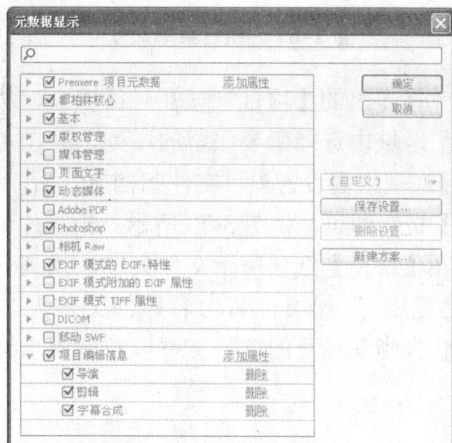

图 3-67 添加元数据条目

设置完成后，在【元数据显示】对话框中单击【确定】按钮。接下来，即可在【元数据】面板内查看并编辑刚刚添加的元数据选项了，如图3-68所示。

3.6.3 打包项目素材

制作一部稍微复杂的影视节目，所用到的素材便会数不胜数。在这种情况下，除了应当使用【项目】面板对素材进行管理外，还应将项目所用到的素材全部归纳于同一文件夹内，以便进行统一的管理。

要打包项目素材，应首先在 Premiere 主界面中执行【项目】|【项目管理】命令，如图 3-69 所示。

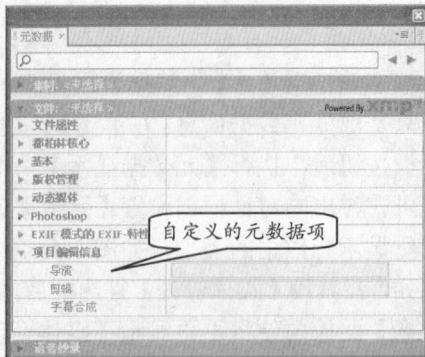

图 3-68 查看元数据选项

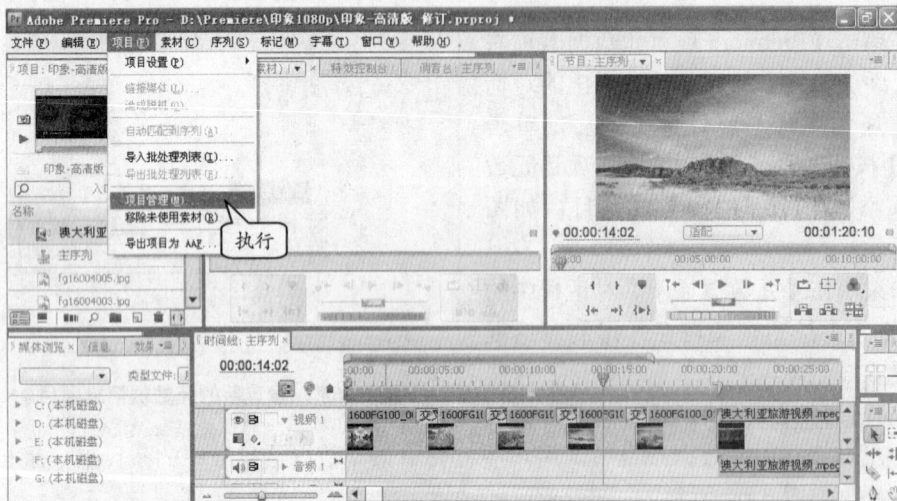

图 3-69 执行菜单命令

在弹出的【项目管理】对话框中，从【素材源】区域内选择所要保留的序列，并在【生成项目】选项组内设置项目文件归档方式后，单击【确定】按钮即可，如图 3-70 所示。稍等片刻后，即可在【路径】选项所示文件夹中，找到一个采用"已复制_"加项目名为名称的文件夹，其内部即包含当前项目的项目文件以及所用素材文件的副本。

3.6.4 脱机文件

脱机文件是指项目内的当前不可用素材文件，其产生原因多是由于项目所引用的素材文件已经被删除或移动。当项目中出现脱机文件时，

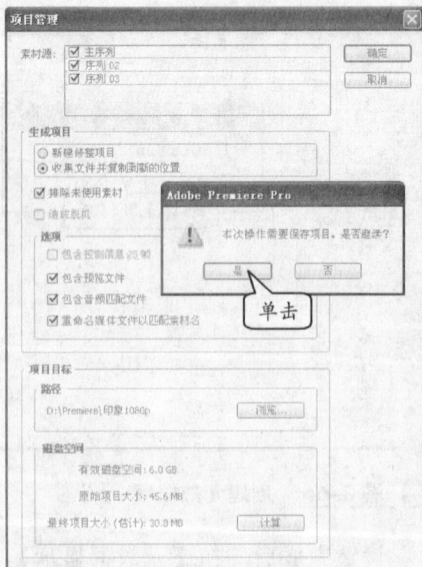

图 3-70 打包项目

如果在【项目】面板中选择该素材文件,【素材源】或【节目】面板内便将显示该素材的媒体脱机信息,如图 3-71 所示。

在打开包含脱机文件的项目时,Premiere 会在弹出的对话框内要求用户重定位脱机文件,如图 3-72 所示。此时,如果用户能够指出脱机素材新的文件存储位置,则项目便会解决该素材文件的媒体脱机问题。

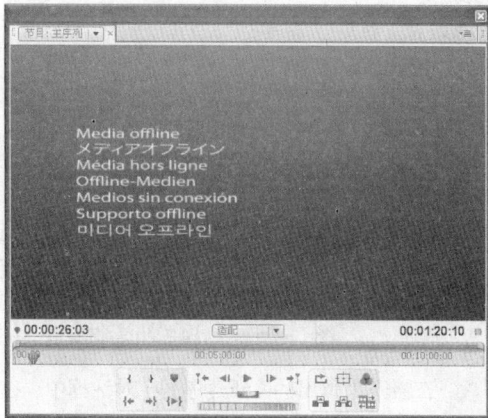

图 3-71　脱机文件

图 3-72　Premiere 请求用户重定位脱机文件

在提示重定位脱机文件的对话框中,用户可选择查找或跳过该素材,或者将该素材创建为脱机文件,对话框中部分选项的作用如表 3-1 所示。

表 3-1　脱机文件提示对话框按钮的作用

名　称	功　能
查找	单击该按钮,将弹出【搜索结果】对话框,用户可通过该对话框重定位脱机素材
跳过	将在项目文件中暂时跳过要查找的脱机素材
脱机	将需要要查找的文件创建为脱机文件
全部跳过	当项目中含有多个脱机素材时,单击该按钮将会跳过所有文件的重定位提示对话框
全部脱机	单击该按钮,即可将项目中所有需要重定位的媒体素材创建为脱机文件

若要创建脱机文件,可在【项目】面板中单击【新建项目】按钮,并在弹出的菜单内选择【脱机文件】选项,如图 3-73 所示。在弹出的【新建脱机文件】对话框中,对视频及音频部分的各项参数进行设置后,单击【确定】按钮,如图 3-74 所示。

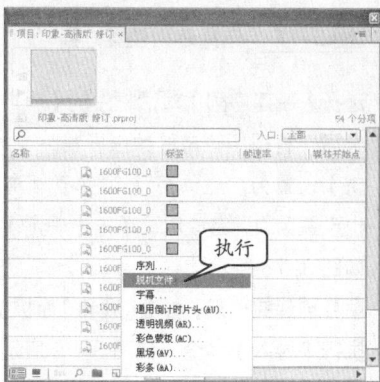

图 3-73　创建脱机文件

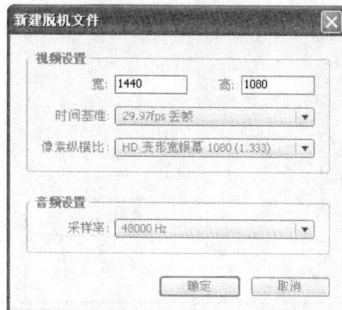

图 3-74　设置脱机文件

在接下来弹出的【脱机文件】对话框中，对脱机文件的素材类型、磁带名称、描述信息等内容进行设置后，单击【确定】按钮即可创建脱机素材文件，如图 3-75 所示。

3.7 实验指导：整理影片素材

在制作影视节目时，对素材进行分类整理有利于素材的查找与使用，从而在影片编辑过程中提高工作效率。此外，在需要多人合作编辑的环境中，合理地放置素材也有利于整个团体之间的协同合作。

1. 实验目的

❑ 创建 Premiere 项目
❑ 新建序列
❑ 添加素材
❑ 整理素材

2. 实验步骤

1️⃣ 启动 Premiere Pro CS4 后，单击欢迎界面中的【新建项目】按钮。在弹出的【新建项目】对话框中，将【名称】设置为"澳洲印象"，并单击【位置】下拉列表右侧的【浏览】按钮，在弹出的对话框内设置项目保存路径，如图 3-76 所示。

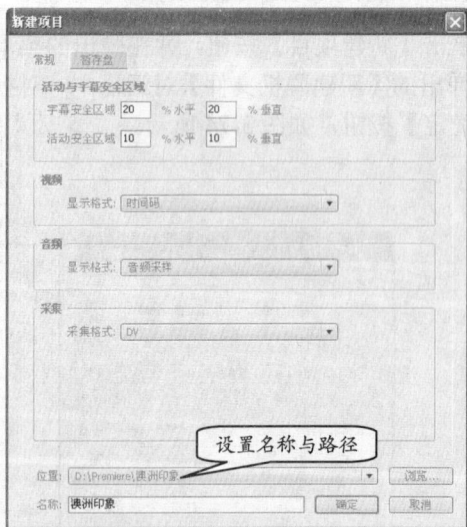

图 3-76 新建项目

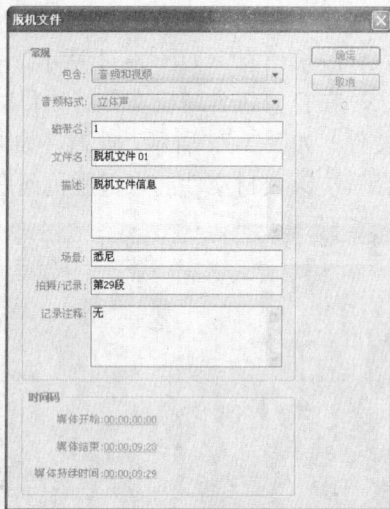

图 3-75 创建脱机素材文件

2️⃣ 在接下来弹出的【新建序列】对话框中，在【序列预置】选项卡内选择 DV-PAL 分支中的【标准 48kHz】选项，并将【序列名称】修改为"主序列"，如图 3-77 所示。

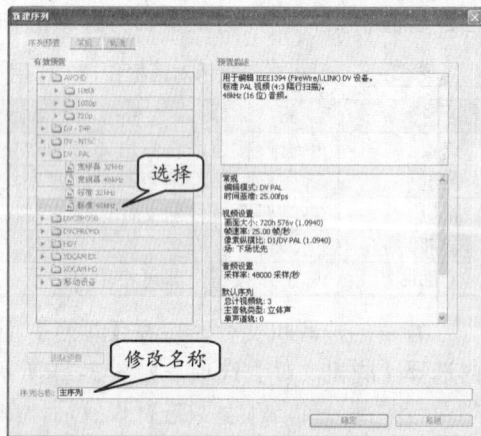

图 3-77 选择序列预置方案

3️⃣ 选择【新建序列】对话框中的【轨道】选项卡后，将视频轨道的数量设置为 2，【主音轨】设置为"立体声"，立体声轨道的数量也设置为 2。完成后，单击【确定】按钮，如图 3-78 所示。

4️⃣ 项目创建完成后，右击【项目】面板空白处，执行【导入】命令，如图 3-79 所示。

5️⃣ 在弹出的【导入】对话框中，选择"澳大利亚.mpeg"视频素材，单击【打开】按钮后将其导入项目内，如图 3-80 所示。

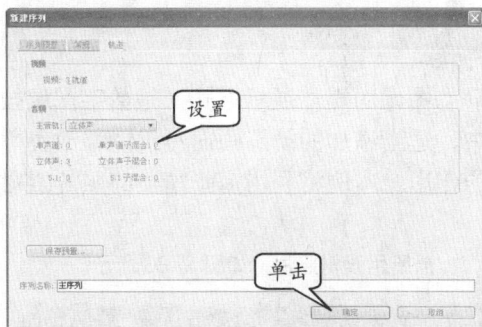

图 3-78　调整序列轨道

图 3-79　准备导入素材

图 3-80　导入视频素材

技 巧

在【项目】面板中，直接双击素材区域内的空白处，即可快速打开【导入】对话框。

6　使用相同方法，依次导入其他音视频素材和图片素材，如图 3-81 所示。

图 3-81　导入其他素材

7　单击【项目】面板中的【新建文件夹】按钮后，将刚刚创建的文件夹重命名为"常用片头"。然后，将"光影 01.avi"、"光影 02.avi"等 5 个视频素材移至"常用片头"文件夹内，如图 3-82 所示。

图 3-82　整理片头素材

8　使用相同方法，创建"音频"和"照片"文件夹，并分别将相应的素材移至这些文件夹中，如图 3-83 所示。完成后，保存项目文件。

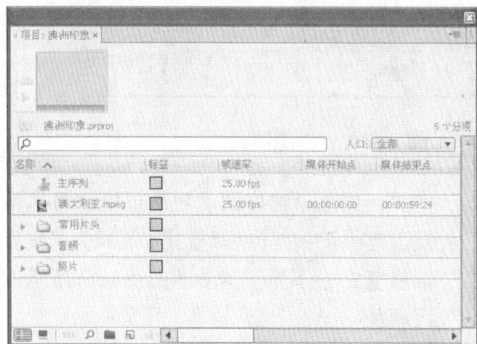

图 3-83　将素材放置在不同文件夹中

3.8 实验指导：制作简单的电子相册

电子相册是一种采用动态视频技术来呈现静态图像的媒体展示方式，是数字图像技术与数字视频技术相结合的产物。在电子相册中，适当添加的动态画面不仅能够改善静态照片呆板的感觉，还能够起到突出照片内容的作用。本例将利用多张精美的照片素材制作一个简单的电子相册。

1. 实验目的

- ❑ 创建项目与序列
- ❑ 添加影片素材
- ❑ 调整素材播放设置
- ❑ 自动匹配素材

2. 实验步骤

1️⃣ 新建名称为"世界奇景"的 Premiere 项目文件，并在【新建项目】对话框的【常规】选项卡中，将【活动与字幕安全区域】中的各选项全部设置为 10%，如图 3-84 所示。

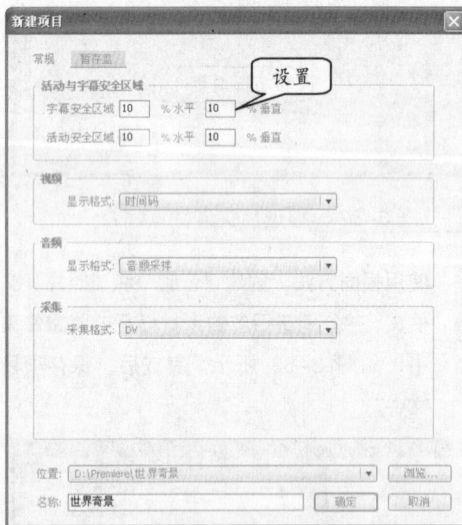

图 3-84 创建项目

2️⃣ 在弹出的【新建序列】对话框中，将【常规】选项卡中的【编辑模式】调整为"桌面编辑模式"，其他设置参照图 3-85 所示进行调整。

3️⃣ 进入 Premiere 主界面后，双击【项目】面板空白处，并在弹出的对话框内选择电子相

册所用素材照片，如图 3-86 所示。

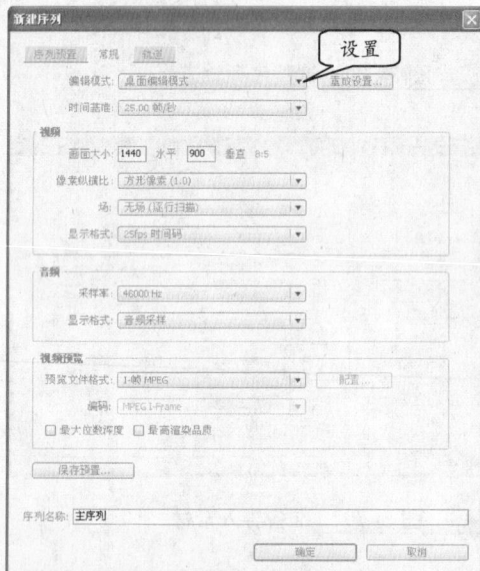

图 3-85 更改序列配置参数

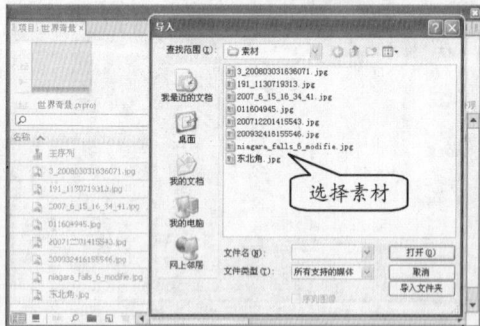

图 3-86 导入素材照片

4️⃣ 选择【项目】面板中的所有图片素材后，执行【素材】|【速度/持续时间】命令，如图 3-87 所示。

5️⃣ 在弹出的【素材速度/持续时间】对话框中，将【持续时间】设置为"00:00:7:00"，如图

3-88 所示。

图 3-87　执行命令

图 3-88　设置素材持续时间

6　单击【项目】面板中的【自动匹配到序列】按钮，并在弹出的对话框内将【素材重叠】设置为 2 秒后，禁用【应用默认音频转场过渡】复选框，如图 3-89 所示。

7　将图片匹配到序列后，在序列内选择所有图片素材，并在右击素材后，执行【适配为当

前画面大小】命令，如图 3-90 所示。

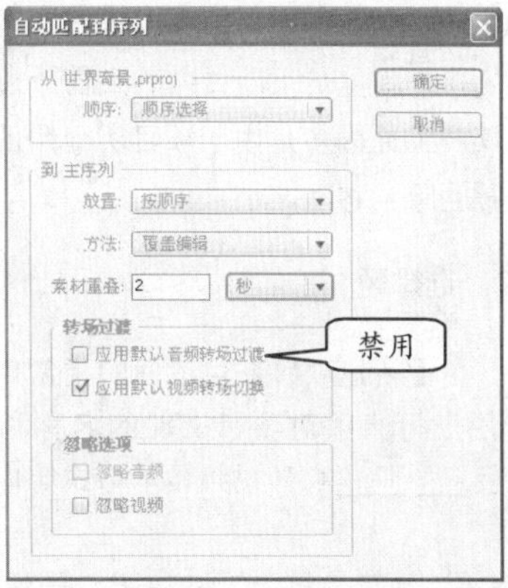

图 3-89　设置自动匹配参数

图 3-90　调整素材与画面的适配方式

8　上述操作全部完成后，即可保存项目，并单击【节目】面板内的【播放-暂停切换】按钮，以预览电子相册的播出效果。

3.9　思考与练习

一、填空题

1．在使用 Premiere 制作影片的过程中，所有操作都是围绕_____进行的，因此对其进行的各项管理、配置工作便显得尤为重要。

2．启动 Premiere Pro CS4 后，直接单击欢迎界面中的【_____】按钮，即可创建新的影片编辑项目。

3．为了确保影片中的字幕和动作能够完整展现在电视机等播放设备的画面中，可通过在【_____】选项组中设置垂直与水平距离的方式

标识安全区域的范围。

4．Premiere 中的素材分为两大类，一类是利用软件创作出的素材，另一种则是通过_____从其他设备内导入的素材。

5．_____是将模拟摄像机、录像机、LD 视盘机、电视机输出的视频信号，通过专用的模拟或者数字转换设备，转换为二进制数字信息后存储于计算机的过程。

6．在计算机平台中，录音音频所需的设备至少要包括一台计算机、一个麦克风和一块_____。

7. 在【项目】面板中，Premiere 共提供了图标和_____两种不同的视图模式。

8. _____是指项目内的当前不可用素材文件，其产生原因多是由于项目所引用的素材文件已经被删除或移动。

二、选择题

1. 在【新建项目】对话框的【常规】选项卡中，用户可直接对项目文件的名称和保存位置，以及_____和音视频显示格式等内容进行调整。
   A．轨道数量　　　　B．序列参数
   C．视频画面安全区　D．暂存盘位置

2. 在下列选项中，不是在创建序列时需要设置的参数是_____。
   A．视频画面帧速率
   B．视频画面安全区
   C．音频采样率
   D．轨道数量

3. 保存项目副本和项目另存为的区别在于_____。
   A．当前项目会随着项目另存为操作的结束而发生改变，保存项目副本则不会
   B．多数情况下，两种操作的结果是一样的
   C．当前项目会随着保存项目副本操作的结束而发生改变，另存为项目则不会
   D．无任何差别

4. 在采集视频的过程中，能够辅助用户进行采集工作的硬件设备叫做_____。
   A．视频卡　　　　　B．电视卡
   C．显卡　　　　　　D．视频采集卡

5. 将素材导入 Premiere 后，素材将会出现在【_____】面板中。
   A．素材源　　　　　B．项目
   C．时间线　　　　　D．媒体浏览

6. 在以下几项操作中，不属于定义影片范畴的是_____。
   A．调整像素比例
   B．调整场序
   C．更改帧速率
   D．增减轨道数量

7. _____是用来描述数据的数据，它在 Premiere 中的作用是描述素材的镜头名称、拍摄地点、编辑点和转场等。
   A．元标签　　　　　B．源数据
   C．元数据　　　　　D．初始数据

三、简答题

1. 简述创建项目、创建序列的整个过程。

2. 保存项目文件都有哪几种方式？各方式之间的差别是什么。

3. 尝试描述 Premiere 元数据的作用，以及管理和添加、修改元数据的方法。

4. 描述脱机文件的作用。

四、上机练习

随着数字电视技术的发展，越来越多的家庭在购买新的电视机时选择了数字电视。然而在一定时期内，我国使用最为广泛的电视设备仍将以 PAL 制式的模拟电视为主，因此在很多情况下还需要按照 PAL 电视制式来制作影视节目。

影视作品将以何种播放标准呈现在人们面前，主要取决于序列的设置。要制作 PAL 电视制式的影视节目，则应按照图 3-91 所示的参数来设置序列。

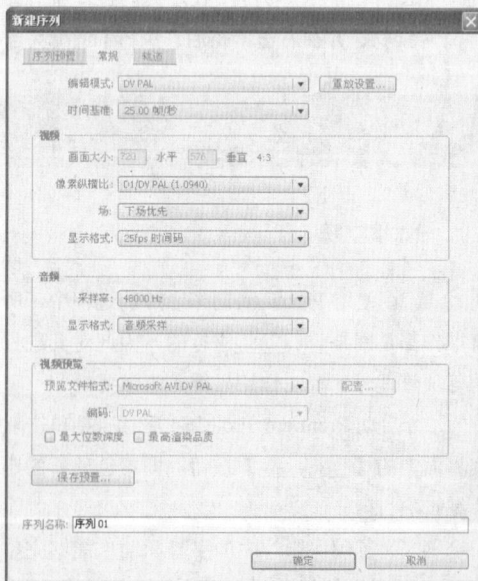

图 3-91　PAL 制式节目的序列设置

第4章

编辑影片素材

对影片素材进行编辑和修剪是整个影片制作流程中必不可少的一个环节，也是 Premiere 强大功能的主要体现之一。在 Premiere Pro CS4 中，对视频素材的编辑共分为分割、排序、修剪等多种操作，此外用户还可利用编辑工具对素材进行一些较为复杂的编辑操作，使其符合影片素材的要求，并最终完成整部影片的剪辑与制作。

在本章中，除了会对编辑影片素材时用到的各种选项与面板进行介绍外，还将对创建新元素、剪辑素材和多重序列的应用等内容进行讲解，使用户能够更好地掌握 Premiere 编辑影片素材的各种方法与技巧。

本章学习要点：

➢ 认识素材源与节目监视器
➢ 了解时间线面板使用方法
➢ 掌握素材的基本编辑方法
➢ 应用视频编辑工具

4.1 应用时间线面板

【时间线】面板是 Premiere 内最为常用的面板之一，这不仅是因为影片所用到的全部素材都要按照一定顺序排列在时间线上，还因为绝大部分素材的编辑工作都需要在【时间线】面板内进行，其重要性不言而喻。

4.1.1 时间线面板概述

在【时间线】面板中，时间线标尺上的各种控制选项决定了查看影片素材的方式，以及影片渲染和导出的区域，如图 4-1 所示。

下面将对【时间线】面板上的各个标尺选项进行简单介绍。

1. 时间标尺

时间标尺是一种可视化时间间隔显示工具。默认情况下，Premiere 按照每秒所播放画面的数量来划分时间线，从而对应于项目的帧速率。不过，如果当前正在编辑的是音频素材，则应在【时间线】面板的关联菜单内执行【显示音频单位】命令后，将标尺更改为按照毫秒或音频采样率等音频单位进行显示，如图 4-2 所示。

> **提　示**
>
> 执行【项目】|【项目设置】|【常规】命令后，即可在弹出对话框内的【音频】选项组中，设置时间标尺在显示音频素材时的单位。

2. 当前时间指示器

当前时间指示器（CTI）是一个蓝色的三角形图标，其作用是标识当前所查看的视频帧，以及该帧在当前序列中的位置。在时间标尺中，既可以采用直接拖动当前时间指示器的方法来查看视频内容，也可在单击时间标尺后，将当前时间指示器移至鼠标单击处的某个视频帧，如图 4-3 所示。

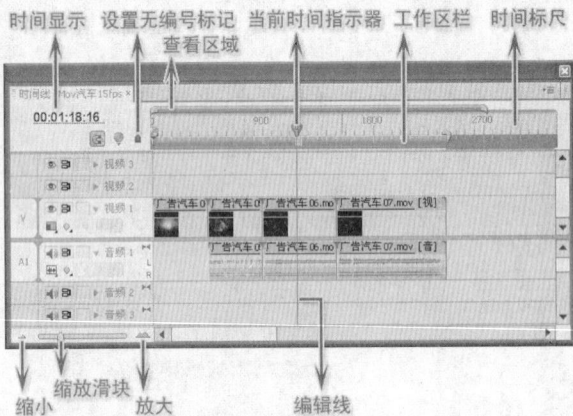

图 4-1 时间线上的标尺选项

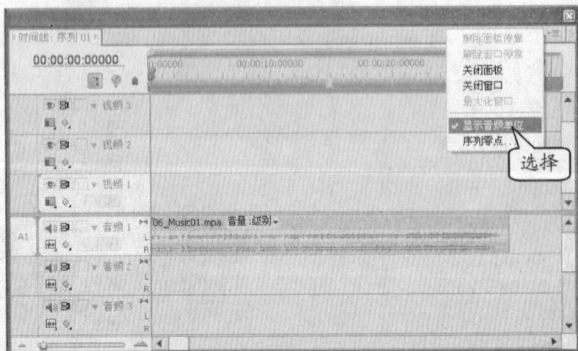

图 4-2 使用音频单位划分标尺

图 4-3 查看指定视频帧

3．时间显示

时间显示与当前时间指示器相互关联，当用户移动时间标尺上的当前时间指示器时，时间显示区域中的内容也会随之发生变化。同时，当用户在时间显示区域上左右拖动鼠标时，也可控制当前时间指示器在时间标尺上的位置，从而达到快速浏览和查看素材的目的。

在单击时间显示区域后，还可根据时间显示单位的不同输入相应数值，从而将当前时间指示器精确移动至时间线上的某一位置，如图4-4所示。

此外，在右击时间显示区域时，还可在弹出菜单内执行相应命令，以调整时间显示区域的显示单位，如图4-5所示。

4．查看区域栏

查看区域栏的作用是确定出现在时间线上的视频帧数量。当用户拖动查看区域栏两端的锚点，从而使其长度减少时，【时间线】面板在当前可见区域内能够显示的视频帧将逐渐减少，而时间标尺上各时间标记间的距离将会随之延长；反之，时间标尺内将显示更多的视频帧，并减少时间线上的时间间隔，如图4-6所示。

此外，上述功能也可通过使用【缩小】和【放大】按钮，或者调整【缩放】滑块的方法来实现。在单击【缩小】按钮，或向左拖动【缩放】滑块后，时间标尺上将会显示更多的视频帧，并减少时间线上的时间间隔；如果单击【放大】按钮，或向右拖动【缩放】滑块，时间标尺上将会减少视频帧的显示数量，但各时间标记间的距离将会相应延长。

5．工作区栏

在查看区域栏和时间线之间为工作区栏，其作用是为 Premiere 指定所要导出或渲染的项目区域，可通过拖动工作区栏任意一端的方式进行调整。

图 4-4 精确移动当前时间指示器

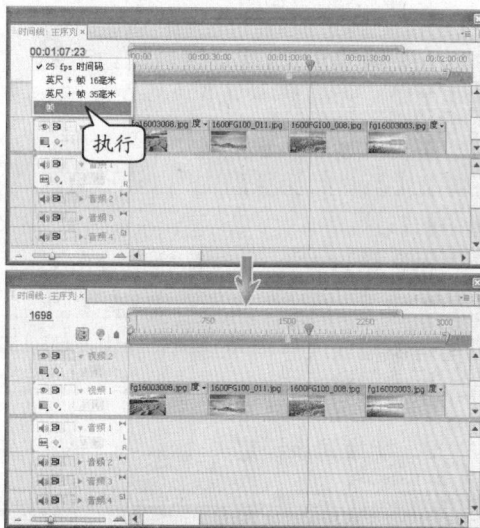

图 4-5 调整时间显示单位

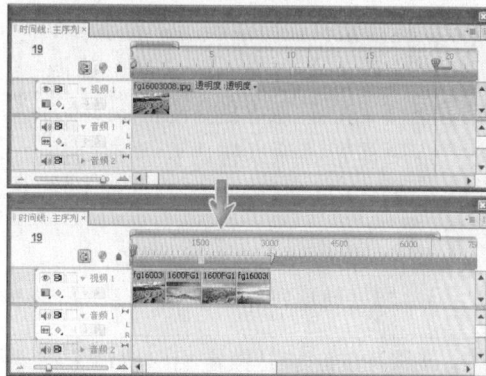

图 4-6 调整查看区域栏

在实际应用中,调整工作区栏的原因有很多,但较为常用的便是在整个项目内渲染某一片段,从而达到快速获取和查看视频片段的目的。

6. 设置无编号标记

单击该按钮后,即可在当前时间指标器的位置处添加标记,从而在编辑素材时能够快速跳转到这些点所在位置处的视频帧上。

4.1.2 轨道图标和选项

轨道是【时间线】面板最为重要的组成部分,其原因在于这些轨道能够以可视化的方式来显示音视频素材、过渡和效果。而且,利用【时间线】面板内的轨道选项,还可控制轨道的显示方式,或添加和删除轨道,并在导出项目时决定是否输出特定轨道。

在 Premiere Pro CS4 中,各轨道的图标及选项如图 4-7 所示。

1. 切换轨道输出

在视频轨道中,【切换轨道输出】按钮 用于控制是否输出视频素材。这样一来,便可以在播放或导出项目时,隐藏在【节目监视器】面板内显示的轨道中的影片。

在音频轨道中,【切换轨道输出】按钮则使用"喇叭"图标 来表示,其功能是在播放或导出项目时,决定是否输出相应轨道中的音频素材。

2. 切换同步锁定

作为 Premiere Pro CS4 中的一项新增功能,切换同步锁定功能允许用户在处理相关联的音视频素材时,单独调整音频或视频素材在时间线上的位置,而无须解除两者之间的关联属性,如图 4-8 所示。在以往版本的 Premiere 中,用户必须首先解除素材内音频部分与视频部分的关联属性后,才可进行上述操作。

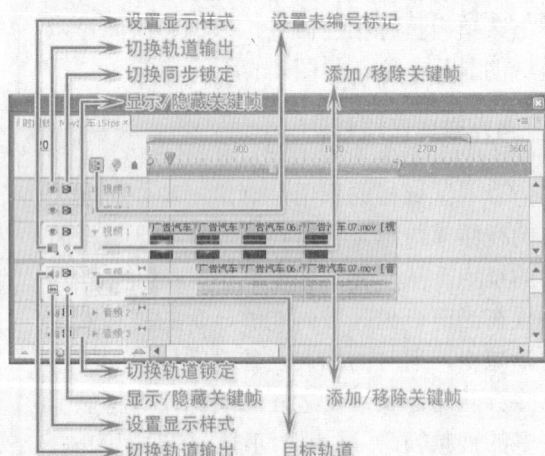

图 4-7 轨道图标及选项

图 4-8 采用异步方式调整素材

3. 切换轨道锁定

该选项的功能是锁定相应轨道上的素材及其他各项设置,以免因误操作而破坏已编辑好的素材。当单击该选项按钮,使其出现"锁"图标 时,表示轨道内容已被锁定,此时无法对相应轨道进行任何修改;再次单击【切换轨道锁定】按钮后,即可去除选项上的"锁"图标🔒，并解除对相应轨道的锁定保护。

4. 设置显示样式

为了便于用户查看轨道上的各种素材，Premiere 分别为视频素材和音频素材提供了多种显示方式。在视频轨道中，单击【设置显示样式】按钮后，即可在弹出的菜单内进行选择，各样式的显示效果如图 4-9 所示。

对于轨道上的音频素材，Premiere 也提供了两种显示方式。应用时，只需单击【设置显示样式】按钮，并在弹出的菜单内进行选择后，即可采用新的方式查看轨道上的音频素材，如图 4-10 所示。

图 4-9　使用不同方式查看轨道上的视频素材

5. 吸附

开启该功能后，当用户在时间线上移动素材时，所选素材将能够自动对齐相邻素材的边缘，从而确保作品中不会出现间隙。

图 4-10　使用不同方式查看轨道上的音频素材

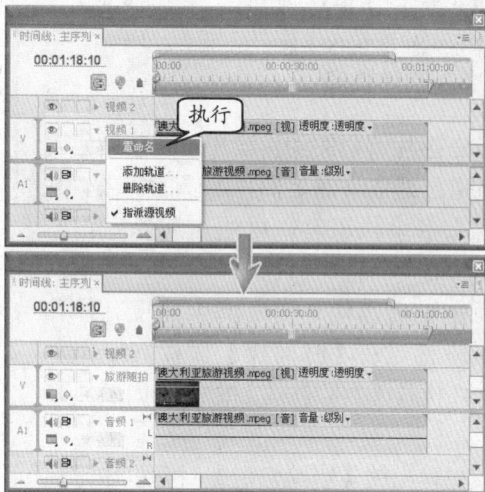

4.1.3　轨道命令

在编辑影片时，往往要根据编辑需要而添加、删除轨道，或对轨道进行重命名操作。本节将讲解对轨道进行上述操作的方法。

1. 重命名轨道

在【时间线】面板中，右击轨道后，执行【重命名】命令，即可进入轨道名称编辑状态。此时，输入新的轨道名称后，按回车键，即可为相应轨道设置新的名称，如图 4-11 所示。

2. 添加轨道

图 4-11　轨道重命名

当影片剪辑使用的素材较多时，增加轨道的数量有利于提高影片编辑效率。此时，可以在【时间线】面板内右击轨道，并执行【添加轨道】命令，如图 4-12 所示。

在【添加视音轨】对话框的【视频轨】选项组中，【添加】选项用于设置新增视频轨道的数量，而【放置】选项则用于设置新增视频轨道的位置。在单击【放置】下拉按钮后，即可在弹出的下拉列表内设置新轨道的位置，如图4-13所示。

完成上述设置后，单击【确定】按钮，即可在【时间线】面板的相应位置处添加所设数量的视频轨道，如图4-14所示。

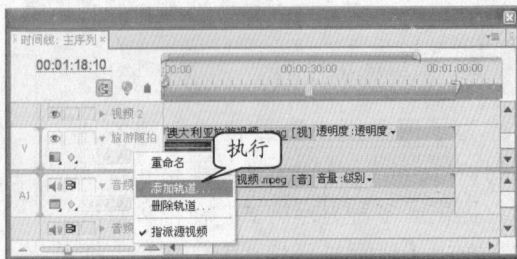
图 4-12　执行【添加轨道】命令

在【添加视音轨】对话框中，使用相同方法在【音频轨】和【音频子混合轨】选项组内进行设置后，即可在【时间线】面板内添加新的音频轨道。

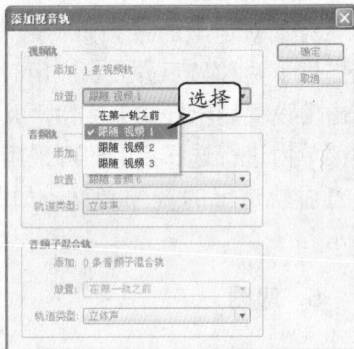
图 4-13　设置新轨道

3. 删除轨道

当影片所用的素材较少，当前所包含的轨道已经能够满足影片编辑的需要，并且含有多余轨道时，可通过删除空白轨道的方法来减少项目文件的复杂程度，从而在输出影片时提高渲染速度。操作时，应首先在【时间线】面板内右击轨道，并执行【删除轨道】命令，如图4-15所示。

在弹出的【删除轨道】对话框中，启用【视频轨】选项组内的【删除视频轨】复选框。然后，在该复选框下方的下拉列表框内选择所要删除的轨道，完成后单击【确定】按钮，即可删除相应的视频轨道，如图4-16所示。

图 4-14　成功添加轨道

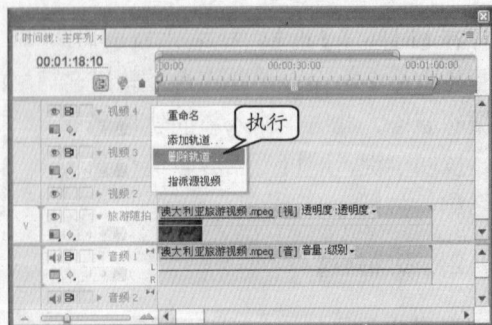
图 4-15　准备删除多余轨道

在【删除轨道】对话框中，使用相同方法在【音频轨】和【音频子混合轨】选项组内进行设置后，即可在【时间线】面板内删除相应的音频轨道。

注 意

必须启用选项组内的复选框后，Premiere 才会按照设置删除相应轨道。

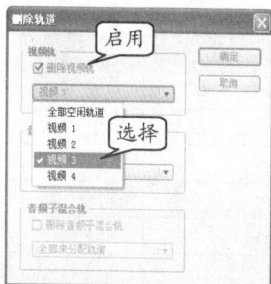

图 4-16　删除"视频 3"轨道

4.2　使用监视器

在 Premiere Pro 中，用户可直接在监视器面板或【时间线】面板中编辑各种素材剪辑。不过，如果要进行各种精确的编辑操作，就必须先使用监视器面板对素材进行预处理后，再将其添加至【时间线】面板内。

4.2.1　源监视器与节目监视器概览

Premiere Pro 中的监视器面板不仅可在影片制作过程中预览素材或作品，还可用于精确编辑和修剪剪辑。根据监视器面板类型的不同，接下来将分别对【源】监视器面板和【节目】监视器面板进行讲解。

1.【源】监视器面板

【源】监视器面板的主要作用是预览和修剪素材，编辑影片时用户只需双击【项目】面板中的素材，即可通过【源】监视器面板预览其效果，如图 4-17 所示。在面板中，素材画面预览区的下方为时间标尺，底部则为播放控制区，如图 4-18 所示。

在【源】监视器面板中，各个控制按钮的作用如表 4-1 所示。

图 4-17　查看素材播放效果

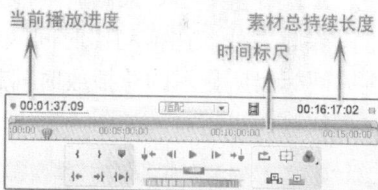

图 4-18　监视器面板控制区域

表 4-1　【源】监视器面板部分控制按钮的作用

图　标	名　称	作　用
	查看区域栏	用于放大或缩小时间标尺
	时间标尺	用于表示时间，其间的"当前时间指示器"用于表示当前所播放视频画面所处的具体位置
	设置入点	设置素材进入时间
	设置出点	设置素材结束时间
	设置未编号标记	添加自由标记
	跳转到入点	无论当前位置在何处，都将直接跳至当前素材的入点处
	跳转到出点	无论当前位置在何处，都将直接跳至素材出点处
	播放入点到出点	播放入点至出点之间的素材内容

图　标	名　称	作　用
⊷←	跳转到前一标记	跳转至当前时间之前的标记处
◁Ⅰ	步退	以逐帧的方式倒放素材画面
▶	播放-停止切换	控制素材画面的播放与暂停
Ⅰ▶	步前	以逐帧的方式播放素材画面
⊷↓	跳转到下一标记	跳转至当前时间之后的标记处
▭━━━	飞梭	快速控制视频画面向前或向后移动
▥▥▥▥	微调	以逐帧方式控制视频画面向前或向后移动

2.【节目】监视器面板

从外观上来看,【节目】面板与【源】面板基本一致。与【源】面板不同的是,【节目】面板用于查看各素材在添加到序列并进行相应编辑之后的播出效果,如图 4-19 所示。

● 4.2.2　监视器面板的时间控制

与直接在【时间线】面板中进行的编辑操作相比,在监视器面板中编辑影片剪辑的优点是能够方便地精确控制时间。例如,除了能够通过直接输入当前时间的方式来精确定位外,还可通过飞梭、步进、步退等多个工具来微调当前播放时间。

图 4-19　查看节目播放效果

除此之外,在拖动【时间区域标杆】两端的锚点后,【时间区域标杆】变得越长,则时间标尺所显示的总播放时间越长;【时间区域标杆】变得越短,则时间标尺所显示的总播放时间也越短,如图 4-20 所示。

时间标尺最多可显示 10 分钟内容

时间标尺最多可显示 1 秒内容

图 4-20　【时间区域标杆】在不同状态下的效果对比

在拖动监视器面板中的【飞梭】按钮时，随着【飞梭】按钮向左或向右偏离中心位置，监视器也会以回放或正常播放的方式展示影片剪辑内容。而且，【飞梭】按钮距离中心位置的距离越远，播放影片剪辑的速度就越快。

4.2.3　在监视器面板中显示安全区域

Premiere 中的安全区域分为字幕安全区和动作安全区两种类型，其作用是标识字幕或动作的安全活动范围。安全区的范围在创建项目时便已设定，且一旦设置后将无法进行更改。

在监视器面板中，单击面板中的【安全框】按钮后，即可显示或隐藏画面中的安全框，如图 4-21 所示。其中，内侧的安全框为字幕安全框，外侧的为动作安全框。

4.2.4　监控视频图像质量

电视信号在以模拟方式传输时，其信号电平必然会产生一定范围的波动。为了保证视频画面的色彩平衡、对比度和亮度，就必须将视频信号的波动幅度控制在传输允许

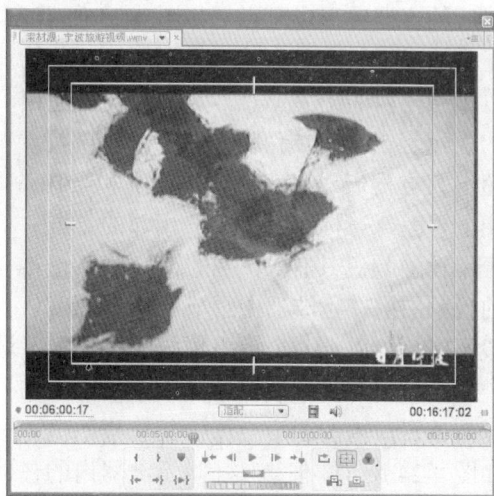

图 4-21　显示安全框

并能有效转换到其他视频格式的极限之内。在传统的电视节目制作系统中，制作人员需要使用专门的仪器实时监视和控制视频摄录的质量，而在 Premiere Pro 中只需调整画面的显示模式，即可实时了解上述信息。

1. 用矢量示波器监测视频信号的色度

矢量示波器的主要功能是以矢量的形式测量全电视信号中的色度信号或色度分量，是对彩条信号、视频信号及传输信道质量监测不可缺少的仪器之一。使用矢量示波器检测图像的原因在于人类的眼睛在观察颜色时会受到主观意识，以及其他多种因素的干扰，因此要精确判断全电视信号中的颜色是否被准确输出就必须使用矢量示波器进行测量。在 Premiere Pro CS4 中，查看矢量示波器的方法是首先单击监视器面板中的【输出】按钮，并执行【矢量图】命令，如图 4-22 所示。

矢量示波器的画面由 R、G、B、Mg、

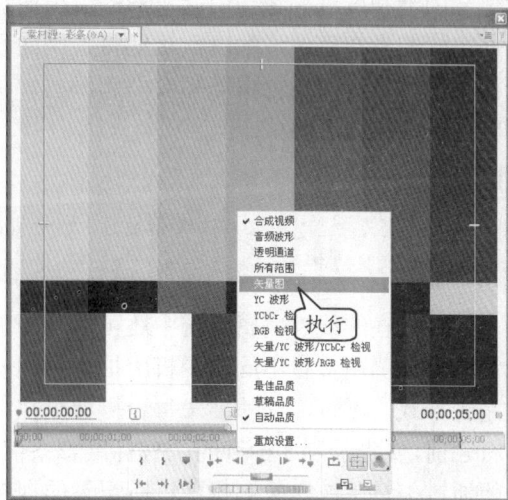

图 4-22　切换至矢量示波器

Cy 和 Yl 这 6 个包含"田"字形方框的区域组成，其分别代表的是彩色电视信号中的三原色：红色（Red）、绿色（Green）、蓝色（Blue），以及对应的 3 种补色：青色（Cyan）、品红色（Magenta）和黄色（Yellow）。当播放标准的 75%彩条时，彩条中的原色和补色应在矢量示波器刻度盘对应的方框中形成斑点，如图 4-23 所示。正常情况下，各色点的矢量幅度和相位均以田字格内的十字交叉点为准，向外超出的表示有±5%的幅度和±3%相位误差，超出大方框表示有±20%的幅度和±10%相位误差。与标有字母方框相邻的方框，表示该种颜色具有 100%的饱和度。正常的视频图像在示波器中形成的矢量幅度一般不应超出以上 6 个色点形成的多边形区域。

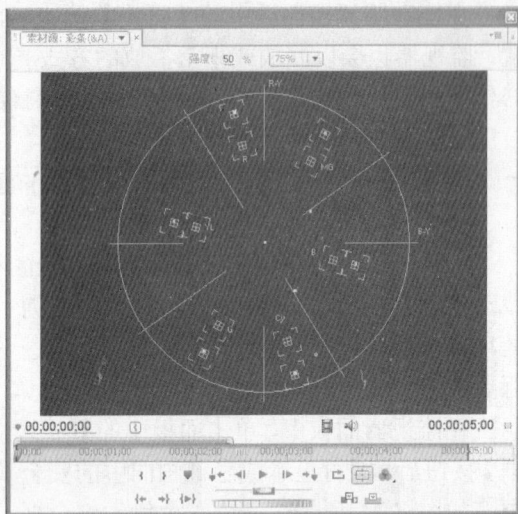

图 4-23　75%彩条的矢量示波器图示

当使用矢量示波器监测正常的电视信号时，示波器窗口内的图形会像棉絮一样地毫无规律，如图 4-24 所示。但事实上，示波器内的任何一点都与色彩的相位信息保持着严格的关系，只不过彩色电视信号的色调和饱和度是随图像内容在时刻变化而已。

在观察矢量示波器的画面时，若某种颜色在矢量示波器上形成的斑点离中心越近，说明它的色度信号越弱，即饱和度就越小（或越接近白色）；离中心越远，则说明颜色越饱和（颜色较浓）。色度信号的饱和度过高将会引起色彩的溢出而影响画面色彩的真实感及清晰度，过低将使画面色彩变淡；色度信号的相位偏差将会引起偏色，从而影响色彩还原的准确性。

实际的视频画面

提　示

不管是黑色还是白色，它们在矢量示波器中所形成的斑点都位于测试图的中央。

此外，在非线性编辑系统中还可以利用矢量示波器来检测由多台不同摄像机所拍摄画面的相位是否一致。不过，这就要求每台摄像机在拍摄素材之前，要先录制 5 秒钟的 75%标准彩条信号，以便通过矢量示波器检测摄像机所记录的视频质量是否正常。

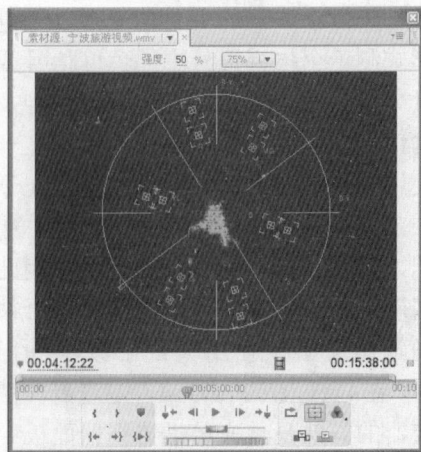

在矢量示波器中的监控画面

图 4-24　使用矢量示波器查看画面信息

2. 使用 YC 波形查看色彩强度

Premiere Pro 所提供的 YC 波形示波器的作用是监测当前视频信号的亮度信号及叠加色度信号后的全电视信号电平。在示波器窗口中，垂直方向表示电平的高低（计量单位为伏特，V），水平方向表示当前画面中的亮度信息分布情况。通过监视器面板顶部的【色度】复选框，用户还可控制示波器窗口内是否叠加显示色度信息，如图 4-25 所示。

在观察 YC 示波器画面时，如果视频信号幅度过高会造成白限幅，损失画面亮部图像细节，影响画面的层次感；如果黑电平过高会使画面有雾状感，清晰度不高，图像上本来该发黑的部分却变成灰色，缺乏层次感；如果黑电平过低，虽可突出图像的亮部细节，但在画面暗淡时会出现图像偏暗、彩色不清晰自然、肤色失真等现象。按照我国相关条文的规定，Premiere Pro PAL 制 YC 波形监视器窗口中的信号瞬间峰值电平不应超过 1.07V，叠加色度信号后的图像信号最高峰值电平不应超过 1.1V，黑电平以 0.3～0.35V 为正常。

3. YCbCr 监视和 RGB 监视示波器

从本质上来看，YCbCr 监视示波器和 RGB 监视示波器的作用与 YC 示波器完全相同，都是在监测色彩分布的同时，显示色彩的峰值信号与消隐信号范围。所不同的是，YCbCr 监视示波器和 RGB 监视示波器在纵轴上没有采用 YC 示波器中的单位伏特，而是以 0～100%作为不同区段的刻度单位，如图 4-26 所示。

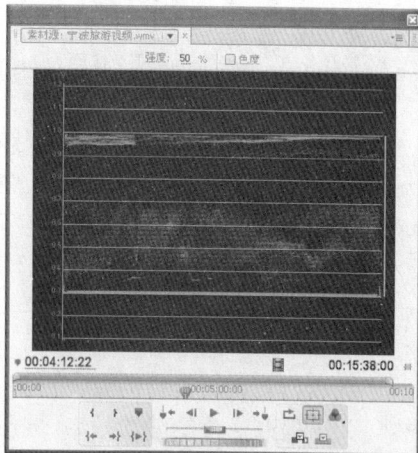

无色度信息时的 YC 示波器画面

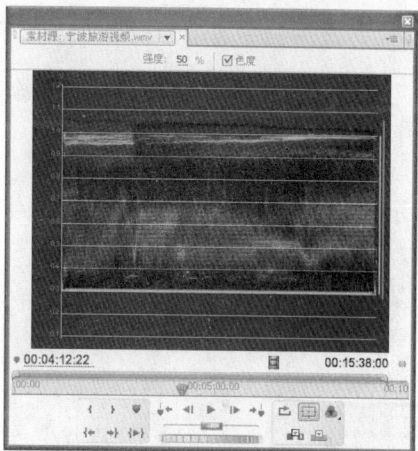

包含色度信息的 YC 示波器画面

图 4-25　使用 YC 波形查看色彩强度

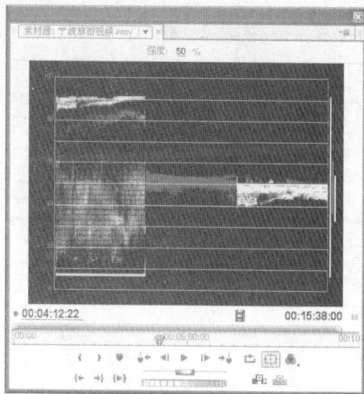

YCbCr 监视示波器

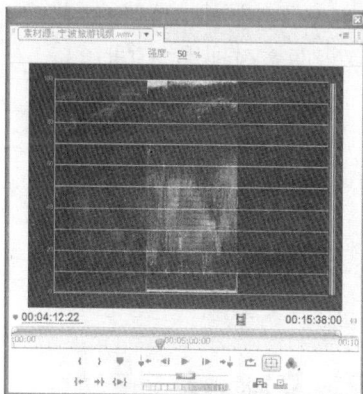

RGB 监视示波器

图 4-26　YCbCr 监视示波器和 RGB 监视示波器

4.3　在序列中编辑素材

通过上面的学习，已经对时间线和监视器这两种编辑影片剪辑时经常用到的对象有了一定认识和了解。接下来将对一些简单的素材编辑方法进行讲解，从而为用户利用Premiere Pro 进行多方位、多层次、多效果的编辑操作打下良好的基础。

4.3.1　添加素材

添加素材是编辑素材的首要前提，其操作目的是将【项目】面板中的素材移至时间线内。为了提高影片的编辑效率，Premiere 为用户提供了多种添加素材的方法，下面将对其分别进行介绍。

1. 使用命令添加素材

在【项目】面板中，选择所要添加的素材后，右击该素材，并在弹出的菜单内执行
【插入】命令，即可将其添加至时间线内的相应轨道中，如图 4-27所示。

此外，在【项目】面板内选择素材后，执行【素材】|【插入】命令，也可将其添加至时间线内的相应轨道上。

> **技 巧**
>
> 在【项目】面板内选择所要添加的素材后，在英文输入法状态下按快捷键","，也可将其添加至时间线内。

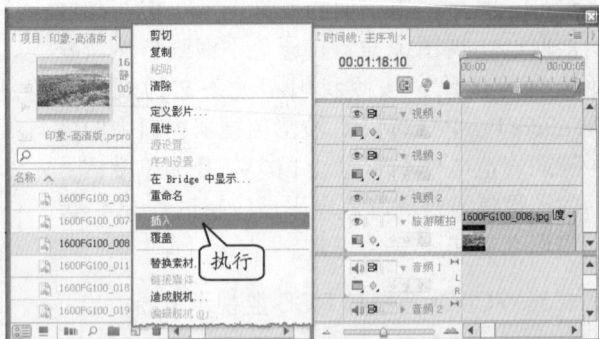

图 4-27　通过命令将素材添加至时间线内

2. 将素材直接拖至【时间线】面板

在 Premiere 工作区中，直接将【项目】面板中的素材拖曳至【时间线】面板中的某一轨道后，也可将所选素材添加至相应轨道内，如图 4-28 所示。

> **提 示**
>
> Premiere 允许用户将多个素材一并拖至时间线上，从而同时添加多个素材。

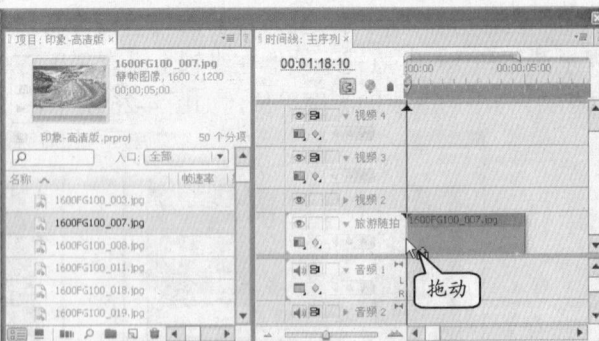

图 4-28　以拖曳的方式添加素材

4.3.2　复制和移动素材

可重复利用素材是非线性编辑系统的特点之一，而实现这一特点的常用手法便是复

制素材片段。不过，对于无须修改即可重复使用的素材来说，向时间线内重复添加素材与复制时间线已有素材的结果相同。但是，当需要重复使用的是修改过的素材时，便只能通过复制时间线已有素材的方法来实现。

单击【工具】面板中的【选择工具】按钮后，在时间线上选择所要复制的素材，并在右击该素材后执行【复制】命令，如图4-29所示。

接下来，将当前时间指示器移至空白位置处后，按组合键Ctrl+V，即可将刚刚复制的素材粘贴至当前位置。

注　意

在粘贴素材时，新素材会以当前位置为起点，并根据素材长度的不同，延伸至相应位置。在该过程中，新素材会覆盖其长度范围内的所有其他素材，因此在粘贴素材时必须将当前时间指示器移至拥有足够空间的空白位置处。

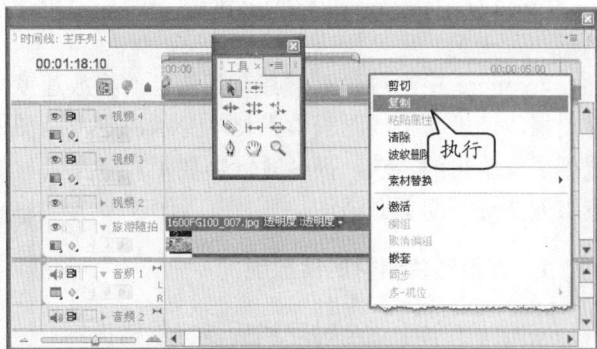
图 4-29　复制素材

完成上述操作后，使用【选择工具】依次向前拖动各个素材，调整其位置，使相邻素材之间没有间隙。在移动素材的过程中，应避免素材出现相互覆盖的情况，如图4-30所示。

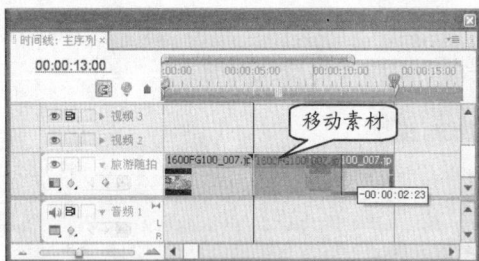
图 4-30　移动素材

4.3.3　修剪素材

在制作影片时用到的各种素材中，很多时候只需要使用素材内的某个片段。此时，便需要对源素材进行裁切后，删除多余的素材片段，这时可按照以下方法进行操作。

拖动时间标尺上的当前时间指示器，将其移至所需要裁切的位置，如图4-31所示。

接下来，在【工具】面板内选择【剃刀工具】后，在当前时间指示器的位置处单击时间线上的素材，即可将该素材裁切为两部分，如图4-32所示。

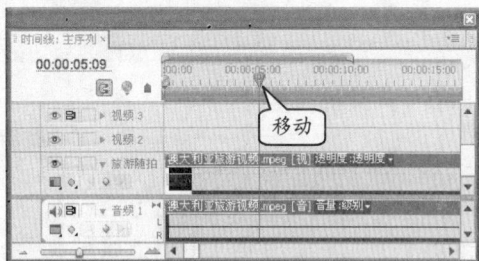
图 4-31　确认裁切位置

提　示

在裁切素材时，移动当前时间指示器的目的是确认裁切画面的具体位置。而且，在将【剃刀工具】图标前的虚线与编辑线对齐后，即可从当前视频帧的位置来裁切源素材。

最后，使用【选择工具】单击多余素材

图 4-32　裁切素材

片段后，按 Delete 键将其删除，即可完成裁切素材多余部分的操作。

4.3.4 调整素材的播放速度与时间

Premiere 中的每种素材都有其特定的播放速度与播放时间。通常情况下，音视频素材的播放速度与播放时间由素材本身所决定，而图像素材的播放时间则为 5 秒。不过，根据影片编辑的需求，很多时候需要用户调整素材的播放速度或播放时间，下面将对其调整方法进行简单介绍。

1．调整图片素材的播放时间

将图片素材添加至时间线后，将鼠标指针置于图片素材的末端。当光标变为"双向箭头"图标时，向右拖动鼠标，即可随意延长其播放时间，如图 4-33 所示。如果用户向左拖动鼠标，则可缩短图片的播放时间。

图 4-33　调整图片素材的播放时间

2．调整视频素材

当所要调整的是视频素材时，Premiere 只允许用户以拖动的方法来减少播放时间。但是，由于播放速度并未发生变化，因此造成的结果便是素材内容的减少，如图 4-34 所示。

此时，如果需要在不减少画面内容的前提下调整素材的播放时间，便只能通过更改播放速度的方法来实现，其操作方法如下。

在【时间线】面板内右击视频素材后，执行【速度/持续时间】命令，如图 4-35 所示。

图 4-34　直接拖动视频素材端点将导致素材内容减少

Premiere Pro CS4 中文版标准教程

在【素材速度/持续时间】对话框中，将【速度】设置为 50% 后，即可将相应视频素材的播放时间延长一倍，如图 4-36 所示。

如果用户需要精确控制素材的播放时间，则应在【素材速度/持续时间】对话框内调整【持续时间】选项，如图 4-37 所示。

此外，在【素材速度/持续时间】对话框内启用【倒放速度】复选框后，还可颠倒视频素材的播放顺序，使其从末尾向前进行倒序播放。

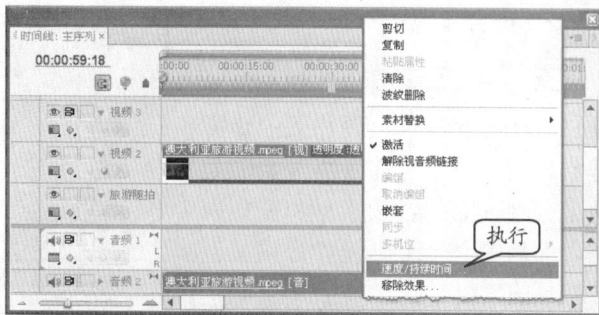

图 4-35　执行设置命令

4.3.5　音视频素材的组合与分离

除了默片（无声电影）或纯音乐外，几乎所有的影片都是图像与声音的组合。换句话说，所有的影片都由音频和视频两部分组成，而这种相关的素材又可以分为硬相关和软相关两种类型。

在进行素材导入时，当素材文件中既包括音频又包括视频时，该素材内的音频与视频部分的关系即称为硬相关。在影片编辑过程中，如果人为地将两个相互独立的音频和视频素材联系在一起，则两者之间的关系即称为软相关。

在简单了解 Premiere 内音视频素材间的关系后，下面将对组合与分离音视频素材的方法进行简单介绍。

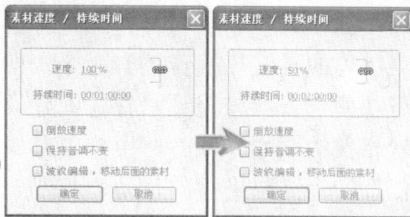

图 4-36　降低素材播放速度

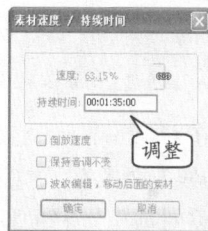

图 4-37　精确控制素材播放时间

1. 分离素材中的音视频

对于一段既包含音频又包含视频的素材来说，由于音频部分与视频部分存在硬相关的原因，用户对素材所进行的复制、移动和删除等操作将同时作用于素材的音频部分与视频部分，如图 4-38 所示。

根据需要，在【时间线】面板内右击上述素材，并执行【解除视音频链接】命令后，即可解除相应素材内音频与视频部分的硬相关联系。此时，当用户在视频轨道内移动素材时，相应操作便不再会影响音频轨道内的素材，如图 4-39 所示。

图 4-38　所有操作同时作用于硬相关素材的音视频部分

2. 组合音视频素材

事实上，为素材建立软相关的操作方法与解除素材硬相关的步骤基本相同。只不过前者所需要的是两个分别独立的音频素材和视频素材，而后者是一个既包含音频又包含视频的素材。

在【时间线】面板内选择要组合的视频素材与音频素材后，右击选择的任意一个素材，并执行弹出菜单内的【链接视音频】命令，即可在所选音频与视频素材之间建立软相关的联系。此时，用户对其中任意一个素材进行的移动、复制、裁切等操作都将同时作用于另一素材，如图 4-40 所示。

4.4 装配序列

在对 Premiere 监视器面板和【时间线】面板有了一定认识后，接下来将对剪辑素材的操作方法进行讲解。这样一来，用户便可以将剪辑好的素材排列在序列上后组合自己的视频短片。

4.4.1 设置素材的出点与入点

入点和出点的功能是标识素材可用部分的起始时间与结束时间，以便 Premiere 有选择地调用素材，即只使用出点与入点区间之内的素材片段。简单的说，出点和入点的作用是让用户在添加素材之前，将素材内符合影片需求的部分挑选出来后直接使用。

图 4-39　解除视音频素材的硬相关联系

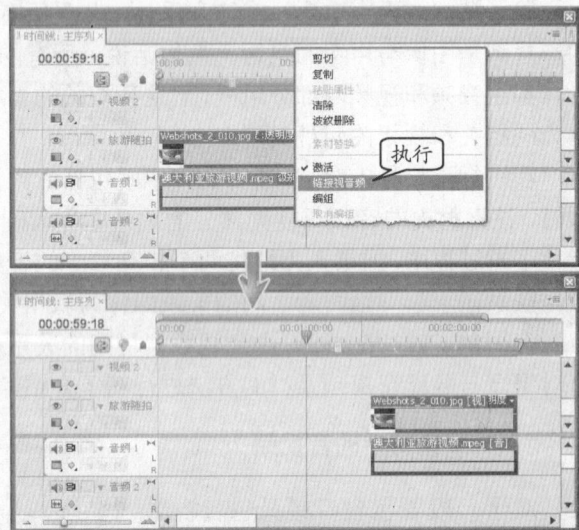

图 4-40　组合音视频素材

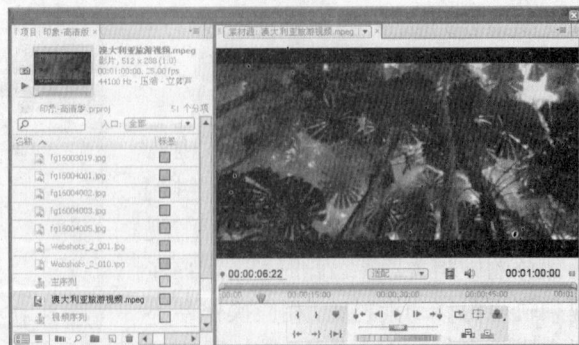

图 4-41　将素材添加至【源】监视器面板

按照 Premiere 的操作要求，设置素材出入点的操作必须在【源】监视器面板内进行，因此在操作前必须先将【项目】面板内的素材添加至【源】面板中，如图 4-41 所示。

在【源】面板中，调整当前时间指示器的位置后，单击【设置入点】按钮，即可在当前视频帧的位置上添加入点标记，如图 4-42 所示。

接下来，在【源】面板内再次调整当前时间指示器的位置后，单击【设置出点】按钮，即可在当前视频帧的位置上添加出点标记，如图 4-43 所示。

此时，入点与出点之间的内容即为素材内所要保留的部分。在将该素材添加至时间线后，可发现素材的播放时间与内容已经发生了变化：Premiere 将不再播放入点与出点区间以外的素材内容，如图 4-44 所示。

在随后的编辑操作中，如果不再需要之前所设定的入点和出点，只需右击【源】面板内的时间标尺后，执行【清除素材标记】|【入点和出点】命令即可，如图 4-45 所示。

图 4-42 设置素材入点

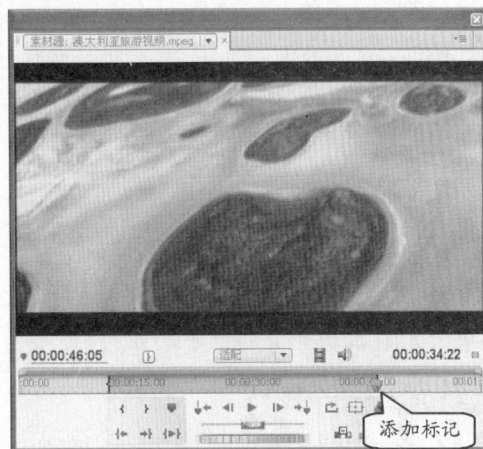

图 4-43 设置素材出点

图 4-44 源素材与设置出入点后的素材对比

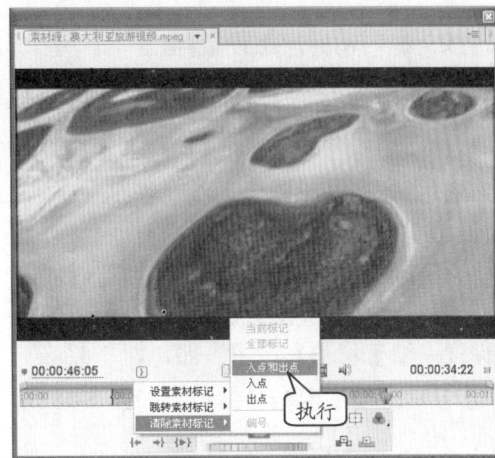

图 4-45 清除素材上的出点与入点

提 示

对于同一素材源来说，清除出点与入点的操作不会影响已添加至时间线上的素材副本，但当用户再次将素材从【项目】面板添加至时间线时，Premiere 会按照新的素材设置来应用该素材。

4.4.2 使用标记

编辑影片时，在素材或时间线上添加标记后，可以在随后的编辑过程中快速切换至标记的位置，从而达到快速查找视频帧，或与时间线上的其他素材快速对齐的目的。下面将介绍 Premiere 标记的使用方法。

1．为素材添加标记

在【源】面板中，调整当前时间指示器的位置后，单击【设置未编号标记】按钮，即可在当前视频帧的位置处添加无编号的标记，如图 4-46 所示。

此时，将含有未编号标记的素材添加至时间线上后，即可在素材上看到标记符号，如图 4-47 所示。

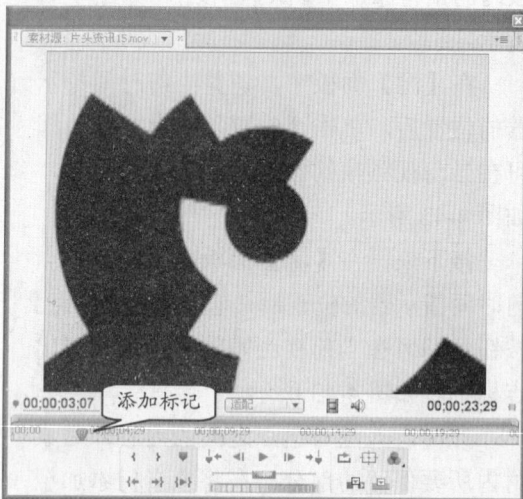

图 4-46　添加未编号标记

提 示

在含有硬相关联系的音视频素材中，所添加的未编号标记将同时作用于素材的音频部分和视频部分。

图 4-47　包含未编号标记的素材

2．在时间标尺上设置标记

用户不仅可以为素材【源】面板内的素材添加标记，还可在【时间线】面板内直接为序列添加标记。这样一来，便可快速将素材与某个固定时间相对齐。

在【时间线】面板中，将当前时间指示器移动至合适位置后，单击面板内的【设置未编号标记】按钮，即可在当前标尺的位置上添加未编号标记，如图 4-48 所示。

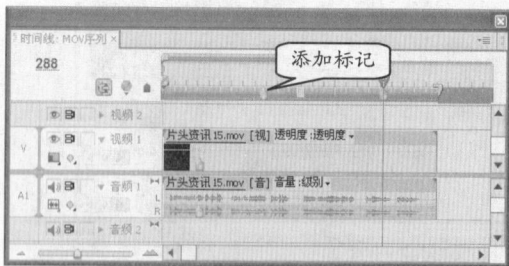

图 4-48　在时间线标尺上添加未编号标记

3．标记的应用

为素材或时间线添加标记后，便可以利用这些标记来完成对齐素材或查看素材内的某一视频帧等操作，从而提高影片编辑的效率。

❏ 对齐素材

在【时间线】面板内拖动含有标记的素材时，利用素材内的标记可快速与其他轨道内的素材对齐，或将当前素材内的标记与其他素材内的标记对齐，如图 4-49 所示。

❏ 查找标记

在【源】面板中，单击面板内的【跳转到前一标记】按钮，即可将当前时间指示器快速移动至前一标记处，如图 4-50 所示。如果单击【跳转到下一标记】按钮，则可将当前时间指示器移至下一标记处。

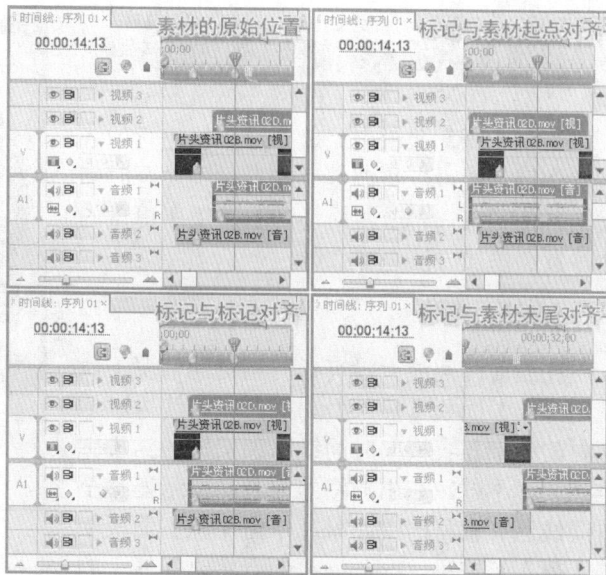

图 4-49　使用标记对齐素材

如果要在【时间线】面板内查找标记，只需右击【时间线】面板内的时间标尺后，执行【跳转序列标记】|【前一个】命令，即可将当前时间指示器快速移动至前一标记处，如图 4-51 所示。如果执行【跳转序列标记】|【下一个】命令，则可将当前时间指示器移至下一标记处。

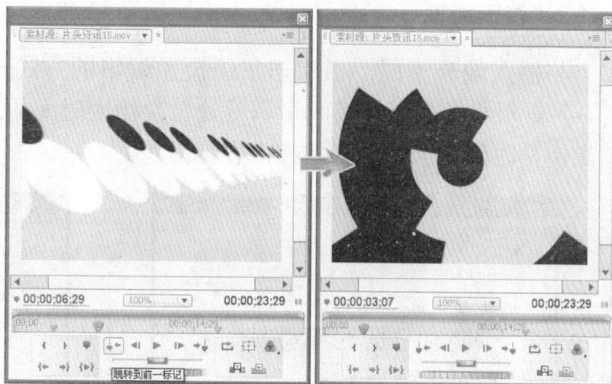

图 4-50　查找素材内的标记

4. 删除标记

无论是在素材【源】面板还是在【时间线】面板中，只需右击时间标尺后，执行【清除素材标记】|【全部标记】命令，即可清除当前素材或序列内的所有标记，如图 4-52 所示。

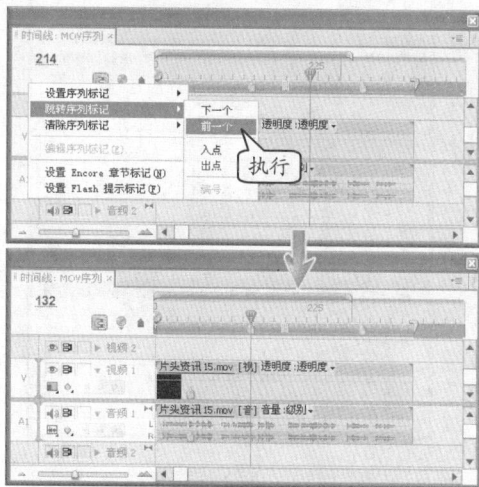

图 4-51　在时间线上查找标记

4.4.3 插入编辑和叠加编辑

当在【源】面板内完成要对素材进行的各
种操作后，便可以将调整后的素材添加至时间
线上。接下来，本节将对【源】面板所提供的
两种素材添加方法进行介绍。

1. 插入编辑

在当前时间线上没有任何素材的情况下，
使用【源】面板【插入】功能向时间线内添加
素材的结果与直接向时间线添加素材的结果完
全相同。不过，在用户将当前时间指示器移至
时间线已有素材的中间时，单击【源】面板中

图 4-52　清除全部标记

的【插入】按钮，Premiere 便会将时间线上的
素材一分为二，并将【源】面板内的素材添加至两者之间，如图 4-53 所示。

2. 覆盖编辑

与插入编辑不同，当用户采用覆盖编辑的方式在时间线已有素材中间添加新素材
时，新素材将会从当前时间指示器处替换相应时间的原有素材片段，如图 4-54 所示，其
结果便是时间线上的原有素材内容会减少。

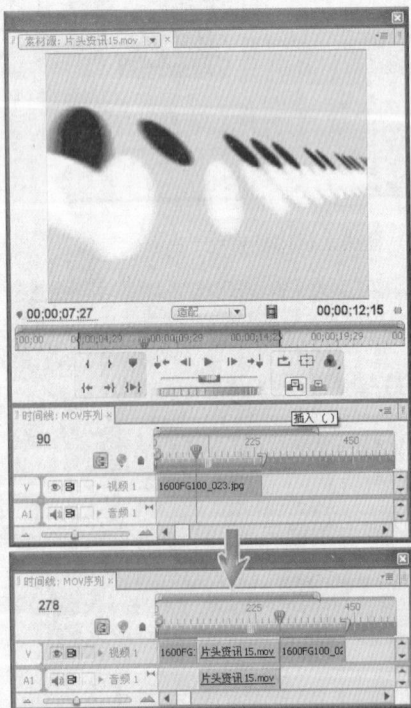

图 4-53　插入编辑素材

图 4-54　以覆盖编辑方式添加素材

4.4.4　三点编辑与四点编辑

三点和四点编辑是专业视频编辑工作中经常会采用的影片编辑方法。本节将对这些常用编辑的操作方法进行介绍。

1.　三点编辑

通常情况下，三点编辑用于将素材中的部分内容替换影片剪辑中的部分内容。在进行此项操作时，需要依次在素材和影片剪辑内指定 3 个至关重要的点，各点的位置及含义如下。

图 4-55　添加素材

- **素材的入点**　素材在影片剪辑内首先出现的帧。
- **影片剪辑的入点**　影片剪辑内被替换部分在当前序列上的第一帧。
- **影片剪辑的出点**　影片剪辑内被替换部分在当前序列上的最后一帧。

在对三点编辑有了一定的了解后，下面便通过一个简单的例子来介绍三点编辑的方法，详细步骤如下。

在"节目片头"项目中，将【项目】面板内的"片头资讯 A.mov"素材添加至时间线中，如图 4-55 所示。

在【节目】面板中，将当前时间指示器调整至 00:00:06:00 处，并单击【设置入点】按钮，如图 4-56 所示。

图 4-56　为序列设置入点

然后，将当前时间指示器调整至 00:00:10:16 处，并单击【设置出点】按钮，如图 4-57 所示。

接下来，将【项目】面板内的"片头资讯 B.mov"素材添加至【源】面板内，并将【源】面板内的当前时间指示器移至该素材的 00:00:04:16 位置处。完成后单击【设置入点】按钮，如图 4-58 所示。

完成上述操作后，单击【源】面板内的【覆盖】按钮，即可将当前序列 00:00:06:00 ～ 00:00:10:16 时间段内的"片头资讯 A.mov"素材内容替换为"片头资讯 B.mov"素材从 00:00:04:16

图 4-57　为序列设置出点

开始至相应时间处的内容，如图 4-59 所示。

图 4-58 为素材设置入点

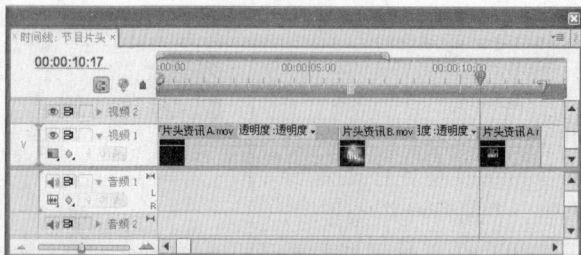
图 4-59 完成三点编辑操作

通过图 4-60 所示的三点编辑示意图，可以更好地理解三点编辑操作。

2. 四点编辑

在"汽车广告"项目中，将【项目】面板内的"汽车广告 02.mov"素材添加至时间线中，如图 4-61 所示。

在【节目】面板中，将当前时间指示器移至序列的 00:00:06:12 位置后，单击【设置入点】按钮，如图 4-62 所示。然后，在序列的 00:00:27:12 位置处设置出点，如图 4-63 所示。

接下来，在将【项目】面板内的"汽车广告 09.mov"素材添加至【源】

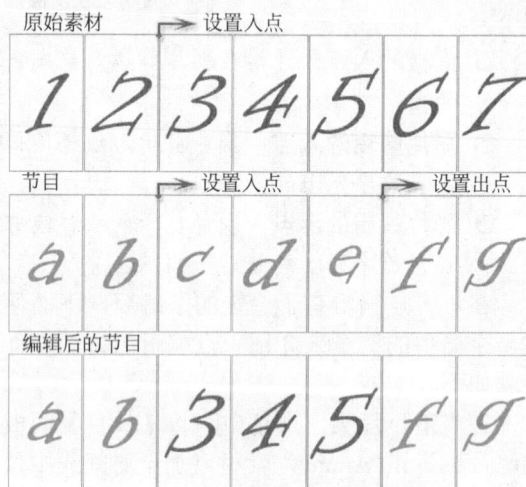
图 4-60 三点编辑示意图

面板后，分别在该素材的 00:00:05:07 和 00:00:20:19 处设置入点和出点，如图 4-64 所示。

图 4-61 添加素材

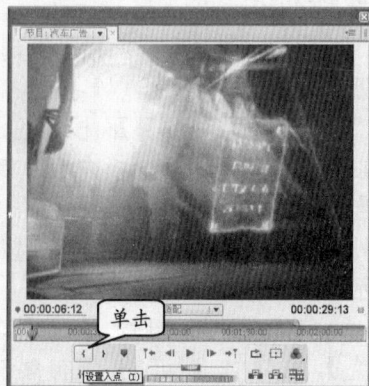
图 4-62 为序列设置入点

完成上述操作后，单击素材【源】面板内的【覆盖】按钮，即可完成四点编辑操作。通过图 4-65 所示的四点编辑示意图，可以更好地理解四点编辑的操作结果。

不过，当素材出入点间的长度与序列出入点间的长度不匹配时，Premiere 便会弹出【适配素材】对话框，要求用户设置素材与影片剪辑的匹配方式，如图 4-66 所示。

在【适配素材】对话框中，各个选项的含义及作用如下。

❏ **更改素材速度（充分匹配）**

调整素材出入点区间部分的播放速度，使其持续时间与序列出入点区间的持续时间保持一致。

图 4-63　为序列设置出点

注 意

在使用"更改素材速度（充分匹配）"方式调整素材时，Premiere 会根据实际情况来加快或减慢所插入素材的播放速度。

❏ **修整头部（左侧）**

以序列出入点区间的持续时间为准，从左侧剪除素材出入点区间内的部分内容，使之适应前者。

❏ **修整尾部（右侧）**

以序列出入点区间的持续时间为准，从右侧剪除素材出入点区间内的部分内容，使之适应前者。

❏ **忽略序列入点**

在将素材出点与序列出点对齐的情况下，将素材内多出的部分覆盖序列入点之前的部分内容，使之适应素材出入点区间的持续时间。

❏ **忽略序列出点**

在将素材入点与序列入点对齐的情况下，将素材内多出的部分覆盖序列出点之后的部分内容，使之适应素材出入点区间的持续时间。

图 4-64　为素材设置入点

提 示

根据素材出入点区间与序列出入点区间持续长度的不同，【适配素材】对话框内的可用选项也有所不同。

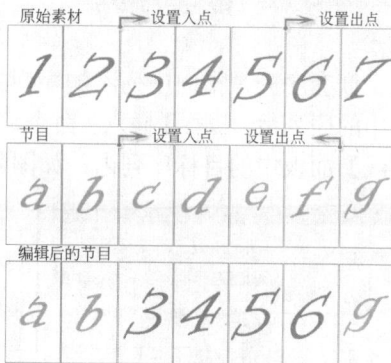

图 4-65　四点编辑示意图

4.4.5　提升与提取编辑

在【节目】面板中，Premiere 为用户提供了两个方便的素材剪除工具，以便快速删除序列内的某个部分，下面将对其应用方法进行简单介绍。

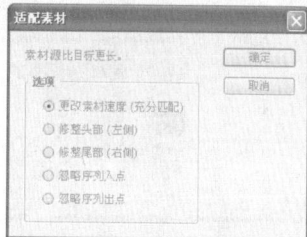

图 4-66　【适配素材】对话框

1．提升编辑操作

提升操作的功能是从序列内删除部分内容，但不会消除因删除素材内容而造成的间隙，其编辑方法如下。

打开待修改项目后，分别在所要删除部分的首帧和末帧位置处设置入点与出点，如图 4-67 所示。

然后，单击【节目】面板内的【提升】按钮，即可从入点与出点处裁切素材后，将出入点区间内的素材删除，如图 4-68 所示。

提 示

无论出入点区间内有多少素材，都将在执行提升操作时被删除。

2．提取编辑操作

与提升操作不同的是，提取编辑会在删除部分序列内容的同时，消除因此而产生的间隙，从而减少序列的持续时间。例如在【节目】面板中为序列设置入点与出点后，单击【节目】面板中的【提取】按钮，其结果如图 4-69 所示。

4.4.6　嵌套序列

嵌套序列是指向序列添加序列的序列装配方式。操作时，用户只需右击【项目】面板中的序列后，执行【插入】命令，或直接将其拖至轨道中，即可将所选序列嵌套至【时间线】面板中的目标序列内，如图 4-70 所示。

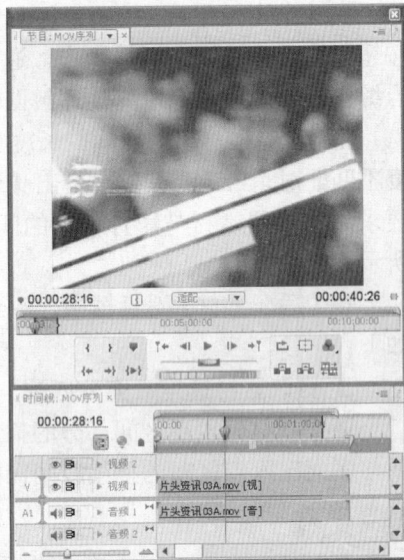

图 4-67　设置入点与出点

图 4-68　执行提升操作

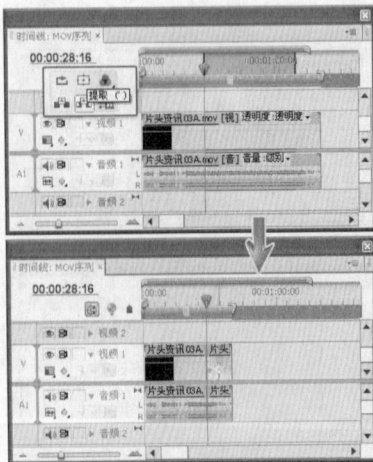

图 4-69　执行提取操作

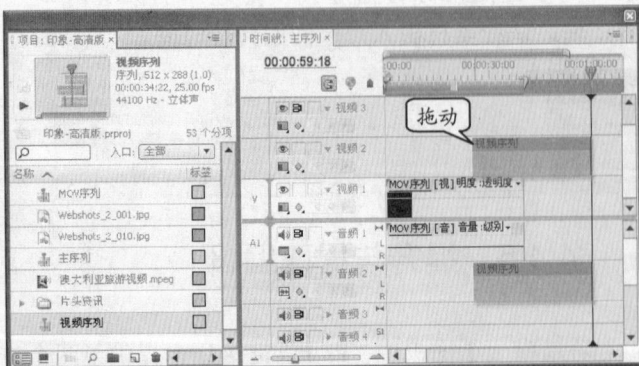

图 4-70　嵌套序列

嵌套序列的意义在于，可以将原本复杂的序列装配工作拆分为多个相对简单的任务，从而简化操作，降低影片编辑难度。此外，当用户为某一序列应用特效后，Premiere 会自动将该特效应用于所选序列内的所有素材上，从而提高影片的编辑效率。

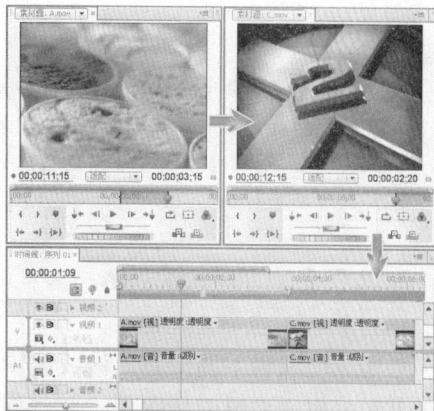

图 4-71　编辑项目

4.5　应用视频编辑工具

在将两个素材装配在一起后，有时需要通过更改前一个素材出点的方式来调整序列的整体编辑效果。在此之前，虽然可以使用【节目】面板来精确地更改影片，但使用 Premiere 提供的序列编辑工具能够让人们更快速地完成上述操作。接下来将介绍这些序列编辑工具，并对其使用方法进行讲解。

4.5.1　滚动编辑

利用滚动编辑工具，可以在【时间线】面板内通过直接拖动相邻素材边界的方法，同时更改编辑两侧素材的入点或出点。下面通过一个简单的案例，来介绍使用滚动编辑工具修改影片的方法。

打开待修改的项目文件后，分别为素材 A 和素材 C 设置出入点，并将其添加至时间线内，如图 4-71 所示。

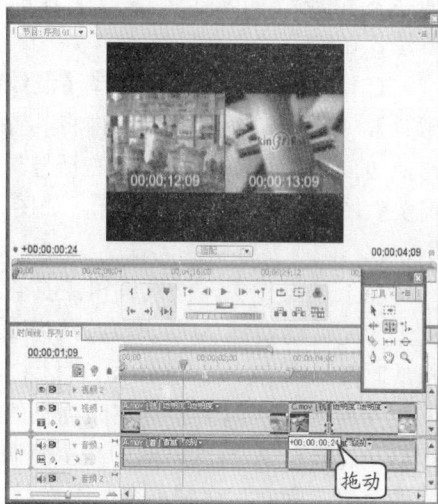

图 4-72　滚动编辑操作

注 意

在进行滚动编辑操作时，必须为所编辑的两素材设置入点和出点。

选择【滚动编辑工具】后，在【时间线】面板内将其置于素材 A 与素材 C 之间，当光标变为"双层双向箭头"图标时向右拖动鼠标，如图 4-72 所示。

上述操作的功能是在序列上向右移动素材 A 出点的同时，将素材 C 的入点也在序列上向右移动相应距离。从而在不更改序列持续时间的情况下，增加素材 A 在序列内的持续播放时间，并减少素材 C 在序列内相应的播放时间，如图 4-73 所示。

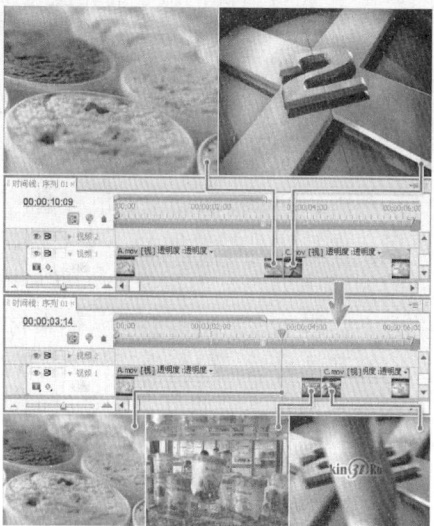

图 4-73　滚动编辑前后效果对比

如果之前使用【滚动编辑工具】向左拖动，则会在序列持续播放时间不变的情况下，减少素材 A 的播放时间与播放内容，而为素材 C 增加相应的播放时间与播放内容。

4.5.2 波纹编辑

与滚动编辑不同的是，波纹编辑能够在不影响相邻素材的情况下，对序列内某一素材的入点或出点进行调整。接下来将演示利用波纹编辑工具修改影片的具体方法。

打开待修改项目后，选择【波纹编辑工具】，并在【时间线】面板内将其置于素材 A 的末尾。当光标变为"右括号与双击箭头"图标时，向左拖动鼠标，如图 4-74 所示。

在上述操作中，波纹编辑工具会在序列上向左移动素材 A 的出点，从而减少其播放时间与内容。与此同时，素材 C 不会发生任何变化，但该素材在序列上的位置却会随着素材 A 持续时间的减少而调整相应的距离。因此，序列不会由于素材 A 持续时间的减少而出现空隙，但其持续时间随素材 A 持续时间的减少而相应缩短，如图 4-75 所示。

4.5.3 滑移编辑

利用 Premiere 所提供的滑移编辑工具，可以在保持序列持续时间不变的情况下，同时调整序列内某一素材的入点与出点，并且不会影响该素材两侧的其他素材。

打开项目后，分别为素材 A、B、C 设置入点与出点，并将其添加至时间线内，如图 4-76 所示。

选择【工具】面板内的【错落工具】后，在【时间线】面板内将其置于素材 B 上并向左拖动鼠标，如图 4-77 所示。

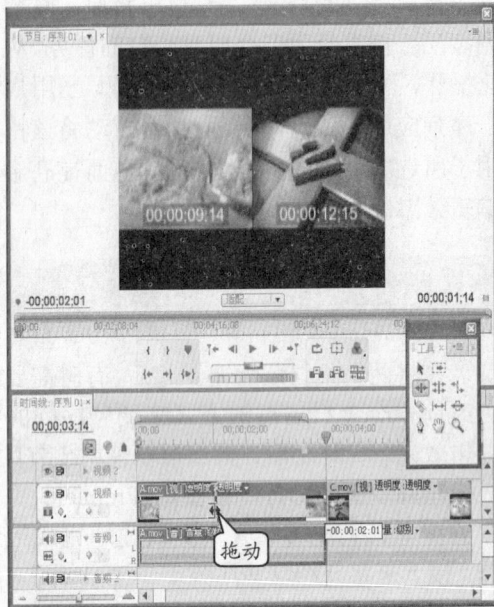

图 4-74 波纹编辑操作

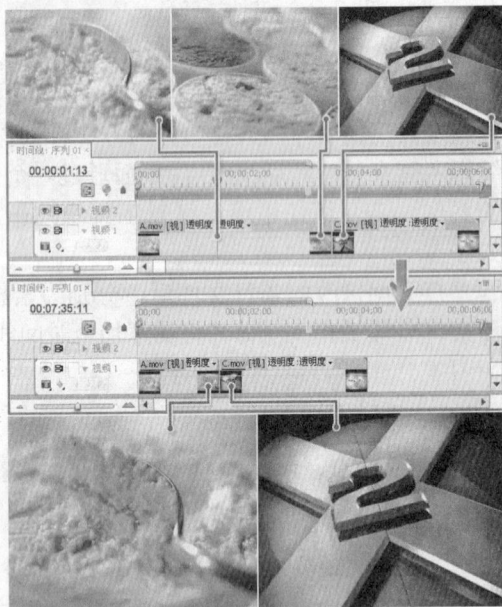

图 4-75 波纹编辑前后的效果对比

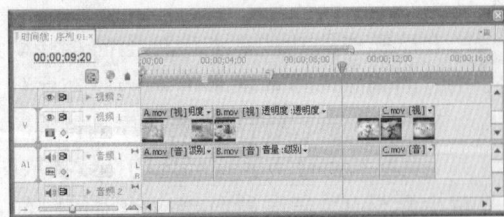

图 4-76 添加素材

上述操作不会对序列的持续时间产生任何影响，但序列内素材B的播放内容却会发生变化。简单的说，之前素材出点处的视频帧将会出现在修改后素材的出入点区间内，而素材原出点后的某一视频帧则会成为修改后素材出点处的视频帧，如图4-78所示。

在【时间线】面板内的素材上使用【错落工具】向左拖动鼠标时，序列内该素材的入点和出点会同时向源素材的末端移动；反之，则会向起始端进行移动。

4.5.4 滑动编辑

与滑移编辑一样的是，滑动编辑也能够在保持序列持续时间不变的情况下，在序列内修改素材的入点和出点。不过，滑动编辑所修改的对象并不是当前所操作的素材，而是与该素材相邻的其他素材。

选择【工具】面板内的【滑动工具】后，在【时间线】面板内将其置于素材B上并向左拖动鼠标，如图4-79所示。

上述操作的结果是，序列内素材A的出点与素材C的入点同时向左移动，素材A的持续时间有所减少，而素材C的持续时间则有所增加。而且，素材C所增加的持续时间与素材A所减少的持续时间相同，整个序列的持续时间保持不变。至于素材B，其播放内容与持续时间都不会发生变化，如图4-80所示。

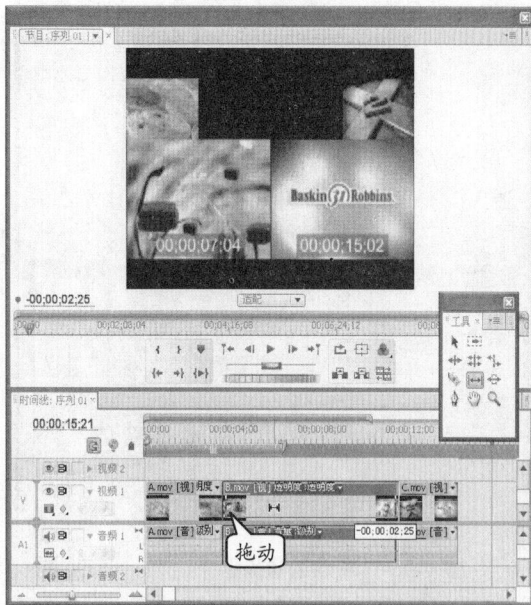

图 4-77　同时调整素材B的入点与出点

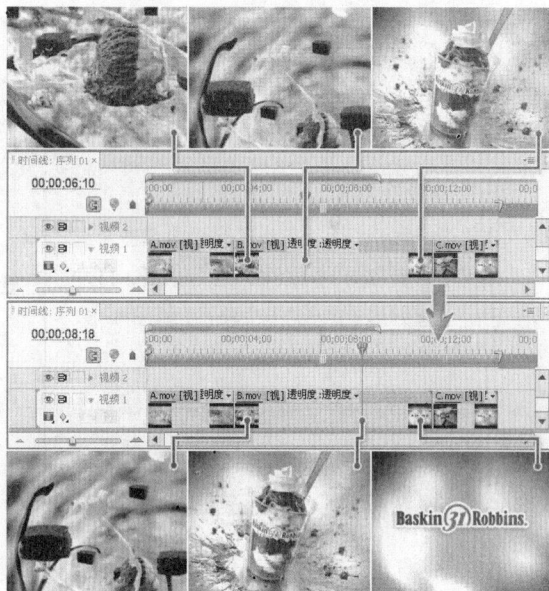

图 4-78　滑移编辑前后效果对比

4.6　实验指导：编辑产品广告

在制作广告、栏目片头等类型的作品时，往往需要对素材进行大量剪辑和重组工作，以便表达相应的思想内容。本例将通过三点编辑的方式从多部汽车广告内提取素材，并将其组成为一部新的广告，从而着重展现 Premiere 的素材剪辑与编辑能力。

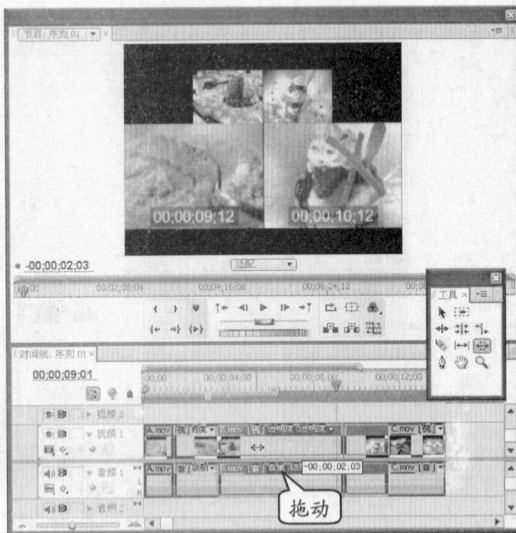

图 4-79　滑动编辑操作

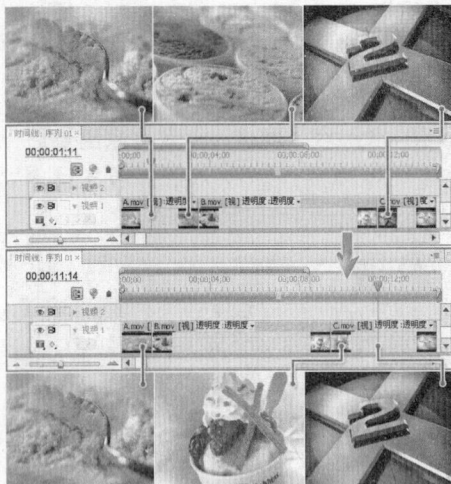

图 4-80　滑动编辑前后效果对比

1. 实验目的

- ❑ 了解添加素材的方法
- ❑ 学习剪辑素材的方法
- ❑ 掌握三点编辑操作
- ❑ 熟悉影片制作流程

2. 实验步骤

1 启动 Premiere 后，在欢迎界面内单击最近使用项目列表内的"汽车广告"项目，打开已经创建好的"汽车广告"项目，如图 4-81所示。

图 4-81　打开现有项目

2 进入 Premiere 主界面后，将素材"广告汽车 a.mov"添加至【时间线】面板内，并将

当前时间指示器移至 00:00:12:06 处，如图4-82 所示。

图 4-82　添加素材

3 在【节目】面板中，单击【设置入点】按钮后，为影片剪辑设置入点，如图 4-83 所示。

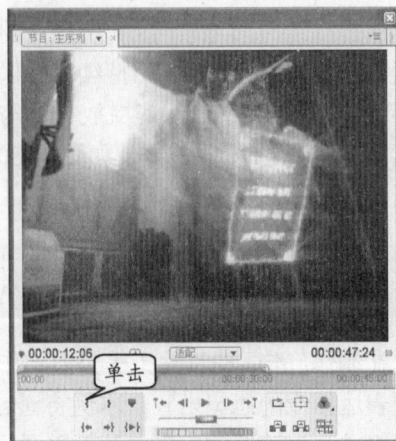

图 4-83　设置入点

4 将当前时间指示器移至 00:00:31:28 位置处，并在该位置设置出点，如图 4-84 所示。

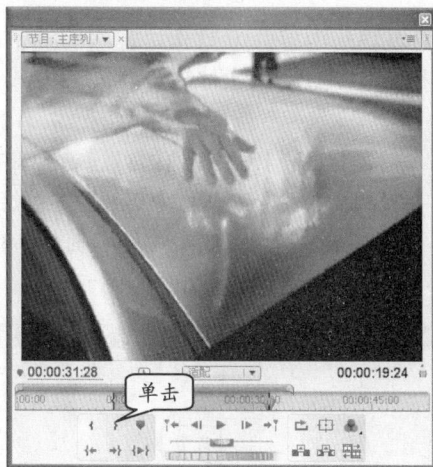

图 4-84 设置出点

5 在【项目】面板内双击素材"广告汽车 b.mov"，然后在【源】面板内将当前时间指示器移至 00:00:13:13 位置处，并单击【设置入点】按钮，如图 4-85 所示。

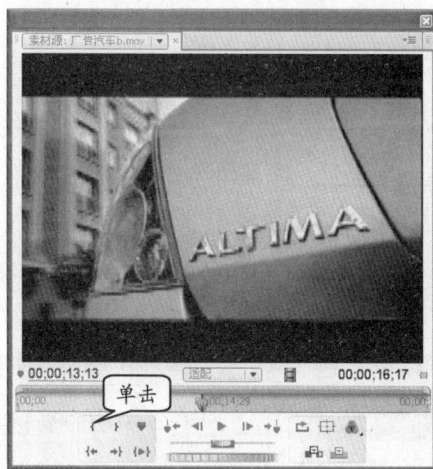

图 4-85 设置素材入点

6 单击【源】面板中的【覆盖】按钮后，在弹出的对话框内选中【忽略序列出点】单选按钮，完成后单击【确定】按钮，如图 4-86 所示。

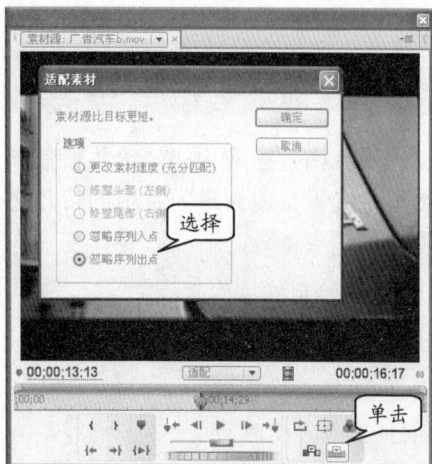

图 4-86 更改覆盖设置

7 在【时间线】面板中，分别在 00:00:18:11 和 00:00:31:27 位置处切割素材，并删除这一时间区间内的素材剪辑，如图 4-87 所示。

图 4-87 清除多余素材

8 右击清除素材剪辑后留出的空白区域，在执行【波纹删除】命令后，即可完成汽车广告的简单编辑工作，如图 4-88 所示。

图 4-88 清除素材间隙

在影片内适当应用快慢镜头特效，可以有效地为影片增添几分紧张、惊险的气氛，这使得快慢镜头成为最为常用的特效之一。本例将通过调整素材影片播放时间的方式，实现慢放镜头特效。

1. 实验目的

- ☐ 创建编辑项目
- ☐ 切割素材剪辑
- ☐ 更改持续时间

2. 实验步骤

1 在 Premiere 欢迎界面中，单击【新建项目】按钮，如图 4-89 所示。

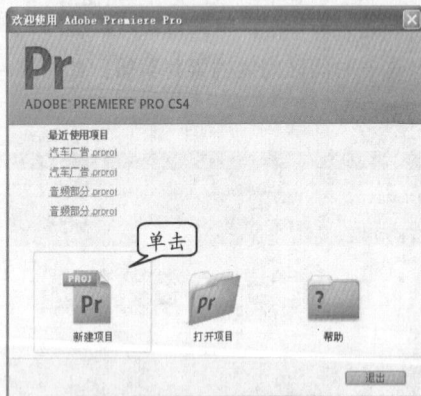

图 4-89　Premiere 欢迎界面

2 在弹出的【新建项目】对话框中，设置项目文件的保存位置与名称，如图 4-90 所示。

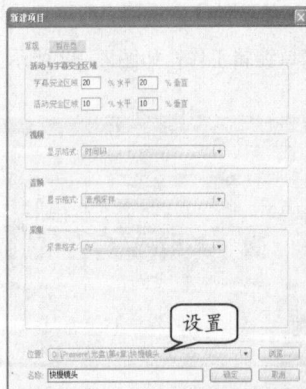

图 4-90　创建项目

3 在【新建序列】对话框的【常规】选项卡中，将【编辑模式】设置为"桌面编辑模式"后，依次设置序列的帧速率、视频画面分辨率、像素长宽比等参数，如图 4-91 所示。

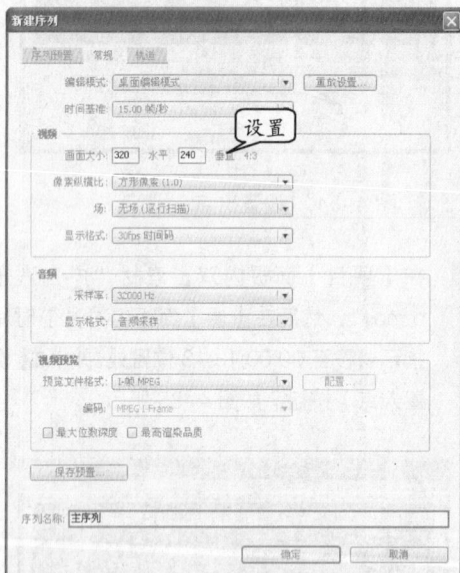

图 4-91　创建序列

4 将素材"广告综合.mov"添加至【项目】面板内，并将该素材添加至序列内，如图 4-92 所示。

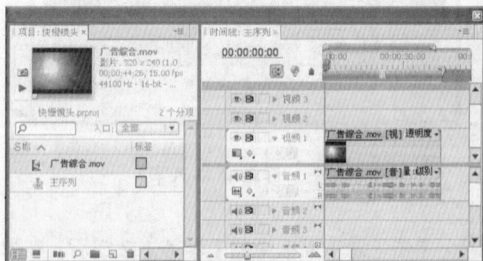

图 4-92　导入素材

5 在【时间线】面板中，使用【剃刀工具】从"广告综合.mov"素材剪辑的 00:00:21:04

和 00:00:26:13 位置处切割开来,如图 4-93
所示。

图 4-93　切割素材剪辑

6　右击素材剪辑第二部分,执行【速度/持续
时间】命令,如图 4-94 所示。

7　在弹出的【素材速度/持续时间】对话框中,
将【速度】设置为 35%,并启用【波纹编
辑,移动后面的素材】复选框,如图 4-95
所示。

8　完成上述操作后,即可在【节目】面板内预

览添加慢镜头后的影片播放效果。

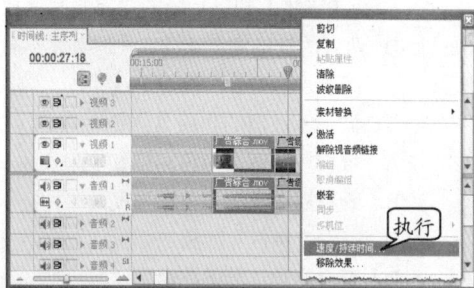

图 4-94　执行编辑命令

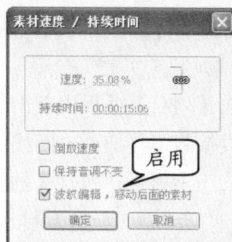

图 4-95　调整素材播放速度

4.8　思考与练习

一、填空题

1. 在【　　　　】面板中,时间线标尺上
的各种控制选项决定了查看影片素材的方式,以
及影片渲染和导出的区域。

2. 　　　　是一个蓝色的三角形图标,其
作用是标识当前所查看的视频帧,以及该帧在当
前序列中的位置。

3. Premiere 中的安全区域分为　　　　安
全区和动作安全区两种类型。

4. 　　　　示波器的画面由 R、G、B、
Mg、Cy 和 Yl 这 6 个包含"田"字形方框的区域
组成。

5. 所有的影片都由音频和视频两部分组成,
而这种相关的素材又可以分为硬相关和
　　　　两种类型。

6. 　　　　和　　　　的功能是标识素材
可用部分的起始时间与结束时间,以便 Premiere
有选择地调用素材。

7. 三点编辑用于将　　　　中的部分内容

替换影片剪辑中的部分内容。

8. 利用　　　　工具,可以在【时间线】
面板内通过直接拖动相邻素材边界的方法,同时
更改编辑两侧素材的入点或出点。

二、选择题

1. 在下列选项中,无法在【源】监视器面
板内进行的操作是　　　　。

　A. 设置入点与出点

　B. 设置标记

　C. 预览素材内容

　D. 分离素材中的音频与视频部分

2. 在监视器面板中,【飞梭】控制键与【微
调】控制键的差别是什么?　　　　

　A.【飞梭】以逐帧方式控制画面播放,
　　　而【微调】则以片段方式控制其
　　　播放

　B.【飞梭】用于控制视频素材的播放,
　　　而【微调】用于控制音频素材的
　　　播放

113

C. 【微调】以逐帧方式控制画面播放，而【飞梭】则以片段方式控制其播放

D. 两者的功能完全相同，只是名称不同而已

3. YC 波形示波器的作用是_____。

A. 查看视频画面的色彩饱和度

B. 查看视频画面的色彩强度

C. 查看音频信号的播放强度

D. 查看音频信号的波形图

4. 在下列选项中，无法将素材添加至序列的是_____。

A. 选择素材后，在英文输入法状态下按"逗号"(,)键

B. 在【项目】面板内双击素材

C. 直接将素材拖至时间线内

D. 右击素材后，执行【插入】命令

5. 会将时间线上的已有素材一分为二，并将新素材添加至两者之间的操作是_____。

A. 插入编辑　　　　　B. 叠加编辑

C. 提升编辑　　　　　D. 提取编辑

6. 在四点编辑中，如果素材出入点间的长度与序列出入点间的长度不匹配，Premiere 便会要求用户采用一种折衷的方案来继续四点编辑操作。在下列选项中，不属于 Premiere 所提供解决方案的是_____。

A. 修改素材播放速度，以匹配序列

B. 忽略序列出点

C. 修整尾部（右侧）

D. 忽略序列入点

7. 在下列有关嵌套序列的描述中，错误的是_____。

A. 合理使用嵌套序列可降低影片编辑难度

B. 合理使用嵌套序列可提高影片编辑效率

C. 合理使用嵌套序列可优化主序列的序列装配结构

D. 嵌套序列只会影响影片输出速度，无其他任何益处

8. 能够在保持序列持续时间不变的前提下，同时调整序列内某一素材的入点与出点，且不会影响该素材两侧其他素材的操作是_____。

A. 滚动编辑　　　　　B. 波纹编辑

C. 滑移编辑　　　　　D. 滑动编辑

三、简答题

1. 【源】面板与【节目】面板的作用与差别是什么？

2. Premiere 为用户提供了哪些向时间线添加素材的方法？

3. 在【源】面板中，怎么为素材设置入点与出点？

4. 什么是三点编辑与四点编辑？

5. 简述滑移编辑的操作过程。

四、上机练习

1. 创建片头素材

Premiere 中的片头素材是指影片正式开始播放前的倒计时部分，根据需要用户可自定义该素材。创建片头素材的方法是在执行【文件】|【新建】|【通用倒计时片头】命令后，首先在弹出的对话框内设置素材参数，如图4-96所示。在单击【确定】按钮后，在接下来弹出的【通用倒计时片头设置】对话框内设置素材内容，如图4-97所示。

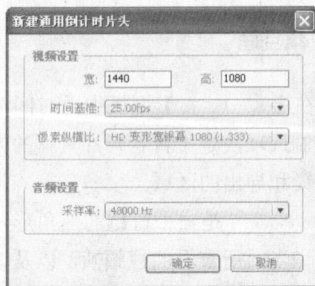

图 4-96 调整素材参数

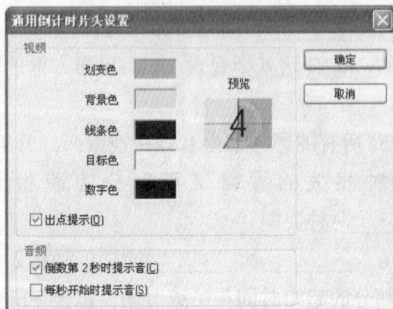

图 4-97 设置素材内容

2. 创建颜色素材

颜色素材是指采用纯色画面的素材，其中最为常用的便是"白场"与"黑场"素材了。在 Premiere 中，执行【文件】|【新建】|【彩色蒙版】命令后，系统会要求首先设置素材的尺寸与帧速率，如图 4-98 所示。完成后，在弹出的对话框内选择素材色彩后，单击【确定】按钮即可创建相应色彩的背景素材。

图 4-98 设置色彩素材参数

第 5 章

添加视频转场效果

在电视节目及电影的制作过程中，视频转场是用于连接素材时常用的手法。通过应用视频转场，整部作品的流畅感会得到提升，并使得视频画面更富有表现力，甚至还能够使得影片风格更为突出。为此，本章将对 Premiere 中的视频转场进行介绍。通过本章的学习，用户可以了解在影片中添加和运用视频转场的方法，并了解一些常用视频转场的效果。

本章学习要点：

➢ 认识视频转场

➢ 添加和删除视频转场

➢ 修改默认转场参数

➢ 了解不同转场的效果

5.1　视频转场概述

在制作影片的过程中，镜头与镜头间的连接和切换可分为有技巧切换和无技巧切换两种类型。其中，无技巧切换是指在镜头与镜头之间直接切换，这是最基本的组接方法之一，在电影中应用较为频繁；有技巧切换是指在镜头组接时加入淡入淡出、叠化等视频转场过渡手法，使镜头之间的过渡更加多样化。

5.1.1　转场的基本功能

如今在制作一部电影作品时，往往要用到成百上千的镜头。这些镜头的画面和视角大都千差万别，因此直接将这些镜头连接在一起会让整部影片显示断断续续。为此，在编辑影片时便需要在镜头之间添加视频转场，使镜头与镜头间的过渡更为自然、顺畅，使影片的视觉连续性更强。

图 5-1　使用转场连接镜头

例如，在一名男子缓步走上台阶的场景结束时，一个短暂的黑场过后便是一名女子在平台前站立的镜头。接下来，女子转身的瞬间，一组快速播放的画面后便是一名女子的面部特写镜头，如图 5-1 所示。在上面描述的场景中，黑场与快放画面等转场的应用将"男子上台阶"、"女子站在平台前"和"女子面部特写"这 3 个镜头有机地结合起来，并使其表现出一定的意义。

图 5-2　视频转场分类列表

5.1.2　添加转场

在 Premiere Pro CS4 中，系统共提供了 70 多种视频转场效果。这些视频转场被分类后放置在【效果】面板【视频切换】文件夹中的 11 个子文件夹中，如图 5-2 所示。

要在镜头之间应用视频转场，只需将某一转场效果拖曳至时间线上的两素材之间即可，如图 5-3 所示。

提　示

在将视频转场拖至素材上的不同位置时，Premiere 会显示不同的图标。

图 5-3　添加视频转场

此时，单击【节目】面板内的【播放-停止切换】按钮，或直接按空格键后，即可预览所应用视频转场的效果，如图5-4所示。

5.1.3 清除和替换转场

在编排镜头的过程中，有些时候很难预料镜头在添加视频转场后产生怎样的效果。此时，往往需要通过清除、替换转换的方法，尝试应用不同的转场，并从中挑选出最为合适的效果。

1. 清除转场

在感觉当前所应用的视频转场不太合适时，只需在【时间线】面板内右击视频转场后，执行【清除】命令，即可清除相应转场对镜头的应用效果，如图5-5所示。

技 巧

在【时间线】面板内选择视频转场后，直接按 Delete 键即可将其清除。

2. 替换转场

与清除转场后再添加新的转场相比，使用替换转场来更新镜头所应用视频转场的方法更为简便。操作时，用户只需将新的转场效果覆盖在原有转场上，即可将其替换，如图5-6所示。

5.1.4 设置默认转场

为了让用户更为自由地发挥想象力，Premiere 允许用户在一定范围内修改视频转场的效果。也就是说，用户可根据需要对添加后的视频转场进行调整，下面将对其操作方法进行介绍。

在【时间线】面板内选择视频转场后，【特效控制台】面板中便会显示该视频转场的各项参数，如图5-7所示。

图 5-4 预览视频转场效果

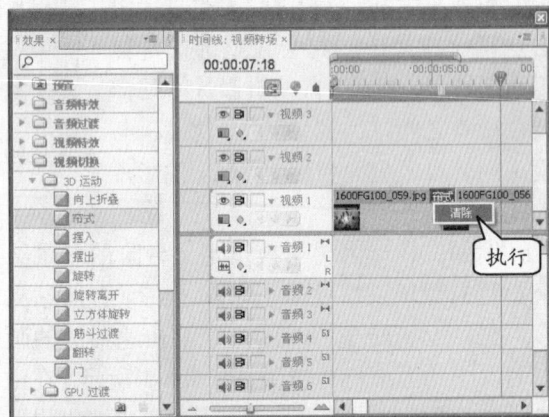

图 5-5 清除视频转场

图 5-6 替换转场

单击【持续时间】选项右侧
的数值后，在出现的文本框内输
入时间数值，即可设置视频转场
的持续时间，如图 5-8 所示。

在将鼠标置于选项参数的数值位置
上后，光标变成 形状时，拖动鼠标
便可以更改其数值。

在【特效控制台】面板中启
用【显示实际来源】复选框后，
转场所连接镜头画面在转场过程
中的前后效果将分别显示在 A、B 区域内，如图 5-9 所示。

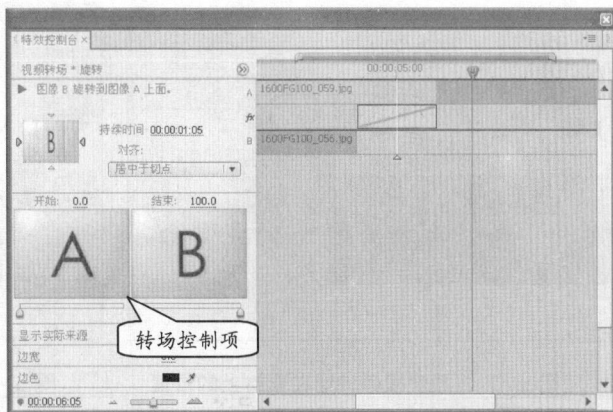

图 5-7　视频转场参数面板

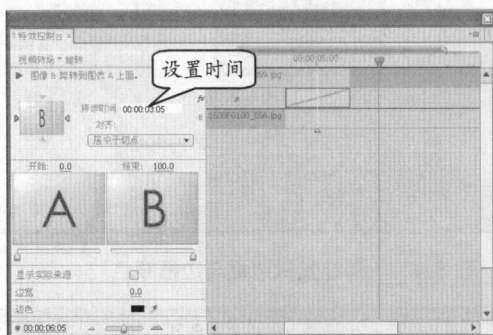

图 5-8　修改视频转场的持续时间

图 5-9　显示素材画面

在特效预览区中，通过单击
"方向"按钮，即可设置视频转
场效果的开始方向与结束方向，
如图 5-10 所示。

可以单击【播放转场过渡效果】按
钮，在预览区中预览视频转场效果。

单击【对齐】下拉按钮，在
【对齐】下拉列表中选择特效位
于两个素材上的位置，例如，选
择【开始于切点】选项，视频转
场效果会在时间滑块进入第二
个素材时开始播放，如图 5-11 所示。

图 5-10　设置视频转场方向

在调整【开始】或【结束】选项内的数值，或拖动该选项下方的时间滑块后，还可
设置视频转场在开始和结束时的效果，如图 5-12 所示。

图 5-11 改变视频转场在素材上的位置

图 5-12 调整转场的开始与结束效果

此外，在调整【边宽】选项后，还可更改素材在转场效果中的边框宽度。如果需要设置边框颜色，则可设置【边色】选项，如图 5-13 所示。

提 示

单击【边色】吸管按钮后，还可从素材画面中选取一种色彩作为边框颜色。

图 5-13 调整素材边框与边框颜色

如果想要更为个性化的效果，则可启用【反转】复选框，从而使视频转场采用相反的顺序进行播放，如图 5-14 所示。

在单击【抗锯齿品质】下拉按钮，并在【抗锯齿品质】下拉列表中选择品质级别选项后，还可调整视频转场的画面效果，如图 5-15 所示。

图 5-14 视频转场反转效果

5.2 转场分类讲解

为了便于用户制作出内容丰富的影视作品，Premiere 提供了多种多样的视频转场效果供用户选择。在这些不同效果的转场中，每种转场都有其适合的应用范围，而了解这些视频转场的不同效果与作用，则有助于制作出效果更好的影片。

5.2.1 3D 运动

3D 运动类视频转场主要体现镜头

图 5-15 设置转场抗锯齿品质

之间的层次变化，从而给观众带来一种从二维空间到三维空间的立体视觉效果。3D运动类视频转场包含多种转场方式，如向上折叠、帘式、摆入与摆出等。

1. 向上折叠

在应用【向上折叠】视频转场后，第一个镜头中的画面将会像"折纸"一样被折叠起来，从而显示出第二个镜头中的内容，如图5-16所示。

2. 帘式

在【帘式】视频转场效果中，前一个镜头将会在画面中心处被分割为两部分，并采用向两侧拉开窗帘的方式显示下一个镜头中的画面，如图5-17所示。

图 5-16　向上折叠视频转场效果

> **注　意**
>
> 帘式转场多用于娱乐节目或 MTV 中，可以起到让影片更生动，并具有立体感的效果。

3. 摆入与摆出

【摆入】与【摆出】都是采用镜头二画面覆盖镜头一画面进行切换的视频转场，两者的效果极其类似。其中，【摆入】转场采用的是镜头二画面的移动端由小到大进行变换，从而给人一种画面从"屏幕"下方摆入的效果，如图5-18所示。

与【摆入】转场效果不同的是，【摆出】转场采用的是镜头二画面的移动端由大到小进行变换，从而给人一种画面从"屏幕"上方进入的效果，如图5-19所示。

图 5-17　帘式视频转场效果

图 5-18　摆入视频转场效果

4. 旋转与旋转离开

在【旋转】视频转场中，镜头二画面从镜头一画面的中心处逐渐伸展开来，特征是镜头二画面的高度始终保持正常，变化的只是镜头二画面的宽度，如图5-20所示。

图 5-19　摆出视频转场效果

图 5-20　旋转视频转场效果

与【旋转】采用二维方式进行变换的方式不同,【旋转离开】采用镜头二画面从镜头一画面中心处"翻出"的方式将当前画面切换至镜头二,从而给人一种画面通过三维空间变化而来的效果,如图 5-21 所示。

5. 立方体旋转

在【立方体旋转】转场中,镜头一与镜头二画面都只是某个立方体的一个面,而整个转场所展现的便是在立方体旋转过程中,画面从一个面(镜头一画面)切换至另一个面(镜头二画面)的效果,如图 5-22 所示。

图 5-21　旋转离开视频转场效果

提　示

通过更改转场设置,立方体旋转能够以从上至下或从左至右等多种方式进行旋转。

6. 筋斗过渡与翻转

【筋斗过渡】和【翻转】都是通过镜头一画面不断翻腾来显现镜头二画面的转场效果,不过它们在表现形式上却有些许的不同。其中,【筋斗过渡】采用镜头一画面在翻腾时逐渐缩小、直至消失的方式来显示镜头二画面,感觉上镜头一画面和镜头二画面原本是"叠放"在一起似的,如图 5-23 所示。

图 5-22　立方体旋转视频转场效果

相比之下,【翻转】视频转场中的镜头一和镜头二画面更像是一个平面物体的两个面，而该物体在翻腾结束后，朝向屏幕的画面由原本的镜头一画面改为了镜头二画面，如图 5-24 所示。

选择【翻转】视频转场后，单击【特效控制台】面板中的【自定义】按钮，还可在弹出的对话框内设置镜头画面翻转时的条带数量以及翻转过程中的背景颜色，如图 5-25 所示。

例如，在将条带数量设置为 5，翻转背景色设置为白色后，其效果如图 5-26 所示。

7. 门

图 5-23 筋斗过渡视频转场效果

在【门】视频转场效果中，镜头二画面会被一分为二，然后像两扇"门"一样地被"合拢"。当镜头二画面的两部分完全合拢在一起时，镜头一画面就会从屏幕上完全消失，整个视频转场过程也就随之结束，如图 5-27 所示。

图 5-24 翻转视频转场效果

图 5-25 自定义翻转视频转场参数

图 5-26 自定义翻转视频转场效果

图 5-27 门视频转场效果

5.2.2 GPU 过渡

GPU 过渡类视频转场中的第二个镜头往往会采用翻转或滚动等方式出现，具体包括中心剥落、卡片翻转、球体等样式。接下来，本节将对这些样式的 GPU 过渡类视频转场进行介绍。

1．中心剥落

该转场效果是在将第一个镜头中的画面从中心位置分割为 4 块后，逐渐将它们卷向屏幕四角，直至第二个镜头中的画面完全显现出来，如图 5-28 所示。

图 5-28　中心剥落转场效果

2．卡片翻转

【卡片翻转】视频转场的效果与 3D 运动类转场中的【翻转】视频转场极其类似，不同的是【卡片翻转】视频转场中的视频画面会被分为多个相同大小的小画面。在转场开始播放后，这些小的卡片式画面便会依次做出 180°的翻转动作，直至镜头二画面完全显现在屏幕上，如图 5-29 所示。

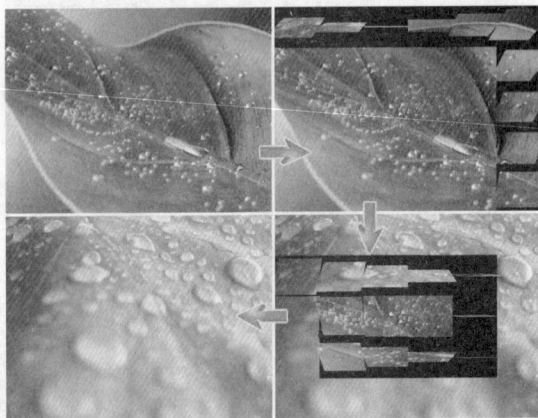

图 5-29　卡片翻转转场效果

选择应用于素材的【卡片翻转】视频转场后，单击【特效控制台】面板内的【自定义】按钮，还可在弹出的对话框内设置屏幕内的卡片数量、卡片翻转方式以及卡片在翻转时的轴向，如图 5-30 所示。

> **提 示**
>
> 在【卡片翻转】视频转场中，Premiere 共提供了"螺旋翻转"、"棋盘"、"扫描线"和"多米诺骨牌"4 种不同的翻转方式。

3．卷页与页面滚动

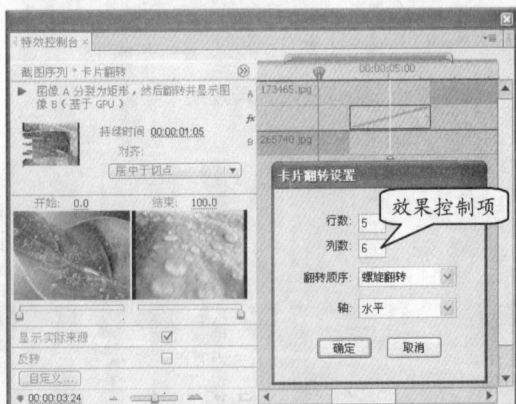

图 5-30　自定义卡片翻转视频转场

【卷页】与【页面滚动】转场都是以卷纸的方式"卷"走镜头一画面，从而将镜头二画面呈现在观众眼前。其中，在播放【卷页】转场时会从屏幕的一角卷起镜头一画面，并在将镜头一画面卷至对角后，完全显露出镜头的下一个画面，如图 5-31 所示。

相比之下，【页面滚动】转场的效果则要简单许多，Premiere 在将镜头一的画面从屏幕一侧顺势卷起后，待镜头二画面完全显现在屏幕上，整个【页面滚动】转场便播放完成了，如图 5-32 所示。

4．球体

在播放应用了【球体】转场效果的节目时，屏幕上第一个画面的内容会快速变化为一个球体，仿佛该画面便是由球体表面伸展开后所形成的一般。接下来，球体会在屏幕上快速滚动开来，直接消失在屏幕中，如图 5-33 所示。

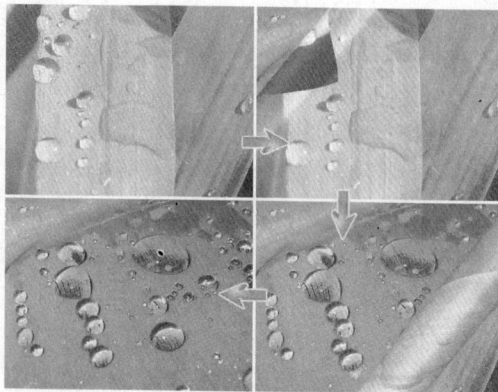
图 5-31　卷页转场效果

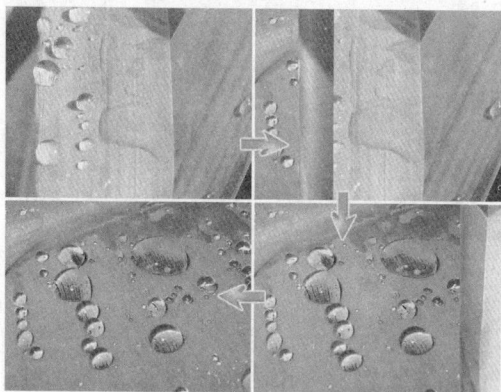
图 5-32　页面滚动转场效果

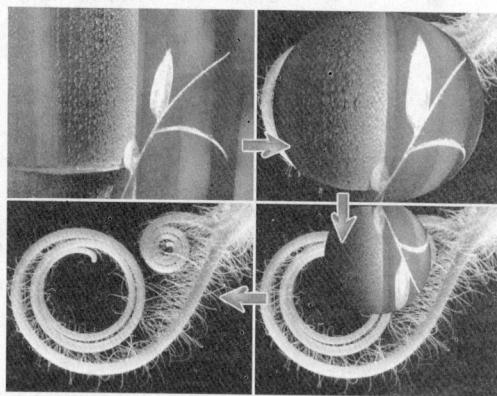
图 5-33　球体视频转场效果

5.2.3　伸展

伸展类视频转场主要通过素材的伸缩来达到画面切换的目的，通过该类型转场可制作出挤压、飞入等多种镜头切换效果。

1．交叉伸展

在【交叉伸展】视频转场中，镜头一画面的宽度会逐渐收缩，而镜头二画面的宽度则会相应增加。这样一来，当镜头二画面的宽度与屏幕宽度相同时，【交叉伸展】视频转场便完成了整个画面的切换任务，如图 5-34 所示。

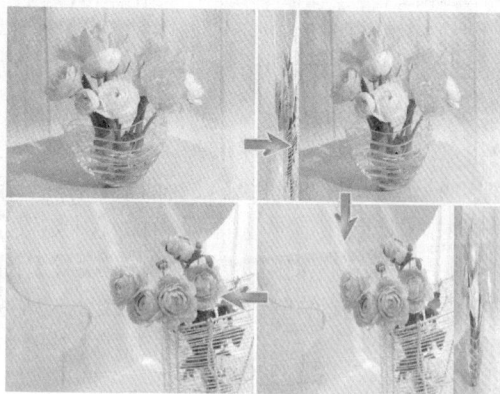
图 5-34　交叉伸展视频转场效果

交叉伸展视频转场的播放效果与立方体旋转视频转场的效果极其类似。两者的差别在于，无论镜头一和镜头二画面的宽度做出怎样的变化，整个镜头画面都仍然位于屏幕范围内；在立方体旋转视频转场中，镜头的画面会随着转场播放进度的不同，逐渐进入（镜头二画面）或逐渐退出（镜头一画面）屏幕范围。

2．伸展

在【伸展】视频转场中，镜头一画面的尺寸、位置始终不会发生变化。不过，随着镜头二画面从屏幕的一侧切入，而且其宽度的不断变化，最终整个屏幕范围都将会被镜头二画面所占据，如图 5-35 所示。

3．伸展覆盖

在【伸展覆盖】视频转场中，镜头二画面仿佛是在被拉扯后，以极度变形的姿态出现。随着转场的播放，镜头二画面的比例慢慢恢复正常，并最终完全覆盖在镜头一画面之上，如图 5-36 所示。

4．伸展进入

【伸展进入】视频转场的效果是在镜头二画面被无限放大的情况下，以渐显的方式出现，并在极短时间内恢复画面的正常比例与透明度，从而覆盖在镜头一画面上方，如图 5-37 所示。

如果想要调整【伸展进入】视频转场的切换效果，可在时间线内选择该转场后，首先单击【特效控制台】面板中的【自定义】按钮。然后，在弹出的【伸展进入设置】对话框中设置镜头二画面的分割份数，如图 5-38 所示。

5.2.4　划像

划像类视频转场的特征是直接进行两镜头画面的交替切换，其方式通常是在前一镜头画面以划像方式退出的同时，后一镜头中的画面逐渐显现。

图 5-35　伸展视频转场效果

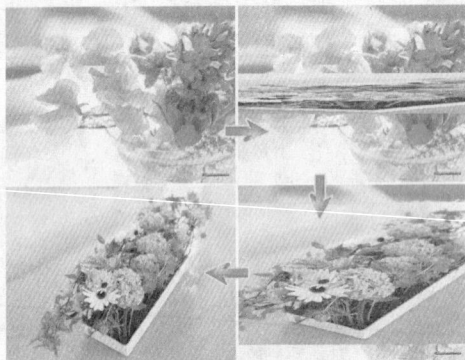
图 5-36　伸展覆盖转场效果

图 5-37　伸展进入转场效果

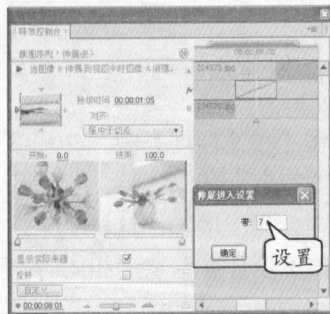
图 5-38　自定义伸展进入转场参数

1. 划像交叉

在【划像交叉】视频转场中，镜头二画面会以十字状的形态出现在镜头一画面中。随着"十字"的逐渐变大，镜头二画面会完全覆盖镜头一画面，从而完成划像转场效果，如图 5-39 所示。

2. 划像形状

【划像形状】与【划像交叉】转场的效果较为类似，都是在镜头一画面中出现某一形状的"透明部分"后，将镜头二画面展现在大家面前。例如，默认设置的【划像形状】转场便是通过 3 个逐渐放大的菱形图案来将镜头二画面带至观众面前，如图 5-40 所示。

在时间线上选择【划像形状】视频转场后，除了能够在【特效控制台】面板内调整【边宽】、【边色】等常规设置外，还可在单击【自定义】按钮后，在弹出的对话框内设置"透明部分"的形状与数量，如图 5-41 所示。

3. 圆划像、星形划像、点划像、盒形划像和菱形划像

事实上，无论是哪种样式的划像转场，其表现形式除了划像形状不同外，本质上并没有什么差别。在划像类转场中，最为典型的便是圆划像、星形划像这种以圆、星形等平面图形为蓝本，通过逐渐放大或缩小由平面图形所组成"透明部分"来达到镜头切换的转场效果。

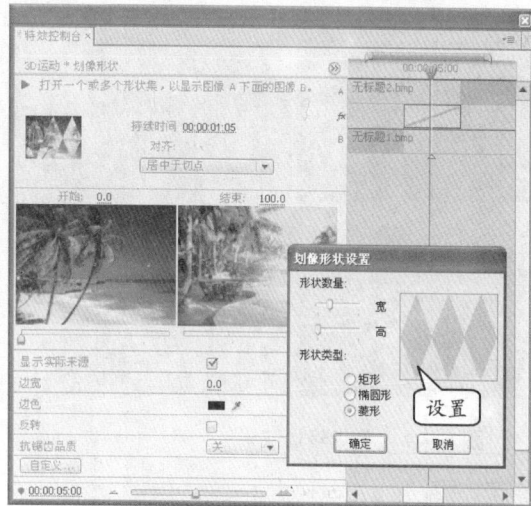

图 5-39　划像交叉转场效果

图 5-40　默认效果的划像形状转场

图 5-41　自定义划像形状

5.2.5　卷页

从切换方式上来看，卷页类视频转场与部分 GPU 过渡类视频转场相类似。两者的不同之处在于，GPU 过渡的立体效果更为明显、逼真，而卷页类视频转场则仅关注镜头切换时的视觉表现方式。

1. 中心剥落、剥开背面与页面剥落

【中心剥落】与【剥开背面】转场在实现画面切换时，都会首先将画面均匀地划分为 4 个部分。然后，通过揭开这 4 部分镜头一画面的方式，来展现镜头二画面。不过，【中心剥落】视频转场是通过同时从中心向四角揭开镜头一画面的方式来完成这一任务，如图 5-42 所示。相比之下，【剥开背面】转场则是通过逐一揭开镜头一画面的方式来完成上述任务。

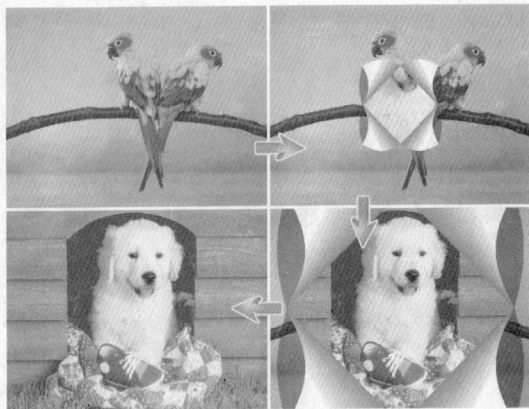

图 5-42　中心剥落转场效果

至于【页面剥落】视频转场，则是采用揭开"整张"画面的方式来让镜头一画面退出屏幕，同时让镜头二画面呈现在大家面前，如图 5-43 所示。

2. 卷走与翻页

在【卷走】转场中，镜头一画面会像一张画纸一样地从屏幕侧面被"卷起"，直到全部露出镜头二画面为止，如图 5-44 所示。相比之下，【翻页】转场则是从屏幕一角被"揭"开后，拖向屏幕的另一角，如图 5-45 所示。

图 5-43　页面剥落转场效果

图 5-44　卷走转场效果

图 5-45　翻页转场效果

提　示

【卷走】转场效果与 GPU 过渡类转场中的【页面滚动】转场效果相类似，而【翻页】转场则与同类转场中的【页面剥落】转场有几分相似之处。这两者与其相似转场的共同之处在于，【卷走】转场与【翻页】转场在视觉上都没有立体感，是一种纯粹的二维转场效果。

5.2.6 叠化

　　叠化类视频转场主要以淡入淡出的形式来完成不同镜头间的转场过渡，使前一个镜头中的画面以柔和的方式过渡到后一个镜头的画面中。

1. 交叉叠化（标准）

　　【交叉叠化】是最基础，也最简单的叠化转场。在【交叉叠化】视频转场中，随着镜头一画面透明度的提高（淡出，即逐渐消隐），镜头二画面的透明度越来越低（淡入，即逐渐显现），直至在屏幕上完全取代镜头一画面，如图5-46所示。

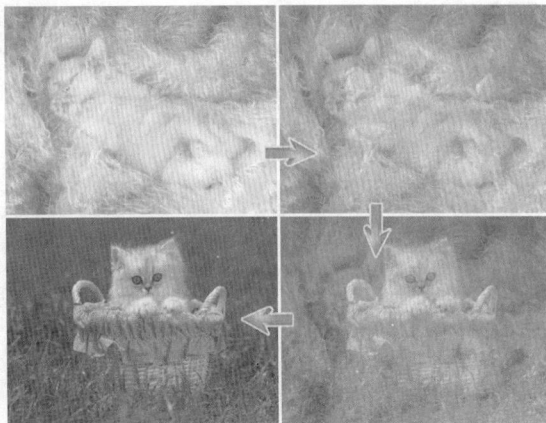

图 5-46　交叉叠化（标准）转场效果

> **提　示**
>
> 当镜头画面中的质量不佳时，使用叠化转场效果能够减弱因此而产生的负面影响。此外，由于交叉叠化转场的过渡效果柔和、自然，因此成为最为常用的视频转场之一。

2. 抖动溶解

　　【抖动溶解】属于一种快速转换类的视频转场，播放时镜头一画面内会出现数量众多的点状矩阵。在这些点状矩阵发生一系列变化的同时，屏幕中的镜头一画面会被快速替换为镜头二画面，从而完成转场操作，如图5-47所示。

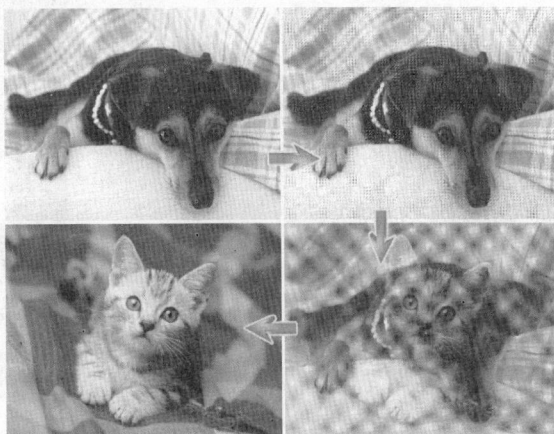

图 5-47　抖动溶解转场效果

> **提　示**
>
> 在【特效控制台】面板中，通过调整【抗锯齿品质】选项，可以起到局部调整【抖动溶解】转场效果的目的。

3. 白场过渡与黑场过渡

　　所谓白场，便是屏幕呈单一的白色，而黑场则是屏幕呈单一的黑色。白场过渡，则是指镜头一画面在逐渐变为白色后，屏幕内容再从白色逐渐变为镜头二画面，如图5-48所示。相比之下，黑场过渡则是指镜头一画面在逐渐变为黑色后，屏幕内容再由黑色转变为镜头二画面。

图 5-48　白场过渡转场效果

提 示

当使用已经剪辑过的影片作为素材时,白场过渡能够隐藏这些影片中的剪辑点。

提 示

与白场过渡相比,黑场过渡给人的感觉更为柔和。因此影视节目的片头和片尾处常常使用黑场过渡,以免让观众产生过于突然的感觉。

4. 附加叠化与非附加叠化

【附加叠化】是在镜头一和镜头二画面淡入淡出的同时,附加一种屏幕内容逐渐过曝并消隐的效果,如图5-49所示。

图 5-49 附加叠化转场效果

与【附加叠化】不同,【非附加叠化】转场的效果是镜头二画面在屏幕上直接替代镜头一画面。在画面交替的过程中,交替的部分呈不规则形状,画面内容交替的顺序则由画面的颜色所决定,如图 5-50 所示。

5. 随机反相

【随机反相】视频转场的效果是在镜头一画面上随机出现一些内容与镜头一画面相同,但颜色相反的块状画面。随着此类块状画面逐渐布满屏幕,内容为

图 5-50 非附加叠化转场效果

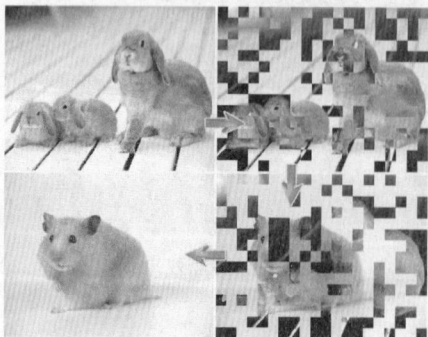

正常镜头二画面的第二波块状画面开始逐渐显现在屏幕上,直到整个镜头二画面完全展现开为止,如图 5-51 所示。

在选择【随机反相】转场后,单击【特效控制台】面板中的【自定义】按钮,还可在弹出的对话框内设置屏幕表面随机块的数量。此外,通过选中【反相源】和【反相目标】单选按钮,还可设置镜头切换过程中,是利用镜头一画面生成反相图像,还是利用镜头二画面生成反相图像,如图 5-52 所示。

图 5-51 随机反相转场效果

图 5-52 自定义随机反相视频转场设置

5.2.7 擦除

擦除类视频转场是在画面的不同位置，以多种不同形式的方式来抹除镜头一画面，然后显现出镜头二中的画面。目前，擦除类转场共包括以下几种类型的视频转场方式。

1. 双侧平推门与擦除

在【双侧平推】视频转场中，镜头二画面会以极小的宽度，但长度与屏幕相同的尺寸显现在屏幕中央。接下来，镜头二画面会向左右两边同时伸展，直接全部覆盖镜头一画面，直到铺满整个屏幕为止，如图5-53所示。

相比之下，【擦除】转场的效果则较为简单。应用后，镜头二画面会从屏幕一侧显现出来，同时显示有镜头二画面的区域会快速推向屏幕另一侧，直到镜头二画面全部占据屏幕为止，如图5-54所示。

2. 带状擦除

【带状擦除】是一种采用矩形条带左右交叉的形式来擦除镜头一画面，从而显示镜头二画面的视频转场，如图5-55所示。

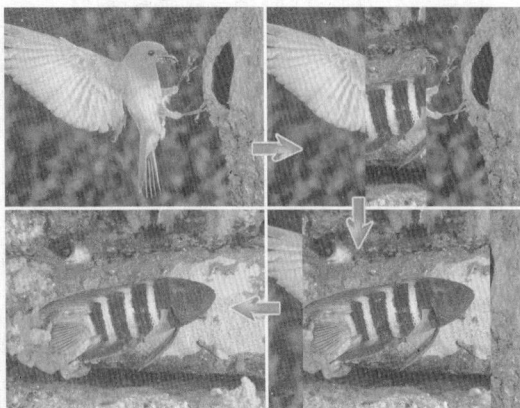

图 5-53　双侧平推门转场效果

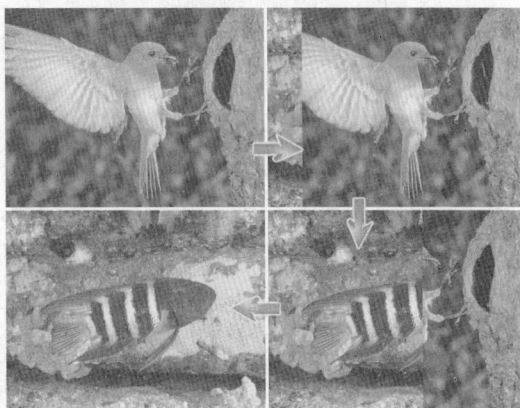

图 5-54　擦除转场效果

在【时间线】面板内选择【带状擦除】转场后，单击【特效控制台】面板中的【自定义】按钮，即可在弹出的对话框内修改条带的数量，如图5-56所示。

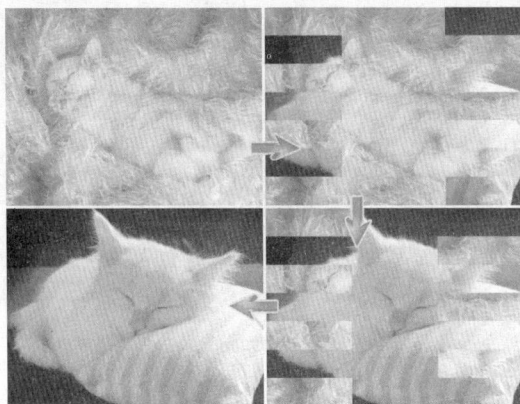

图 5-55　带状擦除转场效果

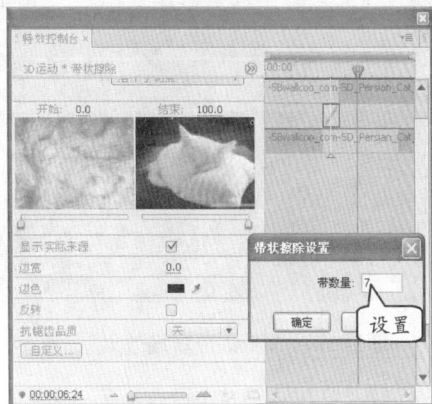

图 5-56　修改转场设置

3. 径向划变、时钟式划变和锲形划变

【径向划变】转场是以屏幕的某一角作为圆心，以顺时针方向擦除镜头一画面，从而显露出后面的镜头二画面，如图 5-57 所示。

相比之下，【时钟式划变】转场则是以屏幕中心为圆心，采用时钟转动的方式擦除镜头一画面，如图 5-58 所示。

【锲形划变】转场同样是将屏幕中心作为圆心，不过在擦除镜头一画面时采用的是扇状图形，如图 5-59 所示。

◖ 图 5-57　径向划变转场效果

4. 插入

【插入】转场通过一个逐渐放大的矩形框，将镜头一画面从屏幕的某一角处开始擦除，直至完全显现出镜头二画面为止，如图 5-60 所示。

5. 棋盘和棋盘划变

在【棋盘】视频转场中，屏幕画面会被分割为大小相等的方格。随着【棋盘】转场的播放，屏幕中的方格会以棋盘格的方式将镜头一画面替换为镜头二画面，如图 5-61 所示。

◖ 图 5-58　时钟式划变转场效果

◖ 图 5-59　锲形划变转场效果

◖ 图 5-60　插入转场效果

在选择【棋盘】视频转场后，单击【特效控制台】面板中的【自定义】按钮后，还可在弹出的对话框内设置"棋盘"中的纵横方格数量，如图 5-62 所示。

图 5-61　棋盘转场效果

图 5-62　自定义"棋盘"

【棋盘划变】视频转场是将镜头二中的画面分成若干方块后，从指定方向同时进行划变操作，从而覆盖镜头一画面，如图 5-63 所示。

同样方法，在选择【棋盘划变】视频转场后，单击【特效控制台】面板中的【自定义】按钮，即可在弹出的对话框内设置【棋盘划变】转场中的纵横切片数量，如图 5-64 所示。

6. 水波块

【水波块】视频转场是在将镜头二中的画面分成若干方块后，按水平顺序逐个覆盖镜头一画面，以显现镜头二中的画面，如图 5-65 所示。

图 5-63　棋盘划变转场效果

图 5-64　设置切片数量

图 5-65　水波块转场效果

在【时间线】面板中选择【水波块】视频转场后，单击【特效控制台】面板中的【自定义】按钮，还可在弹出的对话框内设置分割镜头二画面时的方块数量，如图 5-66 所示。

7. 螺旋框

【螺旋框】转场与【水波块】转场的共同之处在于同是将画面分割为若干方块，并且同时按照顺序擦除镜头一画面，从而达到切换镜头二画面的目的。两者的差别在于擦除顺序的不同，例如【水波块】转场采用的是按水平顺序进行擦除，而【螺旋框】转场则是采用由外而内的顺序来擦除镜头一画面，如图 5-67 所示。

图 5-66　自定义水波块转场参数

> **提　示**
>
> 自定义【螺旋框】视频转场设置的方法与自定义【水波块】视频转场设置的方法相同。

8. 油漆飞溅

在【油漆飞溅】视频转场中，镜头二画面将以喷油漆的方式覆盖镜头一中的画面，如图 5-68 所示。

> **提　示**
>
> 【油漆飞溅】视频转场多用于娱乐节目中，以涂鸦的形式为节目增添乐趣。

9. 百叶窗与风车

在【百叶窗】转场中，镜头二画面被分割为若干个贯穿整个屏幕的横条，而当这些横条向着同一方向同时进行擦除动作时，镜头一画面便会被镜头二画面所取代，如图 5-69 所示。

选择【百叶窗】转场后，在【特效控制台】面板内单击【自定义】按钮，即可在弹出的对话框内设置"百叶窗"的"窗栅"数量，如图 5-70 所示。

图 5-67　螺旋框转场效果

图 5-68　油漆飞溅转场效果

图 5-69 百叶窗转场效果

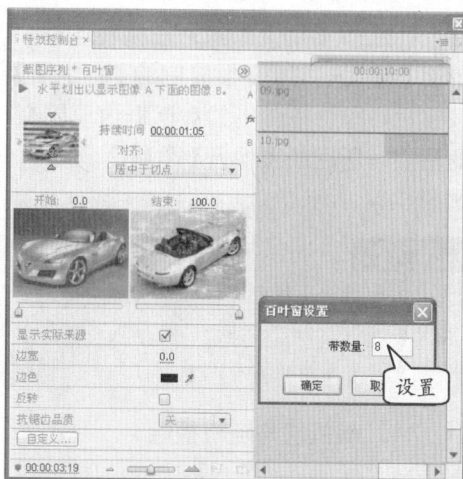

图 5-70 设置百叶窗转场参数

　　【风车】转场是以屏幕中心为起点，将镜头二画面分割为多个相同角度的扇形区域后，全部扇形区域同时擦除镜头一画面，从而将镜头二画面推送至观众面前，如图 5-71 所示。

　　选择【风车】视频转场后，在【特效控制台】面板内单击【自定义】按钮，将弹出【风车设置】对话框。在该对话框中，用户可根据需要设置画面出现扇形区域的数量，如图 5-72 所示。

10. 渐变擦除

图 5-71 风车转场效果

　　【渐变擦除】视频转场是以溶解图像的方式，从屏幕左上角至右下角将镜头一画面逐渐转换为镜头二画面，如图 5-73 所示。

图 5-72 自定义风车转场参数

图 5-73 渐变擦除转场效果

在选择【渐变擦除】视频转场后，单击【特效控制台】面板中的【自定义】按钮后，即可在弹出的对话框内设置渐变擦除时所用的图像及【柔和度】选项，如图 5-74 所示。

图 5-74 调整渐变擦除转场的设置

11. 随机块与随机擦除

在【随机块】视频转场中，Premiere 将镜头二画面分为若干方块后，通过随机出现的方式逐渐覆盖镜头一画面，直至镜头二画面全部显现为止，如图 5-75 所示。

选择【随机块】视频转场后，单击【特效控制台】面板中的【自定义】按钮后，即可在弹出的对话框内设置随机块的数量，如图 5-76 所示。

【随机擦除】视频转场是以随机块的形式，按照指定方向将镜头一中的画面擦除，从而显示出镜头二中的画面，如图 5-77 所示。

图 5-75 随机块转场效果

图 5-76 自定义随机块的数量

图 5-77 随机擦除转场效果

Premiere Pro CS4 中文版标准教程

5.2.8 映射

映射类视频转场主要通过更改某一镜头画面的色彩，达到在两个镜头之间插入其他内容，并以此实现转场过渡效果的目的。接下来，本节将对 Premiere Pro CS4 中的两个映射类转场效果进行介绍。

1. 明亮度映射

【明亮度映射】视频转场通过计算镜头一画面与镜头二画面的明亮度后，根据计算结果将它们叠加在一起作为切换时的过渡画面，如图 5-78 所示。

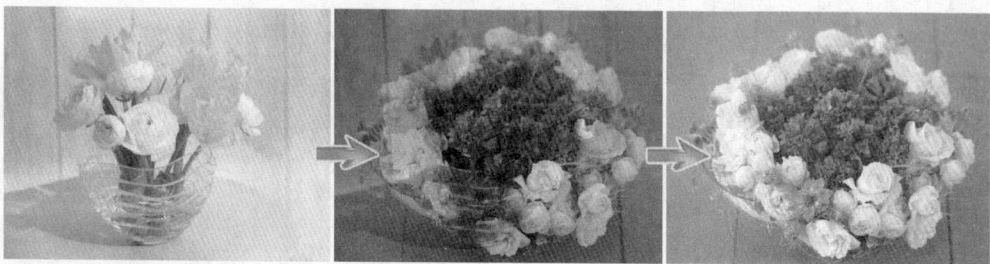

图 5-78 明亮度映射转场效果

2. 通道映射

【通道映射】视频转场通过更改镜头一画面与镜头二画面色彩间的对应关系来生成新的画面内容，并将其作为镜头一与镜头二切换时的过渡画面来播放。在为素材应用该视频转场时，Premiere 将首先弹出【通道映射设置】对话框，要求用户设置不同画面间的色彩通道对应关系，如图 5-79 所示。

参数设置完成后，即可通过【节目】面板预览转场应用效果。在按照之前所设参数调整【通道映射】视频转场后，其效果如图 5-80 所示。

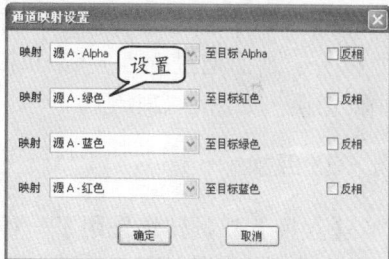

图 5-79 设置通道映射转场参数

图 5-80 通道映射转场效果

5.2.9 滑动

滑动类视频转场主要通过画面的平移变化来实现镜头画面间的切换，其中共包括 12 种转场样式，如互换、多旋转、滑动等。接下来，本节将主要介绍滑动类视频转场的常用类型。

1. 中心合并与中心拆分

【中心合并】转场是在将镜头一画面均分为 4 部分后，让这 4 部分镜头一画面同时向屏幕中心"挤压"，并在最终渐变为一个点后在屏幕上消失，如图 5-81 所示。

【中心拆分】视频转场的画面切换方式与【中心合并】视频转场有着几分相似之处。例如，都是在将画面分割为相同大小、尺寸的 4 部分后，通过移动分割后 4 部分画面的位置来完成画面切换。所不同的是，【中心拆分】转场中的镜头一画面通过向四角移动来完成画面切换，如图 5-82 所示。

2. 互换

【互换】视频转场采用了一种类似于"切牌"式的画面转换方式，即在前半段转场中，镜头一画面和镜头二画面分别向屏幕的左右两侧水平移动。当进行到后半段转场时，两镜头的画面又都同时向反方向移动，同时原本覆盖在镜头一画面下方的镜头二画面也覆盖在了镜头一画面上，如图 5-83 所示。

3. 多旋转与漩涡

【多旋转】视频转场是在将镜头二画面分割为多个尺寸相同的区域后，所有区域同时以旋转的方式进行从小到大的动作，直至铺满整个屏幕，如图 5-84 所示。

选择【多旋转】视频转场后，在【特效控制台】面板内单击【自定义】按钮，即可在弹出的对话框内设置镜头二画面被分割的数量，如图 5-85 所示。

图 5-81 中心合并视频转场效果

图 5-82 中心拆分视频转场效果

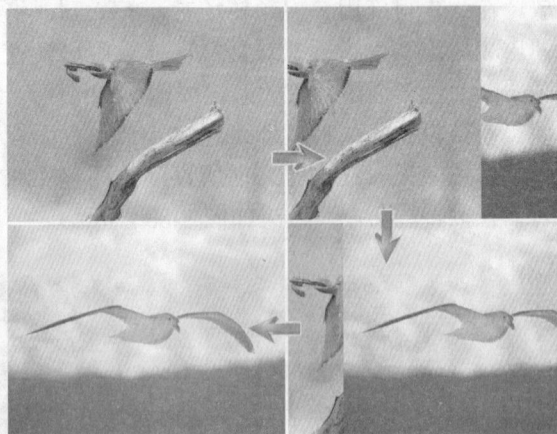

图 5-83 互换视频转场效果

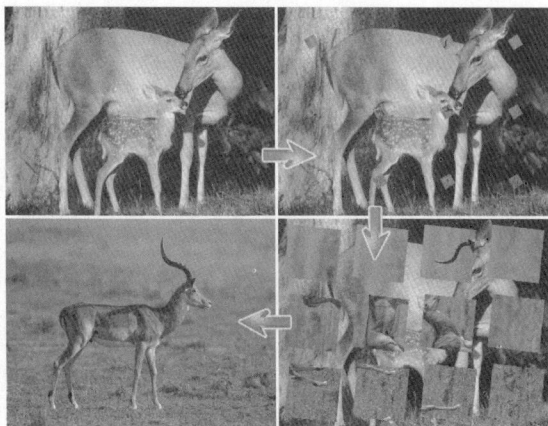

图 5-84 多旋转视频转场效果

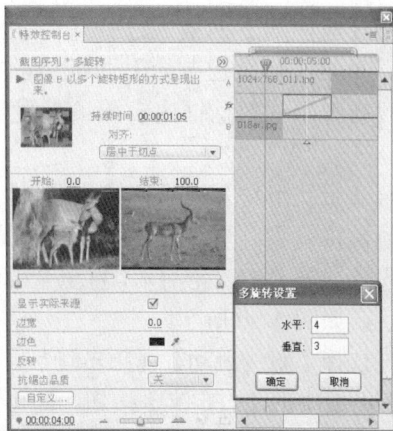

图 5-85 自定义多旋转视频转场参数

【漩涡】视频转场同样是在将镜头二画面分割为多个部分后，采用由小到大并以旋转的方式覆盖在镜头一画面上方。所不同的是，【漩涡】视频转场中的镜头二画面自身还会进行旋转，因此画面切换效果较【多旋转】视频转场要复杂一些，如图 5-86 所示。

在选择【漩涡】视频转场后，单击【特效控制台】面板中的【自定义】按钮，即可在弹出的对话框内设置分割后的镜头二画面数量及其旋转速率，如图 5-87 所示。

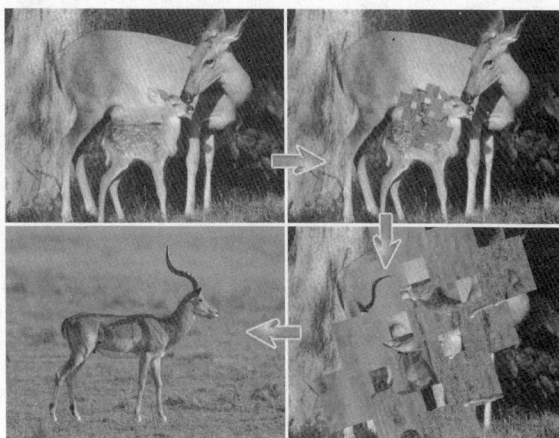

图 5-86 漩涡视频转场效果

4. 带状滑动与斜线滑动

【带状滑动】转场是在将镜头二画面分割为多个条带状切片后，将这些切片分为两队，然后同时从屏幕两侧滑入，并覆盖镜头一画面，如图 5-88 所示。

图 5-87 自定义漩涡视频转场参数

图 5-88 带状滑动视频转场效果

在【时间线】面板内选择【带状滑动】视频转场后，单击【特效控制台】面板中的【自定义】按钮，可在弹出的对话框内设置条带数量，如图 5-89 所示。

与【带状滑动】视频转场不同，【斜线滑动】视频转场是将镜头二画面分割为斜倾的线条切片。然后按照设置从屏幕的一角滑入，直至全部覆盖镜头一画面为止，如图 5-90 所示。

在选择【斜线滑动】视频转场后，单击【特效控制台】面板中的【自定义】按钮，即可在弹出的对话框内设置斜线切片的数量，如图 5-91 所示。

图 5-89 自定义转场参数

5. 拆分

【拆分】视频转场是在将镜头一画面平均分割为左、右两半后，左半部和右半部同时向左、右两侧移动，从而显现出下方的镜头二画面，如图 5-92 所示。

6. 推与滑动

【推】视频转场的效果与其名称完全相同，因为镜头二画面正是靠着"推"走镜头一画面的方式才得以显现在观众面前，如图 5-93 所示。

图 5-90 斜线滑动视频转场效果

图 5-91 调整斜线切片的数量

图 5-92 拆分视频转场效果

虽然【滑动】转场与【推】转场中的镜头二画面都是在没有任何花哨方式的情况下滑入屏幕，但由于【滑动】转场中的镜头一画面始终没有改变其画面位置，因此两者之间还是存在少许的不同，如图 5-94 所示。

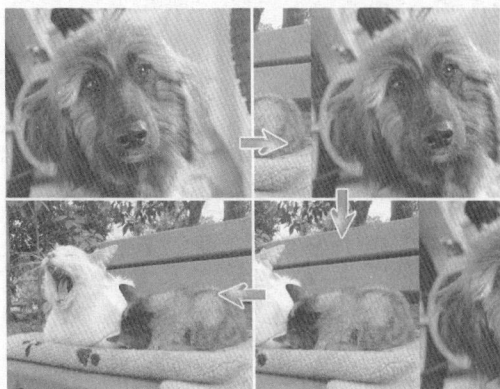

图 5-93 推视频转场效果

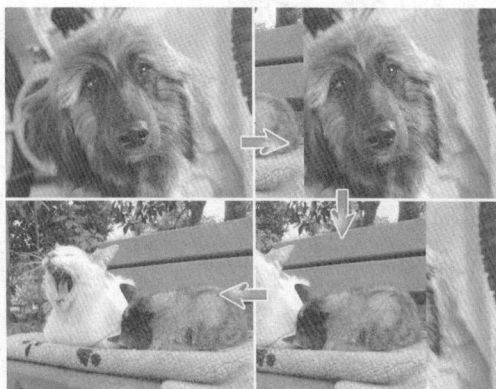

图 5-94 滑动视频转场效果

7. 滑动带与滑动框

在【滑动带】视频转场中，镜头二画面以透明状态覆盖在镜头一画面表面。随着多条垂直条带逐次通过屏幕，与垂直条带相重合的镜头二画面便会完全显现出来。当所有的垂直条带全部通过屏幕后，镜头二画面便会完全显现，如图 5-95 所示。

至于【滑动框】视频转场，则是在将镜头二画面分割为若干条带后，从屏幕一侧逐个滑入，并覆盖镜头一画面，如图 5-96 所示。

图 5-95 滑动带视频转场效果

在【时间线】面板内选择【滑动框】转场后，单击【特效控制台】面板中的【自定义】按钮，即可在弹出的对话框内设置镜头二画面的分割数量，如图 5-97 所示。

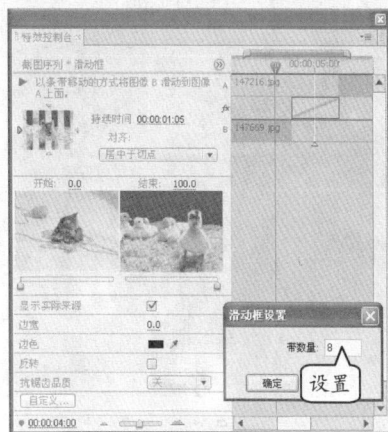

图 5-96 滑动框视频转场效果

图 5-97 自定义滑动框转场参数

141

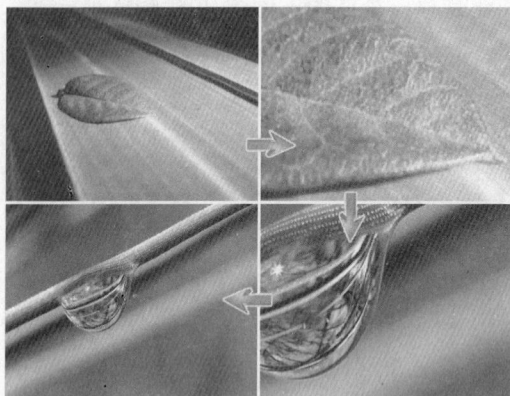
图5-98 交叉缩放视频转场效果

5.2.10 缩放

缩放类视频转场通过快速切换缩小与放大的镜头画面来完成视频转场任务，默认情况下 Premiere Pro CS4 为用户提供了4种不同的缩放类视频转场效果，本节将对其分别进行介绍。

1. 交叉缩放与缩放

【交叉缩放】视频转场的效果是在将镜头一画面放大后，使用同样经过放大的镜头二画面替换镜头一画面。然后，再将镜头二画面恢复至正常比例，如图5-98所示。

相比之下，【缩放】视频转场则是通过直接从屏幕中央放大镜头二画面的方式来完成镜头之间的过渡转换，如图5-99所示。

2. 缩放拖尾

在应用【缩放拖尾】视频转场后，镜头一画面会在逐渐缩小的过程中留下缩小之前的部分画面，即"拖尾"画面。随着"拖尾"画面的逐渐缩小，镜头一画面将完全从屏幕上消失，取而代之的便是镜头二画面，如图5-100所示。

选择【缩放拖尾】转场后，单击【特效控制台】面板中的【自定义】按钮，可在弹出的对话框内设置"拖尾"的数量，如图5-101所示。

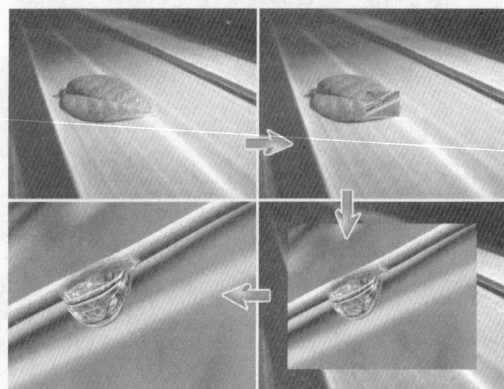
图5-99 缩放视频转场效果

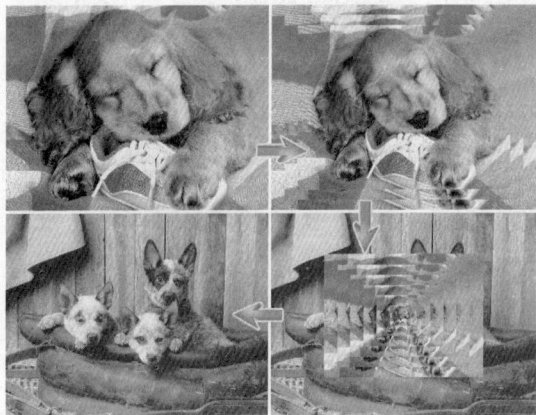
图5-100 缩放拖尾视频转场效果

图5-101 调整"拖尾"数量

3. 缩放框

【缩放框】视频转场是在将镜头二画面分割为多个部分后，在屏幕上同时放大这些分割后的镜头二画面，直到画面铺满屏幕为止，如图 5-102 所示。

在选择【缩放框】视频转场后，单击【特效控制台】面板中的【自定义】按钮，还可在弹出的对话框内设置镜头二画面被分割的数量，如图 5-103 所示。

图 5-102　缩放框视频转场效果

5.2.11　特殊效果

在特殊效果转场分类中，各种视频转场的视觉效果、实现原理和作用都不相同，直接导致了转场应用效果与应用场景的不同。接下来，将讲解特殊效果转场分类中的各种视频转场。

1. 映射红蓝通道

【映射红蓝通道】视频转场是在利用镜头一、镜头二画面的通道信息生成一段全新的画面内容后，将其应用于这两个镜头之间的画面过渡，如图 5-104 所示。

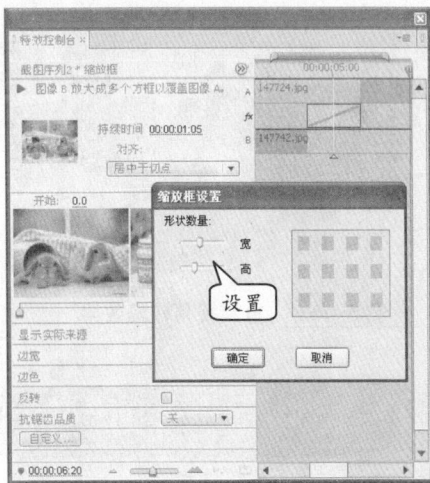

图 5-103　自定义缩放框视频转场参数

图 5-104　映射红蓝通道视频转场效果

2. 纹理

应用【纹理】视频转场后，Premiere 会将镜头二的素材画面作为纹理映射在镜头一画面上，从而生成一段切换镜头时显示的过渡画面，如图 5-105 所示。

图 5-105　纹理视频转场效果

3．置换

【置换】视频转场是在将镜头二画面作为透明纹理应用于镜头一画面后，生成一段用于切换镜头时显示的过渡内容，从而使两镜头之间的切换不会过于突兀，如图 5-106 所示。

图 5-106　置换视频转场效果

5.3　实验指导：剪辑旅游宣传片

随着旅游热潮的到来，许多旅游胜地开始推出自己的旅游宣传片，向更多的人们推销当地的美丽风景。接下来，将利用一些景区的照片，在配合应用视频转场后，制作一段简单的旅游宣传片。

1．实验目的

❑ 批量添加素材
❑ 添加视频转场
❑ 编辑视频转场

2．实验步骤

1　单击 Premiere 欢迎界面中的【新建项目】按钮后，在【新建项目】对话框内设置项目名称与保存位置，如图 5-107 所示。

2　在接下来弹出的【新建序列】对话框中，设置序列名称，并在【序列预置】选项卡内选择 DV-PAL 分支中的【标准 32kHz】选项，

如图 5-108 所示。

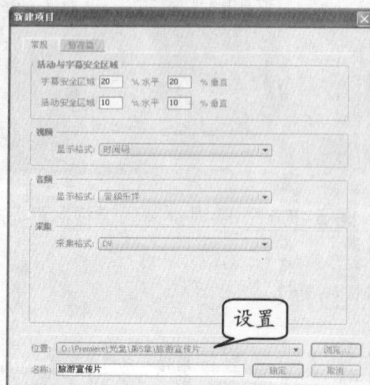

图 5-107　创建项目

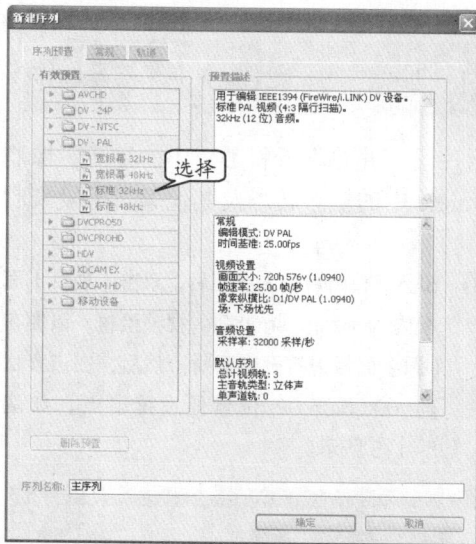

图 5-108　创建序列

3　进入 Premiere 主界面后，双击【项目】面板空白处，并在弹出的对话框内选择素材图片，如图 5-109 所示。

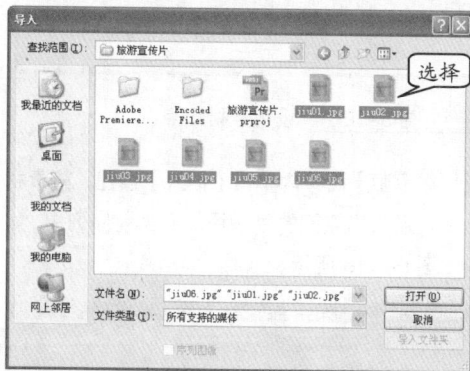

图 5-109　选择素材图

4　导入素材图片后，全选素材图片，并执行【文件】|【定义影片】命令。然后，在弹出的对话框内选中【像素纵横比】选项组中的【符合为】单选按钮，并在下拉列表内选择 D1/DV PAL（1.0940）选项，如图 5-110 所示。

5　完成上述设置后，按照文件名称将素材图片依次添加至序列中，如图 5-111 所示。

6　在【效果】面板内选择【立方体旋转】视频转场后，将其添加至素材 jiu01.jpg 和 jiu02.jpg 之间，如图 5-112 所示。

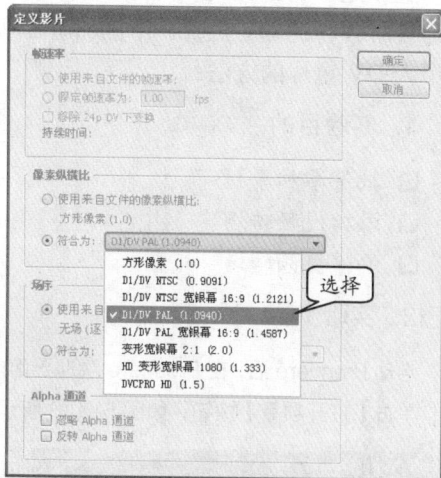

图 5-110　定义影片素材

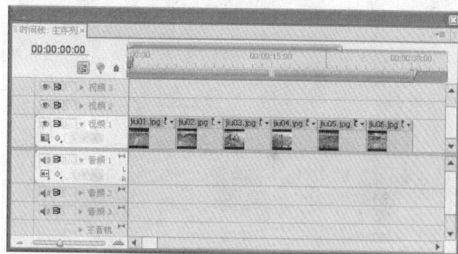

图 5-111　将素材添加至序列

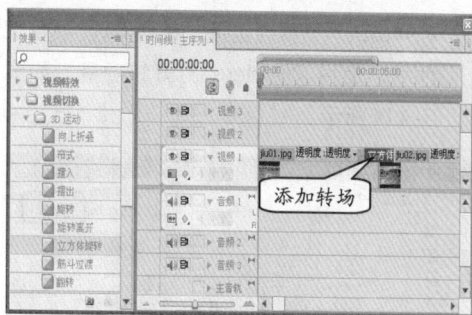

图 5-112　添加视频转场

7　使用相同方法，在素材之间也添加【立方体旋转】视频转场，即可完成本实例的制作。

越来越多的家庭用户开始使用 DV 记录生活片段，并热衷于将 DV 中的生活影像制作为各种各样的 DV 短片。下面将介绍使用 Premiere 中的视频转场及其他编辑手段来制作个人 DV 短片的方法。

1. 实验目的

☐ 批量添加素材

☐ 添加视频转场

☐ 编辑视频转场

2. 实验步骤

1 启动 Premiere 后，在 Premiere 欢迎界面内单击【打开项目】按钮，如图 5-113 所示。

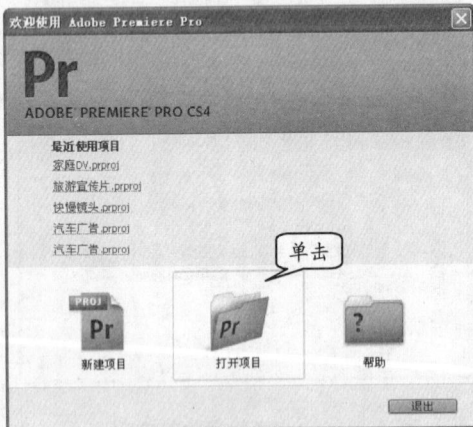

图 5-113　Premiere 欢迎界面

2 在弹出的对话框内选择"家庭 DV"项目文件后，使用 Premiere 打开该项目，如图 5-114 所示。

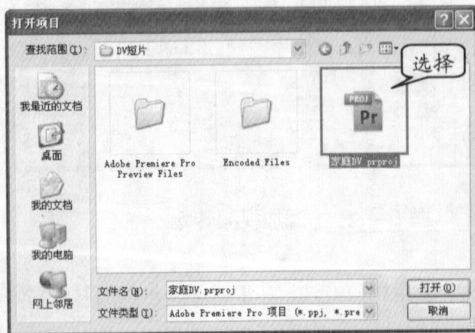

图 5-114　打开已有项目文件

3 进入 Premiere 主界面后，双击【项目】面板内的 ezsm_sm.m2ts 视频素材，以便在【源】面板内打开该素材。然后，在该素材的 00:00:05:02 位置处设置出点，如图 5-115 所示。

图 5-115　设置素材出点

4 在【源】面板内单击【插入】按钮，将素材入点与出点间的片段添加至当前序列中，如图 5-116 所示。

图 5-116　添加素材片段

> **提 示**
>
> 如果只为素材添加了出点而没有设置入点，则 Premiere 会自动将素材起始位置设为入点。

5 使用相同方法，通过【源】面板为

ezsm_sm.m2ts 视频素材中的每个镜头设置入点与出点，并将该镜头插入至当前序列内，如图 5-117 所示。这样一来，便可以将视频素材中的每个镜头提取为能够独立控制的片段。

图 5-117 添加其他素材片段

提 示

第 2 个镜头的入点与出点分别为 00:00:05:03 与 00:00:10:12，第 3 个镜头的入点与出点分别为 00:00:10:13 与 00:00:25:09，第 4 个镜头的入点与出点分别为 00:00:25:10 与 00:00:31:07，其余镜头的入点与出点分别为 00:00:31:08 与 00:00:44:17、00:00:44:18 与 00:00:49:13、00:00:49:14 与 00:00:54:19、00:00:54:20 至结束。

6　在【效果】面板内选择【白场过渡】视频转场后，将其添加至第 1 个素材片段与第 2 个素材片段之间，并在【特效控制台】面板内将该视频转场的【持续时间】设置为 2 秒，如图 5-118 所示。

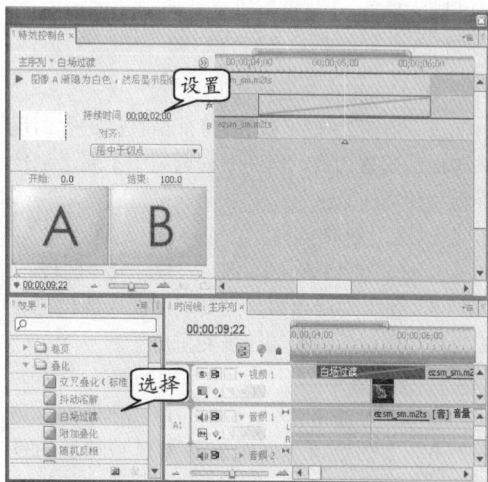

图 5-118 添加并设置视频转场

7　使用相同方法，在其他视频素材片段之间添加相同设置的【白场过渡】视频转场，从而完成 DV 短片的制作。

5.5 思考与练习

一、填空题

1．为了避免镜头与镜头之间的连接出现断断续续的感觉，便需要在连接镜头时使用_____。

2．视频转场可以使镜头之间的_____更为自然、顺畅，使影片的视觉连续性更强。

3. Premiere Pro CS4 中的视频转场被分类后放置在【效果】面板的【_____】文件夹中。

4．只须将视频转场拖曳至时间线上的_____，即可完成添加视频转场的操作。

5．在【时间线】面板内选择视频转场后，直接按_____键即可将其清除。

6．更改视频转场默认参数的操作是在【_____】面板中进行的。

7．【_____】视频转场的效果是在镜头二

画面被无限放大的情况下，以渐显的方式出现，并在极短时间内恢复画面的正常比例与透明度，从而覆盖在镜头一画面上方。

二、选择题

1．在下列选项中，无法完成清除视频转场操作的是_____。

　　A. 选择视频转场后，按 Delete 键进行清除

　　B. 在时间线上右击视频转场后，执行【清除】命令

　　C. 调整素材位置，使其间出现空隙后，视频转场自然会被清除

　　D. 直接将视频转场从时间线上拖曳下来即可

2．在下列选项中，不属于视频转场常规参

数的是_____。

    A. 边宽   B. 不透明度

    C. 抗锯齿   D. 边色

3. 在 3D 运动类视频转场中，采用画面不断翻腾来切换镜头的是_____。

    A. 筋斗过渡与翻转

    B. 摆入与摆出

    C. 帘式

    D. 旋转与旋转离开

4. 划像类视频转场的特征是直接进行两镜头画面的交替切换，而在下列选项中不属于划像类视频转场的是_____。

    A. 划像交叉   B. 划像形状

    C. 点划像   D. 卡片翻转

5. 在下列选项中，主要采用淡入淡出方式来完成画面切换的视频转场类型是_____。

    A. 伸展   B. 擦除

    C. 叠化   D. 滑动

6. 下列选项不属于擦除类视频转场的是_____。

    A. 双侧平推门   B. 带状擦除

    C. 中心合并   D. 径向划变

7. 滑动类视频转场主要通过画面的_____变化来实现镜头画面间的切换。

    A. 平移   B. 立体

    C. 色彩   D. 翻转

8. "缩放拖尾"属于下列哪种类型的视频转场？_____

    A. 卷页   B. 缩放

    C. 滑动   D. 特效效果

三、简答题

1. 转场在影片剪辑中起到的作用是什么？

2. 在 Premiere Pro CS4 中，如何添加视频转场？

3. 要更改视频转场的默认参数，应该怎样操作？

4. GPU 过渡类视频转场和卷页类视频转场之间的共同之处是什么？差别又是什么？

5. 叠化类视频转场的作用是什么？

四、上机练习

1. 在时间线上调整视频转场的长度

视频转场在连接镜头时，除了转场本身的画面切换样式会影响镜头连接效果外，视频转场的

持续时间也会对连接效果产生一定影响。如果需要调整视频转场的持续时间，除了可以在【特效控制台】面板内进行调整外，还可在【时间线】面板内通过直接拖曳视频转场两侧端点的方式进行调整，如图 5-119 所示。

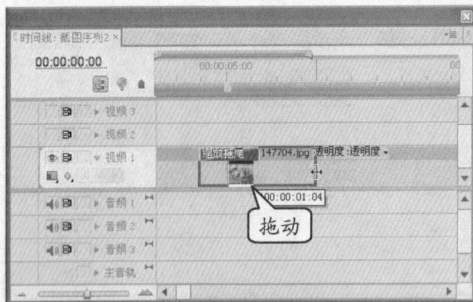

图 5-119   在时间线上直接调整视频转场的持续时间

2. 定义常用视频转场文件夹

虽然 Premiere Pro CS4 提供了大量效果不同的视频转场，但事实上常用的视频转场总是少部分。为此，可以在【效果】面板中右击空白区域，执行【新建自定义文件夹】命令，并在对其进行重命名操作后，将自己常用的视频转场拖至该文件夹中，如图 5-120 所示。这样一来，便可在随后的影片编辑操作中快速应用这些常用的视频转场。

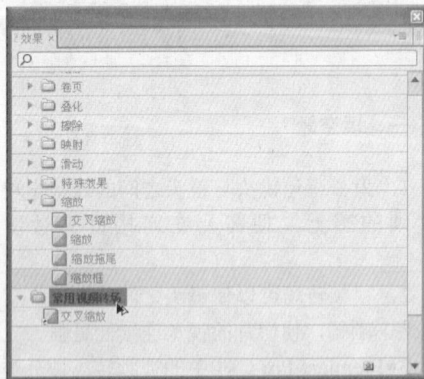

图 5-120   将常用视频转场保存在一起

> **提 示**
>
> 在将视频转场拖曳至自定义文件夹时，Premiere Pro CS4 只是在自定义文件夹内创建相应的快捷方式，因此用户还可在视频转场的原位置处找到这些视频转场。

第 6 章

为影片添加视频特效

在影视节目的后期制作过程中，特效的应用既能够使影片在视觉上更为精彩，又能够帮助用户完成一些现实生活中无法完成的拍摄工作。也就是说，视频特效技术不仅可以使枯燥无味的画面变得生动有趣，还可以弥补拍摄过程中造成的画面缺陷等问题。

在 Premiere Pro CS4 中，系统提供了多种类型的视频特效供用户使用，其功能分为增强视觉效果、校正视频缺陷和辅助视频合成三大类。根据需求的不同，用户可针对不同问题应用不同的视频特效，从而完成对指定画面进行修饰、变换等操作，以达到突出影片主题及增强视觉效果的目的。

本章学习要点：

➢ 添加视频特效

➢ 编辑视频特效

➢ 常见视频特效的效果

➢ 创建运动特效

在直接对电影胶片进行编辑的年代里，为影片添加视频特效是一件极其复杂且昂贵的事情，因为不仅需要应用售价高昂的特效制作专用设备，还需要经验丰富的操作人员。当影视节目的制作迈入数字时代后，即使是刚刚学习非线性视频编辑的初学者，也能够在 Premiere 的帮助下快速完成多种视频特效的应用。

6.1.1 添加视频特效

Premiere 的强大视频特效功能，使得用户可以在原有素材的基础上创建出各种各样的艺术效果。而且，应用视频特效的方法也极其简单，用户可以为任意轨道中的视频素材添加一个或者多个效果。

图 6-1 【视频特效】文件夹

1. 视频特效的添加

Premiere Pro CS4 共为用户提供了 130 多种视频特效，所有特效按照类别被放置在【效果】面板【视频特效】文件夹下的 19 个子文件夹中，如图 6-1 所示。这样一来，可以使用户在查找指定视频特效时更加方便。

为素材添加视频特效的方法主要有两种：一种是利用【时间线】面板添加，另一种则是利用【特效控制台】面板添加。

❑ 利用【时间线】面板添加视频特效

在通过【时间线】面板为视频素材添加视频特效时，用户只需在【视频特效】文件夹内选择所要添加的视频特效后，将其拖至视频轨道中的相应素材上即可，如图 6-2 所示。

> **提 示**
>
> 所有已添加视频特效的素材上都会出现一条紫色线条，以便用户区分素材是否添加了视频特效。

图 6-2 通过【时间线】面板添加视频特效

❑ 利用【特效控制台】面板添加视频特效

使用【特效控制台】面板为素材添加视频特效，是最为直观的一种添加方式。因为既使用户为同一段素材添加了多种视频特效，也可在【特效控制台】面板内一目了然地查看这些视频特效。

若要利用【特效控制台】面板添加视频特效，只需在选择素材后，从【效果】面板中选择所要添加的视频特效，并将其拖至【特效控制台】面板中即可，如图6-3所示。

若要为同一段视频素材添加多个视频特效，只需依次将要添加的视频特效拖到【特效控制台】面板中即可，如图6-4所示。

2. 删除视频特效

当影片剪辑不再需要视频特效时，可利用【特效控制台】面板将其删除。操作时，只需在【特效控制台】面板中右击视频特效后，在弹出的快捷菜单中，执行【清除】命令即可，如图6-5所示。

○ 图 6-3 利用【特效控制台】面板添加视频特效

○ 图 6-4 添加多个视频特效

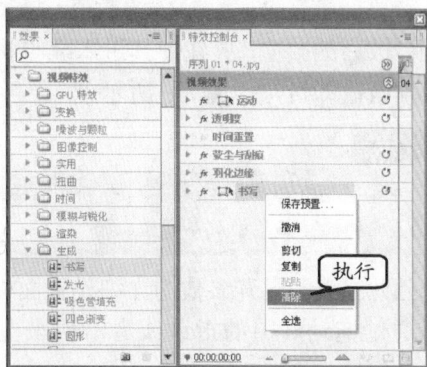

○ 图 6-5 清除视频特效

3. 复制/粘贴视频特效

当多个影片剪辑使用相同的视频特效时，复制、粘贴视频特效可以减少操作步骤，加快影片编辑的速度。操作时，只须选择源视频特效所在的影片剪辑，并在【特效控制台】面板内右击视频特效后，在弹出的快捷菜单中，执行【复制】命令。然后，选择新的素材，并右击【特效控制台】面板内的空白区域，在弹出的快捷菜单中，执行【粘贴】命令即可，如图6-6所示。

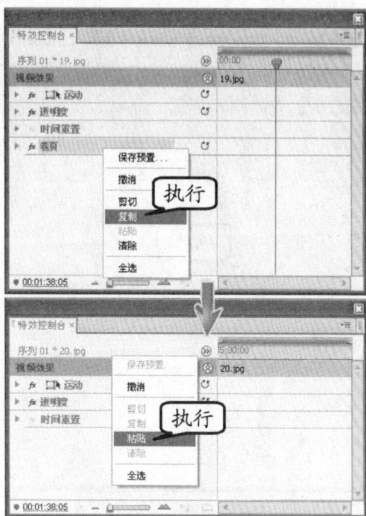

○ 图 6-6 复制/粘帖视频特效

6.1.2 编辑视频特效

当用户为影片剪辑应用视频特效后，还可对其属性参数进行设置，从而使视频特效的表现效果更为突出，为用户打造精彩影片提供更为广阔的创作空间。

选择影片剪辑后，在【特效控制台】面板内单击视频特效前的黑三角按钮，即可显示该视频特效所具有的全部参数，如图 6-7 所示。

> **提 示**
>
> Premiere 中的视频特效根据效果的不同，其属性参数及设置方法也会有所差别。

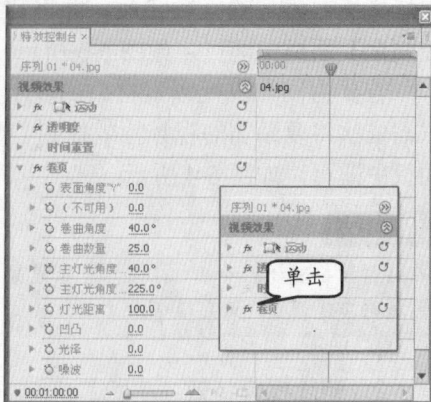

图 6-7 查看视频特效参数

若要调整某个属性参数的数值，只需单击该属性参数后的数值，并在使其进入编辑状态后输入具体数值即可，如图 6-8 所示。

> **提 示**
>
> 将鼠标置于属性参数值的位置上后，当光标变成形状时，拖动鼠标也可修改参数值。

图 6-8 修改参数值

除此之外，展开参数的详细设置面板后，还可以通过拖动其中的指针或者滑块来更改属性的参数值，如图 6-9 所示。

在【特效控制台】面板内完成属性参数的设置之后，视频特效应用于影片剪辑后的效果将即时显示在【节目】面板中，如图 6-10 所示。

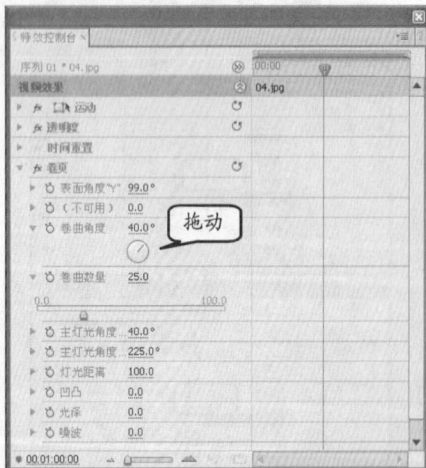

图 6-9 利用指针或滑块调整属性参数值

图 6-10 视频特效的效果在【节目】面板中的显示

在【特效控制台】面板中，单击视频效果前
的【切换效果开关】按钮后，还可在影片剪辑中
隐藏该视频特效的效果，如图 6-11 所示。

再次单击【切换效果开关】按钮后，即可重新显示影片
剪辑在应用视频特效后的效果。

6.2 常用视频特效

在 Premiere 中，根据视频特效所起的作用和
效果，大致可以分为光色调整、模糊锐化、画面
控制、画面变形、广播色彩以及画面修饰等多个
类别。但在所有视频特效中，并不是每种视频特
效都会使用，本节就来介绍几种常用的视频特效。

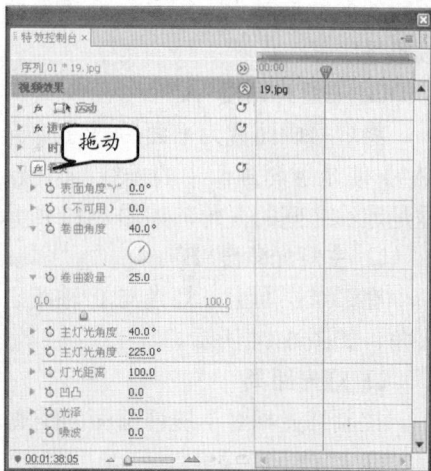

图 6-11 隐藏视频特效

6.2.1 GPU 特效

GPU 特效通过模拟特
定环境中的光线、物质变
化作为特效应用结果，因此利
用 GPU 特效可以模拟一些
较为真实的场景。

1. 卷页

在【卷页】视频特效中，
屏幕画面将被视为一种可
弯曲的平面介质，其默认效
果为卷起屏幕画面的右上
角，如图 6-12 所示。

图 6-12 卷页视频特效

展开【卷页】视频特效的参数面板后，其各参数的具体含义及作用如下。

❑ **表面角度"X"**

以水平方向为轴，控制屏幕画面的旋转角度。

❑ **表面角度"Y"**

以垂直方向为轴，控制屏幕画面的旋转角度。

❑ **卷曲角度**

以屏幕右侧的垂线为轴，控制屏幕画面将以什么样的角度被"卷"起。通过调整该
参数，可以在卷起屏幕画面时起到控制起点的作用。

❑ **卷曲数量**

将屏幕斜对角的距离设定为 100%后，控制屏幕画面被"卷"起的程度。【卷曲数量】

所取的参数值越大，屏幕画面"卷曲"的效果越明显。

❑ **主灯光角度"A"**

将屏幕画面视为平面后，【主灯光角度"A"】便是屏幕画面中心垂线与灯光-中心垂足连线之间的夹角，如图 6-13 所示。

❑ **主灯光角度"B"**

在二维层面上，灯光与 0°轴线之间的夹角，如图 6-14 所示。

❑ **灯光距离**

控制灯光相对于屏幕画面的距离。

❑ **凹凸**

该参数用于调整【卷页】视频特效所卷曲对象的介质表面平整度，其参数值越大，屏幕画面中的"斑点"越多。

❑ **光泽**

用于控制【卷页】视频特效所卷曲对象的表面光洁和反光程度，参数值越大，屏幕画面的"反光"程度越严重，画面效果越为暗淡。

❑ **噪波**

该参数能够在画面效果上增添一些杂点，所添加杂点的数量由参数值决定。参数值越大，屏幕画面中的杂点就越多。

2. 折射

【折射】视频特效用于使屏幕画面产生一种置于某种透明物质下方，而用户则是透过该透明物质折射后才能观看画面的效果，如图 6-15 所示。

在【折射】视频特效中，其各参数的具体含义及作用如下。

❑ **波纹数量**

应用【折射】视频特效后，屏幕画面实际上会呈现出一种波浪状的形态，而【波纹数量】选项的作用便是控制屏幕画面上的波浪数量。在实际应用中，该选项会影响屏幕画面的扭曲程度，参数值越大，屏幕画面扭曲也就越为严重。

❑ **折射率**

用于控制屏幕表面透明物质的折射率，参数值越大，折射现象也就越明显。

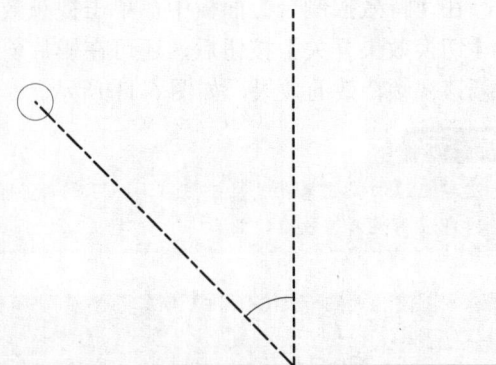

图 6-13　主灯光角度"A"参数含义示意图

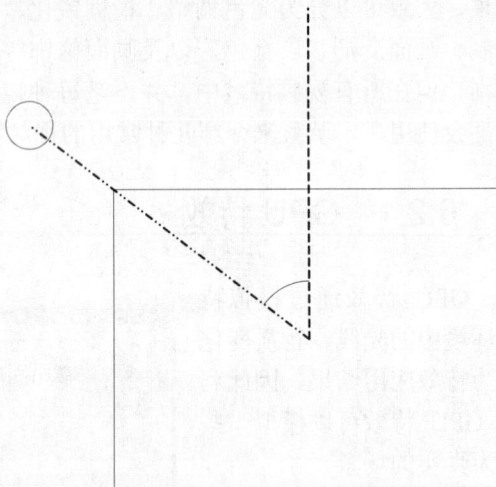

图 6-14　主灯光角度"B"参数含义示意图

图 6-15　折射视频特效

❑ 凹凸

控制屏幕表面透明物质的平滑程度，参数值越大，透明物质的表面越为"粗糙"，折射现象也就越为明显。

❑ 深度

控制透明物质的"厚度"，参数值越大，屏幕表面的透明物质越"厚"，对折射现象的影响越为明显。

3. 波纹（圆形）

【波纹（圆形）】视频特效的作用是在屏幕画面上形成水面涟漪般的圆形波浪效果，如图6-16所示。在【特效控制台】面板内展开【波纹（圆形）】视频特效后，其选项参数如图6-17所示。

图6-16　波纹（圆形）视频特效

在【波纹（圆形）】视频特效中，其各个选项参数的含义及作用如下。

❑ 表面角度"X"

以水平方向为轴，控制屏幕画面的旋转角度。

❑ 表面角度"Y"

以垂直方向为轴，控制屏幕画面的旋转角度。

❑ 波纹中心

控制圆形波浪中心在屏幕画面中的位置，其中的两个参数分别代表屏幕画面的X坐标与Y坐标的坐标值。

❑ 波纹数量

用于控制视频特效所形成波浪的起伏程度，参数值越大，波峰与波谷之间的高度反差越大，屏幕画面的变形也越大。

图6-17　波纹（圆形）视频特效参数

❑ 主灯光角度"A"

将屏幕画面视为平面后，【主灯光角度"A"】便是屏幕画面中心垂线与灯光-中心垂足连线之间的夹角。

❑ 主灯光角度"B"

在二维层面上，灯光与0°轴线之间的夹角。

❑ 灯光距离

控制灯光相对于屏幕画面的距离。

❑ 凹凸

该参数用于调整屏幕画面的表面平整度，其参数值越大，屏幕画面中的凸起与凹坑越多，表现效果为画面内容表面出现大小不一的灰色斑点。

❑ 光泽

用于控制屏幕画面的表面光洁和透光程度，参数值越大，屏幕画面的透光程度越严重，画面效果越为暗淡。

❑ 噪波

该参数能够在画面效果上增添一些杂点，所添加杂点的数量由参数值决定。参数值

越大，屏幕画面中的杂点就越多。

6.2.2 变换

【变换】类视频特效可以使视频素材的形状产生二维或者三维的变化。在该类视频特效中，包含有【垂直保持】、【垂直翻转】、【摄像机视图】、【水平保持】、【水平翻转】、【滚动】、【羽化边缘】和【裁剪】等 8 种视频特效。

1. 垂直保持和垂直翻转

【垂直保持】视频特效能够使影片剪辑呈现出一种在垂直方向上进行滚动的效果，如图 6-18 所示。

图 6-18　垂直保持视频特效

提示

在【垂直保持】视频特效中，素材画面在屏幕上的滚动速度由 Premiere 所决定，而滚动的次数则由素材长度所决定。素材的持续时间越长，素材画面在屏幕上的滚动次数越多。

【垂直翻转】视频特效的作用是让影片剪辑的画面呈现一种倒置的效果，如图 6-19 所示。

图 6-19　垂直翻转视频特效

提示

由于【垂直保持】和【垂直翻转】视频特效都没有属性参数，因此用户无法对其效果进行控制。

2. 摄像机视图

【摄像机视图】视频特效的作用是模拟摄像机对屏幕画面进行二次拍摄，其参数面板及应用效果如图 6-20 所示。

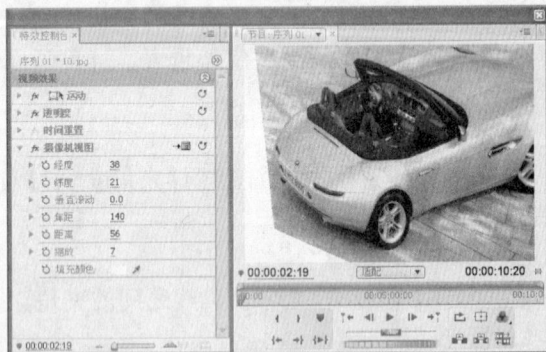
图 6-20　摄像机视图视频特效

在【特效控制台】面板中，【摄像机视图】视频特效各个参数的作用如下。

❑ 经度

以中心垂线为轴，控制屏幕画面的旋转角度。

❑ 纬度

以中心水平线为轴，控制屏幕画面的旋转角度。

❑ 垂直滚动

在二维层面中，控制屏幕画面的旋转角度。

❑ **焦距、距离与缩放**

焦距、距离与缩放分别用于模拟摄像机的镜头焦距、摄像机与屏幕画面间的距离和变焦倍数。综合运用这 3 项参数后，即可控制原屏幕画面在当前屏幕中的尺寸大小。

❑ **填充颜色**

当原有的屏幕画面变形后，该选项用于控制屏幕空白区域的颜色。在单击该选项中的色块后，即可在弹出的【颜色拾取】对话框内设置相应的颜色值，如图 6-21 所示。

图 6-21　设置填充颜色值

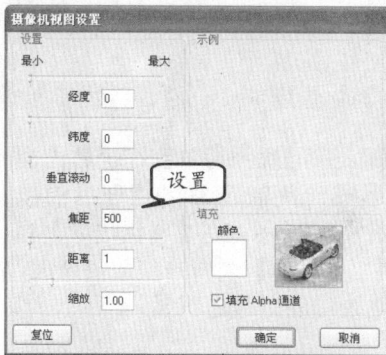

> **提 示**
>
> 在单击【填充颜色】色块右侧的【吸管】按钮后，用户还可直接从当前屏幕画面中吸取颜色作为填充色彩。

此外，在【特效控制台】面板内直接单击【摄像机视图】视频特效上的【设置】按钮后，还可在弹出的【摄像机视图设置】对话框内设置上述属性参数，如图 6-22 所示。

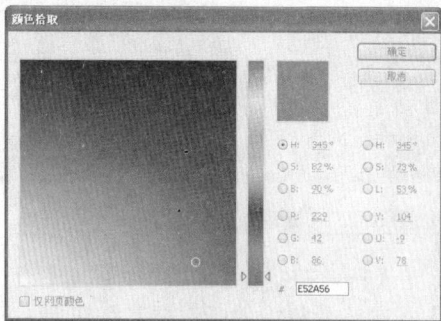

图 6-22　【摄像机视图设置】对话框

3. 水平保持和水平翻转

默认设置的【水平保持】视频转场在应用于影片剪辑后不会使屏幕画面发生任何变化。在调整其唯一的参数后，屏幕画面会在保持画面底部位置不变的前提下出现不同程度的倾斜，如图 6-23 所示。

图 6-23　水平保持视频特效

【水平翻转】视频特效的效果与【垂直翻转】视频特效的效果相反，其作用是让影片剪辑在水平方向上进行镜像翻转，如图 6-24 所示。

图 6-24　水平翻转视频特效

4. 滚动

【滚动】视频特效能够让素材向上、下、左、右任意一个方向进行滚动运行。默认情况下，该视频特效的效果是让素材画面在屏幕上进行从右到左的滚动运动，如图 6-25 所示。

图 6-25 滚动视频特效

在【特效控制台】面板中，单击【滚动】视频特效栏中的【设置】按钮后，即可在弹出的【滚动设置】对话框内设置素材画面在屏幕中的滚动方向，如图6-26 所示。

5. 羽化边缘

【羽化边缘】视频特效会在屏幕画面的四周形成一圈经过羽化处理后的黑边，如图6-27 所示。在【羽化边缘】视频特效中，【数量】选项的参数值越大，经过羽化处理的黑边越明显。

6. 裁剪

【裁剪】视频特效的作用是对影片剪辑的画面进行切割处理，该视频特效的控制参数如图6-28 所示。其中，【左侧】、【顶部】、【右侧】和【底部】这4个选项分别用于控制屏幕画面在左、上、右、下这4个方向上的切割比例，而【缩放】选项则用于控制是否将切割后的画面填充至整个屏幕，如图6-29 所示。

图 6-26 设置素材的滚动方向

图 6-27 羽化边缘视频特效

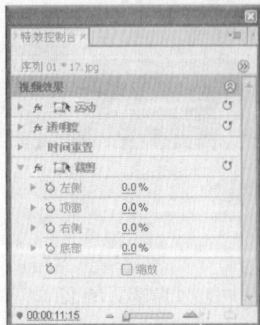

图 6-28 【裁剪】视频特效

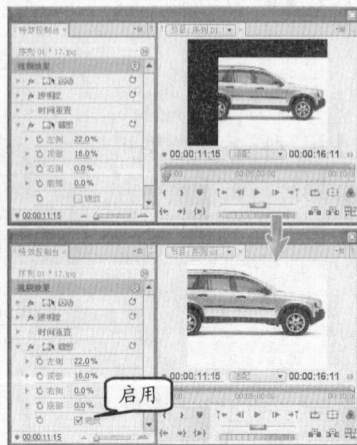

图 6-29 【裁剪】视频特效效果对比图

6.2.3 噪波与颗粒

【噪波与颗粒】类视频特效的作用是在影片素材画面内添加细小的杂点，根据视频特效原理的不同，又可分为 6 种不同的效果。

1. 中间值

【中间值】视频特效能够将素材画面内每个像素的颜色值替换为该像素周边素材的 RGB 平均值，因此能够实现消除噪波或产生水彩画的效果，如图 6-30 所示。

【中间值】视频特效仅有【半径】这一项参数，其参数值越大，Premiere 在计算颜色值时的参考像素范围越大，视频特效的应用效果越明显。

图 6-30 中间值视频特效

2. 噪波

【噪波】视频特效能够将在素材画面上增加随机的像素杂点，其效果类似于采用较高 ISO 参数拍摄出的数码照片，如图 6-31 所示。

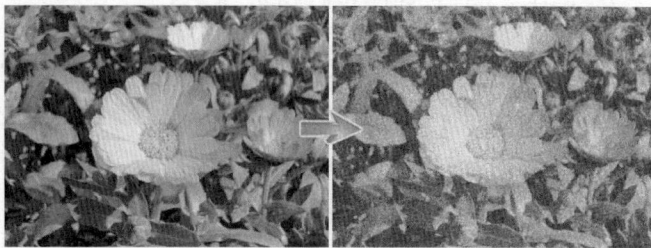

图 6-31 噪波视频特效

在【噪波】视频特效中，其各个选项的作用如下。

❑ **噪波数量**

控制画面内的噪点数量，该选项所取的参数值越大，噪点的数量越多。

❑ **噪波类型**

选择产生噪点的算法类型，选中或不选中噪波类型选项右侧的【使用噪波】复选框会影响素材画面内的噪点分布情况。

❑ **剪切**

决定是否将原始的素材画面与产生噪点后的画面叠放在一起，不选中【剪切结果值】复选框后将仅显示产生噪点后的画面。但在该画面中，所有影像都会变得模糊一片，如图 6-32 所示。

图 6-32 仅显示产生噪点的画面

3. 噪波 Alpha

通过【噪波 Alpha】视频特效，可以在视频素材的 Alpha 通道内生成噪波，从而利用 Alpha 通道内的噪波来影响画面效果，如图 6-33 所示。

图 6-33 噪波 Alpha 视频特效

在【特效控制台】面板中，用户还可对【噪波 Alpha】视频特效的类型、数量、溢出方式，以及噪波动画控制方式等多项参数进行设置，如图 6-34 所示。

4. 噪波 HLS 与自动噪波 HLS

【噪波 HLS】视频特效能够通过调整画面色调、亮度和饱和度的方式来控制噪波效果，其参数面板如图 6-35 所示。

在噪波产生方式上，【自动噪波 HLS】视频特效与【噪波 HLS】视频特效基本相同。所不同的是，【自动噪波 HLS】视频特效不允许用户调整噪波颗粒的大小，但用户却能通过【噪波动画速度】选项来控制噪波动态效果的变化速度，如图 6-36 所示。

图 6-34 设置【噪波 Alpha】视频特效参数

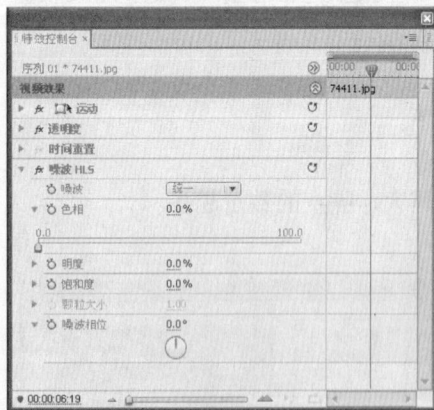

图 6-35 设置【噪波 HLS】
　　　　视频特效参数

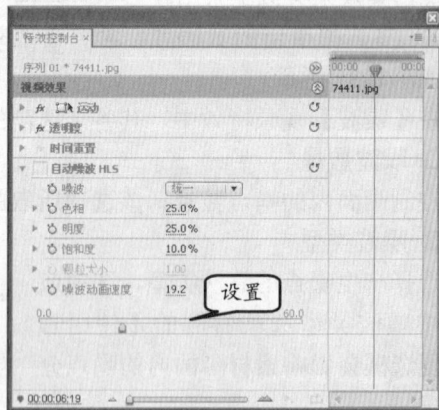

图 6-36 设置【自动噪波 HLS】
　　　　视频特效参数

5. 蒙尘与刮痕

【蒙尘与刮痕】视频特效用于产生一种附有灰尘的、模糊的噪波效果，如图 6-37 所示。

在【特效控制台】面板中，蒙尘和刮痕参数【半径】用于设置噪波效果影响的半径范围，其值越大，噪波范围的影响越大；蒙尘与刮痕参数【阈值】用于设置噪波的开始位置，其值越小，噪波影响越大，图像越模糊，如图 6-38 所示。

图 6-37 蒙尘和刮痕视频特效

6.2.4 扭曲

应用【扭曲】类视频特效后，能够使素材画面产生多种不同的变形效果。在该类型的视频特效中，共包括 11 种不同的变形样式，如偏移、旋转、弯曲、球面化和边角固定等。

1. 偏移

当素材画面的尺寸大于屏幕尺寸时，使用【偏移】视频特效能够产生虚影效果，如图 6-39 所示。

为素材应用【偏移】视频特效后，默认情况下【与原始图像混合】选项取值为 0，此时的影片剪辑画面不会发生任何变化。在【特效控制台】面板中，调整【与原始图像混合】选项的参数值后，虚影效果便会逐渐显现出来，且参数值越大，虚影效果越明显，如图 6-40 所示。

此外，用户还可通过更改【将中心转换为】选项参数值的方式来调整虚影图像的位置。

2. 变换

【变换】视频特效能够为用户提供一种类似于照相机拍照时的效果，通过在【特效

图 6-38 设置【蒙尘和刮痕】视频特效参数

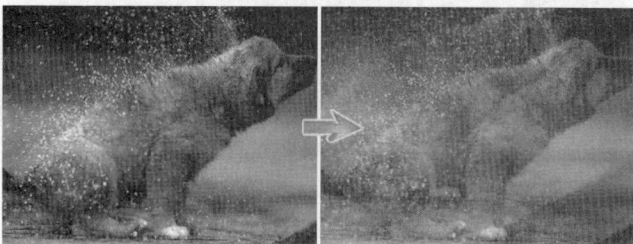

图 6-39 偏移视频特效

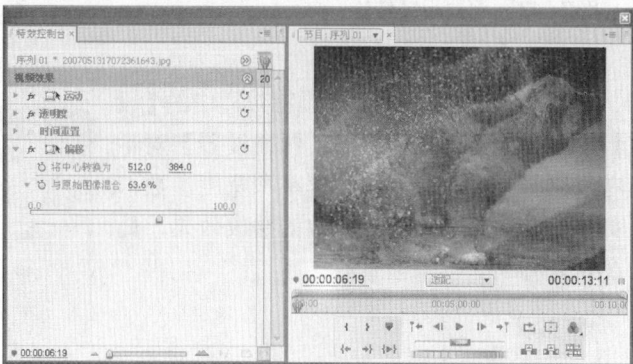

图 6-40 调整【偏移】视频特效的【与原始图像混合】参数值

控制台】面板内调整【定
位点】、【缩放高度】、【缩
放宽度】等选项，用户可
对"拍照"时的屏幕画面
摆放位置、照相机位置和
拍摄参数等多项内容进行
设置，如图 6-41 所示。

3．弯曲

图 6-41　变换视频特效

【弯曲】视频特效能够
使素材画面产生一种扭
曲、变形，仿佛是在照哈
哈镜时的效果，如图 6-42 所示。而且，随着影片剪辑的播放，【弯曲】视频特效对画面
的影响还会发生变化。

在【特效控制台】面板中，用户可通过调整垂直或水平方向上的弯曲强度、速率和
宽度参数来调整弯曲视频特效的最终结果，如图 6-43 所示。

图 6-42　弯曲视频特效

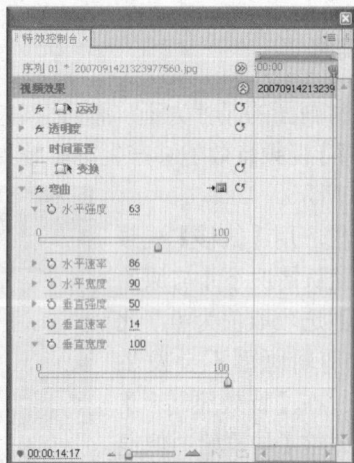

图 6-43　调整【弯曲】视频特效的弯
曲强度、速率和宽度参数

此外，在单击【弯曲】视频特效栏中的【设
置】按钮后，还可在弹出的【弯曲设置】对话
框内直观地调整弯曲强度、速率和宽度参数，
并实时查看【弯曲】视频特效的播放效果，如
图 6-44 所示。

4．放大

利用【放大】视频特效可以放大显示素材
画面中的指定位置，从而模拟人们使用放大镜
观察物体的效果，如图 6-45 所示。

图 6-44　通过【弯曲设置】对话框
调整特效参数

在【特效控制台】面板中，用
户可对【放大】视频特效的放大形
状、位置、透明度、缩放效果及羽
化程度等多项参数进行设置，如图
6-46 所示。

放大效果

图 6-45 放大视频特效

5. 旋转

为素材应用【旋转】视频特效，可以使
素材画面中的部分区域围绕指定点来旋转图
像画面，如图 6-47 所示。

在【特效控制台】面板中的【旋转】选
项组中，【角度】选项决定了图像的旋转扭曲
程度，参数值越大扭曲效果越明显；【旋转扭
曲半径】选项决定着图像的扭曲范围，而【旋
转扭曲中心】选项则控制着扭曲范围的中心
点，如图 6-48 所示。

6. 波形弯曲

【波形弯曲】视频特效的作用是根据用户
给出的参数在一定范围内制作弯曲的波浪效果，如图 6-49 所示。

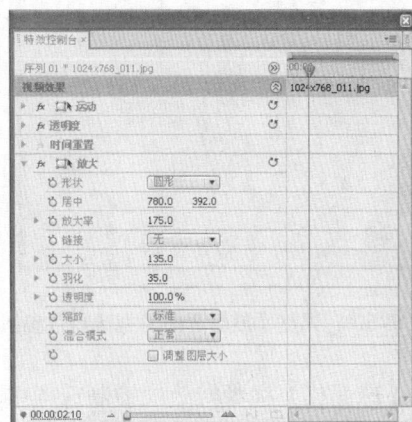

图 6-46 调整【放大】视频特效参数

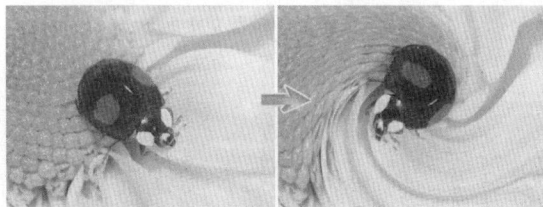

图 6-47 旋转视频特效

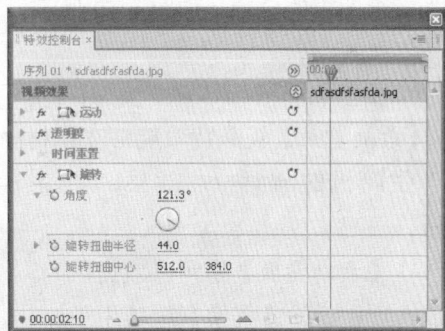

图 6-48 调整【旋转】视频特效参数

在【特效控制台】面板中，
通过更改【波形类型】选项可调
整波形弯曲的显示效果，而重新
设置【波形高度】、【波形宽度】、
【方向】和【波形速度】等选项
则可调整【波形弯曲】视频特效
对画面的扭曲影响程度，如图
6-50 所示。

图 6-49 波形弯曲视频特效

第 6 章 为影片添加视频特效

7. 球面化

利用【球面化】视频特效，可以使素材画面以球面化状态显示，如图 6-51 所示。

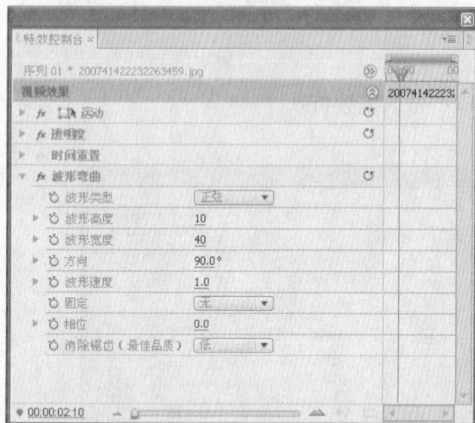

图 6-50　调整【波形弯曲】视频特效参数

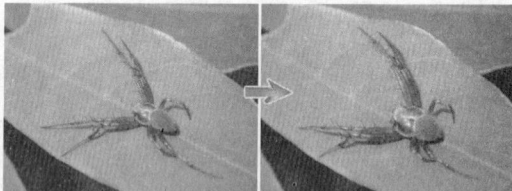

图 6-51　球面化视频特效

在【球面化】视频特效的控制选项中，【半径】选项用于调整"球体"的尺寸大小，直接影响着【球面化】视频特效对屏幕画面的作用范围；【球面中心】选项则决定了"球体"在画面中的位置，如图 6-52 所示。

8. 紊乱置换

【紊乱置换】视频特效能够在素材画面内产生随机的画面扭曲效果，如图 6-53 所示。

在【紊乱置换】视频特效提供的控制选项中，除【置换】选项用于控制扭曲方式、【消除锯齿（最佳品质）】选项用于决定扭曲后的画面品质外，其他所有选项都用于控制画面扭曲效果，如图 6-54 所示。

图 6-52　调整【球面化】视频特效的参数

图 6-53　紊乱置换视频特效

9. 边角固定

【边角固定】视频特效可以改变素材画面 4 个边角的位置，从而使画面产生透视和弯曲效果。在【特效控制台】面板中，【边角固定】视频特效 4 个选项的参数值便是用于指定屏幕画面位置的坐标值，用户只需调整这些参数便可控制屏幕画面产生各种倾斜或透视效果，如图 6-55 所示。

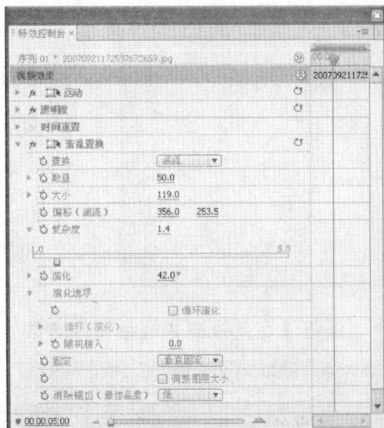

图 6-54　调整【紊乱置换】　　图 6-55　边角固定视频特效
视频特效参数

10. 镜像

利用【镜像】视频特效可以使
素材画面沿分割线进行任意角度
的反射操作,图 6-56 所示即为 180°
的镜像效果。

在【特效控制台】面板中,用
户可通过【反射中心】来调整分割
线的位置,而调整【反射角度】选项则可更改视频特效的应用效果。

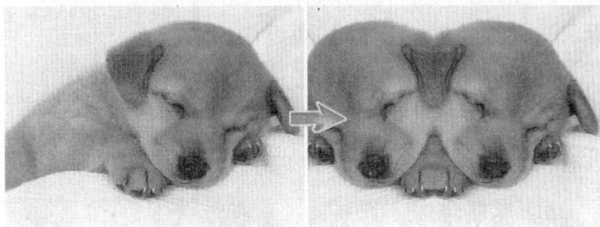

图 6-56　180°镜像效果

6.2.5　模糊与锐化

【模糊与锐化】类视频特效的作用与其名称完全相同,这些视频特效有些能够使素材
画面变得更加朦胧,而有些则能够让画面变得更为清晰。在此类视频特效中,包含了 10
种不同的效果,下面将对几种比较常用的视频特效进行讲解。

1. 定向模糊

【定向模糊】视频特效能够使
素材画面向指定方向进行模糊处
理,从而使画面产生动态效果,
如图 6-57 所示。

在【特效控制台】面板中,
可通过调整【方向】和【模糊长
度】选项来控制定向模糊的效果,如图 6-58 所示。

图 6-57　定向模糊视频特效

提　示

在调整【定向模糊】视频特效的参数时,【模糊长度】选项的参数值越大,图像的模糊效果将会越
明显。

165

2．快速模糊

【快速模糊】视频特效能够对画面中的每个像素进行相同的模糊操作，因此其模糊效果较为"均匀"。在【特效控制台】面板中，【模糊量】用于控制画面模糊程度；【模糊方向】决定了画面模糊的方式；而【重复边缘像素】选项则用于调整模糊画面的细节部分，如图6-59所示。

3．锐化

【锐化】视频特效的作用是增加相邻像素的对比度，从而达到提高画面清晰度的目的，如图6-60所示。在【特效控制台】面板中，【锐化】视频特效只有【锐化数量】这一个设置项，其参数取值越大，对画面的锐化效果越明显。

4．高斯模糊

【高斯模糊】视频特效能够利用高斯运算方法生成模糊效果，从而使画面中的部分区域的画面表现效果更为细腻，如图 6-61所示。

> **提 示**
>
> 在【特效控制台】面板中，用户可通过【模糊度】和【模糊方向】这两个选项来设置【高斯模糊】视频特效的方向和程度。

6.2.6 生成

【生成】类视频特效包括发光、棋盘、渐变、镜头光晕和油漆桶等12种视频效果，其作用都是在素材画面中形成炫目的光效或者图案。本节将对【生成】类视频特效中的部分常用效果进行讲解。

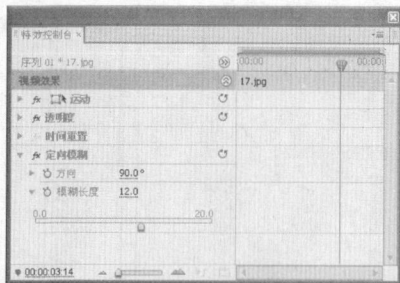

图 6-58　调整【定向模糊】视频特效参数

图 6-59　快速模糊视频特效

图 6-60　锐化视频特效应用前后效果对比

图 6-61　高斯模糊视频特效

1. 发光

【发光】视频特效能够让素材画面产生被强光照射后的效果，如图 6-62 所示。

在【特效控制台】面板中，Premiere 为【发光】视频特效提供了数量众多的控制选项。通过调整这些选项，用户可对【发光】视频特效的颜色、工作方式及最终效果等多种内容进行设置，如图 6-63 所示。

图 6-62 发光视频特效

提 示

在【彩色化】栏中，用户既可以设置【发光】视频特效的渐变效果，也可以直接应用 Premiere 内置的火焰、天堂和浪漫等发光效果。

2. 棋盘

【棋盘】视频特效的作用是在屏幕画面上形成棋盘网络状的图案，如图 6-64 所示。

在【特效控制台】面板中，可以对【棋盘】视频特效所生成棋盘图案的起始位置、棋盘格大小、颜色、图案透明度和混合模式等多项属性进行设置，从而创造出个性化的画面效果，如图 6-65 所示。

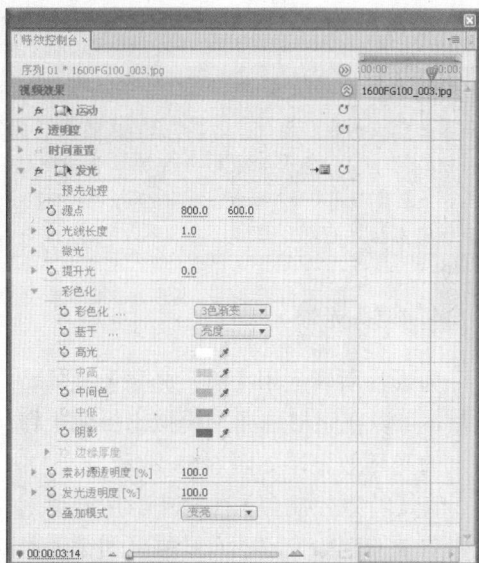

图 6-63 调整【发光】视频特效参数

图 6-64 棋盘视频特效

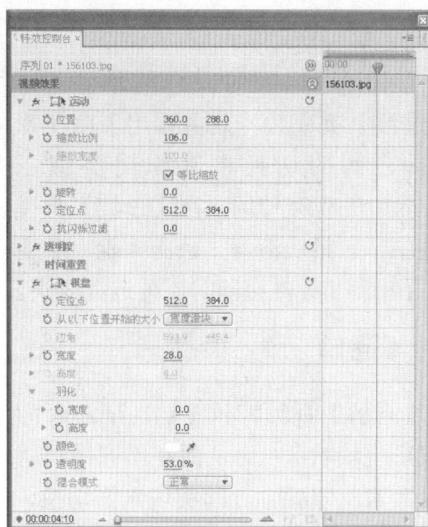

图 6-65 调整【棋盘】视频特效参数

3. 渐变

【渐变】视频特效的功能是在素材画面上创建彩色渐变，并使其与原始素材融合在一起，如图 6-66 所示。

在【特效控制台】面板中，用户可对渐变的起始、结束位置，以及起始、结束色彩和渐变方式等多项内容进行调整，如图 6-67 所示。

> **提示**
>
> 在【特效控制台】面板中，【与原始图像混合】参数的值越大，与原始素材画面的融合将会越紧密，若其值为 0%，则仅显示渐变颜色而不显示原始素材画面。

4. 镜头光晕

为影片剪辑应用【镜头光晕】视频特效后，可以在素材画面上模拟出摄像机镜头上的光环效果，如图 6-68 所示。

在【特效控制台】面板中，用户可对光晕效果的起始位置、光晕强度和镜头类型等参数进行调整，如图 6-69 所示。根据用户所选镜头类型的不同，产生的光晕效果也会有所差别。

6.2.7 过渡

【过渡】类视频特效主要用于两个影片剪辑之间的切换，其作用类似于 Premiere 中的视频转场。在【过渡】类视频特效中，包括块溶解、径向擦除、渐变擦除、百叶窗和线性擦除等 5 种过渡效果。

1. 块溶解

【块溶解】视频特效能够在屏幕画面内随机产生块状区域，从而在不同视频轨中的视频素材重叠部分间实现画面切换，如图 6-70 所示。

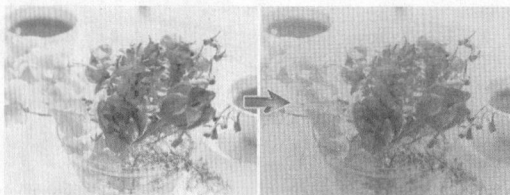

图 6-66 渐变视频特效

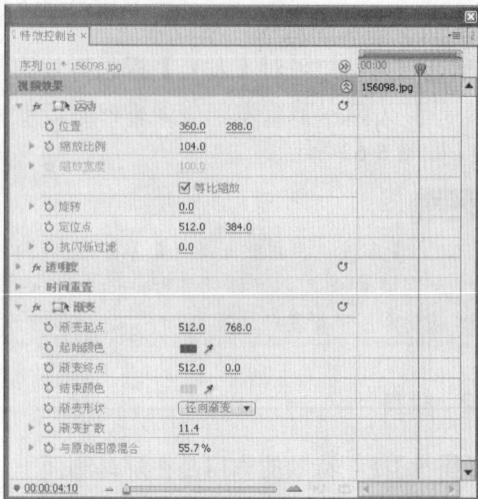

图 6-67 调整【渐变】视频特效参数

图 6-68 镜头光晕视频特效

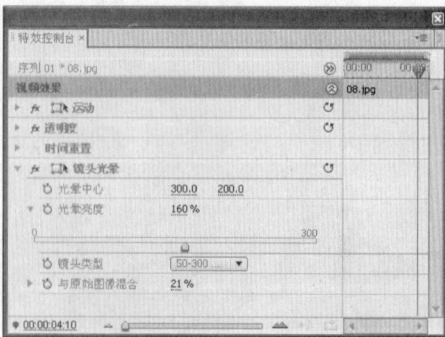

图 6-69 调整【镜头光晕】视频特效参数

在【特效控制台】面板中，
【过渡完成】参数用于设置不同
素材画面的切换状态，取值为
100%时将会完全显示底层轨道
中的画面。至于【块宽度】和【块
高度】选项，则用于控制块形状
的尺寸大小。

2．径向擦除

【径向擦除】视频特效能够
通过一个指定的中心点，从而以
旋转划出的方式切换出第二段
素材的画面，如图 6-71 所示。

在【径向擦除】视频特效的
控制选项中，【过渡完成】选项
用于设置素材画面切换的具体
程度，【起始角度】用于控制径
向擦除的起点。至于【擦除中心】
和【擦除】选项，则分别用于控
制径向擦除中心点的位置和擦
除方式。

3．渐变擦除

【渐变擦除】视频特效能够
根据两个素材的颜色和亮度建
立一个新的渐变层，从而在第一
个素材逐渐消失的同时逐渐显
示第二个素材，如图 6-72 所示。

在【特效控制台】面板中，
用户还可以对渐变的柔和度以
及渐变图层的位置与效果进行
调整。

4．百叶窗

【百叶窗】视频特效能够模

图 6-70 使用【块溶解】视频特效实现画面切换

图 6-71 使用【径向擦除】视频特效实现画面切换

图 6-72 使用【渐变擦除】视频特效实现画面切换

拟百叶窗张开或闭合时的效果，从而通过分割素材画面的方式，实现切换素材画面的目的，如图6-73所示。

在【特效控制台】面板中，通过更改【过渡完成】、【方向】和【宽度】等选项的参数值，用户还可对"百叶窗"的打开程度、角度和大小等内容进行调整。

5. 线性擦除

应用【线性擦除】视频特效后，用户可以在两个素材画面之间以任意角度擦除的方式完成画面切换，如图6-74所示。

提示

在【特效控制台】面板中，用户可以通过调整【擦除角度】参数的值来设置过渡效果的方向。

图6-73 使用【百叶窗】视频特效实现画面切换

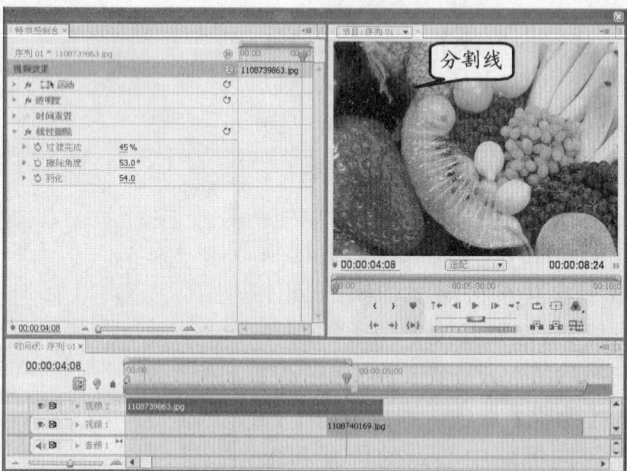

图6-74 使用【线性擦除】视频特效实现画面切换

6.2.8 风格化

【风格化】类型的视频特效共提供了 13 种不同的样式，其共同点都是通过移动和置换图像像素，以及提高图像对比度的方式来产生各种各样的特殊效果。

1. 曝光过度

【曝光过度】视频特效能够使素材画面的正片效果和负片效果混合在一起，从而产生一种特殊的曝光效果，如图 6-75 所示。

图6-75 曝光过度视频特效

在【特效控制台】面板中，可通过调整【曝光过度】视频特效内的【阈值】选项来更改【曝光过度】视频特效的最终效果。

2. 查找边缘

【查找边缘】视频特效能够通过强化过渡像素来形成彩色线条，从而产生铅笔勾画的特殊画面效果，如图 6-76 所示。

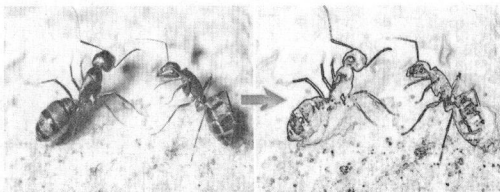

图 6-76 查找边缘视频特效

3. 浮雕

为影片剪辑应用【浮雕】视频特效后，屏幕画面中的内容将产生一种石材雕刻后的单色浮雕效果，如图 6-77 所示。

在【特效控制台】面板中，还可对浮雕效果的角度、浮雕高度等内容进行设置，如图 6-78 所示。

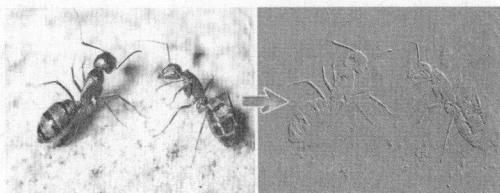

图 6-77 浮雕视频特效

4. 纹理材质

通过应用【纹理材质】视频特效，可以将指定轨道内的纹理映射至当前轨道的素材图像上，从而产生一种类似于浮雕贴图的效果，如图 6-79 所示。

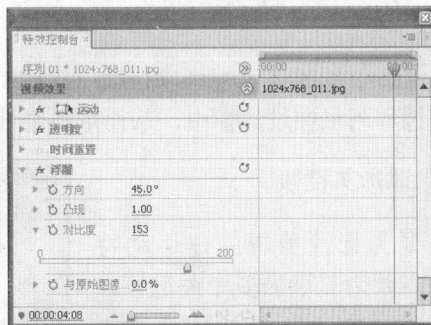

图 6-78 调整【浮雕】视频特效参数

5. 边缘粗糙

【边缘粗糙】视频特效能够让影片剪辑的画面边缘呈现出一种粗糙化形式，其效果类似于腐蚀而成的纹理或溶解效果，如图 6-80 所示。

在【特效控制台】面板中，用户还可通过【边缘粗糙】选项组中的各个选项来调整视频特效的影响范围、边缘粗

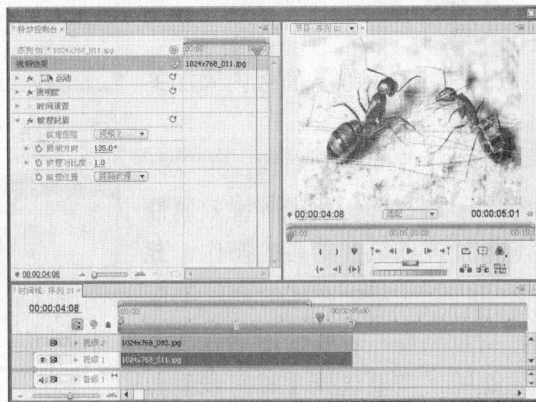

图 6-79 纹理材质视频特效

图 6-80 边缘粗糙视频特效

糙情况及复杂程度等内容，如图 6-81 所示。

6.3 创建运动特效

所谓运动特效，是指在原有视频画面的基础上，通过后期制作与合成技术对画面创建的移动、变形和缩放等效果。由于 Premiere 中拥有强大的运动效果生成功能，用户只需进行少量设置，即可使静态的素材画面产生运动效果，或为视频画面添加更为精彩的视觉内容。下面将介绍在 Premiere 中创建和编辑运动特效的方法。

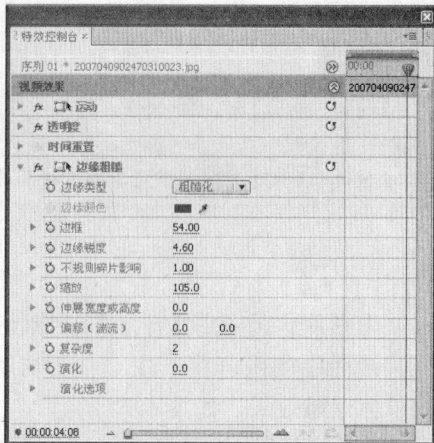

图 6-81 调整【边缘粗糙】视频特效参数

6.3.1 设置关键帧

Premiere 中的关键帧可以帮助用户控制视频或者音频特效内的参数变化，并将特效的渐变过程附加在过渡帧中，从而形成个性化的节目内容。

1．添加关键帧

若要为影片剪辑创建运动特效，便需要为其添加多个关键帧。在 Premiere 中，在【时间线】面板或【特效控制台】面板中都可以为素材添加关键帧，下面将对其分别进行介绍。

❑ 在【时间线】面板内添加关键帧

通过【时间线】面板，可以针对应用于素材的任意视频特效属性进行添加或删除关键帧的操作，此外还可控制关键帧在【时间线】面板中的可见性。若要使用该方法添加关键帧，需要选择【时间线】面板中的素材片段后，指定需要添加关键帧的视频特效及其属性，如图 6-82 所示。

接下来，将当前时间指示器移动至适当位置后，在【时间线】面

图 6-82 指定需要添加关键帧的视频特效及其属性

图 6-83 直接在【时间线】面板内创建关键帧

板内单击素材所在轨道中的【添加-移除关键帧】按钮，即可在当前位置创建关键帧，如图 6-83 所示。

若要在【时间线】面板内直接创建关键帧，则必须在【特效控制台】面板内开启相应视频特效属性的【切换动画】选项。

此时，在【时间线】面板内单击某一轨道内的【显示关键帧】下拉按钮，并执行【隐藏关键帧】命令后，即可隐藏该轨道所有素材上的关键帧，如图6-84所示。

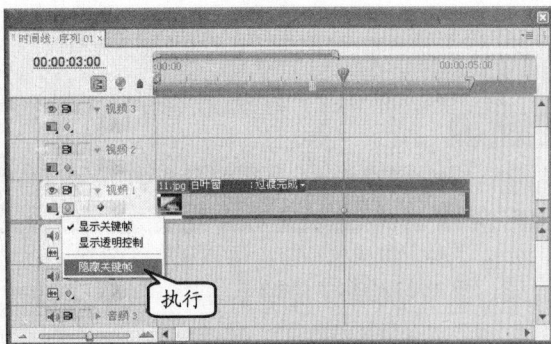

图 6-84 在时间线内隐藏关键帧

在【显示关键帧】下拉列表中，执行【显示透明控制】命令，即可在相应轨道内隐藏所有素材除素材名称外的一切其他文字信息。

❑ **在【特效控制台】面板内添加关键帧**

通过【特效控制台】面板，不仅可以为影片剪辑添加或删除关键帧，还能够通过对关键帧各项参数的设置，实现素材的自定义运动效果。

在【时间线】面板内选择素材后，打开【特效控制台】面板，此时只需在某一视频特效栏内单击属性选项前的【切换动画】按钮，即可开启该属性的切换动画设置。与此同时，Premiere 会在当前时间指示器所在位置为之前所选的视频特效属性添加关键帧，如图6-85所示。

图 6-85 通过【特效控制台】面板添加关键帧

此时，在已开启【切换动画】选项的属性栏中，【添加/移除关键帧】按钮将被激活。若要添加新的关键帧，只需移动当前时间指示器的位置后，单击【添加/移除关键帧】按钮即可，如图6-86所示。当视频特效的某一属性栏中包含有多个关键帧时，单击【添加/移除关键帧】按钮两侧的【跳转到前一关键帧】按钮或【跳转到下一关键帧】按钮，即可在多个关键帧之间进行快速切换。

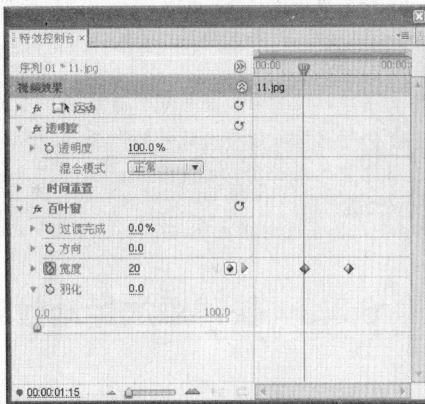

图 6-86 添加多个关键帧

在已开启【切换动画】选项的状态下，单击【切换动画】按钮，则会清除相应属性栏中的所有关键帧。

2. **移动关键帧**

为素材添加关键帧后，只需在【特效控制台】面板内选择关键帧，并通过鼠标将其拖至合适位置后，即可完成移动关键帧的操作，如图 6-87 所示。

利用 Ctrl 和 Shift 键选择多个关键帧后，还可进行同时移动多个关键帧的操作。

3．复制与粘贴关键帧

在创建运动特效的过程中，如果多个素材中的关键帧具有相同的参数，则可利用复制和粘贴关键帧的功能来提高操作效率。操作时，应当首先右击所要复制的关键帧，在弹出的快捷菜单中，执行【复制】命令，如图 6-88 所示。接下来，移动当前时间指示器至合适位置后，在【特效控制台】面板内右击轨道区域，在弹出的快捷菜单中，执行【粘贴】命令，即可在当前位置创建一个与之前素材完全相同的关键帧，如图 6-89 所示。

4．删除关键帧

选择某一关键帧后，右击【特效控制台】面板的轨道区域，并在弹出的快捷菜单中执行【清除】命令，即可删除所选关键帧。此外，直接按 Delete 键或 Backspace 键，也可删除所选关键帧。

右击【特效控制台】面板的轨道区域，在弹出的快捷菜单中执行【清除所有关键帧】命令后，Premiere 将会移除当前素材内的所有关键帧，而无论该关键帧是否处于被选中状态。

6.3.2　快速添加运动效果

利用 Premiere 的关键帧功能，通过更改素材在屏幕画面中的位置，即可快速创建出各种不同的素材运动效果。

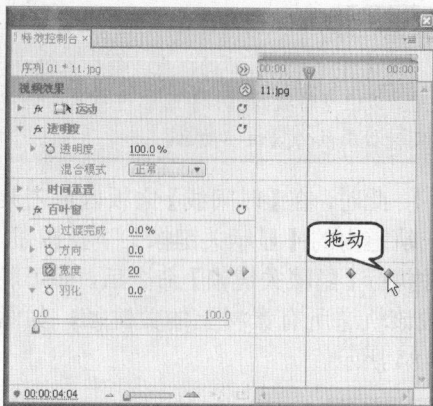

图 6-87　移动关键帧

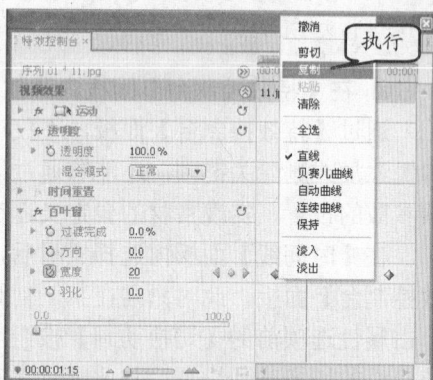

图 6-88　复制关键帧

图 6-89　粘帧关键帧

在【节目】面板中，单击监视器画面后，即可选择屏幕最顶层的视频素材。此时，所选素材上将会出现一个中心控制点，而素材周围也会出现 8 个控制柄，如图 6-90 所示。接下来，直接在【节目】面板的监视器画面区域内拖动所选素材，即可调整该素材在屏幕画面中的位置，如图 6-91 所示。

不过，如果在移动素材画面之前创建了【位置】关键帧，并对当前时间指示器的位置进行了调整，则 Premiere 将在监视器画面上创建一条标识素材画面运动轨迹的路径，如图 6-92 所示。

默认情况下，新的运动路径全部为直线。在拖动路径端点附近的锚点后，还可以将素材画面的运动轨迹更改为曲线状态，如图 6-93 所示。

图 6-90　在【节目】面板中选择素材

图 6-91　调整素材在屏幕画面的位置

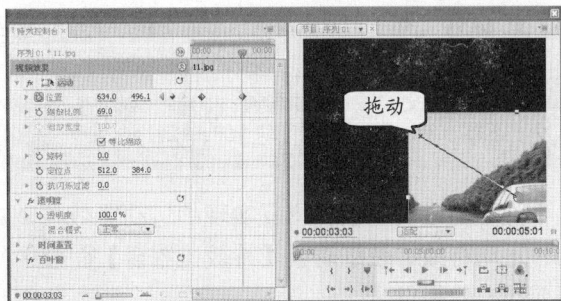

图 6-92　创建标识素材画面运动轨迹

不断重复上述操作，并在每次调整素材画面的位置后添加新的【位置】关键帧，即可得到一段所选素材画面在屏幕上不断移动的影片剪辑。

6.3.3　更改不透明度

制作影片时，降低素材的不透明度可以使素材画面呈现半透明效果，从而利于各素材之间的混合处理。在 Premiere 中，选择需要调整的素材后在【特效控制台】面板内单击【透明度】折叠按钮，即可打开用于所选素材的【透明度】滑杆，如图 6-94 所示。

图 6-93　更改运动轨迹为曲线状态

在开启【透明度】属性的【切换动画】选项后，为素材添加多个【透明度】关键帧，并为各个关键帧设置不同的透明度参数值，即可完成一段简单的透明过渡动画效果，如图 6-95 所示。

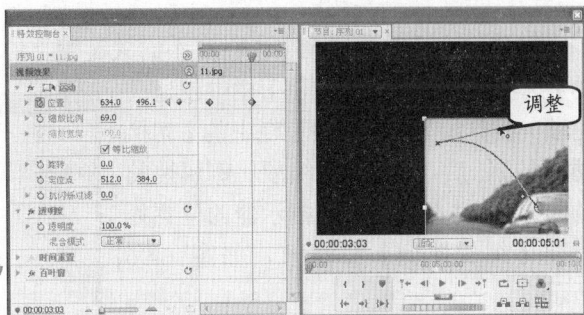

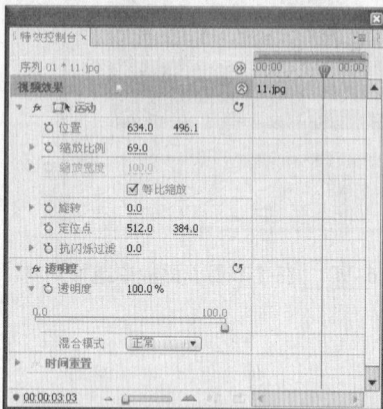

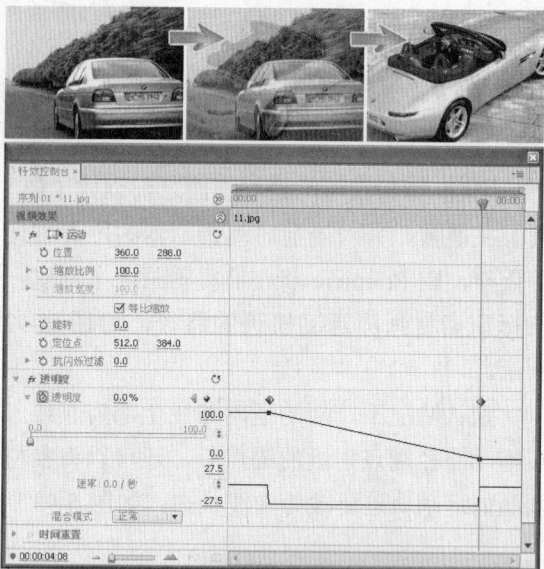

图 6-94　用于调整素材透明度的滑杆　　图 6-95　利用透明度创建过渡动画

6.4　缩放和旋转运动特效

　　除了通过调整素材位置实现的运动特效外，对素材进行旋转和缩放也是较为常见的两种运动特效。通过调整【特效控制台】面板中的特定选项，用户可轻松制作出旋转和缩放动画效果。

6.4.1　缩放运动特效

　　缩放运动特效通过调整素材在不同关键帧上的大小来实现，制作时需要首先在【运动】选项组内的【缩放比例】栏中创建关键帧。在单击【缩放比例】栏中的【切换动画】按钮后，即可开启缩放比例属性的动画选项，并在当前时间指示器的位置处创建【缩放比例】关键帧，如图 6-96 所示。

　　接下来，依次通过调整当前时间指示器的位置，并调整【缩放比例】选项参数值的方法，即可完成缩放动画的设置，如图 6-97 所示。

　　缩放动画设置完成后，单击【节目】面板中的【播放-停止切换】按钮，即可欣赏刚刚创建的缩放动画，如图 6-98 所示。

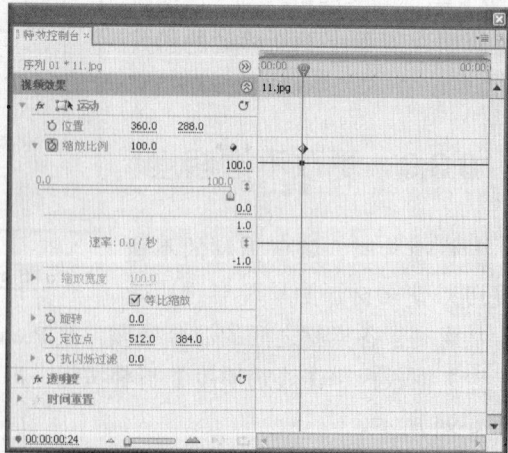

图 6-96　开启【缩放比例】属性的动画选项

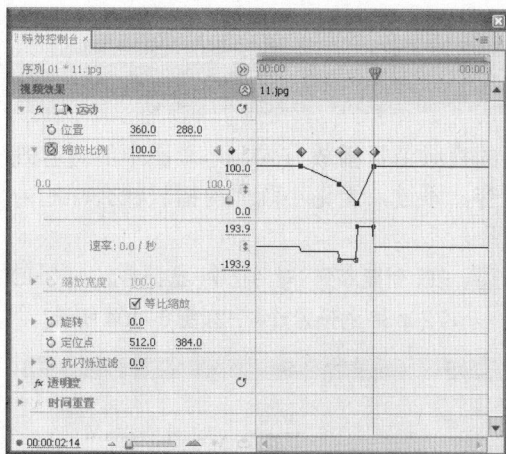

图 6-97 设置缩放动画关键帧

图 6-98 缩放动画效果

6.4.2 旋转运动特效

旋转运动特效是指素材图像围绕指定轴线进行转动，并最终使其固定至某一状态的运动效果。在 Premiere 中，用户可通过调整素材旋转角度的方法来制作旋转特效。

若要制作旋转运动特效，只需在选择相应素材后，在【特效控制台】面板内首先单击【运动】选项组【旋转】属性栏中的【切换动画】按钮，如图 6-99 所示。

然后，不断在新的位置创建关键帧，并调整素材在这些关键帧上的旋转角度，如图 6-100 所示。

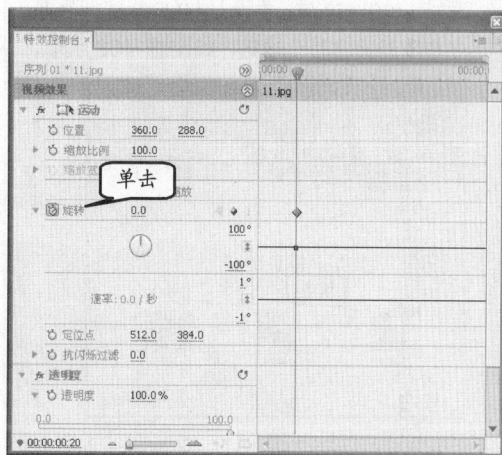

图 6-99 开启【旋转】动画选项

设置完成后，即可在【节目】面板内查看旋转动画的播放效果，如图 6-101 所示。

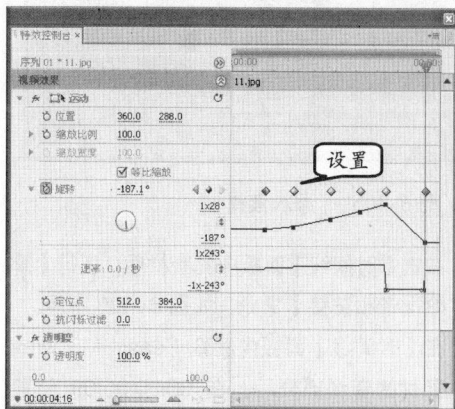

图 6-100 设置旋转动画关键帧

图 6-101 旋转动画效果

6.5 实验指导：制作画中画效果

画中画是一种在大画面内同步显示小画面的视频节目播放方式，小画面中的内容既可以与大画面相同，也可以播放完全不同的内容。不过，无论小画面内播放什么样的内容，都会与大画面共同构成万花筒般的奇特效果。

1. 实验目的

❏ 创建序列
❏ 切割素材
❏ 创建运动特效

2. 实验步骤

[1] 启动 Premiere 后，单击 Premiere 欢迎界面中的【新建项目】按钮，如图 6-102 所示。

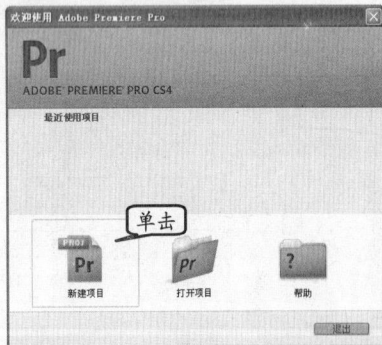

图 6-102　　**Premiere 欢迎界面**

[2] 在弹出的【新建项目】对话框中，设置项目文件的保存位置与名称，如图 6-103 所示。

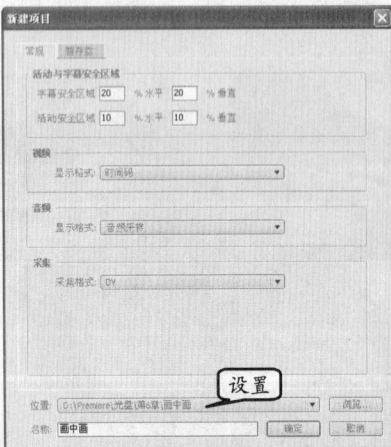

图 6-103　　**【新建项目】对话框**

[3] 在【新建序列】对话框中，选择名为 AVCHD 720p30 的预置方案，如图 6-104 所示。

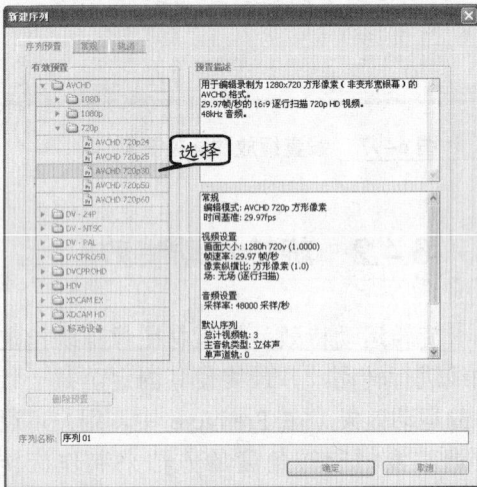

图 6-104　　**选择序列预置方案**

[4] 进入 Premiere 主界面后，导入视频素材 Peasy-Mix.wmv，并将其添加至序列内，如图 6-105 所示。

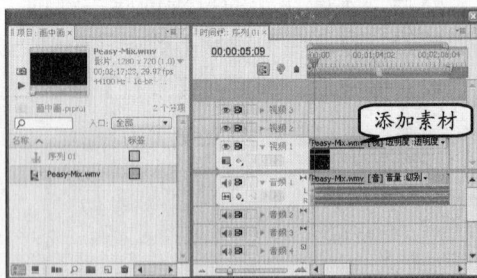

图 6-105　　**添加素材**

[5] 右击【时间线】面板中的素材后，执行【解除视音频链接】命令，如图 6-106 所示。

[6] 在【时间线】面板内删除 Peasy-Mix.wmv 素材的音频部分后，在 00:00:05:09 位置处将素材切割为两部分，如图 6-107 所示。

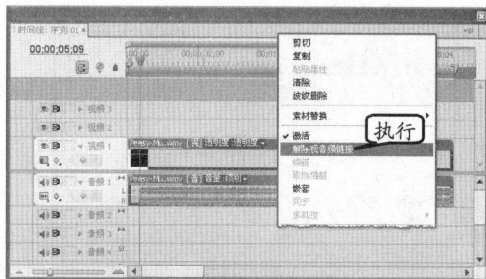

图 6-106 解除视音频链接

图 6-107 切割素材

7 新建名为"画中画"的序列,序列设置如图
6-108 所示。

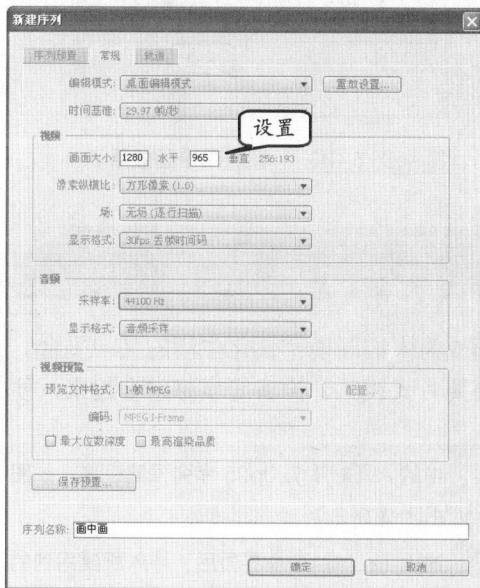

图 6-108 设置新序列

8 在【新建序列】对话框的【轨道】选项卡中,
将视频轨道设置为 4 条,音频轨道类型设置
为"单声道",如图 6-109 所示。

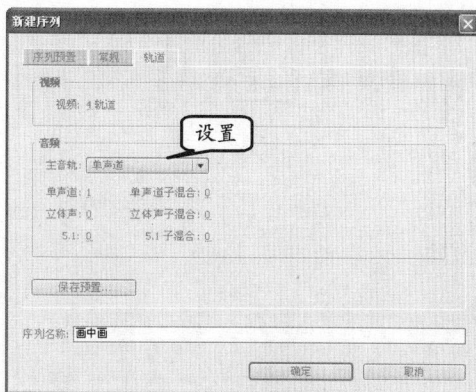

图 6-109 调整序列设置

9 将素材 Peasy-Mix.wmv 添加至"画中画"
序列中,并在 00:00:05:09 位置处将素材切
割为两部分。然后,在【特效控制台】面板
内的【运动】选项组中,调整素材第二部分
在视频画面中的位置,如图 6-110 所示。

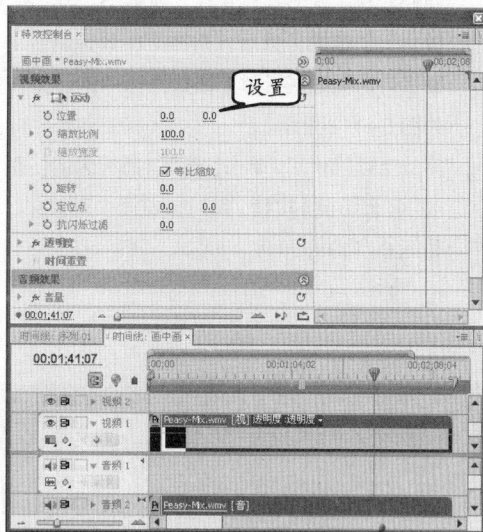

图 6-110 切割并调整素材
在视频画面的位置

10 复制"序列 01"序列中的第二部分素材,
并将其粘贴至"画中画"序列中的"视频 2"
轨道内。然后,在【特效控制台】面板内调
整其大小及位置,如图 6-111 所示。

> **提 示**
>
> 在将"序列 01"序列中的第二部分素材粘贴
> 至"画中画"序列后,应将新的素材剪辑与当
> 前序列内的第二部分素材剪辑对齐。

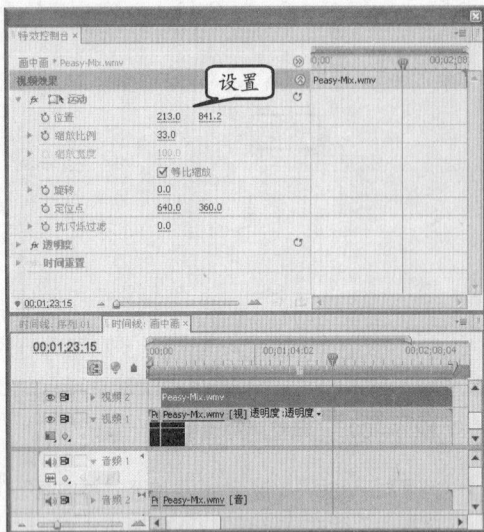

图 6-111 制作第一个小画面

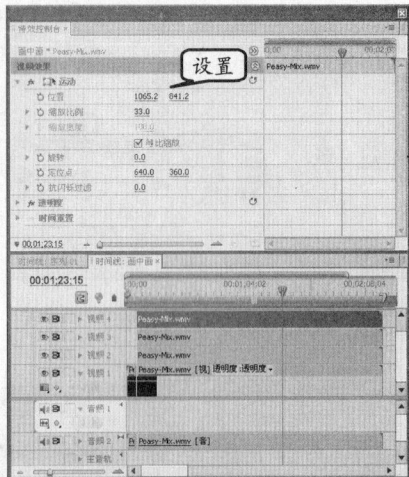

图 6-112 制作第二、三个小画面

图 6-113 预览画中画效果

11 复制"视频 2"轨道内的素材剪辑，并将得到的素材副本分别放置在"视频 3"与"视频 4"轨道内，然后分别在【特效控制台】面板内调整这些素材在播放画面中的位置，如图 6-112 所示。

12 完成上述操作后，单击【节目】面板内的【播放-停止切换】按钮，即可预览画中画效果，如图 6-113 所示。

6.6 实验指导：创建动态相册

随着数字化影像技术的兴起，电子相册逐渐成为人们展现个性化生活的又一平台。利用 Premiere 等类型的数字化视频编辑工具，将照片、视频、声音等素材融合起来，便形成了内容丰富、精彩的数字化电子相册。

1. 实验目的

❑ 自定义轨道选项
❑ 添加视频转场
❑ 应用背景音乐

2. 实验步骤

1 创建名为"动态相册"的 Premiere 项目后，在【新建序列】对话框内选择 720p 文件夹中的 AVCHD 720p25 序列预置设置，如图 6-114 所示。

2 进入 Premiere 主界面后，导入所要用到的各种素材图片，如图 6-115 所示。

3 将所有图片素材按照名称依次添加至"视频 1"轨道后，全选序列中的这些图片素材，并在右击任意一个素材后，执行【适配为当前画面大小】命令，如图 6-116 所示。

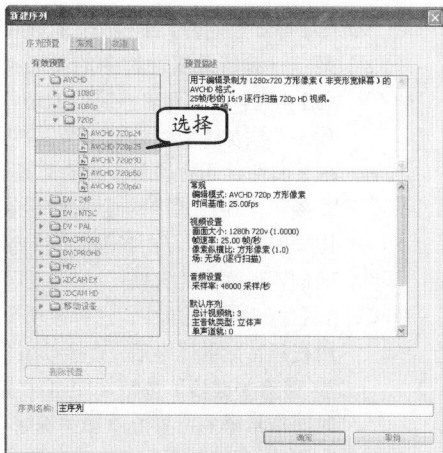

图 6-114 选择序列预置设置

图 6-115 导入素材图片

4 接下来在【效果】面板的【视频切换】文件
夹中，任意选择视频转场，并将这些视频转
场分别添加至各个图片素材之间，如图
6-117 所示。

5 当所有图片素材之间全部添加视频转场后，
即可保存项目，在【节目】面板内单击【播
放–停止切换】按钮后，可查看动态相册的
播放效果，如图 6-118 所示。

图 6-116 调整素材与视频画面的
适配大小

图 6-117 添加视频转场

图 6-118 预览动态效果

6.7 思考与练习

一、填空题

1. Premiere Pro CS4 共为用户提供了 130 多
种视频特效，所有特效按照类别被放置在【效果】
面板的【＿＿＿＿＿】文件夹内。

2. 为素材添加视频特效的方法主要有两种：
一种是利用【时间线】面板添加，另一种则是利
用【＿＿＿＿＿】面板添加。

3. 在【特效控制台】面板内完成属性参数的设置之后，视频特效应用于影片剪辑后的效果将即时显示在【＿＿＿＿＿＿】面板中。

4. 【＿＿＿＿＿＿】类视频特效的作用是在影片素材画面内添加细小的杂点。

5. 【＿＿＿＿＿＿】类视频特效能够使素材画面产生多种不同的变形效果。

6. 【＿＿＿＿＿＿】类视频特效的功能是在素材画面中形成炫目的光效或者图案。

7. 在 Premiere 中，用户可以在【＿＿＿＿＿＿】面板或【特效控制台】面板内为素材添加关键帧。

8. 在【特效控制台】面板中，通过添加关键帧并调整【＿＿＿＿＿＿】属性的参数值，即可创建旋转动画效果。

二、选择题

1. Premiere Pro CS4 中的视频特效被存放在下列哪个位置？＿＿＿＿＿＿

   A. 【效果】面板

   B. 【特效控制台】面板

   C. 【时间线】面板

   D. 【节目】面板

2. 在【卷页】视频特效的属性选项中，能够以垂直方轴控制屏幕画面旋转角度的选项是＿＿＿＿＿＿。

   A. 表面角度"X"   B. 表面角度"Y"

   C. 卷曲角度"X"   D. 卷曲角度"Y"

3. 在【变换】类视频特效中，能够让屏幕画面呈倒置效果的是下列哪种视频特效？＿＿＿＿＿＿

   A. 垂直保持   B. 垂直翻转

   C. 水平保持   D. 水平翻转

4. 在【扭曲】类视频特效中，能够使屏幕画面产生虚影的视频特效是＿＿＿＿＿＿。

   A. 变换   B. 弯曲

   C. 镜像   D. 偏移

5. 在下列选项中，对【定向模糊】视频特效的作用描述正确的是＿＿＿＿＿＿。

   A. 能够对画面中的每个像素进行相同的模糊操作

   B. 对画面内容进行随机模糊处理

   C. 能够使素材画面向指定方向进行模糊处理

   D. 利用高斯运算方法生成模糊效果

6. 在关于添加关键帧操作方法的叙述中，下列哪种说法是错误的？＿＿＿＿＿＿

   A. 在【特效控制台】面板中，直接单击某一视频特效属性栏中的【切换动画】按钮，即可开启该属性的动画选项，并添加该属性的第一个关键帧

   B. 在某属性已开启动画选项的前提下，直接单击属性栏中的【添加/移除关键帧】按钮，即可在当前时间指示器的位置处添加关键帧

   C. 在【时间线】面板中，选择素材所应用视频特效的属性后，直接单击【添加-移除关键帧】按钮，即可在当前时间指示器的位置处添加关键帧

   D. 在相应属性动画选项已开启的前提下，在【时间线】面板中选择素材特效的相应属性，并单击【添加-移除关键帧】按钮，即可在当前时间指示器的位置处添加关键帧

7. 在【节目】面板的监视器画面内选择素材后，素材四周出现的小点称为＿＿＿＿＿＿。

   A. 锚点   B. 焦点

   C. 控制柄   D. 中心点

8. 在【特效控制台】面板中，无法通过调整【运动】选项组内的属性来完成下列哪种视频特效？＿＿＿＿＿＿

   A. 运动特效   B. 缩放特效

   C. 透明特效   D. 浮雕特效

三、简答题

1. 怎样为影片剪辑添加视频特效？

2. 更改视频特效默认参数的操作方法是什么？

3. 常用的视频特效都有哪些，其效果是什么？

4. 自定义运动特效的操作步骤是什么？

5. 如何为素材添加自定义的旋转特效？

四、上机练习

1. 自定义素材画面缩放比例

缩放素材尺寸是一项较为常用的特效，但多数情况下用户进行的都是等比例缩放，此时素材画面内的所有内容都不会发生变形。然而在需要获得一种另类缩放效果的时候，则应当对素材画面进行适当的非等比缩放。此时，用户只需在【特效控制台】面板的【运动】选项组中，禁用【缩

放宽度】栏内的【等比缩放】复选框，即可激活【缩放宽度】选项，从而通过分别设置高度与宽度的缩放比例，实现非等比缩放素材画面，如图6-119所示。

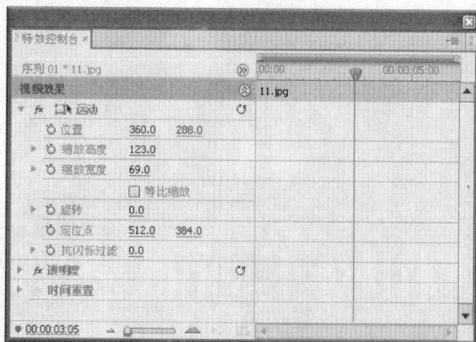

图 6-119 为素材的宽度和高度设置不同缩放比例

2. 改变素材中心控制点的位置

Premiere 素材出现于屏幕画面中的位置，主要通过【运动】选项组内的【位置】选项和【定位点】选项来控制。其中，【定位点】选项记录了用于固定素材位置的标识点，而【位置】选项则用于记录该标识点在屏幕画面中的坐标。

不过，由于【定位点】选项所记录的标识点默认位于画面中心，因此在有些情况下会影响影片编辑人员对素材的定位。此时，只需在【定位点】栏中设置新标识点在素材中的坐标后，即可按照自己的习惯来记录素材的定位信息，从而提高影片编辑效率，如图6-120所示。

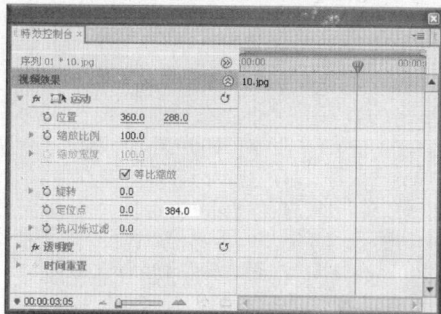

图 6-120 调整素材的【定位点】参数

第7章

调整和校正画面色彩

在素材拍摄阶段常常会遇到的一个问题是，很难控制视频拍摄环境内的光照条件和景物对画面的影响。由此产生的问题便是，视频素材画面出现或暗淡、或明亮，或在屏幕画面上出现颜色投影等问题。为了解决这一问题，Premiere 为用户提供了一系列专门用于调整图像亮度、对比度和颜色的特效滤镜，尽管这无法取代良好光照条件下拍摄出的高品质素材，但仍然能够尽量地校正问题素材对最终影片所造成的影响。

本章将着重讨论 Premiere 在调整、校正和优化素材色彩方面的技术与方法。在介绍时，会首先从 Premiere 所支持的 RGB 颜色模型开始，然后依次介绍 Premiere 所提供的各种视频增强选项。

本章学习要点：

➢ 色彩理论知识
➢ 调整类特效
➢ 图像控制类特效
➢ 色彩校正类特效
➢ 创建纯色素材

7.1 颜色模式

现阶段，大多数影视节目的最终播放平台仍以电视、电影等传统视频平台为主，但制作这些节目的编辑平台却大都以计算机为基础。这就使得以计算机为运行平台的非线性编辑软件在处理和调整图像时往往不会基于电视工程学技术，而是采用了计算机创建颜色方法的基本原理。因此，在学习使用 Premiere 调整视频素材色彩之前，需要首先了解并学习一些关于色彩及计算机颜色理论的重要概念。

7.1.1 色彩与视觉原理

对人们来说，色彩是由于光线刺激眼睛而产生的一种视觉效应。也就是说，光色并存，人们的色彩感觉离不开光，只有在含有光线的场景内人们才能够"看"到色彩。

1. 光与色

从物理学的角度来看，可见光是电磁波的一部分，其波长大致为 400～700nm，因此该范围又被称为可视光线区域。人们在将自然光引入三棱镜后发现，光线被分离为红、橙、黄、绿、青、蓝、紫 7 种不同的色彩，因此得出自然光是由 7 种不同颜色光线组合而成的结论。这种现象被称为光的分解，而上述 7 种不同颜色的光线排列则被称为光谱，其颜色分布方式是按照光的波光进行排列的，如图 7-1 所示。可以看出，红色的波长最长，而紫色的波长最短。

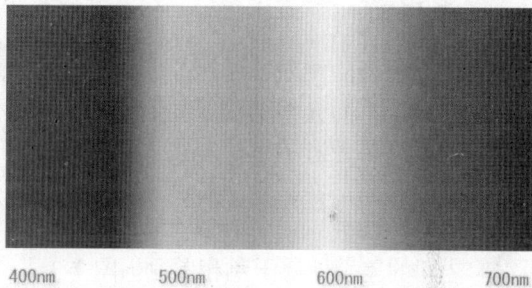

400nm   500nm   600nm   700nm

图 7-1 可见光的光谱

在自然界中，光以波动的形式进行直线传输，具有波长和振幅两个因素。以人们的视觉效果来说，不同的波长会产生颜色的差别，而不同的振幅强弱与大小则会在同一颜色内产生明暗差别。

2. 物体色

自然界的物体五花八门、变化万千，它们本身虽然大都不会发光，但都具有选择性地吸收、反射、透射光线的特性。当这些物体将某些波长的光线吸收后，人们所看到的便是剩余光线的混合色彩，即物体的表面色。当然，由于任何物体对光线不可能全部吸收或反射，因此并不存在绝对的黑色或白色。

物体对色光的吸收、反射或透射能力会受到物体表面肌理状态的影响，因此，物体对光的吸收与反射能力虽是固定不变的，但物体的表面色却会随着光源色的不同而改变，有时甚至失去其原有的色相感觉。也就是说，所谓的物体"固有色"，实际上不过是常见光线下人们对此物体的习惯认识而已。例如在闪烁、强烈的各色霓虹灯光下，所有的建筑几乎都会失去原有本色，从而显得奇异莫测，如图 7-2 所示。

7.1.2 色彩三要素

在色度学中，颜色通常被定义为一种通过眼睛传导的感官印象，即视觉效应。同触觉、嗅觉和痛觉一样，视觉的起因是刺激，而该刺激便来源于光线的辐射。

在日常生活中，人们在观察物体色彩的同时，也会注意到物体的形状、面积、材质、肌理，以及该物体的功能及其所处的环境。通常来说，这些因素也会影响人们对色彩的感觉。

图 7-2 霓虹灯光中的城市

为了寻找规律性，人们对感性的色彩认知进行分析，并最终得出了色相、亮度和饱和度这 3 种构成色彩的基本要素。

提示

色度学是一门研究彩色计量的科学，其任务在于研究人眼彩色视觉的定性和定量规律及应用。

1. 色相

色相指色彩的相貌，是区别色彩种类的名称，根据不同光线的波长进行划分。也就是说，只要色彩的波长相同，其表现出的色相便相同。在之前所提到的七色光中，每种颜色都表示着一种具体的色相，而它们之间的差别便属于色相差别，图 7-3 所示即为十二色相环与二十四色相环示意图。

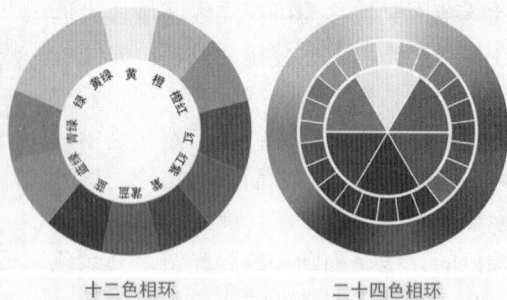

十二色相环   二十四色相环

图 7-3 色相环

简单的说，当人们在生活中称呼某一颜色的名称时，脑海内所浮现出的色彩便是色相的概念。也正是由于色彩具有这种具体的特征，人们才能够感受到一个五彩缤纷的世界。

提示

色相也称为色泽，饱和度也称为纯度或者彩度，亮度也称为明度。国内的部分行业对色彩的相关术语也有一些约定成俗的叫法，因此名称往往也会有所差别。

人们在长时间的色彩探索中发现，不同色彩会让人们产生相对的冷暖感觉，即色性。一般来说，色性的起因是基于人类长期生活中所产生的心理感受。例如，绿色能够给人清新、自然的感觉。如果是在雨后，则由于环境的衬托，上述感觉会更为突出和明显，如图 7-4 所示。

图 7-4 清新、自然的绿色

然而在日常生活中，人们所处的环境并不会只包含一种颜色，而是由各种各样的色彩所组成。因此，自然环境对人们心理的影响往往不是由一种色彩所决定，而是多种色彩相互影响后的结果。例如，单纯的红色会给人一种热情、充满活力的感觉，但却过于激烈；在将黄色与红色搭配后，却能够消除红色所带来的亢奋感，并带来活泼、愉悦的感觉，如图 7-5 所示。

图 7-5 红黄色搭配的效果

2. 饱和度

饱和度是指色彩的纯净程度，即纯度。在所有的可见光中，有波长较为单一的，也有波长较为混杂的，还有处在两者之间的。其中，黑、白、灰等无彩色的光线即为波长最为混杂的色彩，这是由于饱和度、色相感的逐渐消失而造成的。

从色彩纯度的方面来看，红、橙、黄、绿、青、蓝、紫这几种颜色是纯度最高的颜色，因此又被称为纯色。

从色彩的成分来看，饱和度取决于该色彩中的含色成分与消色成分（黑、白、灰）之间的比例。简单的说，含色成分越多，饱和度越高；消色成分越多，饱和度越低。例如，当在绿色中混入白色时，虽然仍旧具有绿色相的特征，但其鲜艳程度会逐渐降低，成为淡绿色；当混入黑色时，则会逐渐成为暗绿色；当混入亮度相同的中性灰时，色彩会逐渐成为灰绿色，如图 7-6 所示。

图 7-6 不同的饱和度

3. 亮度

亮度是所有色彩都具有的属性，是指色彩的明暗程度。在色彩搭配中，亮度关系是颜色搭配的基础。一般来说，通过不同亮度的对比，能够突出表现物体的立体感与空间感。

就色彩在不同亮度下所显现的效果来看，色彩的亮度越高，颜色就越淡，并最终表现为白色；与这相对应的是，色彩的亮度越低，颜色就越重，并最终表现为黑色，如图 7-7 所示。

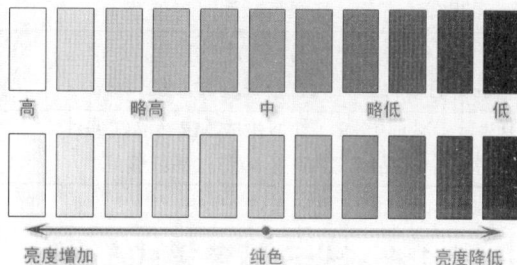

图 7-7 不同亮度的色彩

7.1.3 RGB 颜色理论

RGB 色彩模式是工业界的一种颜色标准，其原理是通过对红（Red）、绿（Green）、蓝（Blue）这 3 种颜色通道的变化，以及它们相互之间的叠加来得到各式各样的颜色。RGB 标准几乎包括了人类视力所能感知的所有颜色，是目前运用最为广泛的颜色系统之一。

当用户需要编辑颜色时，Premiere 可以让用户从 256 种不同亮度的红色，以及相同数量及亮度的绿色和蓝色中进行选择。这样一来，3 种不同亮度的红色、绿色和蓝色在相互叠加后，便会产生超过 1670 多万种（256×256×256）的颜色供用户选择，图 7-8 所示即为 Premiere 按照 RGB 颜色标准为用户所提供的颜色拾取器。

在 Premiere 颜色拾取器中，用户只需依次指定 R（红色）、G（绿色）和 B（蓝色）的亮度，即可得到一个由三者叠加后所产生的颜色。在选择颜色时，用户可根据需要按照表 7-1 所示的混合公式来进行选择。

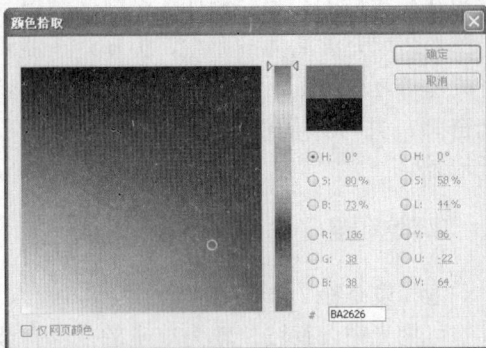

图 7-8 **Premiere 颜色拾取器**

表 7-1 **两原色相同所产生的颜色**

混合公式	色　板
RGB 两原色等量混合公式：	
R（红）+G（绿）生成 Y（黄）（R=G） G（绿）+B（蓝）生成 C（青）（G=B） B（蓝）+R（红）生成 M（洋红）（B=R）	
RGB 两原色非等量混合公式：	
R（红）+G（绿↓减弱）生成 Y→R（黄偏红） 红与绿合成黄色，当绿色减弱时黄偏红	
R（红↓减弱）+G（绿）生成 Y→G（黄偏绿） 红与绿合成黄色，当红色减弱时黄偏绿	
G（绿）+B（蓝↓减弱）生成 C→G（青偏绿） 绿与蓝合成青色，当蓝色减弱时青偏绿	
G（绿↓减弱）+B（蓝）生成 CB（青偏蓝） 绿和蓝合成青色，当绿色减弱时青偏蓝	
B（蓝）+R（红↓减弱）生成 MB（品红偏蓝） 蓝和红合成品红，当红色减弱时品红偏蓝	
B（蓝↓减弱）+R（红）生成 MR（品红偏红） 蓝和红合成品红，当蓝色减弱时品红偏红	

7.1.4　HLS 颜色模式

HLS 是 Hue（色相）、Luminance（亮度）和 Saturation（饱和度）的缩写。该颜色模式通过指定色彩的色相、亮度和饱和度信息来获取颜色，因此许多人觉得 HLS 颜色模式较 RGB 颜色模式更为直观。

按照 HLS 颜色模式来指定颜色时，可以在彩虹光谱上选取色调、选择饱和度（颜色的纯度）并设置亮度（由明至暗）。以鲜红色为例，这是一种饱和度高并且明亮的颜色，因此在选择"红"色相后，应该将饱和度设置为 100%，亮度则以 50% 左右为宜，如图 7-9 所示。当需要使用灰色时，由于已知任何饱和度为 0 的 HLS 颜色均为中性灰色，因此用户只需调整亮度选项来控制灰色的明暗程度即可，如图 7-10 所示。

7.1.5　YUV 颜色系统

在现代彩色电视系统中，节目拍摄时采用的通常是三管彩色摄像机或彩色 CCD（点耦合器件）摄像机。此类摄像机会将摄得的彩色图像信号经分色、分别放大校正后得到 RGB 颜色，再经过矩阵变换电路得到亮度信号 Y 和两个色差信号 R-Y、B-Y，最后发送端将亮度和色差 3 个信号分别进行编码，用同一信道发送出去。

图 7-9　**使用 HLS 模式选择色彩**

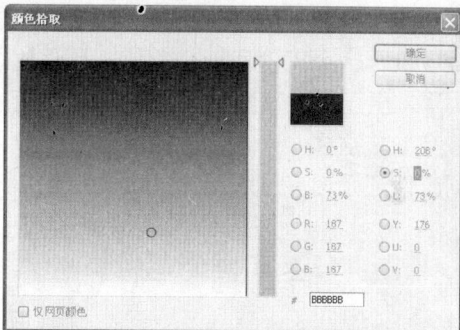

YUV 颜色系统的重要性在于它的亮度信号 Y 和色度信号 U、V 是相互分离的。此时，如果只有 Y 信号分量而没有 U、V 分量，则表示图像为黑白灰度图。这样一来，便解决了彩色电视机与黑白电视机的兼容问题，使黑白电视机也能接收彩色信号。根据美国国家电视制式委员会所公布的 NTSC 制式标准，当白光的亮度用 Y 来表示时，它和红、绿、蓝三色光的关系可用如下方程式来描述：$Y=0.3R+0.59G+0.11B$，这就是常用的亮度公式。

图 7-10　**在 HLS 模式内选择灰色**

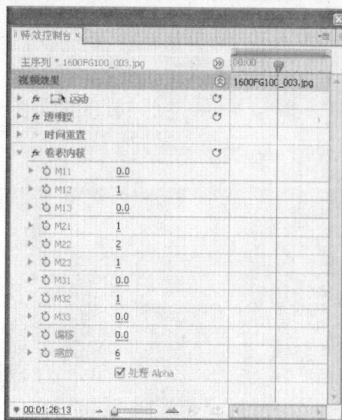

YUV 中的 U、V 是由 B-Y、R-Y 按不同比例压缩而成的。如果要由 YUV 空间转化成 RGB 空间，只要进行相反的逆运算即可。

提　示

与 YUV 色彩空间类似的还有 Lab 色彩空间，这也是一种采用亮度和色差来描述色彩分量的颜色模式，其中 L 为亮度，a 和 b 分别为各色差分量。

7.2　调整类特效

调整类特效主要通过调整图像的色阶、阴影或高光，以及亮度、对比度等方式，达到优化影像质量或实现某种特殊画面效果的目的。

7.2.1　卷积内核

卷积内核是 Premiere 内部较为复杂的视频特效之一，其原理是通过改变画面内各个像素的亮度值来实现某些特殊效果，其参数面板如图 7-11 所示。

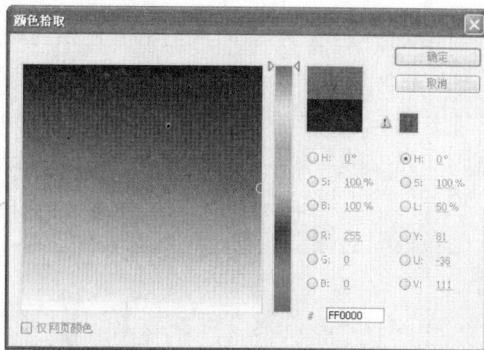

图 7-11　**特效参数项**

在【特效控制台】面板内的【卷积内核】选项中，M11～M33 这 9 项参数全部用于控制像素亮度，单独调整这些选项只能实现调节画面亮度的效果。然而，在组合使用这些选项后，便可以获得重影、浮雕，甚至可以让略微模糊的图像变得清晰起来，如图 7-12 所示。

在 M11～M33 这 9 项参数中，每三项参数分为一组，如 M11～M13 为一组、M21～M23 为一组、M31～M33 为一组。调整时，通常情况下每组内的第一项参数与第三项参数应包含一个正值和一个负值，且两数之和为零，至于第二项参数则用于控制画面的整体亮度。这样一来，便可在实现立体效果的同时保证画面亮度不会出现太大变化。

图 7-12　卷积内核特效应用效果

7.2.2　基本信号控制

基本信号控制特效的作用是调整素材的亮度、对比度，以及色相、饱和度等基本的影像属性，从而实现优化素材质量的目的。

为素材添加【基本信号控制】视频特效后，在【特效控制台】面板内展开【基本信号控制】选项，其各项参数如图 7-13 所示。

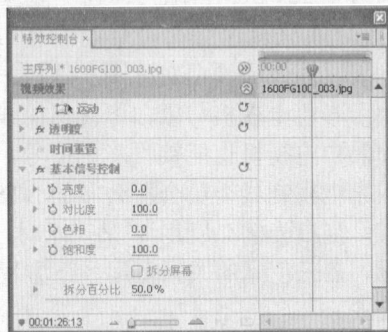

图 7-13　特效参数项

若要调整【基本信号控制】视频特效对影片剪辑的应用效果，可在【特效控制台】面板内的【基本信号控制】选项中，通过更改下列参数来实现。

❑ 亮度

调整素材画面的整体亮度，取值越小画面越暗，反之则越亮。在现实应用中，该选项的取值范围通常在–20～20 之间。

❑ 对比度

调节画面亮部与暗部间的反差，取值越小反差越小，表现为色彩变得暗淡，且黑白色都开始发灰；取值越大则反差越大，表现为黑色更黑，而白色更白，如图 7-14 所示。

图 7-14　不同对比度的效果对比

❑ **色相**

该选项的作用是调整画面的整体色调。利用该选项，除了可以校正画面整体偏色外，还可创造一些诡异的画面效果，如图 7-15 所示。

图 7-15　调整画面色调

❑ **饱和度**

用于调整画面色彩的鲜艳程度，取值越大色彩越鲜艳，反之则越暗淡，当取值为零时画面便会成为灰度图像，如图 7-16 所示。

图 7-16　调整画面色彩的饱和度

7.2.3　提取

【提取】特效的功能是去除素材画面内的彩色信息，从而将彩色的素材画面处理为灰度画面，如图 7-17 所示。

图 7-17　提取特效应用前后效果对比

在【特效控制台】面板中，用户不仅可以通过【提取】选项下的参数来控制画面效果，还可在单击【提取】特效选项中的【设置】按钮后，在弹出的【提取设置】对话框内直观地调节画面效果，如图 7-18 所示。

在【特效控制台】面板中，【提取】选项内的各项参数与【提取设置】对话框内的参数相对应，其功能如下。

❑ **输入黑色阶**

该参数与【提取设置】对话框的【输入范围】内的第一个参数相对应，其作用是控制画面内黑色像素的数量，取值越小，黑色像素越少。

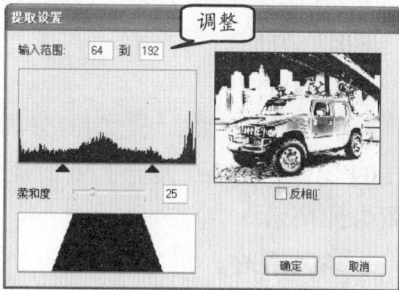

图 7-18　【提取设置】对话框

❑ **输入白色阶**

该参数与【提取设置】对话框的【输入范围】内的第二个参数相对应，其作用是控制画面内白色像素的数量，取值越小，白色像素越少。

❑ **柔和度**

控制画面内灰色像素的阶数与数量，取值越小，上述两项内容的数量也就越少，黑、白像素间的过渡就越为直接；反之，则灰色像素的阶数与数量越多，黑、白像素间的过渡就越为柔和、缓慢。

□ 反相

当启用该复选框后，Premiere 便会置换图像内的黑白像素，即黑像素变为白像素、白像素变为黑像素。

7.2.4 色阶

在 Premiere 数量众多的图像效果调整特效中，色阶是较为常用，且较为复杂的视频特效之一。色阶视频特效的原理是通过调整素材画面内的阴影、中间调和高光的强度级别，从而校正图像的色调范围和颜色平衡。

为素材添加色阶视频特效后，在【特效控制台】面板内的【色阶】选项中，单击【设置】按钮，即可弹出【色阶设置】对话框，如图 7-19 所示。

通过对话框中的直方图，可以分析当前图像颜色的色调分布，以便精确地调整画面颜色。其中，对话框中各选项的作用如下。

□ 输入阴影

控制图像暗调部分，取值范围为 0～255。增大参数值后，画面会由阴影向高光逐渐变暗，如图 7-20 所示。

□ 输入中间调

控制中间调在黑白场之间的分布，数值小于 1.00 图像则变暗；大于 1.00 时图像变亮，如图 7-21 所示。

□ 输入高光

控制画面内的高光部分，数值范围为 2～255。减小取值时，图像由高光向阴影逐渐变亮，如图 7-22 所示。

□ 输出阴影

控制画面内最暗部分的效果，其取值越大，画面内最暗部分与纯黑色的差别也就越大。综合看来，增大【输出阴影】选项的取值，会增加图像的灰度，如图 7-23 所示。

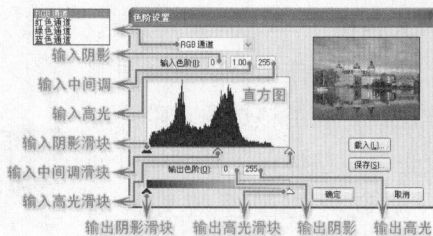

图 7-19　【色阶设置】对话框

图 7-20　输入阴影设置效果

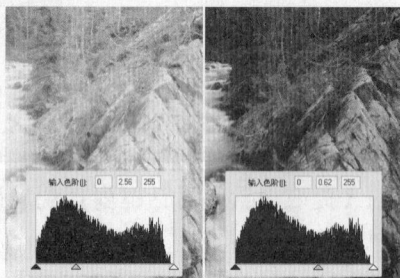

图 7-21　不同中间调设置效果

图 7-22　输入高光设置效果

使用色阶视频特效调整画面的输出阴影与输出亮度,其效果与调整画面对比度相类似。

❑ 输出高光

控制画面内最亮部分的效果,其默认值为255。在降低该参数的取值后,画面内的高光效果将变得暗淡,且参数值越低,效果越明显,如图7-24所示。

❑ 通道选项

该选项根据图像颜色模式而改变,可以对每个颜色通道设置不同的输入色阶与输出色阶值,如图7-25所示。

图 7-23 调整画面暗部

图 7-24 降低画面亮度

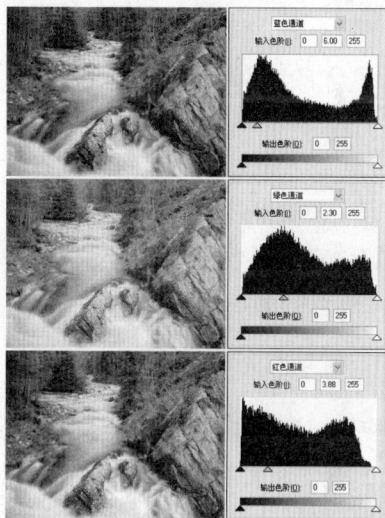

图 7-25 调整不同通道的色阶值

在【色阶设置】对话框中,直方图内的黑色条谱分别表示画面内每个亮度级别的像素数量,以展示像素在画面中的分布情况。在实际工作中,借助直方图可以让用户精确、细致地调整画面的对比度,如图7-26所示。

7.2.5 阴影/高光

图 7-26 调整素材画面的对比度

【阴影/高光】视频特效能够基于阴影或高光区域,使其局部相邻像素的亮度提高或降低,从而达到校正由强逆光而形成的剪影画面,如图7-27所示。

在【特效控制台】面板中,展开【阴影/高光】选项后,主要通过【阴影数量】和【高光数量】等选项来调整该视频特效的应用效果。

❑ **阴影数量**

控制画面暗部区域的亮度提高数量，取值越大，暗部区域变得越亮。例如，在适当提高【阴影数量】的值后，画面内的人物变得更为明显，如图 7-28 所示。

❑ **高光数量**

控制画面亮部区域的亮度降低数量，取值越大，高光区域的亮度越低。

❑ **与原始图像混合**

该选项的作用类似于为处理后的画面设置不透明度，从而将其与原画面叠加后生成最终效果。

图 7-27　阴影/高光视频特效应用前后效果对比

7.2.6　照明效果

利用该视频特效，用户可通过控制光源数量、光源类型及颜色，达到为画面内的场景添加真实光照效果的目的。例如，为画面添加聚光灯效果，如图 7-29 所示。

1. 默认灯光设置

应用照明效果视频特效后，Premiere 共提供了 5 盏光源供用户使用。按照默认设置，Premiere 将只开启一盏灯光，在【特效控制台】面板内单击【照明效果】选项后，即可在【节目】面板内通过锚点调整该灯光的位置与照明范围，如图 7-30 所示。

在【特效控制台】面板中，【照明效果】选项内各项参数的作用及含义如下。

❑ **环境照明色**

设置光源色彩，在单击该选项右侧色块后，即可在弹出的对话框中设置灯光颜色。或者，也可在单击色块右侧的【吸管】按钮后，从素材画面内选择灯光颜色。

❑ **环境照明强度**

该选项用于调整环境照明的亮度，其取值越小，光源强度越小；反之则越大。

图 7-28　提高画面暗部的亮度

图 7-29　聚光灯效果

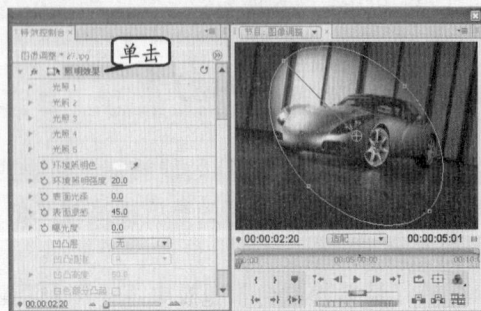

图 7-30　调整灯光位置与照明范围

由于光照效果叠加的原因，在不调整灯光强度的情况下，可调整光照范围内的光照效果也会随着环境照明强度的增加而不断增加。

❑ **表面光泽**

调整物体高光部分的亮度与光泽度。

❑ **表面质感**

通过调整光照范围内的中性色部分，从而达到控制光照效果细节表现力的目的。

❑ **曝光度**

控制画面的曝光强度。在灯光为白色的情况下，其作用类似于调整环境照明的强度，但【曝光度】选项对光照范围内的画面影响也较大。

2. 精确调节灯光效果

若要更为精确地控制灯光，可在【照明效果】选项内单击相应灯光前的【展开】按钮后，通过各个灯光控制选项进行调节，如图 7-31 所示。

在 Premiere 提供的光照控制选项中，除图内已经标出的控制参数外，其他参数的含义如下。

❑ **聚焦**

用于控制焦散范围的大小与焦点处的强度，取值越小，焦散范围越小，焦点处的亮度也越低；反之，焦散范围越大，焦点处的亮度也越高，如图 7-32 所示。

❑ **灯光类型**

Premiere 为用户提供了全光源、点光源和平行光 3 种不同类型的光源。其中，平行光的特点是仅照射指定的范围，例如之前所看到的聚光灯效果。

点光源的特点是以光源为中心，向周围均匀地散播光线，强度则随着距离的增加而不断衰减，如图 7-33 所示。

至于全光源，其特点是光源能够均匀地照射至素材画面的每个角落。在应用全光源

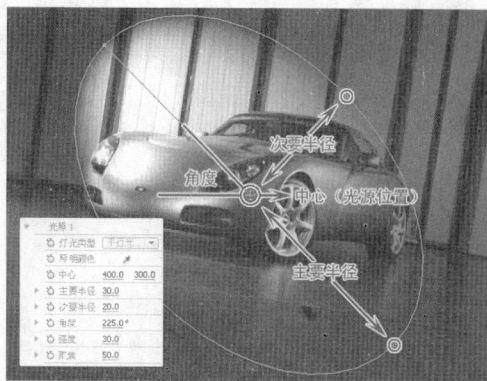

图 7-31 光照控制选项

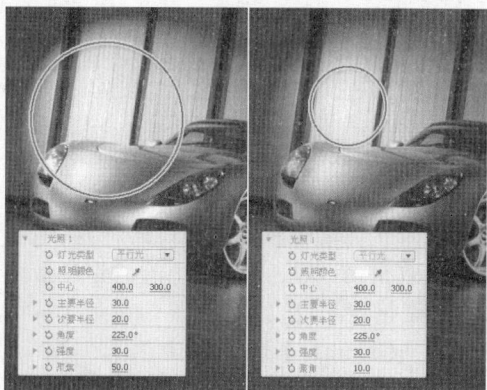

图 7-32 不同聚焦参数的效果对比

图 7-33 点光源效果

类型的灯光时，除了可以通过【强度】选项来调整光源亮度外，还可利用【投影半径】选项，通过更改光源与素材平面之间的距离，达到控制照射强度的目的，如图 7-34 所示。

7.3 图像控制类特效

图像控制类视频特效的主要功能是更改或替换素材画面内的某些颜色，从而达到突出画面内容的目的。本节将对各种图像控制类特效的调整参数及应用方法进行简单介绍。

7.3.1 灰度系数校正

【灰度系数校正】特效的作用是通过调整画面的灰度级别，从而达到改善图像显示效果和优化图像质量的目的。与其他视频特效相比，灰度系数校正的调整参数较少，调整方法也较为简单。当降低【灰度系数（Gamma）】选项的取值时，将提高图像内灰度像素的亮度；当提高【灰度系数（Gamma）】选项的取值时，则将降低图像内灰度像素的亮度。

例如，在图 7-35 所示的场景中，降低【灰度系数（Gamma）】选项的取值后，处理后的场景有种提高环境光源亮度，仿佛烈日炎炎的效果；当【灰度系数（Gamma）】选项的取值升高时，则有一种环境内的湿度加大，从而使得色彩更加鲜艳的效果。

7.3.2 色彩传递

【色彩传递】视频特效的功能是将用户指定颜色及其相近色之外的彩色区域全部变为灰度图像。在实际应用中，通常用于过滤画面内除主人公以外的其他人物及景物色彩，从而达到突出主要人物的目的，如图 7-36 所示。

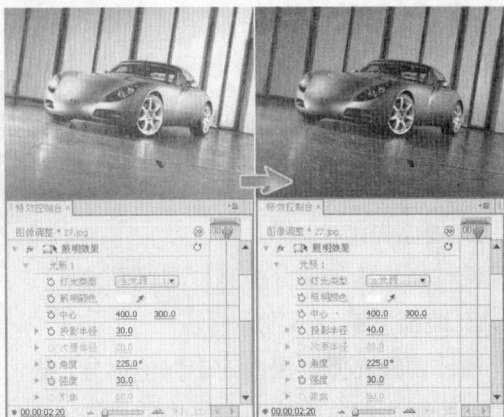

图 7-34　利用投影半径调整全光源照射强度

图 7-35　灰度系数校正特效使用前后效果对比

图 7-36　色彩传递特效应用前后效果对比

默认情况下在为素材应用色彩传递视频特效后，整个素材画面都会变为灰色。此时，在【特效控制台】面板内的【色彩传递】选项中，单击【颜色】吸管按钮，然后，在监视器窗口内单击所要保留的颜色，即可去除其他部分的色彩信息，如图7-37所示。

图 7-37　选择所要传递的色彩

由于【相似性】选项参数较低的缘故，单独调节【颜色】选项还无法满足过滤画面色彩的需求。此时，只需适当提高【相似性】选项的取值，即可逐渐改变保留色彩区域的范围，如图7-38所示。

在【特效控制台】面板中，除了能够直接通过更改选项参数的方法来调整特效的应用效果外，还可在【色彩传递】选项组内单击【设置】按钮，打开【色彩传递设置】对话框。在该对话框中，用户可分别在【素材示例】和【输出示例】监视器窗口内直接查看素材剪辑与特效应用后的画面效果，如图7-39所示。

在【色彩传递设置】对话框中，启用【反向】复选框后，即可将所选色彩更改为灰色，如图 7-40 所示。至于【色彩传递设置】对话框内的其他参数，与【色彩传递】选项内的参数含义相同，在此不再进行介绍。

图 7-38　应用不同【相似性】参数时的效果

图 7-39　【色彩传递设置】对话框

图 7-40　去除所选颜色区域的色彩信息

7.3.3 色彩匹配

为素材应用色彩匹配视频特效后，用户便可采用 HSL、RGB 或曲线方式来调整素材画面的色彩，下面将对其操作方法进行简单介绍。

1. 使用 HSL 方式调整画面色彩

HSL 是一种通过色调（H）、饱和度（S）、亮度（L）3 个颜色通道的变化及其相互之间的叠加来标识不同色彩的颜色标准。利用该标准，几乎可以生成人类视力所能感知的所有颜色，是目前运用较为广泛的颜色系统之一。

在【色彩匹配】选项内将【方法】设置为 HSL 后，【色彩匹配】选项内的各项参数如图 7-41 所示。

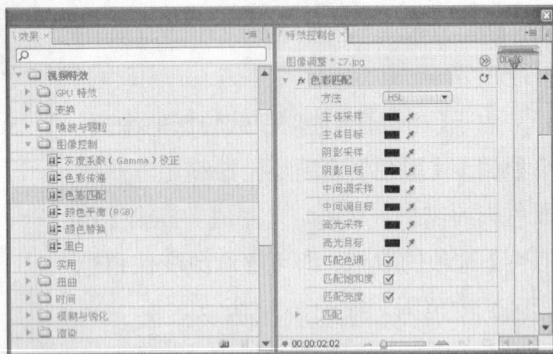

图 7-41　HSL 色彩匹配参数

注　意

根据【方法】下拉列表框内选项的不同，【色彩匹配】选项内的各项参数也有所不同。

其中，"采样"选项用于确定待匹配的色彩，"目标"选项用于确定匹配后的色彩，至于【匹配色调】、【匹配饱和度】和【匹配亮度】复选框，则用于确定匹配色彩时的色彩通道。例如在启用【匹配色调】、【匹配饱和度】和【匹配亮度】复选框的情况下，设置【主体采样】和【主体目标】选项，效果如图 7-42 所示。

使用同样方法，还可通过分别调整画面内的阴影、中间调和高光区域，达到调节画面细节部分的目的。

图 7-42　HSL 应用效果

2. 使用 RGB 方式调整画面色彩

将色彩匹配的方法调整为 RGB 模式后，用户便可通过匹配红色、绿色和蓝色通道及其组合的方式来调整素材画面的色彩。例如，在依次调整素材的阴影、中间调和高光部分后，画面的对比度有所增加，色彩饱和度也发生了变化，从而使画面整体产生一种极具狂野气息的金属质感，如图 7-43 所示。

图 7-43　使用 RGB 方式匹配画面色彩

3. 使用曲线调整画面色彩

使用曲线调整画面色彩的方法也很简单，所不同的是曲线无法以"阴影"、"中间调"和"高光"等方式进行分类调整。取而代之的是首先指定采样点，然后利用目标颜色对采样点及其周围的像素进行调整。例如，在使用一个采样点对素材进行稍微调整后，便为其增加了一种老胶片的色彩效果，如图7-44所示。

接下来，使用第二个采样点对素材进行调整。此时，素材画面所呈现出的是一种具有厚重金属感的漫画效果，如图7-45所示。

图 7-44　使用曲线方式调整素材画面

7.3.4　色彩平衡

【颜色平衡】视频特效能够通过调整素材内的 R、G、B 颜色通道，达到更改色相、调整画面色彩和校正颜色的目的。

在【特效控制台】面板的【颜色平衡（RGB）】选项组中，【红色】、【绿色】和【蓝色】选项后的数值分别代表红色成分、绿色成分和蓝色成分在整个画面内的色彩比重与亮度。简单的说，当 3 个选项的参数值相同时，表示红、绿、蓝 3 种成分色彩的比重无变化，则素材画面色调在应用特效前后无差别，但画面整体亮度却会随数值的增大或减小而提高或降低，如图7-46所示。

当画面内的某一色彩成分多于其他色彩成分时，画面的整体色调便会偏向于该色彩成分；当降低某一色彩成分时，画面的整体色调便会偏向于其他两种色彩成分的组合。例如，在逐渐增加【蓝色】选项参数值的过程中，素材画面内的黄色成分越来越少，从而达到去除舞台黄色晕光、调整画面白平衡的目的，如图7-47所示。

图 7-45　夸张的漫画色彩效果

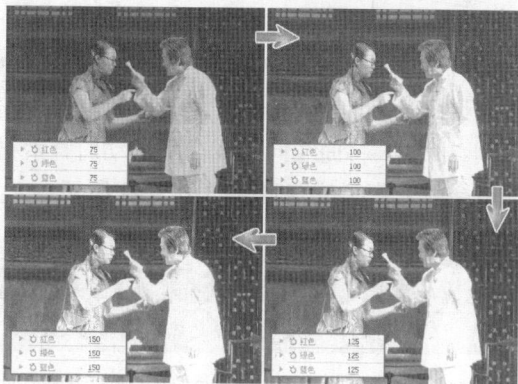

图 7-46　数值相同时调整画面亮度

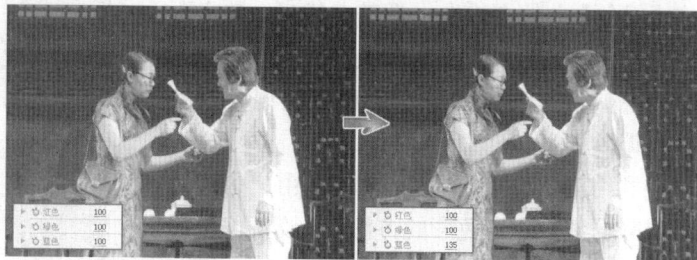

图 7-47　调整舞台灯光的颜色

7.4 色彩校正类特效

顾名思义，色彩校正类特效的主要作用是调节素材画面的色彩，从而修正受损的素材。其他类型的视频特效虽然也能够在一定程度上完成上述工作，但色彩校正类特效在色彩调整方面的控制选项更为详尽，因此对画面色彩的校正效果也更为专业，可控性也更强。

7.4.1 RGB 曲线

RGB 曲线特效和色阶特效的功能相同，均能够调整素材画面的明暗关系和色彩变化。所不同的是，色阶特效只能够调整画面内的阴影、高光和中间调 3 个区域，而 RGB 曲线视频特效则能够平滑调整素材画面内的 256 级灰度，从而获得更为细腻的画面调整效果。在【特效控制台】面板中，RGB 曲线视频特效的参数控制选项如图 7-48 所示。

默认情况下，素材的色调范围被显示为一条直的对角基线（色调曲线图）。通过更改色调曲线的形状，便可实现对图像色调和颜色的调整与控制。例如，将曲线向上或向下移动时，素材画面便会随之变亮或变暗，如图 7-49 所示。

> **提 示**
>
> 根据使用需求，用户可在色调曲线图上添加多个控制锚点，从而将色调曲线调整为更为复杂的形态。

除了可以在 RGB 色调曲线图内进行调整外，用户还可有针对性地调整某一通道。例如，在【绿色】曲线图内向上调整曲线后，整个画面的色调将偏向于绿色；但如果向下调整曲线，整个画面则会呈现出一种红色和蓝色混合后的洋红色调，如图 7-50 所示。

利用 RGB 曲线的这一功能，用户可通过增强或减弱某种通道色彩的方法，来校正偏色的素材画面。下面以图 7-51 所示素材为例，简单介绍利用 RGB 曲线调整素材偏色问题的方法。

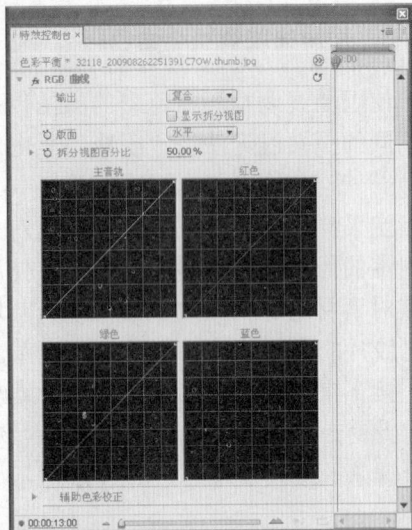

图 7-48 RGB 曲线特效控制项

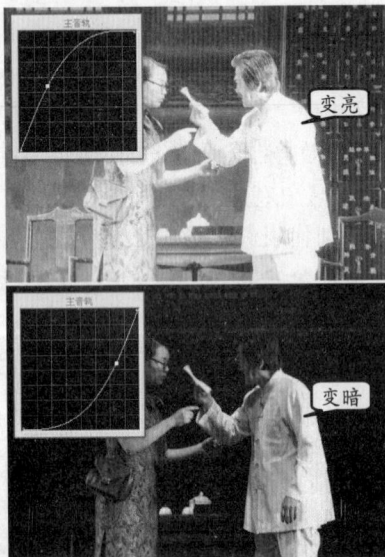

图 7-49 调整画面亮度

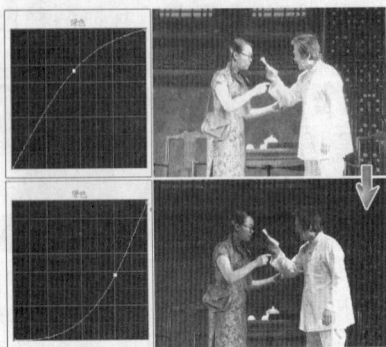

图 7-50 绿色通道调整效果

在分析素材后，可以发现其整体色调偏青。因此，在调整时需要适当降低绿色和蓝色通道的像素亮度，以便减弱画面内的青色调，效果如图7-52所示。

此时，画面的整体色调仍旧有些偏青，但由于继续调整绿、蓝通道会导致画面色彩失衡。所以，应改变调整方向，通过增加红色的方法来中和画面内的青色调，效果如图7-53所示。

在经过上述调整后，素材画面的偏色问题便得到了很好的校正。

7.4.2　RGB 色彩校正

利用 RGB 色彩校正特效，用户既可通过色调调整图像，也可通过通道调整图像。而且，RGB色彩校正特效还将调整这些内容的参数选项拆分为【灰度系数】、【基值】和【增益】三项，从而使用户能够更为精确、细致地调整画面色彩、亮度等内容。

例如，在图7-54所示素材中，由于环境光线的原因，画面内的很多区域都出现曝光过度的问题，并直接导致这些部分的细节内容出现丢失。

为素材添加 RGB 色彩校正视频特效后，在【特效控制台】面板中，首先展开【RGB 色彩校正】选项组内的【色调范围定义】选项。在色调范围调整滑杆内更改相应设置后，将【色调范围】修改为【高光】选项，如图7-55所示。

图 7-51　产生偏色问题的素材画面

图 7-52　降低青色调

图 7-53　提高红色像素的亮度

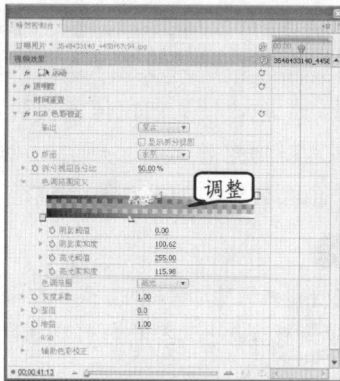
图 7-54　高光部分曝光过度的素材

图 7-55　降低高光效果

接下来，降低【灰度系数】选项的取值，从而使画面显现出更多的图像细节。完成后，展开 RGB 选项组，并适当调整【红色基值】和【绿色基值】选项，以消除调整【灰度系数】选项后产生的黄色调，从而完成素材画面的色彩校正工作，如图 7-56 所示。

注　意

曝光问题不同于其他素材质量问题，由于过度曝光会导致画面细节内容的丢失。因此，当素材画面过度曝光达到一定程度后，素材将无法修复。

图 7-56　降低色彩基值

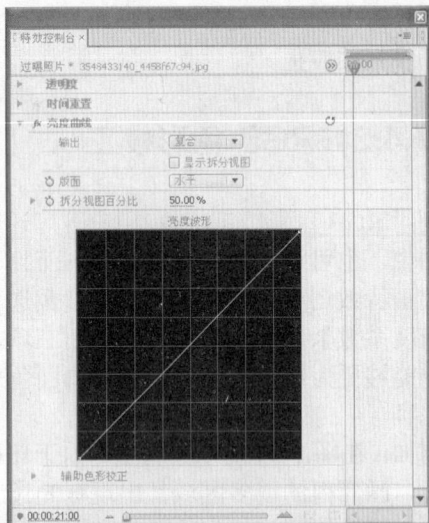

7.4.3　亮度曲线

与 RGB 曲线相同的，【亮度曲线】视频特效为用户提供的控制方式也是曲线调整图。不过，这里的调整对象只是亮度曲线，且只能对整个画面的亮度进行统一控制，而无法单独调整每个通道的亮度，其参数面板如图 7-57 所示。

在亮度曲线调整区域中，向上调整曲线可提高画面亮度，向下调整曲线可降低画面亮度。不过，当用户在曲线调整区域内添加多个控制锚点时，则特效的应用结果便不是提高或降低画面亮度那么简单了。例如，将一段视频素材添加至时间线上后，未调整前的素材画面如图 7-58 所示。

在为其应用亮度曲线视频特效后，在亮度曲线上添加两个控制锚点。接下来，将左侧锚点轻微下拉，使其黑色像素更黑；右侧锚点略微向上拉，使其白色像素更亮，从而通过提高素材画面对比度，产生一种雕刻般的高反差画面效果，如图 7-59 所示。

提　示

如果将亮度曲线调整为相反的样式，则会因降低素材画面的色彩反差，使颜色间的过渡效果变得柔和。

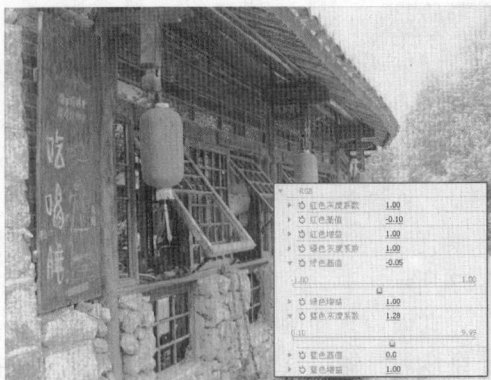

图 7-57　亮度曲线参数面板

图 7-58　原始素材画面

7.4.4　更改颜色

Premiere 为用户提供了多种将素材内的部分色彩更改为其他色彩的方法。在这些方法中，更改颜色视频特效是应用方法最为简单，且效果最佳的一种。下面将对该视频特效的各个选项及其用法进行简单的介绍。

首先在时间线上添加所要修改的素材，如图 7-60 所示。在这里，目标是将素材画面内的绿色汽车调整为红色。

为素材添加更改颜色视频特效后，在【特效控制台】面板内展开【更改颜色】选项，并在【视

图 7-59　提高画面对比度

图】选项内确定所要调整的素材对象。通常情况下，选择【校正的图层】即可，如图 7-61 所示。

图 7-60　待修改素材

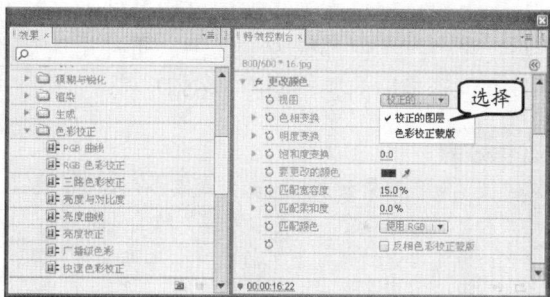

图 7-61　选择视频特效的调整范围

然后，便需要确定素材画面内所要修改的颜色。此时，即可单击【要更改的颜色】色块，并在弹出的【颜色拾取】对话框内进行选择，也可在单击【要更改的颜色】色块右侧吸管按钮后，直接在素材图内进行选择，如图 7-62 所示。无论用户采用哪种操作方法，Premiere 都会将所有与选定颜色相近的色彩视为待修改色彩，并在随后的操作中将其替换为新的颜色。

图 7-62　确定待修改颜色

提示

在第一次确定待修改颜色时，只需选择大致接近的颜色即可。因为，必须在了解色彩的替换效果后，才能精确地调整更改颜色视频特效的应用效果。

到这里后，便可以调整【色相变换】选项，通过更改色相的方式来更改汽车的颜色。

此外，还可通过调整【明度变换】和【饱和度变换】选项，来细致调整汽车的色彩，如图7-63所示。

最后，便可通过调整【匹配宽容度】和【匹配柔和度】选项来确定待修改色彩的范围，其取值越大，所修改色彩的范围也越大；反之，则范围则越小。

在确定颜色更改范围的过程中，各选项的取值原则是更改后的颜色不应溢出预定区域。例如，当出现图7-64所示情况时，便应减小上述选项的取值，以减小色彩修改范围。

对于某些素材来说，无论怎样调整色彩修改范围，都无法达到预期的效果。此时，可通过更改【匹配颜色】选项的方法来尝试其他匹配方式。例如，在将【匹配颜色】下拉选项设置为【使用色相】列表项后，整个汽车便都成为了红色，而且几乎没有色彩溢出问题，如图7-65所示。

> **提 示**
>
> 对于大多数视频素材来说，在更改画面内的某些颜色时，色彩溢出问题是不可避免的。因此，要做的便是在达到预期效果的同时，尽可能地减小色彩溢出的范围与效果。

7.4.5 脱色

脱色视频特效的功能是去除素材画面内的色彩信息。与提取视频特效所不同的是，脱色特效并不会消除画面内的所有彩色信息，而能够有选择地保留画面内的部分色彩。

下面将利用脱色特效去除素材画面内红色之外的其他色彩，原始素材如图7-66所示。

事实上，脱色视频特效的参数调整方法与更改颜色视频特效基本相同。操作时，将【要保留的颜色】设置为主人公外衣的红色后，将【脱色量】设置为100%，

图7-63　首次更改汽车颜色

图7-64　色彩修改范围溢出预期范围

图7-65　最终效果

图7-66　原始素材

便可完全去除【要保留的颜色】所设颜色之外的色彩信息，如图7-67所示。

多数情况下，100%的脱色量会让视频画面出现不自然的色彩效果。此时，只需适当提高【宽容度】与【边缘柔和度】选项的参数值，即可解决这一问题，如图7-68所示。

提 示

【宽容度】和【边缘柔和度】选项都会减小脱色效果的应用范围，即增大保留色彩的范围。因此，通常情况下这两个选项都不应设置过大的参数值。

图 7-67　去除红色之外的色彩信息

图 7-68　最终效果

7.5　创建纯色素材

在编辑影片的过程中，根据影片编排的需求，往往还要用到各种各样的纯色素材。本节将介绍一些与纯色素材相关的内容。

7.5.1　创建黑场

所谓"黑场"，是指画面由纯黑色像素所组成的单色素材。在实际应用中，黑场通常用于影片的开头或结尾，起到引导观众进入或退出影片的作用。

在 Premiere 主界面中，执行【文件】|【新建】|【黑场】命令后，直接单击弹出对话框内的【确定】按钮，即可创建一个黑场素材，如图7-69所示。

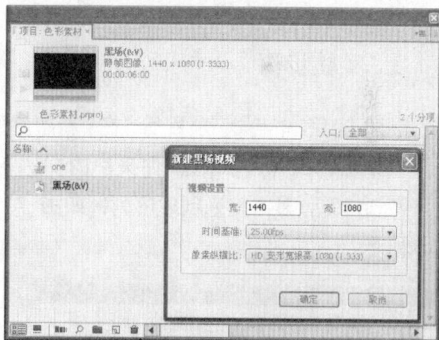

图 7-69　新建黑场素材

7.5.2　创建彩色蒙版

从画面内容上来看，颜色遮罩素材与黑场素材的效果极为类似，都是仅包含一种颜色的纯色素材。所不同的是，用户无法控制黑场素材的颜色，而用户却可以根据影片需求任意调整颜色遮罩素材的色彩。

进入 Premiere 主界面后，执行【文件】|【新建】|【颜色遮罩】命令，在弹出对话框内设置视频画面的各项参数后，单击【确定】按钮，即可在弹出的【颜色拾取】对话框内选择颜色遮罩素材的颜色，如图7-70所示。

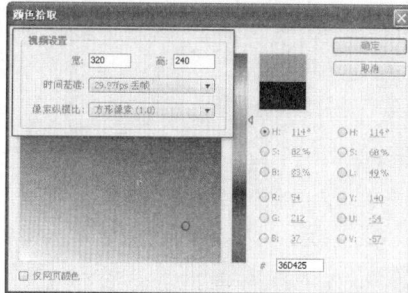

图 7-70　设置颜色遮罩素材的颜色

在【颜色拾取】对话框中，用户不仅可以在对话框左侧的拾色区域内选择颜色遮罩素材的颜色，还可直接在对话框右侧的参数设置区域内精确调整颜色遮罩素材的色彩。

完成上述操作后，在弹出的对话框内输入颜色遮罩素材的名称，并单击【确定】按钮，即可在【项目】面板内添加相应名称的颜色遮罩素材，如图7-71 所示。

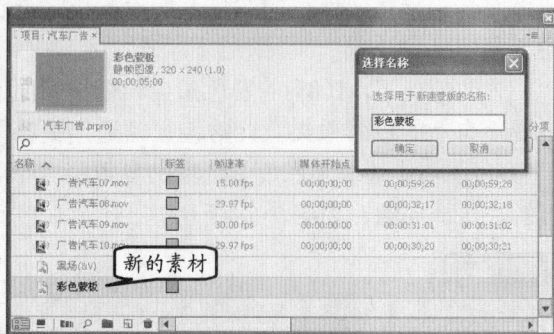

图 7-71　添加颜色遮罩素材

7.6 实验指导：制作旧胶片电影放映效果

在很多历史纪录片类型的影视节目中，往往会出现很多画面粗糙且色调发黄的旧胶片电影效果。在运用合理的情况下，这些珍贵镜头能够带来更为厚重的历史感，从而使影片更容易打动人心。

1. 实验目的

❑ 应用特效
❑ 自定义特效参数
❑ 更改画面色调

2. 实验步骤

1. 创建"旧胶片电影"项目后，在【新建序列】对话框内选择 720p 文件夹中的 AVCHD 720p30 预置方案来创建序列，如图 7-72 所示。

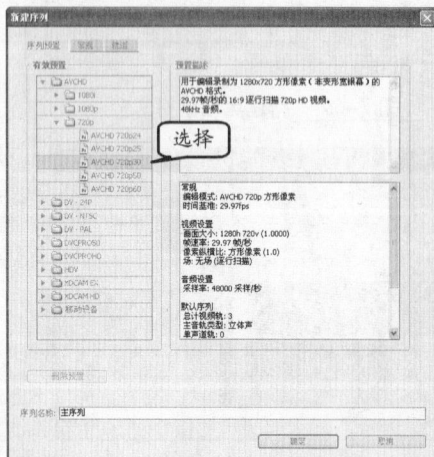

图 7-72　创建序列

2. 将素材导入项目后，在【源】面板内预览整个视频素材，并将其添加至"视频 1"轨道内，如图 7-73 所示。

图 7-73　添加视频素材

3. 在【效果】面板中，选择【色彩校正】文件夹中的【RGB 色彩校正】视频特效后，为"视频 1"轨道中的视频剪辑应用该特效，如图 7-74 所示。

图 7-74　添加视频特效

4 选择"视频 1"轨道中的视频剪辑后,在【特效控制台】面板内展开【RGB 色彩校正】选项组,并将【灰度系数】选项设置为 0.7,如图 7-75 所示。

图 7-75 调整特效参数

5 接下来展开 RGB 选项组,并将其中的【红色灰度系数】设置为 2.5,【绿色灰度系数】设置为 1.5,如图 7-76 所示。

6 全部设置完成后,即可在【节目】面板内预览修改后的视频剪辑,如图 7-77 所示。

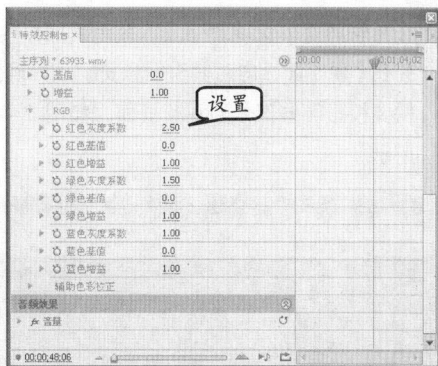

图 7-76 修改通道色彩的灰度系数

图 7-77 预览调整效果

7.7 实验指导:校正视频画面的色彩

　　当视频画面因拍摄或环境原因而出现偏色现象时,除了可以通过重新拍摄来得到满意的拍摄效果外,还可通过 Premiere 特效修复的方式来校正画面色彩。与重新拍摄相比,使用 Premiere 校正画面色彩的成本更低,且效果更易于控制。本例将通过解决一段视频中的画面偏色问题,来介绍使用 Premiere 校正视频色彩的方法。

1. 实验目的

❑ 设置影片出入点
❑ 应用特效
❑ 更改画面色调

2. 实验步骤

1 创建"校正画面色调"项目后,在【新建序列】对话框内选择 720p 文件夹中的 AVCHD 720p30 预置方案来创建序列,如图 7-78 所示。

图 7-78 创建序列

2 将需要调整的视频素材导入至当前项目内，并在【源】面板内对其进行预览，从而确定需要校正哪些部分的视频画面，如图 7-79 所示。

图 7-79　预览视频画面

3 将视频素材添加到"视频 1"轨道中，并为其添加【色彩校正】文件夹中的【亮度曲线】视频特效，如图 7-80 所示。

图 7-80　添加视频素材

4 在【特效控制台】面板中，展开【亮度曲线】选项组后，调整【亮度波形】图示中的曲线，从而适当提高视频画面的亮度，如图 7-81 所示。

5 将"视频 1"轨道中的影片剪辑复制到"视频 2"轨道中，如图 7-82 所示。

6 在【时间线】面板中，将"视频 2"轨道中的影片剪辑分别在 00:00:05:14、00:00:40:01 和 00:01:18:19 处进行分割，

如图 7-83 所示。

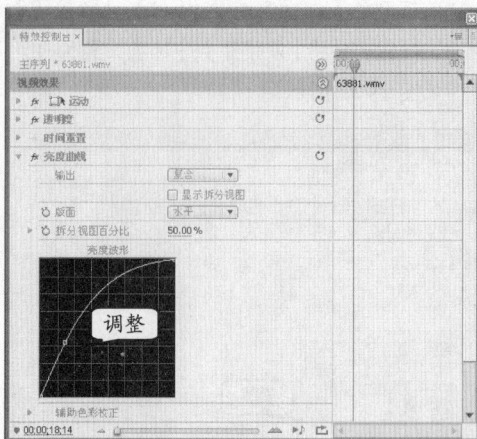

图 7-81　调整亮度曲线

图 7-82　复制影片剪辑

图 7-83　切割影片剪辑

7 在"视频 2"轨道内选择第二个影片剪辑后，为其应用【RGB 色彩校正】视频特效，如图 7-84 所示。

8 在【特效控制台】面板内展开【RGB 色彩校正】选项组后，在其中的 RGB 选项组中，

依次调整红、绿、蓝这 3 种色彩的灰度系数，如图 7-85 所示。

图 7-84　添加视频特效

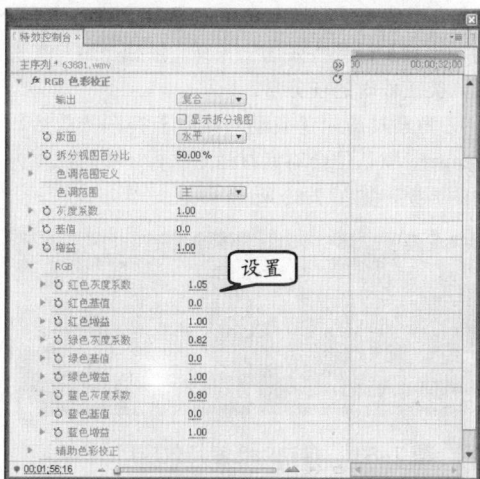

图 7-85　调整色彩的灰度系数

⑨　复制第二段影片剪辑中的【RGB 色彩校正】视频特效后，将其粘贴至第四段影片剪辑中，并调整其中的部分参数，如图 7-86 所示。

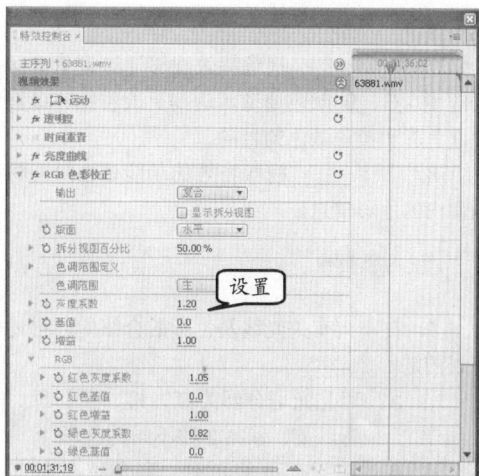

图 7-86　粘贴视频特效

⑩　上述操作全部完成后，在【节目】面板内可预览调整后的效果，如图 7-87 所示。

图 7-87　校正色彩后的效果

7.8　思考与练习

一、填空题

1．光是电磁波的一部分，可见光的波长大致为 400～700_____，因此该范围又被称为可视光线区域。

2．_____指色彩的相貌，是区别色彩种类的名称，根据不同光线的波长进行划分。

3．HLS 是色相、亮度和_____的缩写。

4．_____特效的作用是调整素材的亮度、对比度，以及色相、饱和度等基本的影像属性，从而达到优化素材质量的目的。

5．阴影/高光视频特效能够基于_____或高光区域，使其局部相邻像素的亮度提高或降低，从而达到校正由强逆光而形成的剪影画面。

6．_____视频特效的功能是将用户指定颜色及其相近色之外的彩色区域全部变为灰度图像。

7. _____视频特效能够通过调整素材内的 R、G、B 颜色通道，达到更改色相、调整画面色彩和校正颜色的目的。

8. _____视频特效的功能是去除素材画面内的色彩信息。

二、选择题

1. 在下列有关光线及色彩的介绍中，描述有误的是_____。

    A．可见光可分解为红、橙、黄、绿、青、蓝、紫共 7 种不同的色彩

    B．在所有可见光中，红色光的波长最长

    C．在所有可见光中，紫色光的波长最长

    D．物体的"固有色"只是常见光线下人们对该物体的习惯认识

2. _____色彩模式是工业界的一种颜色标准，其原理是通过对红（Red）、绿（Green）、蓝（Blue）这 3 种颜色通道的变化，以及它们相互之间的叠加来得到各式各样的颜色。

    A．RGB   B．CMYK

    C．HLS   D．HSB

3. 在应用提取视频特效后，若要更改画面内的黑色像素数量，则应当更改下面的哪个选项？

    A．输入黑色阶   B．输入白色阶

    C．柔和度   D．反相

4. Premiere 中的照明效果视频特效共为用户准备了 3 种灯光类型，不包括下列哪种类型的灯光？

    A．全光源   B．点光源

    C．平行光   D．天光

5. 在下列选项中，符合"其作用是通过调整画面的灰度级别，从而达到改善图像显示效果，优化图像质量的目的"描述信息的是_____。

    A．色彩匹配   B．灰度系数校正

    C．RGB 曲线   D．脱色

6.【亮度曲线】视频特效为用户提供的控制方式是_____。

    A．曲线调整图   B．色阶调整图

    C．坐标调整图   D．角度调整图

三、简答题

1. 简单介绍 Premiere 中的几种颜色模式。

2. 基本信号控制视频特效的作用是什么？

3. 色彩传递视频特效的使用方法是什么？

4. 提取视频特效与脱色视频特效间的差别是什么？

5. 什么是黑场？在 Premiere 中怎样创建黑场素材？

6. 怎样创建彩色蒙版素材？

四、上机练习

调整视频画面对比度是校正视频时经常要做的工作之一。为此，Premiere 为用户准备了【自动对比度】视频特效这一工具，以减少用户在进行此类工作时的任务量。

为素材应用【自动对比度】视频特效后，Premiere 默认便会对素材画面进行一番对比度方面的调整，如图 7-88 所示。

图 7-88 自动对比度特效应用前后效果对比

如果用户对 Premiere 自动进行的对比度调整效果不满意，还可在【特效控制台】面板内展开【自动对比度】选项组后，手动调整其间的各个选项，以获得精确的调整效果，如图 7-89 所示。

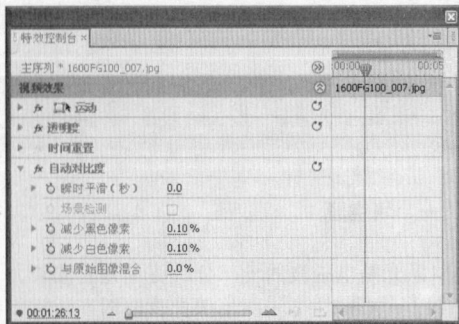

图 7-89 自动对比度视频特效选项面板

第 8 章

Premiere 视频合成技术

在如今的影视节目制作领域中，令人炫目的视觉效果主要通过两种方式来实现：一种是利用高科技手段直接在拍摄时完成；另一种则是在后期制作过程中，通过视频特效技术来完成。在前面的章节中，介绍了使用视频特效修复、校正或调整视频画面的技术，但这却不是视频特效的全部功能。

利用视频特效中的合成技术，可以使一个场景中的人物出现在另一场景内，从而得到那些无法通过拍摄来完成的视频画面。本章将介绍通过视频特效将几个视频画面合并在一起，从而创建出能够让人感到奇特、炫目和惊叹的画面效果。

本章学习要点：

➢ 视频合成概述

➢ 导入 PSD 图像

➢ 合成类特效使用方法

➢ 常用合成类视频特效介绍

合成视频是非线性视频编辑类视频特效中的一个重要功能之一，而所有合成特效都具有的共同点便是：能够让视频画面中的部分内容成为透明状态，从而显露出其下方的视频画面。本节将对一些简单的合成技术或方法进行讲解。

8.1.1 调整素材的透明度

在 Premiere 中，操作最为简单、使用最为方便的视频合成方式便是通过降低顶层视频轨道中的素材透明度，从而显现出底层视频轨道上的素材内容。操作时，只需选择顶层视频轨道中的素材后，在【特效控制台】面板中直接降低【透明度】选项的参数值，如图 8-1 所示。这样一来，所选视频素材的画面将会呈现一种半透明状态，从而隐约透出底层视频轨道中的内容，如图 8-2 所示。

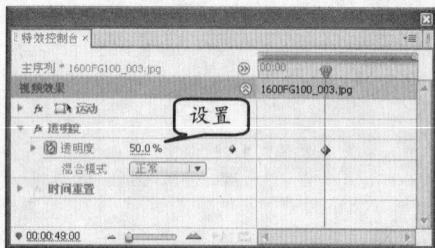

图 8-1 降低素材透明度参数

不过，上述操作多应用于两段视频素材的重叠部分。也就是说，通过添加"透明度"关键帧，影视编辑人员可以使用降低素材透明度的方式来实现转场过渡效果，如图 8-3 所示。

8.1.2 导入含 Alpha 通道的 PSD 图像

所谓 Alpha 通道，是指图像额外的灰度图层，其功能用于定义图形或者字幕的透明区域。利用 Alpha 通道，可以

图 8-2 通过降低素材透明度来"合成"视频

将某一视频轨中的图像素材、徽标或文字与另一视频轨道内的背景组合在一起。

若要使用 Alpha 通道实现图像合并，便要首先在图像编辑程序中创建具有 Alpha 通道的素材。下面将通过一个简单的实例，来介绍创建 Alpha 通道，以及导入含有 Alpha 通道图像素材的方法。

首先，在 Photoshop 内打开所要使用的图像素材，如图 8-4 所示。完成后，将图像主体抠取出来，并在【通道】面板内创建新通道后，使用白色填充主体区域，如图 8-5 所示。

接下来，将包含 Alpha 通道的图像素材添加至影视编辑项目内，并将其添加至"视频 2"视频轨道内。此时，可看出图像素材除主体外的其他内容都被隐藏了，而产生这一效果的原因便是之前在图像素材内创建的 Alpha 通道，如图 8-6 所示。

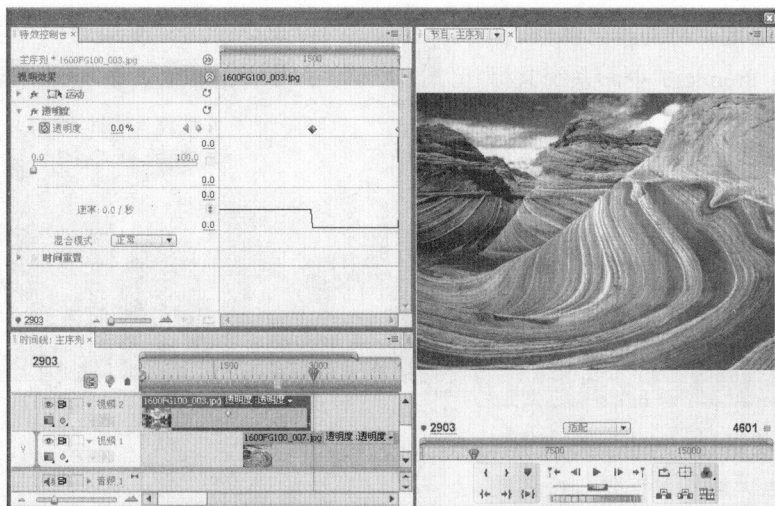

図 8-3　透明度特效动画

图 8-4　原始素材图像

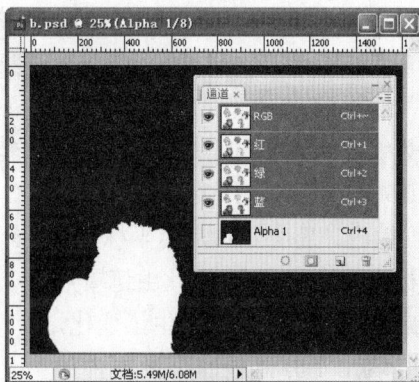

图 8-5　为图像创建 Alpha 通道

8.2　Premiere 抠像特效

在 Premiere Pro CS4 中，几乎所有的抠像特效都集中在【效果】面板【视频特效】文件夹中的【键控】子文件夹中。这些特效的作用都是在多个素材发生重叠时，隐藏顶层素材画面中的部分内容，从而在相应位置处显现出底层素材的画面，达到拼合素材的目的。

8.2.1　无用信号遮罩

无用信号遮罩类视频特效的功能是在素材画面内设定多个遮罩点，并利用这些遮罩点所连成的

图 8-6　利用 Alpha 通道隐藏图像
素材中的多余部分

封闭区域来确定素材的可见部分。在 CS4 版本的 Premiere 中，系统共提供了 4 点、8 点和 16 点 3 种不同的无信号遮罩特效，其遮罩点的分布情况如图 8-7 所示。

提示

16 点遮罩内的遮罩点包含 8 点遮罩内的所有遮罩点，8 点遮罩内的遮罩点包含 4 点遮罩内的所有遮罩点。

接下来将通过一个简单的应用，来演示 16 点无信号遮罩视频特效的应用方法。

首先，依次在"视频 1"和"视频 2"轨道上添加素材，并将两者的位置重叠在一起。两素材的内容及其在时间线上的位置如图 8-8 所示。

为绿色汽车素材添加 16 点无用信号遮罩视频特效后，在【特效控制台】面板内调整上左顶点的坐标。由于坐标位置发生改变，因此由遮罩点所确定的素材可见范围发生了变化，从而显现出下方蓝色汽车素材内的部分画面，如图 8-9 所示。

提示

用户既可在【特效控制台】面板内通过更改相应选项的参数值的方式移动遮罩点，也可在单击【特效控制台】面板内的【16 点无用信号遮罩】选项后，在监视器窗口内直接拖动遮罩锚点，从而调整其位置。

依次调整其他的遮罩点后，绿色汽车素材内除汽车之外的部分已经基本被隐藏起来，如图 8-10 所示。

不过，由于素材内待保留物体形状的原因，多数情况下此时的素材抠取效果还无法满足用户的需求。主体的很多细节部分往往还存在遗留或遮盖过多的情况，如图 8-11 所示。

图 8-7 遮罩点的分布情况

图 8-8 模拟视频特效应用环境

图 8-9 调整上左顶点的坐标位置

图 8-10 所有遮罩点调整之后的位置

图 8-11 无用信号遮罩特效的细节部分

为此，可通过添加第二或第三个无用信号遮罩视频特效的方法来修正这些细节部分的问题，最终效果如图 8-12 所示。

完成上述操作后，使用运动视频特效调整绿色汽车素材的位置与大小。这样一来，便利用两个不同场景内的汽车素材，创建出了两辆汽车同向行驶的场景来，如图 8-13 所示。

提 示

除遮罩点数量的不同外，4 点和 8 点无用信号遮罩的使用方法及其他方面与 16 点无用信号遮罩并没有什么区别，故在此不再进行介绍。

8.2.2 Alpha 调整

Alpha 调整的功能是控制图像素材中的 Alpha 通道，通过影响 Alpha 通道达到调整影片效果的目的，其参数面板如图 8-14 所示。

在 Alpha 调整特效的选项组中，各个选项的作用如下。

❏ **透明度**

该选项能够控制 Alpha 通道的透明程度，因此在更改其参数值后会直接

图 8-12 应用多个无用信号遮罩特效后的效果

图 8-13 最终效果

影响相应图像素材在屏幕画面上的表现效果。

❏ **忽略 Alpha**

启用该选项后，序列将会忽略图像素材 Alpha 通道所定义的透明区域，并使用黑色像素填充这些透明区域。

❏ **反相 Alpha**

顾名思义，该选项会反转 Alpha 通道所定义透明区域的范围。因此，图像素材内原本应当透明的区域会变得不再透明，而原本应当显示的部分则会变成透明的不可见状态。

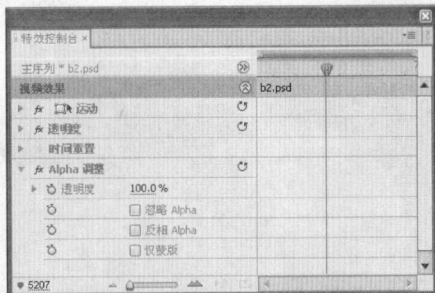

图 8-14　**Alpha 调整特效选项**

❏ **仅蒙版**

如果启用该选项，则图像素材在屏幕画面中的非透明区域将显示为通道画面（即黑、白、灰图像），但透明区域不会受此影响。

8.2.3　色度键

色度键是利用颜色来抠除素材内容的视频特效，因此多应用于素材内所要抠取的部分具有统一或相近色彩的情况。在为素材应用【色度键】视频特效后，该特效在【特效控制台】面板内的选项如图 8-15 所示。

在色度键特效的选项组中，各个选项的作用如下。

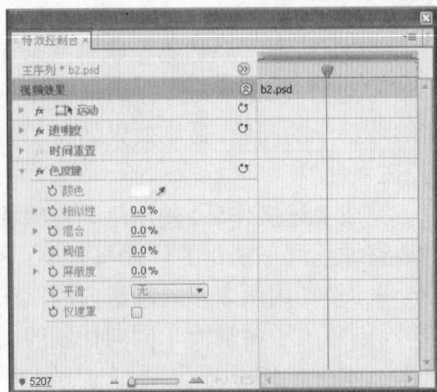

❏ **颜色**

用于确认所要抠除（隐藏）的颜色，默认为白色。在单击该选项内的【吸管】按钮后，可直接从屏幕画面中吸取颜色。如图 8-16 所示，即为应用色度键视频特效，并使用【颜色】吸管吸取屏幕颜色后的抠像效果。

图 8-15　色度键特效选项

❏ **相似性**

该选项用于扩展所要抠除的颜色范围，其参数值越大，Premiere 所抠取的色彩范围也就越大。

❏ **混合**

【混合】选项会使顶层视频轨道中的素材与其下方的影片剪辑融合在一起，其效果与调整顶层轨道素材的透明度类似。

图 8-16　色度键视频特效应用效果

❑ **阈值**

展开该选项后，向右拖动滑块可使素材中保留更多的阴影区域，向左拖动则会产生相反的效果。

❑ **屏蔽度**

增大该选项的参数值会使画面内的阴影区域变黑，而减小其参数值则会照亮阴影区域。不过需要指出的是，如果该选项的取值超出了【阈值】选项所设置的范围，则 Premiere 将会颠倒灰色与透明区域的范围。

❑ **平滑**

该选项能够混合像素的颜色，从而构成平滑的边缘，因此可用于消除抠像后产生的锯齿。

❑ **仅遮罩**

如果启用该复选框，则会造成屏幕画面内只显示素材剪辑的 Alpha 通道。

8.2.4　RGB 差异键

RGB 差异键视频特效是色度键视频特效的易用版本，其作用与色度键视频特效完全相同，只是操作方法更为简单，且功能稍弱一些而已。因此，当不需要准确进行抠像，或所要抠取的图像出现在明亮背景之前时使用这种特效。

与色度键视频特效相同的是，RGB 差异键也提供了【颜色】和【相似性】选项，但没有提供【混合】、【阈值】和【屏蔽度】选项，其参数面板如图 8-17 所示。

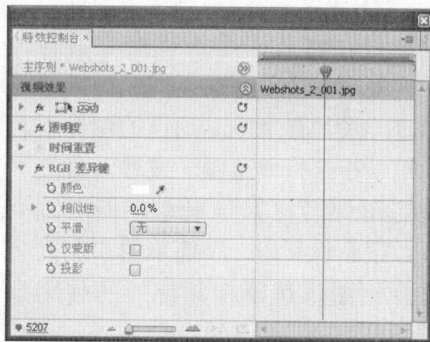

图 8-17　RGB 差异键特效选项

8.2.5　亮度键

亮度键视频特效用于去除素材画面内较暗的部分，而在【特效控制台】面板内通过更改【亮度键】选项组中的【阈值】和【屏蔽度】选项可调整特效应用于素材剪辑后的效果。

图 8-18 显示了一些使用亮度键视频特效后的视频画面，画面内的绿色植物便取自一张包含大片阴影的微距照片。在使用亮度键视频特效后，这些阴影部分被剔除，从而使得主体景物与背景画面完

图 8-18　亮度键视频特效应用效果

美融合在一起。

8.2.6 图像遮罩键

在 Premiere 中，遮罩是一种只包含黑、白、灰这 3 种不同色调的图像元素，其功能是能够根据自身灰阶的不同，有选择地隐藏目标素材画面中的部分内容。例如，在多个素材重叠的情况下，为上一层的素材添加遮罩后，便可将两者融合在一起，如图 8-19 所示。

图 8-19　使用图像遮罩拼合素材

【图像遮罩键】视频特效的使用方法是在将其应用于待抠取素材后，根据参数设置的不同，为特效指定一张带有 Alpha 通道的图像素材用于指定抠取范围。或者，直接利用图像素材本身来划定抠取范围。下面将利用一个简单的实例，来介绍图像遮罩视频特效的使用方法。

首先，依次在"视频 1"和"视频 2"轨道内添加素材，如图 8-20 所示。

图 8-20　添加素材

选择"视频 2"轨道上的矢量动画素材后，为其添加【图像遮罩键】视频特效，并单击【图像遮罩键】选项组中的【设置】按钮。在弹出的【选择遮罩图像】对话框中选择相应的遮罩图像，如 8-21 所示。

接下来，将【图像遮罩键】选项组中的【合成使用】选项设置为"Luma 遮罩"，如图 8-22 所示。

完成上述操作后，矢量动画素材内所有位于遮罩图像黑色区域中的画面都将被隐藏，只有位于白色区域内的雄狮仍旧是可见状态，并已经与背景中的画面"融"为一体，如图 8-23 所示。不过，如果启用【图

图 8-21　添加特效并设置图像遮罩

像遮罩键】选项组中的【反向】复选框，则会颠倒所应用遮罩图像中的黑、白像素，从而隐藏矢量动画素材中的雄狮，而显示该素材中的其他内容，如图 8-24 所示。

8.2.7 差异遮罩

差异遮罩视频特效的作用是对比两个相似的图像剪辑，并去除两个图像剪辑在屏幕画面上的相似部分，而只留下有差异的图像内容，如图 8-25 所示。因此，该视频特效在应用时对素材剪辑的内容要求较为严格，但在某些情况下，能够很轻易地将运动对象从静态背景中抠取出来。

提 示

> 为了便于用户查看差异遮罩特效的应用效果，此处使用了两个基本一致的图像素材进行效果演示，并且隐藏了其中一个图像素材所在的视频轨道。

在差异遮罩视频特效的选项组中，各个选项的作用如下。

❏ **视图**

确定最终输出到【节目】面板中的画面内容，共有【最终输出】、【仅限源】和【仅限遮罩】这 3 个选项。其中，【最终输出】选项用于输出两个素材进行差异匹配后的结果画面；【仅限源】选项用于输出应用该特效的素材画面；【仅限遮罩】选项则用于输出差异匹配后产生的遮罩画面。图 8-26 所示即为之前所演示实例内产生的遮罩。

❏ **差异图层**

用于确定与源素材进行差异匹配操作的素材位置，即确定差异匹配素材所在的轨道。

❏ **如果图层大小不同**

当源素材与差异匹配素材的尺寸不同时，可通过该选项来确定差异匹配操作将以何种方式展开。

❏ **匹配宽容度**

该选项的取值越大，相类似的匹配也就越宽松；其取值越小，相类似的匹配也就越严格。

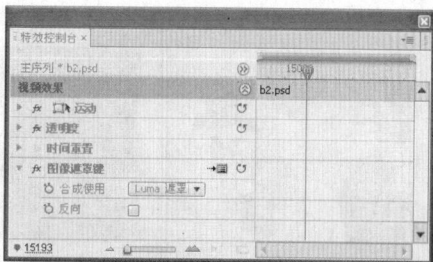

图 8-22 更改合成模式

图 8-23 合成效果

图 8-24 启用【反向】复选框后的效果

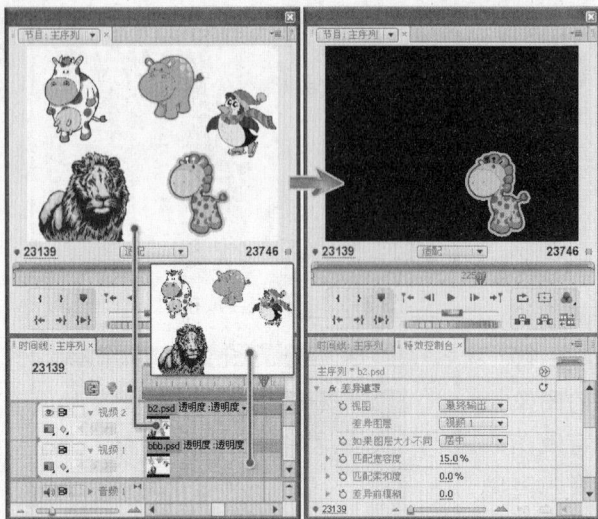

图 8-25　差异遮罩特效应用效果

图 8-26　输出差异匹配后产生的遮罩

❑ **匹配柔和度**

该选项会影响差异匹配结果的透明度，其取值越大，差异匹配结果的透明度也就越大；反之，则匹配结果的透明度也就越小。

❑ **差异前模糊**

根据该选项取值的不同，Premiere 会在差异匹配操作前对匹配素材进行一定程度的模糊处理。因此，【差异前模糊】选项的取值将直接影响差异匹配的精确程度。

8.2.8　蓝屏键

该视频特效的作用是去除画面内的蓝色部分，在广播电视制作领域内通常用于广播员与视频画面的拼合。此外，在利用一些视频格式的字幕时，也可起到去除字幕背景的作用，如图 8-27 所示。

在【特效控制台】面板中，蓝屏键视频特效的选项面板如图 8-28 所示，其各个选项的作用如下。

❑ **阈值**

如果向左拖动滑块，则能够去掉画面内更多的蓝色。

❑ **屏蔽度**

控制蓝屏键的应用效果，参数值越小，去背效果越明显。

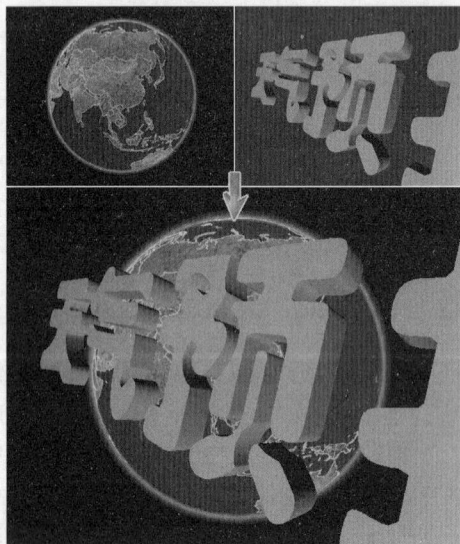

图 8-27　蓝屏键特效应用效果

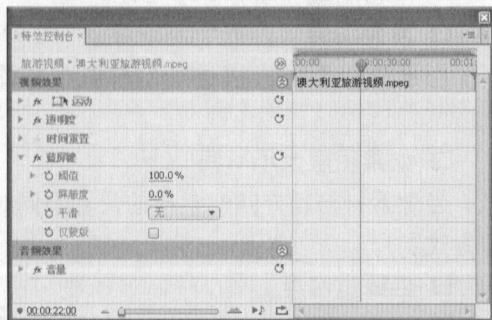

图 8-28　蓝屏键特效选项

❏ **平滑**

该选项用于调整蓝屏键特效在消除锯齿时的能力，其原理是混合像素颜色，从而构成平滑的边缘。在【平滑】选项所包含的 3 种设置中，【高】的平滑效果最好，【低】的平滑效果略差，而【无】则是不进行平滑操作。

❏ **仅蒙版**

用于确定是否将特效应用于视频素材的 Alpha 通道。

8.2.9 轨道遮罩键

从效果及实现原理来看，轨道遮罩键视频特效与图像遮罩键完全相同，都是将其他素材作为遮罩后隐藏或显示目标素材的部分内容。然而，从实现方式来看，前者是将图像添加至时间线上后作为遮罩素材使用，而图像遮罩键视频特效则是直接将遮罩素材附加在目标素材上。

本节将通过一个简单的实例，来演示轨道遮罩键视频特效的使用方法。

首先，分别将"风景"和"矢量动物"素材添加至"视频 1"和"视频 2"轨道内。此时，由于视频轨道叠放顺序的原因，【节目】面板内将只显示"矢量动物"的素材画面，如图 8-29 所示。接下来，在"视频 3"轨道内添加事先准备好的遮罩素材，如图 8-30 所示。

完成上述操作后，为"视频 2"轨道中的"矢量动物"素材添加"轨道遮罩键"视频特效，其参数选项如图 8-31 所示。

在【特效控制台】面板中，【轨道遮罩键】选项组内的各个选项的功能如下所示。

❏ **遮罩**

该选项用于设置遮罩素材的位置。在本例中，应当将其设置为"视频 3"选项。

❏ **合成方式**

用于确定遮罩素材将以怎样的方式来影响目标素材（在本例中为"视频 2"轨道内的"矢量动物"素材）。当【合成方式】选项为"Alpha 遮罩"时，Premiere 将利用遮罩素材内的 Alpha 通道来隐藏目标素材；而当【合成方式】选项为"Luma 遮罩"时，Premiere 则会使用遮罩

图 8-29 添加素材

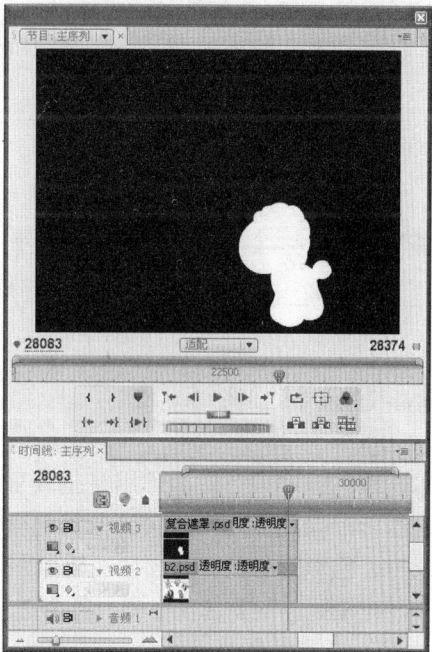

图 8-30 添加遮罩素材

素材本身的视频画面来控制目标素材内容的显示与隐藏。

❑ **反向**

用于反转遮罩内的黑、白像素，从而显示原本透明的区域，并隐藏原本能够显示的内容。

在对轨道遮罩键视频特效有了一定认识后，将【遮罩】选项设置为"视频 3"，【合成方式】选项设置为"Luma遮罩"，其应用效果如图 8-32 所示。

图 8-31 轨道遮罩键的特效控制选项

8.2.10 非红色键

非红色键视频特效的使用方法与蓝屏键特效相同，不同的是该视频特效能够同时去除视频画面内的蓝色和绿色背景，其应用效果如图 8-33 所示。

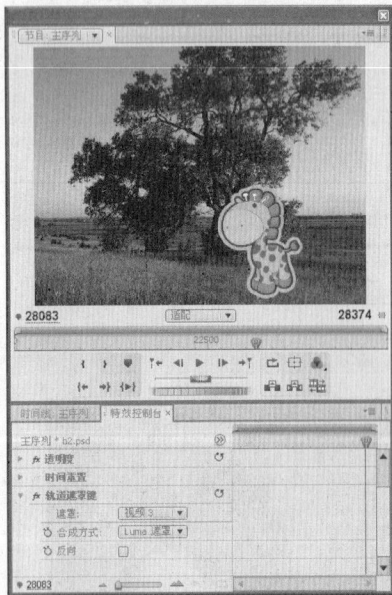

图 8-32 轨道遮罩键视频特效应用效果

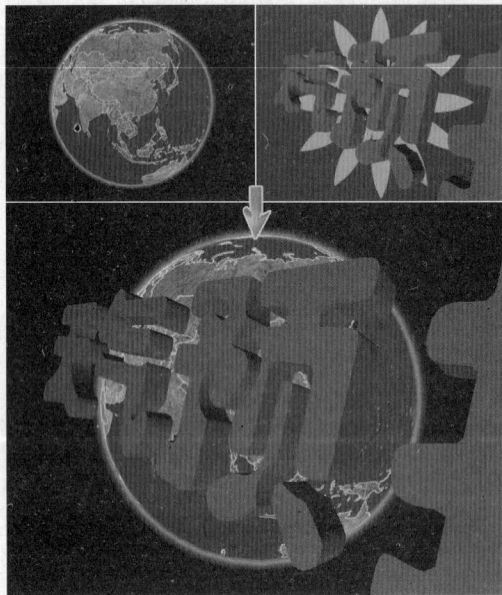

图 8-33 非红色键视频特效应用效果

8.2.11 颜色键

颜色键视频特效的作用是抠取屏幕画面内的指定色彩，因此多用于屏幕画面内包含大量色调相同或相近色彩的情况，其选项面板如图 8-34 所示。

在【颜色键】选项组中，各个选项的作用如下。

❑ **主要颜色**

用于指定目标素材内所要抠除的色彩，如图 8-35 所示。

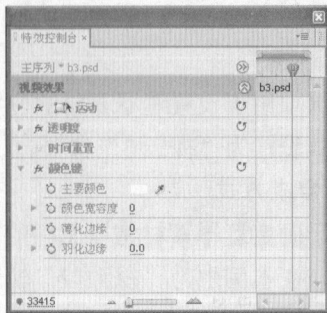

图 8-34 颜色键视频特效选项

❑ **颜色宽容度**

该选项用于扩展所抠除色彩的范围,根据其选项参数的不同,部分与【主要颜色】选项相似的色彩也将被抠除。

❑ **薄化边缘**

该选项能够在图像色彩抠取结果的基础上,扩大或减小【主要颜色】所设定颜色的抠取范围。例如,当该参数的取值为负值时,Premiere 将会减小根据【主要颜色】选

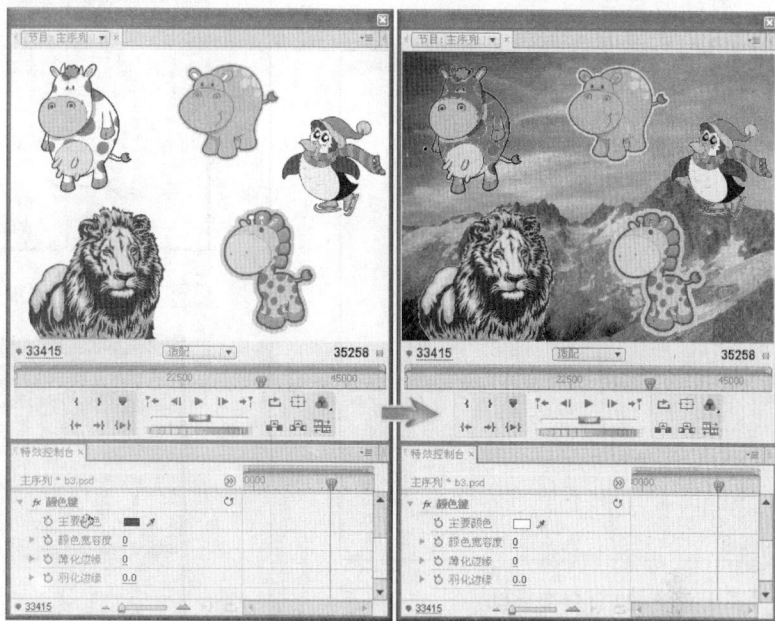

图 8-35　使用颜色键特效抠除素材画面中的白色部分

项所设定的图像抠取范围;反之,则会进一步增大图像抠取范围,如图 8-36 所示。

图 8-36　【薄化边缘】选项取不同参数时的特效应用结果

❑ **羽化边缘**

对抠取后的图像进行边缘羽化操作,其参数取值越大,羽化效果越明显。

8.3　实验指导:制作望远镜画面效果

在战争题材的影片中,往往会应用很多通过望远镜或其他类似设备进行观察,从而模拟第一人称视角的拍摄手法。事实上,这些效果大都通过后期制作时的特殊处理来完成,接下来本例所要做的便是模拟望远镜般的画面效果。

1. 实验目的

❑ 自定义序列
❑ 应用视频特效
❑ 制作运动特效

2. 实验步骤

1　创建名为"望远镜"的项目后,在弹出对话框的【常规】选项卡中,将编辑模式改为"桌面编辑模式",并调整其他选项的设置,如

图 8-37 所示。

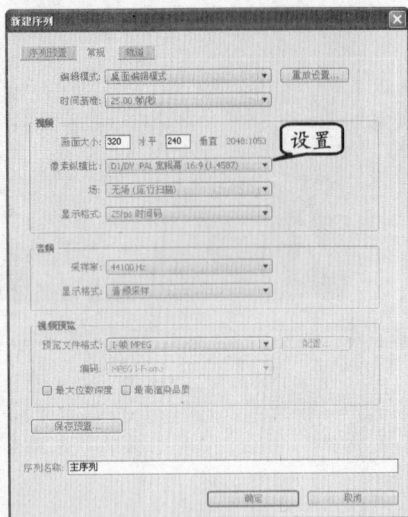

图 8-37 创建序列

2 进入 Premiere 主界面后，将素材"蓝精灵.wmv"和"望远镜遮罩.psd"导至项目内，并将这些素材分别添加至"视频1"和"视频2"轨道内，如图 8-38 所示。

图 8-38 导入并添加素材

3 将"望远镜遮罩.psd"素材在序列内的持续时间调整为与"蓝精灵.wmv"素材相同后，为"视频1"轨道中的"蓝精灵.wmv"素材添加【轨道遮罩键】视频特效，如图 8-39 所示。

4 选择视频轨道中的"蓝精灵.wmv"素材后，在【特效控制台】面板内调整【轨道遮罩键】视频特效的各项参数，如图 8-40 所示。

5 选择"视频2"轨道中的"望远镜遮罩.psd"素材后，在【特效控制台】面板的【运动】选项组中不断调整【位置】参数，并在每次调整参数后创建关键帧，如图 8-41 所示。

图 8-39 添加视频特效

图 8-40 调整特效参数

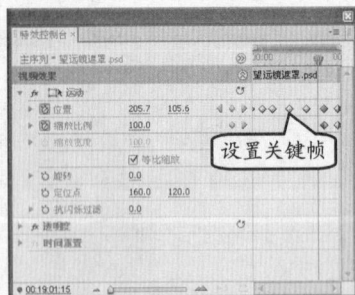

图 8-41 制作运动特效

6 "望远镜遮罩.psd"素材的运动特效制作完成后，即可在【节目】面板内预览添加望远镜画面效果的影片了，如图 8-42 所示。

图 8-42 预览影片效果

8.4 实验指导：替换影片背景

在当今的电影、电视制作中，利用视频合成技术将拥有蓝、绿背景的镜头与真正的背景画面拼合在一起，已经成为节约拍摄成本的重要方法之一。为此，下面将通过一个为绿色背景视频更换背景的实例，来介绍此类视频合成技术的操作方法。

1. 实验目的

❑ 学习视频合成方法
❑ 应用抠像特效
❑ 应用裁剪特效

2. 实验步骤

1️⃣ 创建 Premiere 编辑项目后，使用 DV-PAL 文件夹中的【标准 32kHz】预置方案创建序列，如图 8-43 所示。

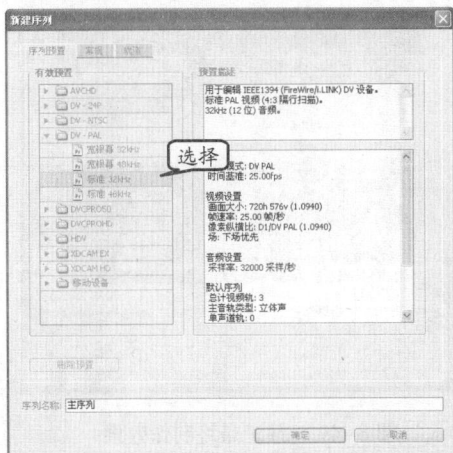

图 8-43 创建序列

2️⃣ 在 Premiere 主界面中，将"草原.jpg"和"纯绿色背景.f4v"素材添加至当前项目内，如图 8-44 所示。

3️⃣ 将"草原.jpg"添加至"视频 1"轨道后，在【特效控制台】面板内调整其大小和位置，如图 8-45 所示。

4️⃣ 在【源】面板中为"纯绿色背景.f4v"素材设置入点与出点后，将其添加至"视频 2"轨道，并调整"草原.jpg"素材的持续时间，

使两者拥有相同的持续时间，如图 8-46 所示。

图 8-44 添加素材

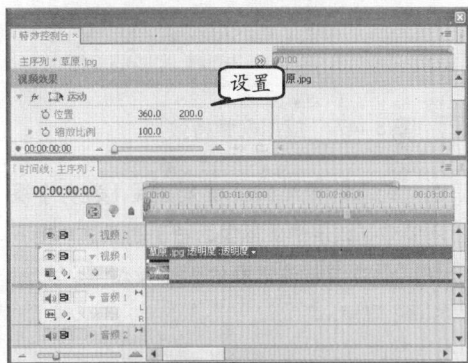

图 8-45 调整素材位置

图 8-46 添加素材

右击轨道内的素材后，执行【速度/持续时间】命令，即可在弹出的对话框内设置素材的持续时间。

5 选择序列中的"纯绿色背景.f4v"素材后，为其应用【非红色键】视频特效，并在【特效控制台】面板内将【非红色键】选项组中的【去边】选项调整为"绿色"，如图 8-47 所示。

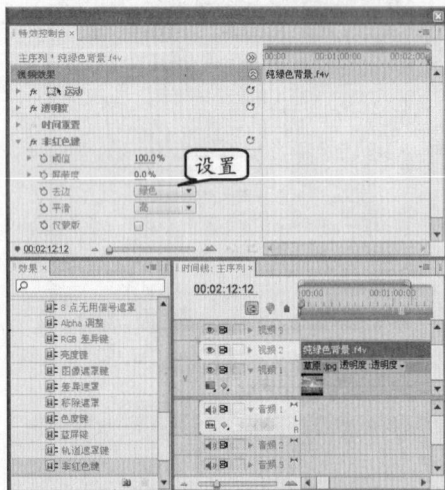

图 8-47 应用视频特效

6 为"纯绿色背景.f4v"素材应用【裁剪】视频特效，以便消除抠像后留下的黑边。接下来，适当调整该素材的大小及位置，如图 8-48 所示。

图 8-48 去除抠像后留下的黑边

7 上述操作全部完成后，即可在【节目】面板内预览影片的制作效果，如图 8-49 所示。

图 8-49 预览最终制作效果

8.5 思考与练习

一、填空题

1．Premiere 中最为简单的素材合成方式是降低素材_____，从而使当前素材的画面与其下方素材的图画融合在一起。

2．所谓 Alpha 通道，是指图像额外的_____，其功能用于定义图形或者字幕的透明区域。

3．_____类视频特效的功能是在素材画面内设定多个遮罩点，并利用这些遮罩点所连成的封闭区域来确定素材的可见部分。

4．_____是利用颜色来抠除素材内容的视频特效，因此多应用于素材内所要抠取的部分具有统一或相近色彩的情况。

5．_____视频特效的作用是去除素材画面内较暗的部分。

6．遮罩是一种只包含黑、白、_____这3 种不同色调的图像元素。

7. _____视频特效的作用是对比两个相似的图像剪辑，并去除两个图像剪辑在屏幕画面上的相似部分。

8. _____视频特效的作用是去除画面内的蓝色部分。

9. _____视频特效的作用是同时去除视频画面内的蓝色与绿色部分。

二、选择题

1. 在 Premiere 中，能够使素材直接与其下方素材进行画面合成的特效属性是_____。
   - A. 运动
   - B. 尺寸
   - C. 透明度
   - D. 时间重置

2. 无用信号遮罩类视频特效共有哪几种类型？_____
   - A. 共有 4 种，分别为 2 点、4 点、8 点和 16 点无用信号遮罩
   - B. 共有 3 种，分别为 4 点、8 点和 16 点无用信号遮罩
   - C. 共有 3 种，分别为 2 点、4 点和 8 点无用信号遮罩
   - D. 共有 2 种，分别为 4 点和 8 点无用信号遮罩

3. 在下列选项中，作用相同或相近的两种视频特效是_____。
   - A. 无用信号遮罩与亮度键
   - B. 色度键与轨道遮罩键
   - C. 蓝屏键与 Alpha 调整
   - D. 色度键与 RGB 差异键

4. 图像遮罩键的功能是_____。
   - A. 利用其他图像素材的 Alpha 通道或 Luma 遮罩来隐藏目标素材的部分画面
   - B. 利用素材自身的 Alpha 通道来隐藏部分画面
   - C. 利用其他图像素材的 Luma 遮罩来隐藏目标素材的部分画面
   - D. 利用其他图像素材的 Alpha 通道来隐藏目标素材的部分画面

5. 按照默认设置为素材应用图像遮罩键视频特效后，如果原本应当显示的部分被隐藏，而应当隐藏的部分则呈可见状态时，应当进行下列哪项操作？_____
   - A. 启用【反向】复选框
   - B. 将【合成使用】选项设置为【Alpha 遮罩】
   - C. 禁用【反向】复选框
   - D. 将【合成使用】选项设置为【Luma 遮罩】

6. 在下列选项中，不属于差异遮罩视频特效所提供的视图输出方式的是_____。
   - A. 最终输出
   - B. 仅限源
   - C. 仅限遮罩
   - D. 仅限目标

7. 在下列关于蓝屏键视频特效的选项中，描述错误的是_____？
   - A. 蓝屏键视频特效的作用是去除画面内的蓝色部分
   - B. 通过设置，蓝屏键视频特效还可去除画面内的绿色、红色等纯色画面
   - C. 【平滑】选项用于调整蓝屏键特效在消除蓝色画面时产生的锯齿
   - D. 蓝屏键常用于去除视频字幕的纯蓝色背景

8. 在下列有关非红色键的描述中，内容有误的是_____。
   - A. 非红色键的使用方法与蓝屏键相同
   - B. 非红色键与蓝屏键、色度键、颜色键等特效的作用很相似
   - C. 非红色键能够抠取除红色外的其他任何图像
   - D. 非红色键能够抠取素材画面内的绿色和蓝色部分

三、简答题

1. 怎样导入并使用 PSD 素材文件中的遮罩？

2. 无用信号遮罩视频特效都有哪些类型？它们之间的区别是什么？

3. 色度键视频特效与 RGB 差异键视频特效之间的差别是什么？

4. 蓝屏键和非红色键分别有什么作用？

5. 简单介绍颜色键视频特效的使用方法。

四、上机练习

Premiere 虽然提供了多种不同的抠像视频特效，但在实际应用中能够一次完成抠像操作的

情况却较为罕见。多数情况下，用户需要综合利用多种抠像特效，才能够以高质量的效果完成视频合成任务，如图 8-50 所示。

图 8-50　综合运用多种特效进行抠图

第 9 章

创建字幕

字幕是现代影视节目中的重要组成部分，其用途是向用户传递一些视频画面所无法表达或难以表现的内容，以便观众们能够更好地理解影片含义。譬如在如今各式各样的广告中，字幕的应用便越来越频繁，这些精美的字幕不仅能够起到为影片增色的目的，还能够直接向观众传递商品信息或消费理念。

在本章中，除了会对 Premiere 字幕创建工具进行讲解外，还将对 Premiere 文本字幕和图形对象的创建方法，以及字幕样式、字幕模板的使用方法和字幕特效的编辑与制作过程进行介绍。通过学习本章，用户可轻松掌握 Premiere 字幕的创建方法，从而轻松制作出各种精美的字幕。

本章学习要点：

➢ 了解字幕工具
➢ 创建文本字幕
➢ 调整字幕属性
➢ 使用字幕模板
➢ 创建动态字幕

9.1　了解字幕的设计

作为影片中的一个重要组成部分，字幕独立于视频、音频这些常规内容。Premiere 为字幕准备了一个与音视频编辑区域完全隔离的字幕工作区，以便用户能够专注于字幕的创建工作。

9.1.1　创建简单的字幕

所谓字幕，是指在视频素材和图片素材之外，由用户自行创建的可视化元素，例如文字、图形等。本节将创建一个最为简单的字幕素材，并以此来介绍字幕的创建流程。

在 Premiere Pro CS4 主界面中，单击【项目】面板中的【新建分项】按钮，并执行【字幕】命令，如图 9-1 所示。在弹出的【新建字幕】对话框中，设置字幕的尺寸、帧速率和像素比例及名称后，单击【确定】按钮，如图 9-2 所示。

此时，即可打开 Premiere 为用户创建字幕而准备的字幕工作区。在字幕工作区的左上角单击【文字工具】按钮后，在工作区中部显示素材画面的区域内单击，即可输入文字内容，如图 9-3 所示。

接下来，关闭字幕工作区，即可完成一个包含文字信息的字幕素材。在将该字幕素材添加至视频轨道中后，即可在【节目】面板内查看其效果，如图 9-4 所示。

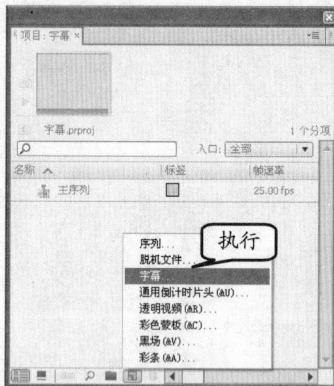

图 9-1　开始创建字幕素材

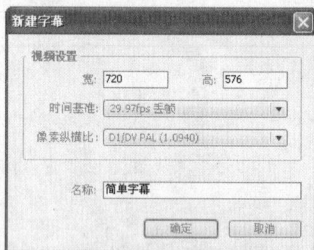

图 9-2　编辑字幕属性

图 9-3　在字幕素材中输入文字

图 9-4　应用字幕素材

9.1.2　漫游字幕工作区

在上节的操作中，已经完成了一个从创建到应用字幕的完整流程。不过，若想获得高质量的字幕素材，还需要进行很多细致的设置操作。下面将对创建字幕的字幕工作区进行详细讲解，从而为用户制作高质量字幕打下坚实的基础。

在 Premiere 中，所有字幕都是在字幕工作区内创建完成的。在该工作区中，用户不仅可以创建和编辑静态字幕，还可制作出各种动态的字幕效果。图9-5 所示即为字幕工作区的功能划分情况。

图 9-5　Premiere 字幕工作区

1. 字幕面板

该面板是用户创建、编辑字幕的主要工作场所，用户不仅可在该面板内直观地了解字幕应用于影片后的效果，还可直接对其进行修改。【字幕】面板共分为属性栏和编辑窗口两部分，其中编辑窗口是用户创建和编辑字幕的区域，而属性栏内则含有【字体】、【字体样式】等字幕对象的常见属性设置项，以便用户快速调整字幕对象，从而提高创建及修改字幕时的工作效率，如图 9-6 所示。

2.【字幕工具】面板

【字幕工具】面板内放置着制作和编辑字幕时所要用到的工具。利用这些工具，用户不仅可以在字幕内加入文本，还可绘制简单的几何图形，以下是各个工具的详细介绍。

图 9-6　【字幕】面板的组成

- ❏ **选择工具**　利用该工具，只需在【字幕】面板内单击文本或图形后，即可选择这些对象。此时，所选对象的周围将会出现多个节点，如图 9-7 所示。在结合 Shift 键后，还可选择多个文本或图形对象。
- ❏ **旋转工具**　用于对文本进行旋转操作。
- ❏ **文字工具**　该工具用于在水平方向上输入文字。

- **垂直文字工具** 该工具用于在垂直方向上输入文字。
- **文本框工具** 可用于在水平方向上输入多行文字。
- **垂直文本框工具** 可在垂直方向上输入多行文字。
- **路径输入工具** 可沿弯曲的路径输入平行于路径的文本。
- **垂直路径输入工具** 可沿弯曲的路径输入垂直于路径的文本。
- **钢笔工具** 用于创建和调整路径,如图 9-8 所示。此外,还可通过调整路径的形状而影响由【路径输入工具】和【垂直路径输入工具】所创建的路径文字。

图 9-7 选择字幕对象

提 示

Premiere 字幕内的路径是一种既可反复调整的曲线对象,又是具有填充颜色、线宽等文本或图形属性的特殊对象。

- **添加定位点工具** 可增加路径上的节点,常与【钢笔工具】结合使用。

提 示

路径上的节点数量越多,用户对路径的控制也就越为灵活,路径所能够呈现出的形状也就越为复杂。

- **删除定位点工具** 可减少路径上的节点,也常与【钢笔工具】结合使用。

注 意

当使用【删除定位点工具】将路径上的所有节点删除后,该路径对象也会随之消失。

图 9-8 路径与路径节点

- **转换定位点工具** 路径内每个节点都包含两个控制柄,而【转换定位点工具】的作用便是通过调整节点上的控制柄,达到调整路径形状的作用,如图 9-9 所示。
- **矩形工具** 用于绘制矩形图形,配合 Shift 键使用时可绘制正方形。

图 9-9 调整节点控制柄

- **圆角矩形工具**　用于绘制圆角矩形，配合 Shift 键使用后可绘制出长宽相同的圆角矩形。
- **切角矩形工具**　用于绘制八边形，配合 Shift 键后可绘制出正八边形。
- **圆矩形工具**　该工具用于绘制形状类似于胶囊的图形，所绘图形与圆角矩形图形的差别在于：圆角矩形图形具有 4 条直线边，而圆矩形图形只有 2 条直线边。
- **三角形工具**　用于绘制不同样式的三角形。
- **圆弧工具**　用于绘制封闭的弧形对象。
- **椭圆工具**　用于绘制椭圆形。
- **直线工具**　用于绘制直线。

3. 【字幕动作】面板

该面板内的工具用于在【字幕】面板的编辑窗口对齐或排列所选对象。其中，各工具的作用如表 9-1 所示。

表 9-1　对齐与分布工具的作用

	名　称	作　用
对齐	水平-左对齐	所选对象以最左侧对象的左边线为基准进行对齐
	水平居中	竖排时，以上面第一个文本中心位置对齐；横排时，以选择的文本横向的中间位置集中对齐
	水平-右对齐	所选对象以最右侧对象的右边线为基准进行对齐
	垂直-顶对齐	所选对象以最上方对象的顶边线为基准进行对齐
	垂直居中	横排时，以左侧第一个文本中心位置对齐；竖排时，以选择的文本横向的中间位置集中对齐
	垂直-底对齐	所选对象以最下方对象的底边线为基准进行对齐
居中	水平居中	在垂直方向上，与视频画面的水平中心保持一致
	垂直居中	在水平方向上，与视频画面的垂直中心保持一致
分布	水平-左对齐	以左右两侧对象的左边线为界，使相邻对象左边线的间距保持一致
	水平居中	以左右两侧对象的垂直中心线为界，使相邻对象中心线的间距保持一致
	水平-右对齐	以左右两侧对象的右边线为界，使相邻对象右边线的间距保持一致
	水平平均	以左右两侧对象为界，使相邻对象的垂直间距保持一致
	垂直-顶对齐	以上下两侧对象的顶边线为界，使相邻对象顶边线的间距保持一致
	垂直居中	以上下两侧对象的水平中心线为界，使相邻对象中心线的间距保持一致
	垂直-底对齐	以上下两侧对象的底边线为界，使相邻对象底边线的间距保持一致
	垂直平均	以上下两侧对象为界，使相邻对象的水平间距保持一致

注　意

至少应选择 2 个对象后，【对齐】选项组内的工具才会被激活，而【分布】选项组内的工具则至少要在选择 3 个对象后才会被激活。

4.【字幕样式】面板

该面板存放着 Premiere 内的各种预置字幕样式。利用这些字幕样式，用户在创建字幕内容后，即可快速获得各种精美的字幕素材，如图 9-10 所示。

字幕样式可应用于所有字幕对象，包括文本与图形。

5.【字幕属性】面板

在 Premiere 中，所有与字幕内各对象属性相关的选项都被放置在【字幕属性】面板中。利用该面板内的各种选项，用户不仅可对字幕的位置、大小、颜色等基本属性进行调整，还可为其定制描边与阴影效果，如图 9-11 所示。

Premiere 内的各种字幕样式实质上是记录着不同属性的属性参数集，而应用字幕样式便是将这些属性参数集内的参数设置应用于当前所选对象。

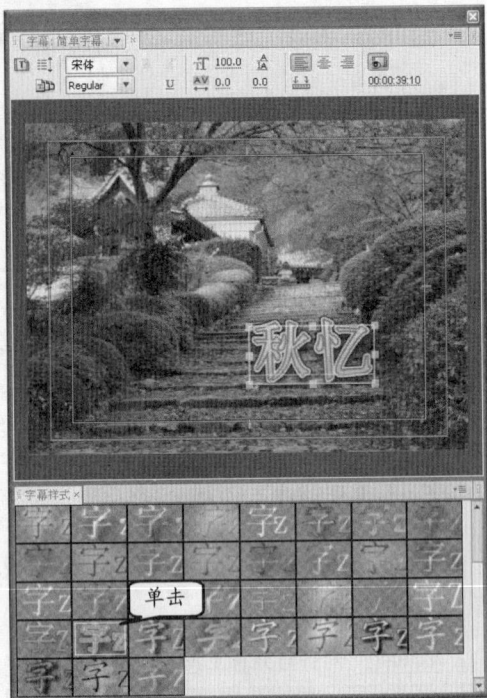

图 9-10　快速创建精美的字幕素材

9.2　创建文本字幕

文本字幕分为多种类型，除基本的水平文本字幕和垂直文本字幕外，Premiere 还能够创建路径文本字幕。本节将分别对这些文本字幕的创建方法进行介绍。

图 9-11　调整字幕属性

9.2.1　创建水平文本字幕

水平文本字幕是指沿水平方向进行分布的字幕类型。在字幕工作区中，使用【文字工具】在【字幕】面板内的编辑窗口任意位置单击后，即可输入相应文字，从而创建水平文本字幕，如图 9-12 所示。

在输入文本内容的过程中，按回车键可实现换行，从而使接下来的内容另起一行。

此外，使用【文本框工具】在编辑窗口内绘制文本框并输入文字内容后，还可创建多行水平文本字幕，如图9-13所示。

在实际应用中，虽然使用【文字工具】时只须按回车键即可获得多行文本效果，但仍旧与【文本框工具】所创建的多行水平文本字幕有着本质的区别。例如，当使用【选择工具】拖动文本字幕的节点时，字幕文字将会随节点位置的变化而变形；但在使用相同方法调整多行文本字幕时，只是文本框的形状发生变化，从而使文本的位置发生变化，但文字本身却不会有什么改变，如图9-14所示。

图 9-12　创建水平文本字幕

9.2.2　创建垂直文本字幕

垂直类文本字幕的创建方法与水平类文本字幕的创建方法极为类似。例如，使用【垂直文字工具】在编辑窗口内单击后，输入相应的文字内容即可创建垂直文本字幕；使用【垂直文本框工具】在编辑窗口内绘制文本框后，输入相应文字即可创建多行垂直文本字幕，如图9-15所示。

图 9-13　创建多行水平文本字幕

提　示

无论是普通的垂直文本字幕还是多行垂直文本字幕，其阅读顺序都是从上至下、从右至左。

9.2.3　创建路径文本字幕

与水平文本字幕和垂直文本字幕相比，路径文本字幕的特点是能够通过调整路径形状而改变字幕的整体形态，但必须依附于路径才能够存在。其创建方法如下。

使用【路径输入工具】单击字幕编辑窗口内的任意位置后，创建路径的第一个节点。使用相同方法创建第二个节点，并通过调整节点上的控制柄来修改路径形状，如图9-16所示。

图 9-14　不同水平文本字幕间的差别

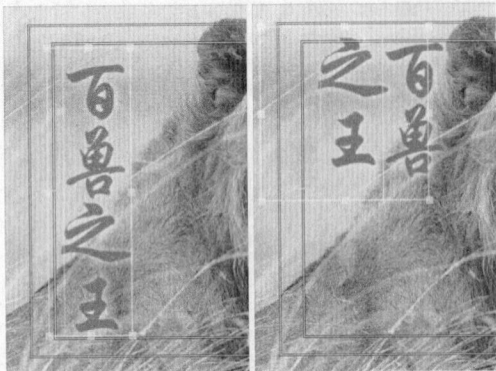

図 9-15　创建垂直类文本字幕

图 9-16　绘制路径

完成路径的绘制后，直接输入文本内容，即可完成路径文本的创建，如图 9-17 所示。

注　意

创建路径文本字幕时必须重新创建路径，而无法在现有路径的基础上添加文本。

运用相同方法，使用【垂直路径输入工具】则可创建出沿路径垂直方向的文本字幕，如图 9-18 所示。

9.3　使用图形字幕对象

在 Premiere 中，图形字幕对象主要通过【矩形工具】、【圆角矩形工具】、【切角矩形工具】等绘图工具绘制而成。本节将对创建图形对象，以及对图形对象进行变形和风格化处理时的操作方法进行讲解。

9.3.1　绘制图形

任何使用 Premiere 绘图工具可直接绘制出来的图形，都称为基本图形。而且，所有 Premiere 基本图形的创建方法都相同，用户只需选择某一绘制工具后，在字幕编辑窗口内拖动鼠标，即可创建相应的图形字幕对

图 9-17　创建路径文本

图 9-18　创建垂直路径文字

象，如图 9-19 所示。

> **提　示**
>
> 默认情况下，Premiere 会将之前刚刚创建字幕对象的属性应用于新创建字幕对象的上方。

在选择绘制的图形字幕对象后，还可在【字幕属性】面板内的【属性】选项组中，通过调整【绘图类型】下拉列表内的选项，将一种基本图形转换为其他基本图形，如图 9-20 所示。

9.3.2　贝塞尔曲线工具

在创建字幕的过程中，仅仅依靠 Premiere 所提供的绘图工具往往无法满足图形绘制的需求。此时，用户可通过变形图形对象，并配合使用【钢笔工具】、【转换定位点工具】等工具，达到创建复杂图形字幕对象的目的。

1. 改变图形对象的形状

本节将通过创建五角星形的字幕对象，来演示改变图形字幕对象外形的方法。

首先，使用【三角形工具】绘制三角形对象，并旋转其角度，如图 9-21 所示。

在【字幕属性】面板中，单击【属性】下拉按钮后，执行【打开贝塞尔曲线】命令，将三角形字幕对象转化为路径对象，如图 9-22 所示。

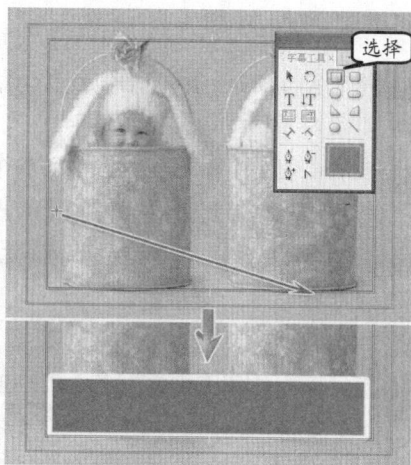

图 9-19　绘制基本图形

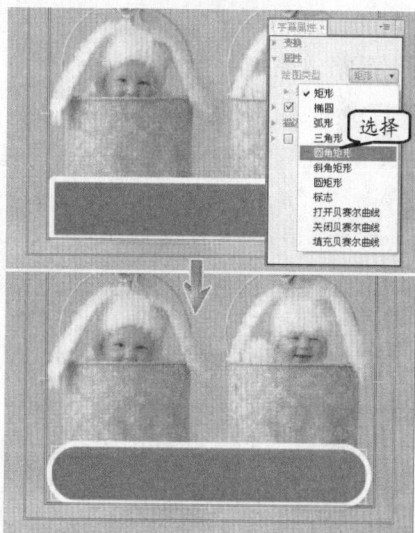

图 9-20　转换基本图形

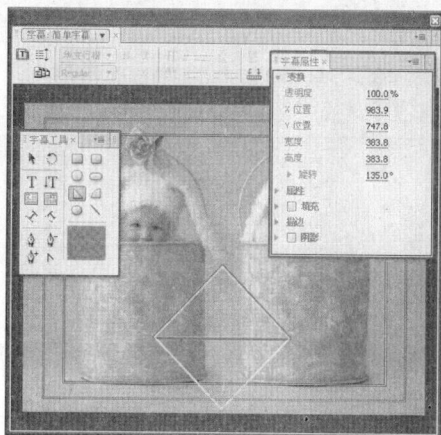

图 9-21　创建并旋转三角形字幕对象

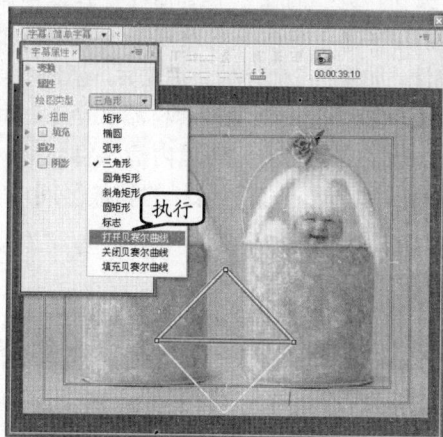

图 9-22　转化字幕对象类型

然后，使用【添加定位点工具】分别在三角形路径对象的三条边上添加多个路径节点，如图 9-23 所示。

完成后，使用【钢笔工具】移动各个路径节点，并在按住 Alt 键后，使用【转换定位点工具】单击之前添加的路径节点。此时，便可清除这些路径节点上的控制柄，得到五角星形的字幕对象，如图 9-24 所示。

最后，再次使用【钢笔工具】移动路径节点，并在确定星形对象的最终形状后，将【属性】选项组内的【绘图类型】设置为"填充贝塞尔曲线"。进行到这里后，便完成了一个将三角形对象变形为五角星形对象的过程，最终效果如图 9-25 所示。

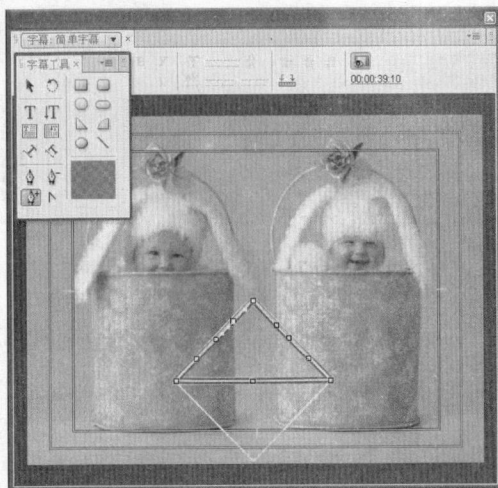
图 9-23　添加路径节点

提　示

由于从基本图形转化来的并不是封闭的路径对象，所以当用户进行填充贝塞尔曲线操作时，Premiere 会在路径的起点与终点之间自动添加路径，以封闭该对象。

2. 创建更为复杂的图形对象

利用 Premiere 提供的【钢笔】类工具，用户能够通过绘制各种形状的贝塞尔曲线来完成复杂图形的创建工作。接下来将介绍利用【钢笔】类工具绘制卡通图像的方法。

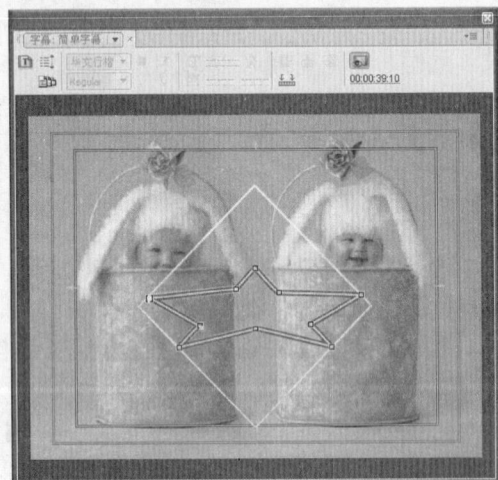
图 9-24　调整路径节点

首先，在【项目】面板中单击【新建分项】按钮，并执行【字幕】命令，并在弹出的【新建字幕】对话框内设置字幕素材的播放属性，如图 9-26 所示。完成后，创建"彩色蒙版"素材，并在将该素材添加至【时间线】面板的"视频 1"轨道内后，将当前时间指示器移至彩色蒙版素材的播放区间内，如图 9-27 所示。

提　示

在【项目】面板中，单击【新建分项】按钮后，执行【彩色蒙版】命令。在打开的【新建彩色蒙版】对话框中单击【确定】按钮后，在弹出的对话框内选择素材色彩。完成后，设置彩色蒙版素材的名称，即可创建彩色蒙版素材。

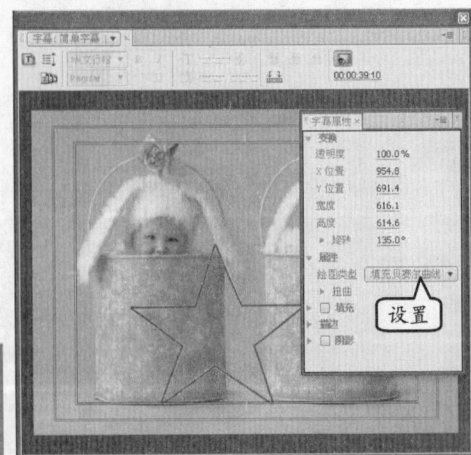
图 9-25　五角星形对象创建完成

Premiere Pro CS4 中文版标准教程

创建并在【时间线】面板内添加彩色蒙版素材并不是绘制复杂图形字幕的必要前提,但完成上述操作可以使【字幕】面板拥有一个单色的绘制区域,从而便于用户的图形绘制操作。

接下来,在【字幕工具】面板内选择【钢笔工具】按钮后,在【字幕】面板的绘制区内创建第一个路径节点,如图 9-28 所示。在创建节点时,按下鼠标左键后拖动鼠标,可以调出该节点的两个节点控制柄,从而便于随后对路径的调整操作。

使用相同方法,连续创建多个带有节点控制柄的路径节点,并使其形成字幕图形的基本外轮廓,如图 9-29 所示。

在【字幕工具】面板内选择【转换定位点工具】后,调整各个路径节点的节点控制柄,从而改变字幕对象外形轮廓的形状。在这一过程中,使用【添加定位点工具】在单击当前路径后,可以在当前路径上添加一个新的节点,如图 9-30 所示。

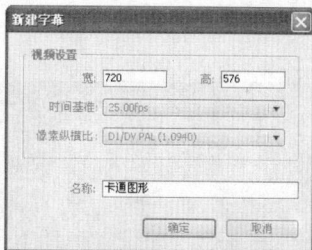

图 9-26 创建空白字幕素材

图 9-27 添加彩色蒙版素材

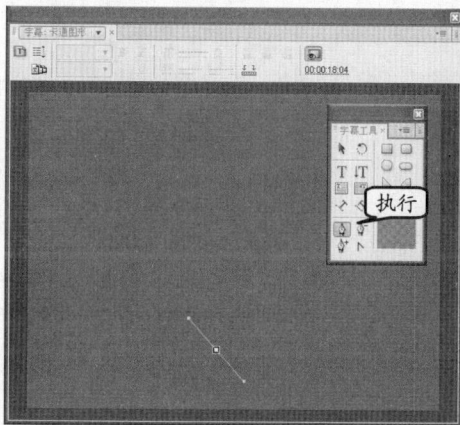

图 9-28 创建路径节点

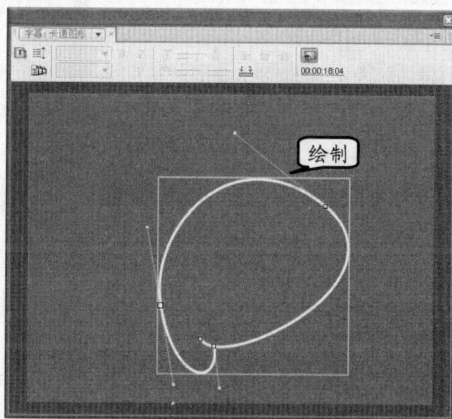

图 9-29 绘制图形外轮廓

使用【删除定位点工具】单击当前路径上的路径节点后,即可删除这些节点。

使用上述方法,绘制并调整更多路径,从而描绘出字幕图形的基本形状,如图 9-31 所示。

最后,再使用各种贝赛尔曲线工具对路径进行细微的修整后,即可完成一个卡通图形字幕对象的绘制操作,如图 9-32 所示。

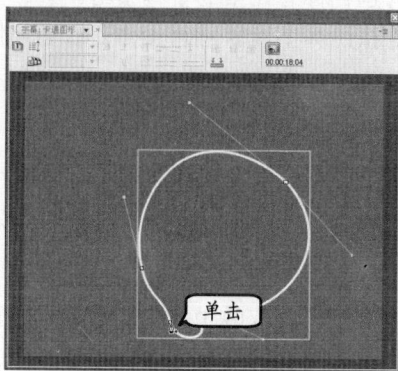

图 9-30 在路径上添加节点

图 9-31 绘制新的路径

图 9-32 绘制完成图形字幕对象

9.3.3 创建标志

绘图并不是 Premiere 的主要功能，因此仅仅依靠 Premiere 数量有限的绘图工具往往无法满足创建精美字幕的需求。为此，Premiere 提供了导入标志元素的功能，以便用户将图形或照片导入字幕工作区内，并将其作为字幕的创作元素进行使用，图 9-33 所示即为包含标志元素的字幕素材。

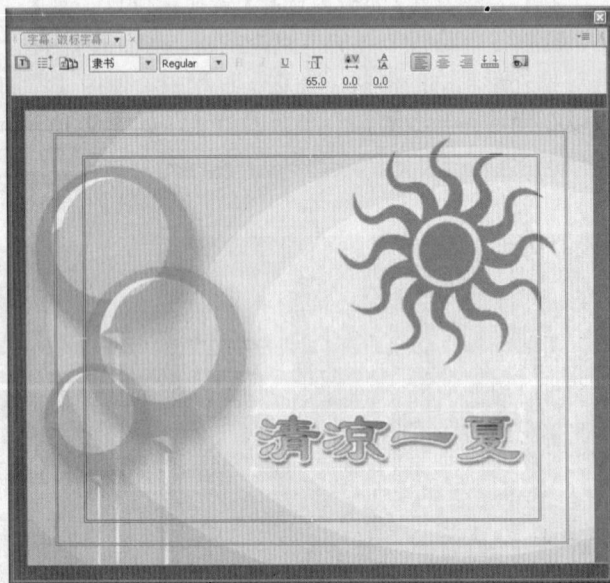

图 9-33 使用图像标志创建字幕

按照如下步骤进行操作，即可将图片作为标志元素导入至 Premiere 字幕内。

在 Premiere 主界面中，执行【文件】|【新建】|【字幕】命令，新建字幕素材，如图 9-34 所示。

在字幕工作区中，右击【字幕】面板内的字幕编辑窗口区域后，执行【标志】|【插入标志】命令，如图 9-35 所示。

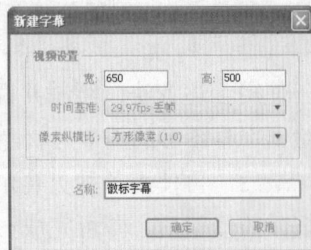

图 9-34 新建字幕素材

在弹出的【导入图像为标志】对话框中，选择所要添加的照片或图形文件，并单击
【打开】按钮，如图 9-36 所示。

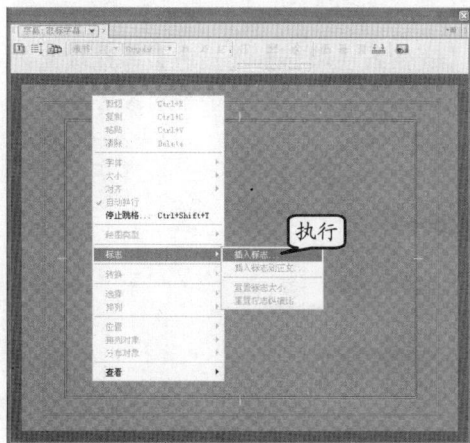

图 9-35　执行命令

图 9-36　选择图片素材

在 Premiere 主界面中，执行【字幕】|【标志】|【插
入标志】命令后，也可打开【导入图像为标志】对
话框。

此时，Premiere 便会将所选素材文件作
为标志元素导入到字幕工作区内。在调整标
志元素的位置与大小后，效果如图 9-37
所示。

调整标志元素的大小后，在字幕编辑窗口内右击标
志元素，并执行【标志】|【重置标志大小】命令，
即可恢复标志元素的原始大小；如果执行的是【标
志】|【重置标志纵横比】命令，则可恢复其原始的
长宽比例。

使用相同方法，即可添加其他徽标，效
果如图 9-38 所示。

图形在作为徽标导入 Premiere 后会遮盖其下方的
内容，因此当需要导入非矩形形状的徽标时，必须
将图形文件内非徽标部分设置为透明背景，以便正
常显示这些区域下的视频画面。

最后，添加字幕文本，并设置其属性后，
即可得到之前所看到的字幕素材。

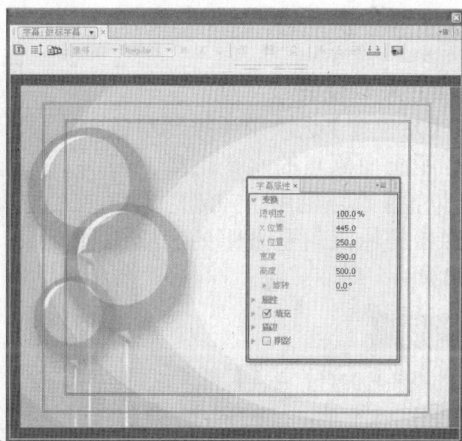

图 9-37　调整标志元素的属性

图 9-38　添加其他标志元素

字幕的创建离不开字幕属性的设置，只有对【变换】、【填充】、【描边】等选项组内的各个参数进行精心调整后，才能够获得各种精美的字幕。本节将对字幕对象各属性的含义与作用进行讲解。

9.4.1 调整字幕的尺寸、角度与位置

在【字幕属性】面板的【变换】选项组中，用户可以对字幕在屏幕画面中的位置、尺寸大小与角度等属性进行调整。其中各参数选项的作用如下。

❏ **透明度**

决定字幕对象的透明程度，为 0 时完全透明，100%时不透明，如图 9-39 所示。

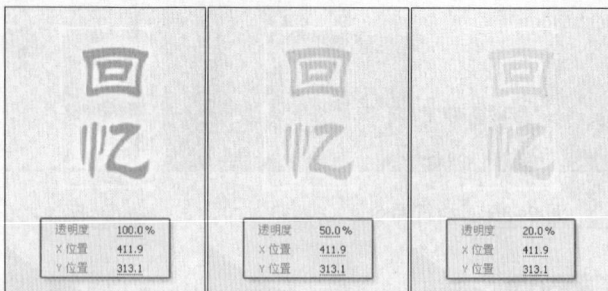

图 9-39 字幕透明度对比效果

❏ **X/Y 位置**

【X 位置】选项用于控制对象中心距画面原点的水平距离，而【Y 位置】选项则用于控制对象中心距画面原点的垂直距离，如图 9-40 所示。

提 示

【X 位置】和【Y 位置】选项的参数单位为像素，当其取值是 -64000~64000，但只有当其取值在（0,0）~（画面水平宽度，画面垂直宽度）之间时，字幕才会出现在视频画面之内，此外都将部分或全部位于视频画面之外。

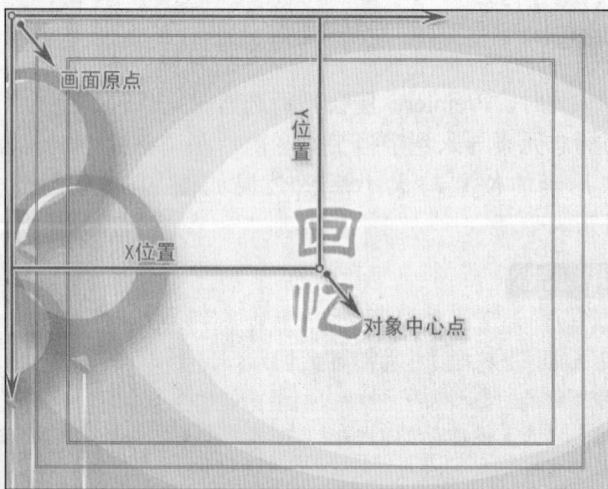

图 9-40 对象位置

❏ **宽度/高度**

【宽度】选项用于调整对象最左侧至最右侧的距离，而【高度】选项则用于调整对象最顶部至最底部的距离。

❏ **旋转**

控制对象的旋转对象，默认为 0°，即不旋转。

9.4.2 调整文本字幕对象

在【字幕属性】面板中，【属性】选项组内的选项主要用于调整字幕文本的字体类

型、大小、颜色等基本属性，接下来将对其选项功能进行讲解。

❑ **字体**

用于设置字体的类型，用户既可直接在【字体】列表框内输入字体名称，也可在单击该选项的下拉按钮后，在弹出的【字体】下拉列表内选择合适的字体类型，如图9-41所示。

> **注 意**
>
> 【字体】列表内可供选择的字体数量由操作系统所安装字体的数量所决定。

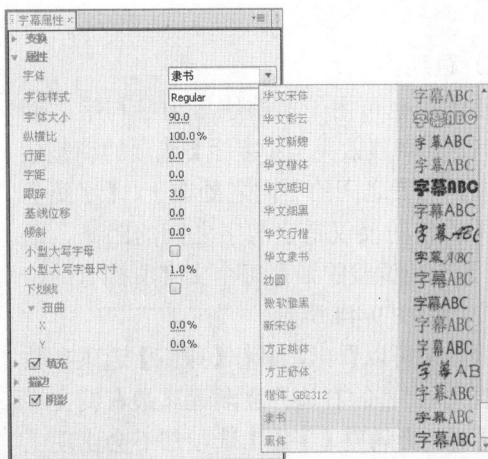

图 9-41 选择字体类型

❑ **字体样式**

根据字体类型的不同，某些字体拥有多种不同的形态效果，而该选项便用于指定当前所要显示的字体形态，如图9-42所示。

各样式选项的含义及作用如表 9-2 所示。

> **提 示**
>
> 并不是所有的字体都拥有多种样式，大多数字体仅拥有Regular样式。

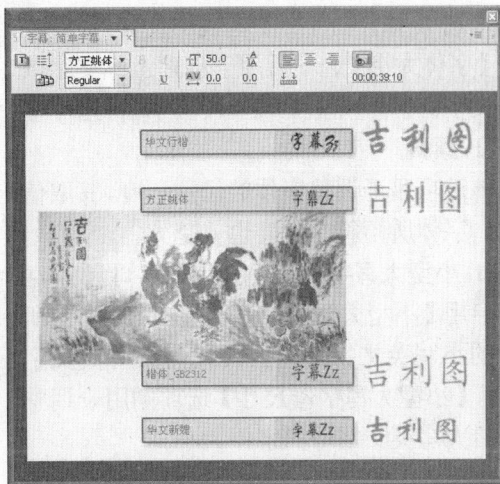

图 9-42 同一字体不同样式的文本效果

❑ **字体大小**

该选项用于控制文本的尺寸，其取值越大，则字体的尺寸越大；反之，则越小。

表9-2 各样式选项的含义与作用

选项名称	含 义	作 用
Regular	常用	即标准字体样式
Bold	粗体	字体笔划要粗于标准样式
Italic	斜体	字体略微向右侧倾斜
Bold Italic	粗斜体	字体笔划较标准样式要粗，且略微向右侧倾斜
Narrow	瘦体	字体宽高比小于标准字体样式，整体效果略"窄"

❑ **纵横比**

该选项通过改变字体宽度来改变字体的宽高比，其取值大于100%时，字体将变宽；当取值小于100%时，字体将变窄，效果如图9-43所示。

❑ **行距与字距**

【行距】用于控制文本内行与行之间的距离，而【字距】则用于调整字与字之间的距离。

❏ **跟踪**

该选项也可用于调整字幕内字与字之间的距离，其调整效果与【字距】选项的调整效果类似。两者之间的不同之处在于，【字距】选项所调整的仅仅是字与字之间的距离，而【跟踪】选项调整的则是每个文字所拥有的位置宽度，如图 9-44 所示。

从图中可以看出，随着【跟踪】选项参数值的增大，字幕的右边界逐渐远离最右侧文字的右边界，而调整【字距】选项却不会出现上述情况。

❏ **基线位移**

该选项用于设置文字基线的位置，通常在配合【字体大小】选项后用于创建上标文字或下标文字。

❏ **倾斜**

该选项用于调整字体的倾斜程度，其取值越大，字体所倾斜的角度也就越大。

❏ **小型大写字母和小型大写字母尺寸**

启用【小型大写字母】复选框后，当前所选择的小写英文字母将被转化为大写英文字母，而【小型大写字母尺寸】选项则用于调整转化后大写英文字母的字体大小。

提 示

【小型大写字母】选项只对小写英文字母有效，且只有在启用【小型大写字母】复选框后，【小型大写字母尺寸】选项才会起作用。

❏ **下划线**

启用该复选框后，Premiere 便会在当前字幕或当前所选字幕文本的下方添加一条直线。

❏ **扭曲**

在该选项中，分别通过调整 X 和 Y 选项的参数值，便可起到让文字变形的效果。其中，当 X 项的取值小于 0 时，文字顶部宽度减小的程度会大于底部宽度减小的程度，此时文字会呈现出一种金字塔般的形状；当 X 项的取值大于 0 时，文字则会呈现出一种顶大底小的倒金字塔形状，如图 9-45 所示。

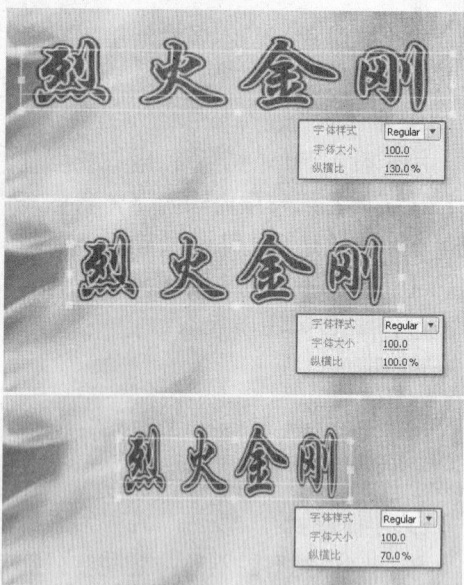

图 9-43　不同纵横比对比效果

图 9-44　字距与跟踪对比效果

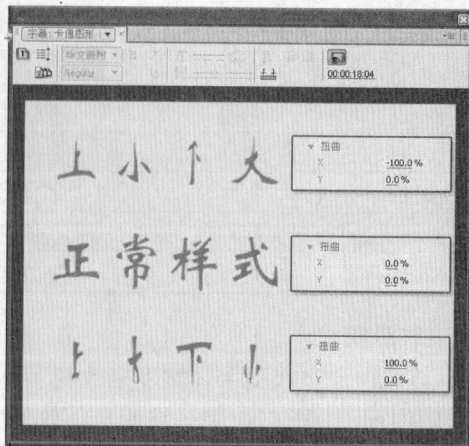

图 9-45　X 项扭曲效果

当 Y 项的取值小于 0 时，文字将呈现一种左小右大的效果；而当 Y 项的取值大于 0 时，文字则会呈现出一种左大右小的效果，如图 9-46 所示。

9.4.3　为字幕设置填充效果

完成字幕素材的内容创建工作后，通过在【字幕属性】面板内启用【填充】复选框，并对该选项内的各项参数进行调整，用户还可对字幕的填充颜色、填充样式及其他填充效果进行控制。如果用户不希望填充效果应用于字幕，则可在禁用【填充】复选框后，关闭填充效果，从而使字幕的相应部分成为透明状态，如图 9-47 所示。

注　意

如果决定关闭字幕元素的填充效果，则必须通过其他方式将字幕元素呈现在观众面前，如使用阴影效果或描边等。

在开启字幕的填充效果后，Premiere 共为用户提供了实色填充、渐变填充、4 色填充等多种不同的填充样式。接下来将对不同填充样式的效果和设置方法进行讲解。

1.　实色填充

实色填充又称单色填充，即字体内仅填充一种颜色，图 9-48 所示即为关闭其他字幕效果后的实色填充字幕效果。

在实色填充样式中，单击【色彩】色块后，即可在弹出的对话框内选择字幕的填充色彩，如图 9-49 所示。

2.　线性渐变填充

线性渐变填充是从一种颜色逐渐过渡到另一种颜色的字幕填充方式，其效果如图 9-50 所示。

在将【填充类型】设置为"线性渐变"选项后，【填充】选项组中的控制选项将会出现一些变化。在新的控制选项中，各个选项的作用及含义如下所示。

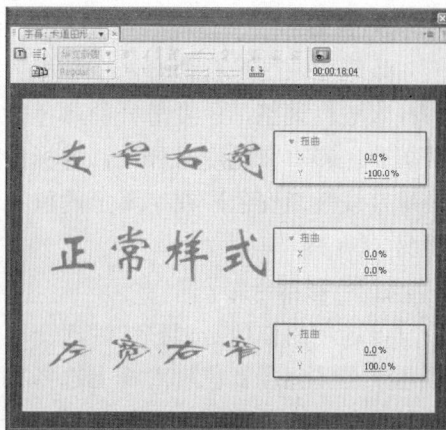

图 9-46　Y 项扭曲效果

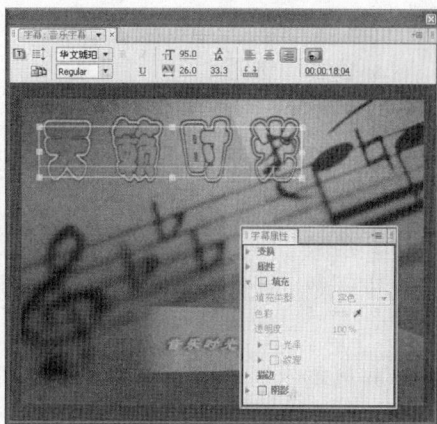

图 9-47　关闭字幕填充效果

图 9-48　实色填充字幕效果

❑ **色彩**

该选项通过一条含有两个游标的色度
滑杆来进行调整，色度滑杆的颜色便是字
幕填充色彩。在色度滑杆上，游标的作用
是确定线性渐变色彩在字幕上的位置分布
情况。

❑ **色彩到色彩**

该选项的作用是调整线性渐变填充的
颜色。在【色彩】色度滑杆上选择某一游
标后，单击【色彩到色彩】色块，即可在
弹出的对话框内设置线性渐变中的一种填
充色彩；选择另一游标后，使用相同方法，
即可设置线性渐变中的另一种填充色彩。

❑ **色彩到透明**

用于设置当前游标所代表填充色彩的
透明度，100%为完全不透明，0%为完全
透明。

❑ **角度**

用于设置线性渐变填充中的色彩渐变
方向。

❑ **重复**

用于控制线性渐变在字幕上的重复排
列次数，其默认取值为 0，表示仅在字幕上
进行 1 次线性色彩渐变；在将其取值调整
为 1 后，Premiere 将会在字幕上填充 2 次线
性色彩渐变；如果【重复】选项的取值为 2，
则进行 3 次线性渐变填充，其他取值效果
可依次类推，效果如图 9-51 所示。

3. 放射渐变填充

放射渐变填充也是从一种颜色逐渐过
渡至另一颜色的填充样式。与线性渐变所
不同的是，放射渐变填充会将某一点作为
中心点后向四周扩散至另一颜色，其效果
如图 9-52 所示。

放射渐变填充的选项及含义与线性渐
变填充样式完全相同，因此其设置方法不
再进行介绍。

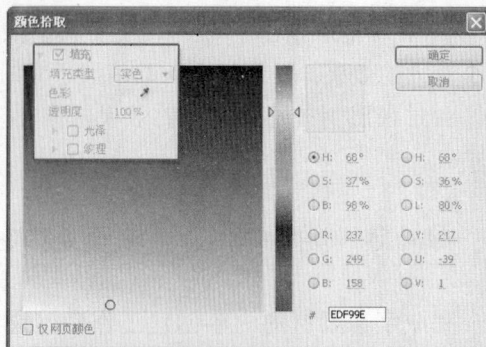

图 9-49　更改字幕填充颜色

图 9-50　线性渐变填充效果

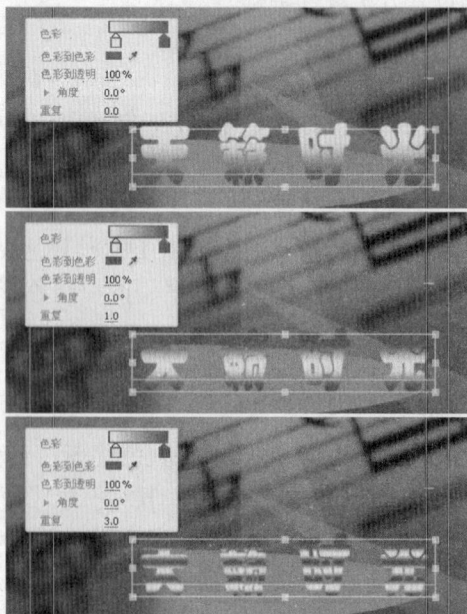

图 9-51　重复不同次数时的线性填充效果

4. 4 色渐变填充

与线性渐变填充和放射渐变填充效果相比，4 色渐变填充效果的最大特点在于渐变色彩由 2 种颜色增加至 4 种，从而便于实现更为复杂的色彩渐变，其填充效果如图 9-53 所示。

在 4 色渐变填充模式中，【色彩】颜色条四角的色块分别用于控制填充目标对应位置处的颜色，整体填充效果则由这 4 种颜色共同决定。【色彩到色彩】及【色彩到透明】选项的作用和调整方法则与前两种渐变填充模式内的相应选项相同，在此不再进行介绍。

5. 斜角边填充

在该填充模式中，Premiere 通过为字幕对象设置阴影色彩的方式，来模拟一种中间较高、边缘逐渐降低的三维浮雕效果，如图 9-54 所示。

将【填充类型】设置为"斜角边"选项后，【填充】选项组内各填充选项的作用如下。

❑ **高亮颜色/高亮透明**

【高亮颜色】选项用于设置字幕文本的主体颜色，即字幕内"较高"部分的颜色；【高亮透明】选项则用于调整字幕主体颜色的透明程度，如图 9-55 所示。

❑ **阴影颜色/阴影透明**

【阴影颜色】选项用于设置字幕文本边缘处的颜色，即字幕内"较低"部分的颜色；【阴影透明】选项则用于调整字幕边缘颜色的透明程度。

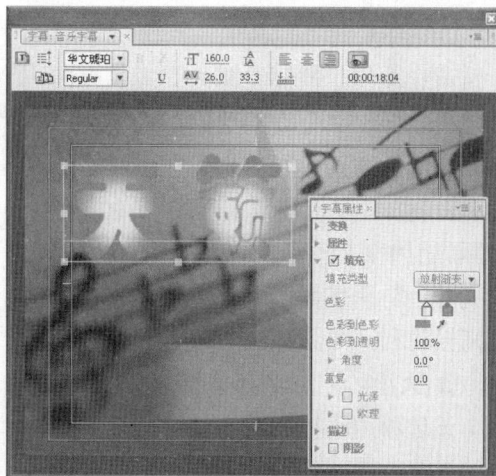

图 9-52 放射渐变填充效果

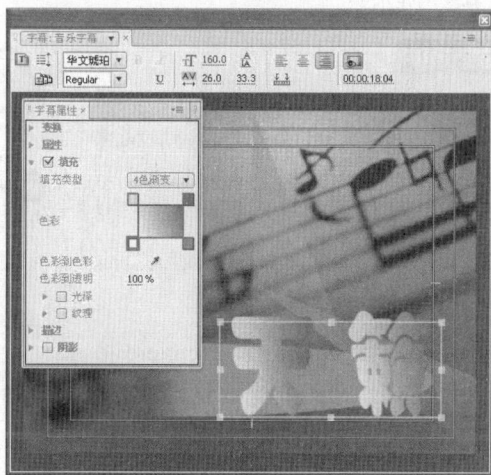

图 9-53 4 色渐变填充效果

图 9-54 斜角边填充效果

❑ 平衡

该选项用于控制字幕内"较高"部分与"较低"部分间的落差，效果表现为高亮颜色与阴影颜色之间在过渡时的柔和程度，其取值范围为–100～100。在实际应用中，【平衡】选项的取值越大，高亮颜色与阴影颜色的过渡越柔和，反之则较锐利，如图 9-56 所示。

❑ 大小

该选项用于控制高亮颜色与阴影颜色的过渡范围，其取值越大，过渡范围越大；取值越小，则过渡范围越小，如图 9-57 所示。

提 示

【大小】选项的取值范围为 0~200，其取值为 0 时将不显示阴影颜色，此时的效果与实色填充效果相同。当【大小】选项的取值为 200 时，其效果与使用阴影颜色进行实色填充相类似。

❑ 变亮

当启用该复选框后，Premiere 将会为当前字幕应用灯光效果，此时字幕文本的浮雕效果会更为明显，如图 9-58 所示。

❑ 亮度角度/亮度级别

这是两个用于控制灯光效果的选项，因此只有在启用【变亮】复选框后才会影响字幕效果。其中，【亮度角度】用于调整灯光相对于字幕的照射角度，而【亮度级别】则用于控制灯光的光照强度。

提 示

【亮度级别】选项的取值越小，光照强度越弱，阴影颜色在受光面和背光面的反差越小；反之，则光照强度越强，阴影颜色在受光面和背光面的反差也越大。当【亮度级别】选项的取值为–100 时，其效果与禁用【变亮】复选框并关闭灯光时的效果相同。

❑ 管状

在启用该复选框后，字幕文本将呈现出一种由圆管环绕后的效果，如图 9-59 所示。

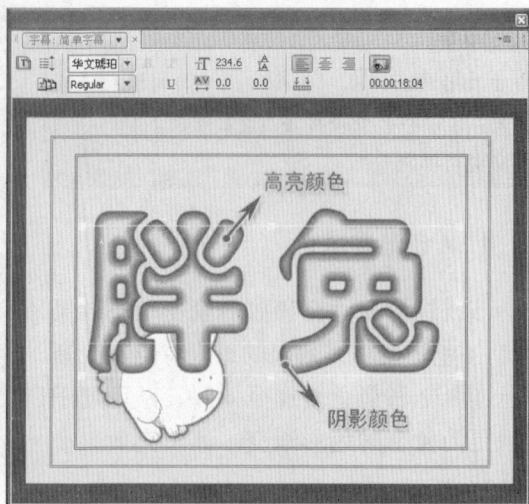

图 9-55　斜角边填充模式内的颜色分布情况

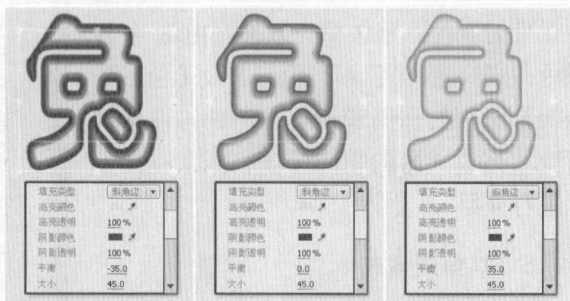

图 9-56　【平衡】选项调整效果

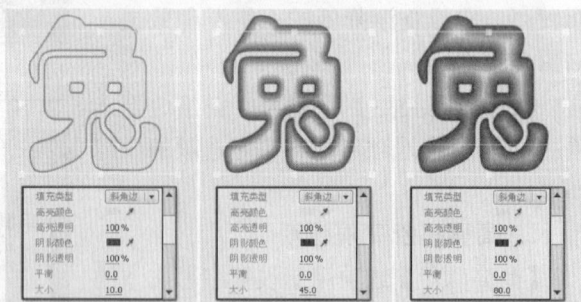

图 9-57　【大小】选项调整效果

6. 消除与残像填充

这两种填充模式都能够实现隐藏字幕的效果。两者的区别在于，消除填充模式能够暂时性地"删除"字幕文本，包括其阴影效果；而残像填充模式则只隐藏字幕本身，却不会影响其阴影效果。

下面在为字幕添加描边与阴影效果后，通过对比斜角边模式、消除模式和残像模式的填充效果，来更为直观地介绍消除模式与残像模式在填充效果上的差别，如图 9-60 所示。

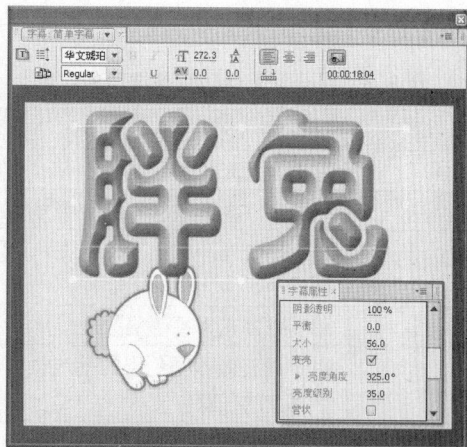

图 9-58　启用【变亮】复选框后的效果

7. 光泽与纹理

【光泽】与【纹理】选项属于字幕填充效果内的通用选项，即每种填充效果都拥有这两种设置，而且其作用也都相同。其中，光泽效果的功能是在字幕上叠加一层逐渐向两侧淡化的光泽颜色层，从而模拟物体表面的光泽感，效果如图 9-61 所示。

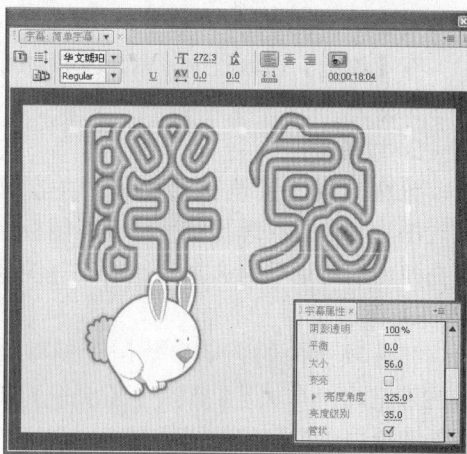

图 9-59　管状填充效果

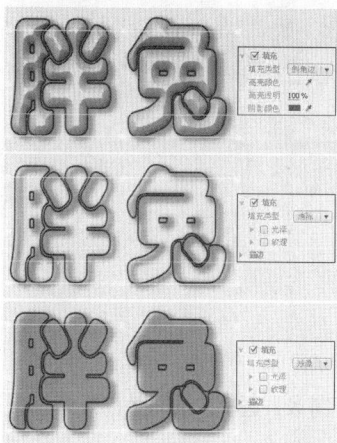

图 9-60　斜角边、消除与残像填充效果的对比

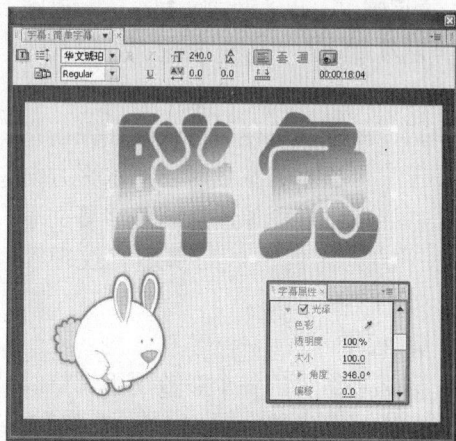

图 9-61　应用光泽效果后的字幕

【光泽】选项组内各个选项参数的作用如表 9-3 所示。

表 9-3　【光泽】选项组各选项的作用

选　项	作　用
色彩	用于设置光泽颜色层的色彩，可实现模拟有色灯光照射字幕的效果
透明度	用于设置光泽颜色层的透明程度，可起到控制光泽强弱的作用
大小	用于控制光泽颜色层的宽度，其取值越大，光泽颜色层所覆盖字幕的范围越大；反之，则越小
角度	用于控制光泽颜色层的旋转角度
偏移	用于调整光泽颜色层的基线位置，与【角度】选项配合使用后即可使光泽效果出现在字幕上的任意位置

相比之下，纹理填充效果较为复杂，其作用是隐藏字幕本身的填充效果，而显示其他纹理贴图的内容。在启用【纹理】复选框后，其效果如图 9-62 所示。

在【纹理】选项组中，常用选项的作用及其含义如下。

❏ 纹理

该选项用于预览和设置填充在字幕内的纹理图片，单击纹理预览区域内的图标后，即可在弹出的对话框内选择其他的纹理图像。

❏ 缩放比例

该选项组内的各个参数用于调整纹理图像的长宽比例与大小。其中，【水平】和【垂直】选项用于控制纹理图像在应用于字幕时的宽度和高度。

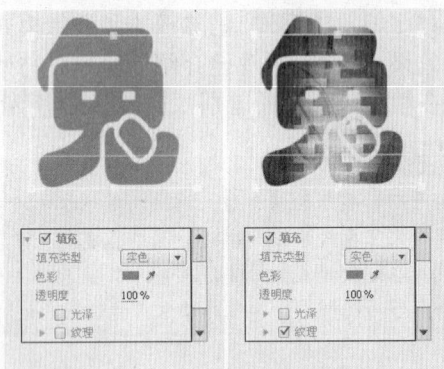

图 9-62　纹理填充应用前后效果对比

注　意

【缩放比例】选项对纹理图像进行的是有损图像质量的变形操作，因此当纹理图像过小时，一味地调整纹理图像的缩放比例，会极大地影响字幕的显示效果。

【平铺 X】和【平铺 Y】选项的作用是控制纹理在水平方向和垂直方向上的填充方式。例如，在启用【平铺 X】复选框后，Premiere 便会在纹理图像的宽度小于字幕文本的宽度时，在水平方向上平铺当前纹理图像，从而使字幕文本在水平方向上的每一处都贴有纹理图像，如图 9-63 所示。

❏ 校准

该选项组内的各个参数用于调整纹理图像在字幕中的位置。例如，在将【X偏移】选项的参数值从 0 调整为 20 后，即可在字幕文本内将纹理图像向右移动 20 个

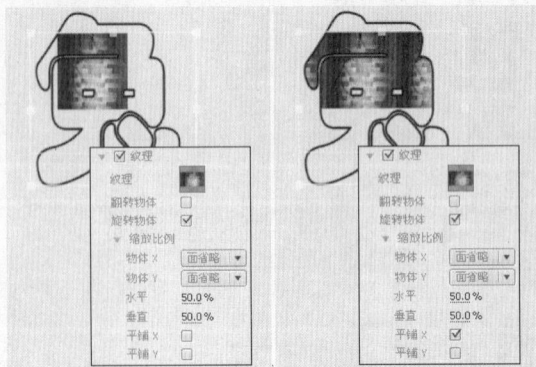

图 9-63　【平铺 X】选项开启与关闭效果对比

单位。

❑ **融合**

默认情况下，Premiere 会在用户为字幕开启纹理填充功能后，忽略字幕本身的填充效果。不过，【融合】选项组内的各个参数则能够在显示纹理效果的同时，使字幕显现出原本的填充效果。

其中，【混合】选项用于调整纹理填充效果和字幕原有填充效果的比例，其取值范围为–100%～100。当取值小于 0 时字幕的填充效果将以原有填充效果为主，且取值越小，字幕原有的填充效果越明显；当取值大于 0 时，字幕的填充效果将以纹理填充为主，且取值越大，纹理填充效果越明显，如图 9-64 所示。

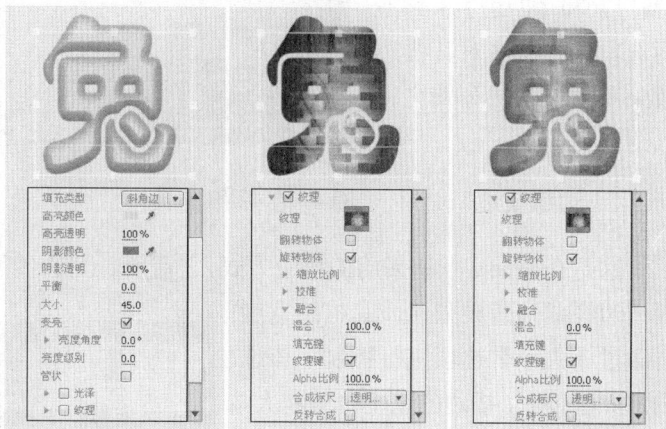

图 9-64 纹理填充与原有字幕填充的融合效果

提示

当【混合】选项的取值为–100%时，纹理填充效果将完全不可见，而当该选项的取值为 100%时，字幕原有的填充效果将完全不可见。

9.4.4 对字幕对象进行描边

Premiere 将描边分为内侧描边和外侧描边两种类型，内侧描边的效果是从字幕边缘向内进行扩展，因此会覆盖字幕原有的填充效果，如图 9-65 所示。

与其对应的是，外侧描边的效果是从字幕文本的边缘向外进行扩展，因此会增大字幕所占据的屏幕范围，如图 9-66 所示。

不过，无论是内侧描边还是外侧描边，其添加和修改方法以及控制参数都完全相同。这里将以添加外侧描边为例，介绍描边效果的添加与编辑方法。

展开【描边】选项组后，单击【外侧边】选项右侧的【添加】按钮，即可为当前所选字幕对象添加默认的黑色描边效果，如图 9-67 所示。

图 9-65 内侧描边效果

图 9-66 外侧描边效果

在【类型】下拉列表中，Premiere 根据描边方式的不同提供了【边缘】、【凸出】和【凹进】3 种不同选项。下面将对其描边效果和调整方法分别进行介绍。

图 9-67 添加描边效果

1. 边缘描边

这是 Premiere 默认采用的描边方式，之前所看到的各种描边效果即为边缘描边效果。

对于边缘描边效果来说，其描边宽度可通过【大小】选项进行控制，该选项的取值越大，描边的宽度也就越大，【色彩】选项则用于调整描边的色彩。

至于【填充类型】、【透明度】以及【纹理】等选项，其作用和控制方法与【填充】选项组内的相应选项完全相同，这里不再进行介绍。

2. 凸出描边

当采用该方式进行描边时，Premiere 所绘描边只能出现在字幕的一侧。而且，描边的一侧与字幕相连，且描边宽度受到【大小】选项的控制，如图 9-68 所示。

当为字幕应用凸出描边模式时，除【角度】选项用于控制凸出描边的出现位置外，其他选项的作用及调整方式与【填充】选项组内的相应选项相同。

3. 凹进描边

这是一种描边位于字幕对象下方，效果类似于投影效果的描边方式，效果如图 9-69 所示。

默认情况下，为字幕添加凹进描边时无任何效果。在调整【级别】选

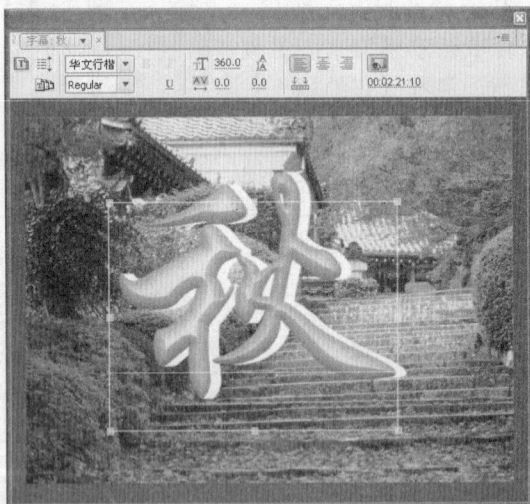

图 9-68 凸出描边效果

图 9-69 凹进描边效果

项后，凹进描边便会显现出来，并随着【级别】选项参数值的增大而逐渐"远离"字幕文本。至于【角度】选项，则用于控制凹进描边相对于字幕文本的偏离方向。

9.4.5　为字幕对象应用阴影效果

与填充效果相同的是，阴影效果也属于可选效果，用户只有在启用【阴影】复选框后，Premiere 才会为字幕添加投影。在【阴影】选项组中，各选项的含义及其作用如下。

- ❑ **色彩**　该选项用于控制阴影的颜色，用户可根据字幕颜色、视频画面的颜色，以及整个影片的色彩基调等多方面进行考虑，从最终决定字幕阴影的色彩。
- ❑ **透明度**　控制投影的透明程度。在实际应用中，应适当降低该选项的取值，使阴影呈适当的透明状态，从而获得接近于真实情形的阴影效果。
- ❑ **角度**　该选项用于控制字幕阴影的投射位置。
- ❑ **距离**　用于确定阴影与主体间的距离，其取值越大，两者间的距离越远；反之，则越近。
- ❑ **大小**　默认情况下，字幕阴影与字幕主体的大小相同，而该选项的作用便是在原有字幕阴影的基础上增大阴影的大小。

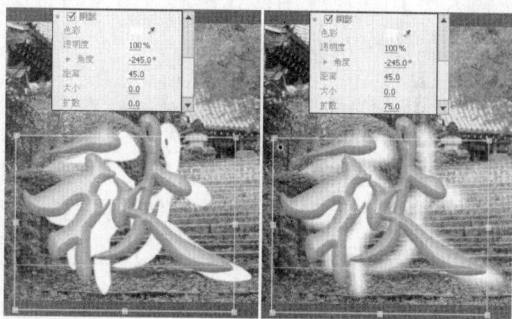

图 9-70　扩散效果对比

- ❑ **扩散**　该选项用于控制阴影边缘的发散效果，其取值越小，阴影就越为锐利；取值越大，阴影就越为模糊，如图 9-70 所示。

9.5　字幕样式

字幕样式即 Premiere 预置的字幕属性设置方案，其作用是帮助用户快速设置字幕属性，从而获得效果精美的字幕素材。本节将介绍字幕样式的应用和创建方法。

9.5.1　载入并应用样式

在 Premiere 中，字幕样式的应用方法极其简单，用户只需在输入相应的字幕文本内容后，在【字幕样式】面板内单击某个字幕样式的图标，即可将其应用于当前字幕，如图 9-71 所示。

图 9-71　应用字幕样式

在为字幕添加字幕样式后，还可在【字幕属性】面板内设置字幕文本的各项属性，从而在字幕样式的基础上获取新的字幕效果。

此外，在【字幕样式】面板内右击字幕样式预览图后，执行【应用样式】命令，也可将所选字幕样式应用于当前字幕，如图9-72所示。

如果需要有选择地应用字幕样式所记录的字幕属性，则可在【字幕样式】面板内右击字幕样式预览图后，执行【应用样式和字体大小】或【仅应用样式色彩及效果特性】命令，如图9-73所示。

图 9-72 使用命令为字幕添加字幕样式

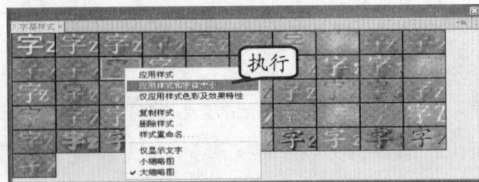

图 9-73 有选择地应用字幕样式

9.5.2 创建字幕样式

为了进一步提高用户创建字幕时的工作效率，Premiere还为用户提供了自定义字幕样式的功能。这样一来，用户便可将常用的字幕属性配置方案保存起来，从而便于随后设置相同属性或相近属性的设置。下面将通过一个简单的实例来演示创建字幕样式的方法。

新建字幕素材后，使用【文字工具】在字幕编辑窗口内输入字幕文本，如图9-74所示。

接下来，在【字幕属性】面板内调整字幕的字体、字号、颜色，以及填充效果、描边效果和阴影，如图9-75所示。

完成后，在【字幕样式】面板内单击【面板菜单】按钮，并执行【新建样式】命令，如图9-76所示。

在弹出的【新建样式】对话框中，输入字幕样式名称后，单击【确定】按钮，Premiere便会以该名称保存字幕样式。此时，即可在【字幕面板】内查看到所创建字幕样式的预览图，如图9-77所示。

图 9-74 输入字幕文本

图 9-75 调整字幕属性

9.5.3　导出和载入字幕样式库

在【字幕样式】面板中，所有字幕样式的合集称为字幕样式库。为了便于用户创建精美的字幕素材，Premiere 不仅为用户预置了多种不同的字幕样式库，还允许用户将常用字幕样式集中在一起后保存为自定义字幕样式库，并将其导出为字幕样式库文件。

单击【字幕样式】面板内的【面板菜单】按钮，并执行【保存样式库】命令，即可在弹出的对话框内将当前【字幕样式】面板内的所有字幕样式保存为一个新的字幕样式库，如图9-78所示。

在【字幕样式】面板中，单击【面板菜单】按钮，执行【追加样式库】命令后，即可从弹出的对话框内选择字幕样式库文件，并将该文件内的字幕样式追加至当前字幕样式库内，如图9-79所示。

在弹出的菜单中，如果执行【替换样式库】命令，则在弹出的对话框内选择字幕样式库文件后，当前【字幕样式】面板内的字幕样式将被所选样式库文件内的字幕样式所替换。

> **提 示**
>
> 单击【面板菜单】按钮后，执行弹出菜单内的【更新样式库】命令，Premiere 便会使用默认字幕样式库内的各种字幕样式替换当前面板中的字幕样式。

9.6　字幕模板

Premiere 预置有大量精美的字幕模板，借助这些字幕模板可以快速完成字幕素材的创建工作，从而减少编辑项目所花费的时间，提高工作效率。本节将对 Premiere 字幕模板进行讲解，以便用户能够快速掌握使用和创建 Premiere 字幕模板的方法。

9.6.1　使用字幕模板

Premiere 提供了多种应用字幕模板的方

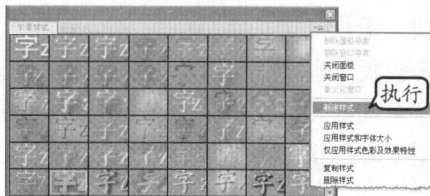

图 9-76　执行命令

图 9-77　保存自定义字幕样式

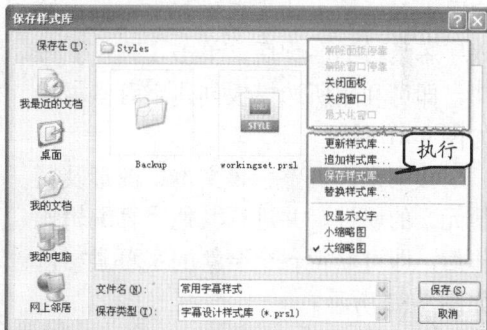

图 9-78　保存字幕样式库

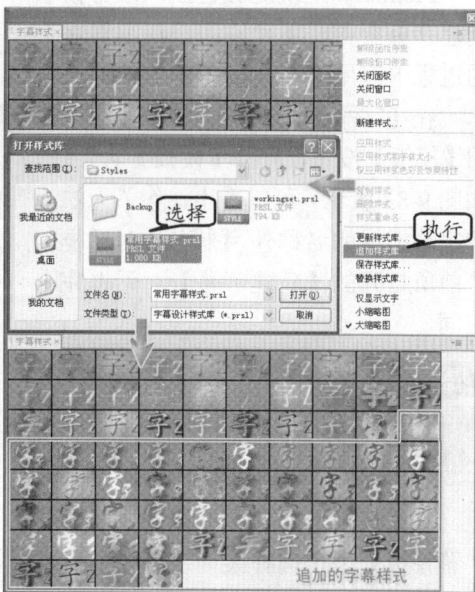

图 9-79　追加字幕样式库

法,用户既可从字幕创建之初就应用字幕模板,也可在创建字幕的过程中应用字幕模板。接下来,将分别对这两种应用字幕模板的方法进行介绍。

1. 基于模板创建字幕

在 Premiere 主界面中,执行【字幕】|【新建字幕】|【基于模板】命令。在打开的【新建字幕】对话框中,从左侧树状结构的字幕模板列表内选择某一字幕模板后,可在右侧预览区域内查看到该模板的效果,如图 9-80 所示。

选择合适的字幕模板,并在【新建字幕】对话框内的【名称】文本框内输入字幕素材的名称后,单击【确定】按钮,即可利用所选模板创建字幕素材,如图 9-81 所示。

接下来,调整字幕文本、图形及其他元素的属性,并进行其他字幕编辑操作后,即可获得一个全新的字幕素材,如图 9-82 所示。

2. 为字幕应用字幕模板

Premiere 不仅能够直接从字幕模板创建字幕素材,还允许用户在编辑字幕的过程中应用字幕模板,其方法如下。

在【字幕】面板中,单击属性栏内的【模板】按钮,打开【模板】对话框,如图 9-83 所示。可以看出,除了无法设置字幕素材的名称外,【模板】对话框与之前所打开的【新建字幕】对话框完全相同。

提 示

在编辑字幕的过程中,按组合键 Ctrl+J 后,也可打开【模板】对话框。

在【模板】对话框左侧的树状结构字幕模板列表内选择某一字幕模板后,单击【确定】按钮,即可将其应用于当前字幕。接下来,用户所要做的便是根

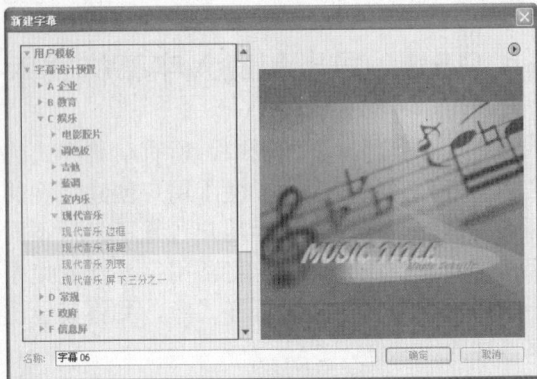

图 9-80　选择字幕模板

图 9-81　利用模板创建字幕

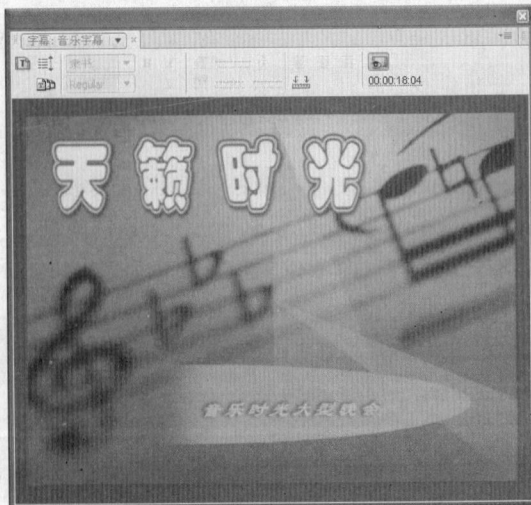

图 9-82　修改字幕内容

据需要修改字幕内容与属性，具体方法在此不再进行介绍。

注 意

在应用字幕模板后，模板所记载的字幕会完全替换当前字幕，包括徽标、图形、字幕文本及其属性设置。

9.6.2 创建字幕模板

Premiere 不仅允许用户利用 Premiere 字幕模板快速创建字幕素材，还允许用户将常用的字幕素材保存为模板。这样一来，便可在随后的影片编辑工作中利用这些模板快速创建相同或类似的字幕素材。

1. 将当前字幕保存为模板

Premiere 允许用户将当前所编辑的字幕保存为模板，其方法如下。

在字幕工作区中，完成字幕的编辑工作后，在【字幕】面板内单击属性栏中的【模板】按钮。在弹出的【模板】对话框中，单击模板预览区域上方的黑三角按钮，如图 9-84 所示。

在弹出的菜单内执行【导入当前字幕为模板】命令，并在弹出的对话框内设置模板名称后，即可将当前字幕设置为字幕模板。此时，Premiere 会在对话框左侧的模板列表中，将刚刚创建的自定义模板显示在【用户模板】项的下方，如图 9-85 所示。

2. 将字幕文件保存为模板

除了可以将现有字幕保存为模板外，用户还可将记录着字幕属性与布局方式等内容的字幕文件保存为模板，其方法如下。

打开【模板】对话框后，单击预览区域上方的黑三角按钮，执行【导入文件为模板】命令，如图 9-86 所示。

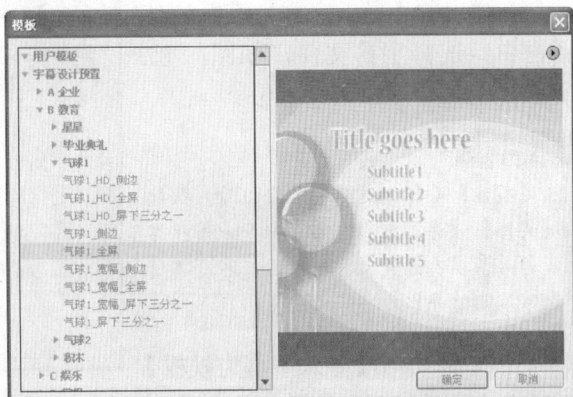

图 9-83　【模板】对话框

图 9-84　打开【模板】对话框

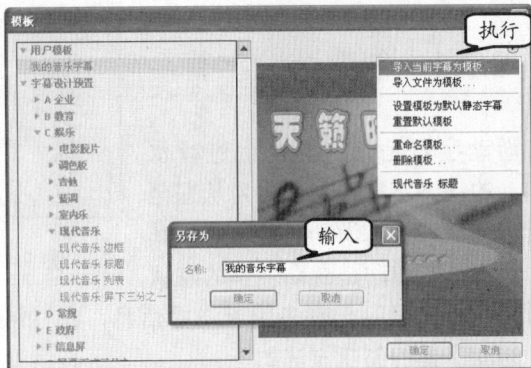

图 9-85　创建自定义模板

在弹出的【导入字幕为模板】对话框中，选择字幕文件，如图 9-87 所示。

在【项目】面板内选择字幕素材后，执行【文件】|【导出】|【字幕】命令，并在弹出的对话框内设置文件名称后，即可将所选字幕素材导出为字幕文件。

完成后，单击【导入字幕为模板】对话框内的【打开】按钮，并在弹出的对话框内设置模板名称，即可利用所选字幕文件创建字幕模板，如图 9-88 所示。

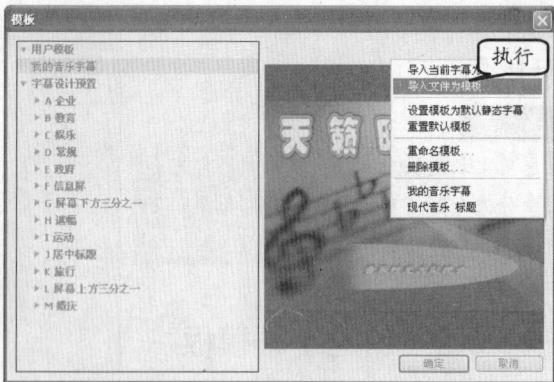
图 9-86　执行命令

9.7　创建动态字幕

根据素材类型的不同，可以将 Premiere 内的字幕素材分为静态字幕和动态字幕两大类型。在此之前所创建的都属于静态字幕，即本身不会运动的字幕；相比之下，动态字幕则是字幕本身即可运动的字幕类型。本节将对 Premiere 内的两种动态字幕的创建和使用方法进行简单介绍。

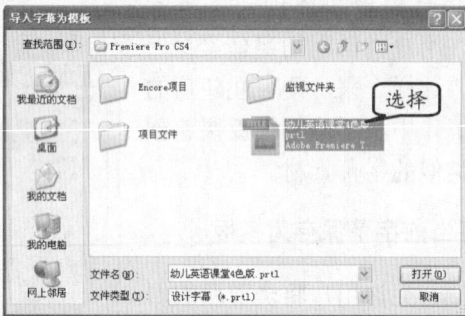
图 9-87　选择字幕文件

9.7.1　创建游动字幕

游动字幕是指在屏幕上进行水平运动的动态字幕类型，分为从左至右游动和从右至左游动两种方式。其中，从右至左游动是游动字幕的默认设置，电视节目制作时多用于飞播信息，在 Premiere 中，游动字幕的创建方法如下。

在 Premiere 主界面中，执行【字幕】|【新建字幕】|【默认游动字幕】命令，在弹出的对话框内设置字幕素材的各项属性，如图 9-89 所示。

接下来，即可按照创建静态字幕的方法，在打开的字幕工作区内创建游动字幕。完成后，选择字幕文本，并执行【字幕】|【滚动/游动选项】命令后，在弹

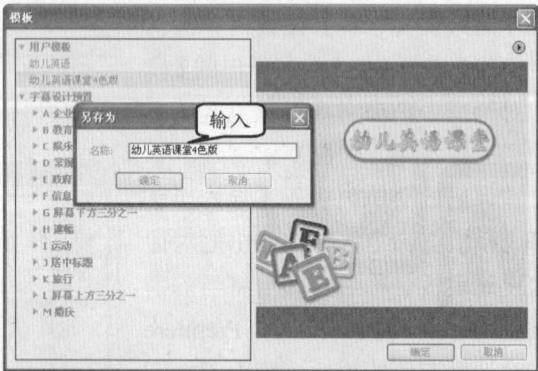
图 9-88　利用字幕文件创建模板

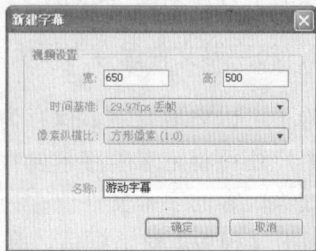
图 9-89　设置游动字幕属性

出的对话框内启用【开始于屏幕外】和【结束于屏幕外】复选框，如图 9-90 所示。

单击对话框内的【确定】按钮后，即可完成游动字幕的创建工作。此时，便可将其添加至【时间线】面板内并预览其效果，如图 9-91 所示。

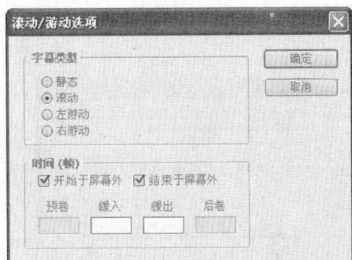

图 9-90 调整字幕游动设置　　图 9-91 游动字幕效果

在【滚动/游动选项】对话框中，各选项的含义及其作用如表 9-4 所示。

表 9-4 【滚动/游动选项】对话框内各选项的作用

选 项 组	选 项 名 称	作　　　用
字幕类型	静态	将字幕设置为静态字幕
	滚动	将字幕设置为滚动字幕
	左游动	设置字幕从右向左运动
	右游动	设置字幕从左向右运动
时间（帧）	开始于屏幕外	将字幕运动的起始位置设于屏幕外侧
	结束于屏幕外	将字幕运动的结束位置设于屏幕外侧
	预卷	字幕在运动之前保持静止的帧数
	缓入	字幕在到达正常播放速度之前，逐渐加速的帧数
	缓出	字幕在即将结束之时，逐渐减速的帧数
	后卷	字幕在运动之后保持静止的帧数

9.7.2 创建滚动字幕

滚动字幕的效果是从屏幕下方逐渐向上运动，在影视节目制作中多用于节目末尾演职员表的制作。在 Premiere 中，执行【字幕】|【新建字幕】|【默认游动字幕】命令，并在弹出的对话框内设置字幕素材的属性后，即可参照静态字幕的创建方法在字幕工作区内创建滚动字幕，其播放效果如图 9-92 所示。

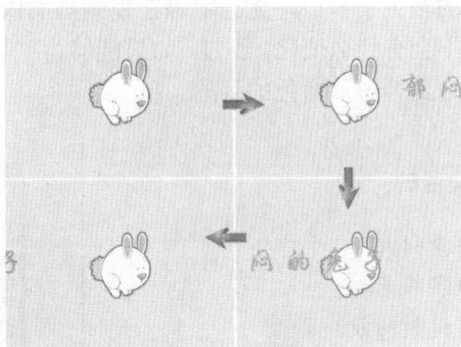

图 9-92 滚动字幕效果

9.8 实验指导：制作光影流动字幕

在以往的常见字幕中，无论字幕在视频画面内做出了怎样的调整，字幕文本的填充效果却大都不会有什么变化。不过，如果能够为字幕应用一种动态的字幕文本填充效果，则一定能够达到为影片增色的目的。

1. 实验目的

❑ 调整素材大小
❑ 创建字幕素材
❑ 应用视频特效

2. 实验步骤

1. 创建 Premiere 项目后，使用 DV-PAL 文件夹中的【标准 32kHz】预置方案来创建序列，如图 9-93 所示。

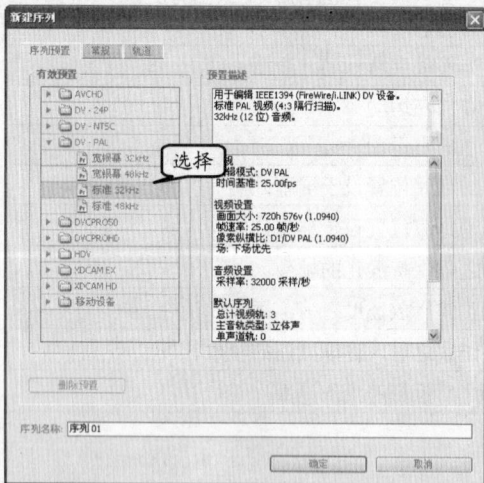

图 9-93 创建序列

2. 将已经准备好的"背景.jpg"和"流光溢彩.f4v"素材导入至当前项目中，并在将"背景.jpg"素材添加至"视频 1"轨道后，将该素材的持续时间设置为 10 秒，如图 9-94 所示。

3. 在【特效控制台】面板中，通过更改【运动】选项组内的【缩放比例】选项来更改素材"背景.jpg"在画面中的大小，如图 9-95 所示。

图 9-94 调整素材的持续时间

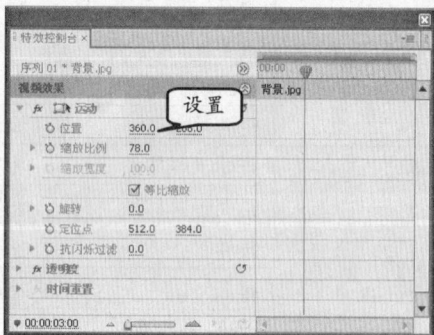

图 9-95 调整素材尺寸

4. 单击【项目】面板内的【新建分项】按钮后，执行菜单内的【字幕】命令。然后，在弹出的【新建字幕】对话框中设置字幕的名称，如图 9-96 所示。

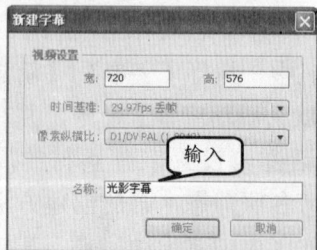

图 9-96 创建字幕素材

5 设置字幕素材的基础属性后，使用【文字工具】在【字幕】面板内输入文字，并调整文字的大小和样式，如图 9-97 所示。

可预览字幕效果，如图 9-101 所示。

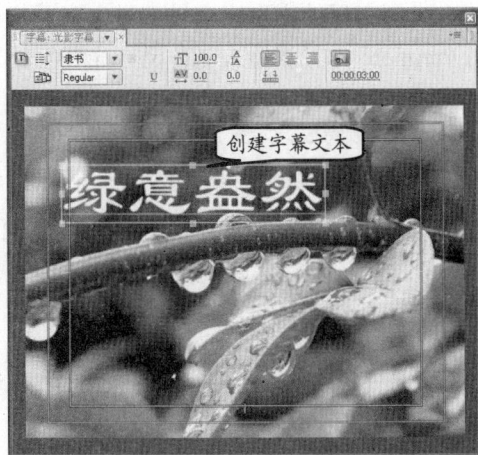

图 9-97　设置字幕文本

6 字幕素材创建完成后，返回 Premiere 主界面，并将刚刚创建的字幕素材添加至"视频 3"轨道内，如图 9-98 所示。

图 9-98　添加字幕素材

7 接下来将"流光溢彩.f4v"素材添加至"视频 2"轨道内，并调整该素材在视频画面中的位置，如图 9-99 所示。

8 为"流光溢彩.f4v"素材应用【轨道遮罩键】视频特效后，在【特效控制台】面板内将【遮罩】设置为"视频 3"，将【合成方式】修改为"Luma 遮罩"，如图 9-100 所示。

9 至此，光影字幕便制作完成了。在【节目】面板内单击【播放-停止切换】按钮后，即

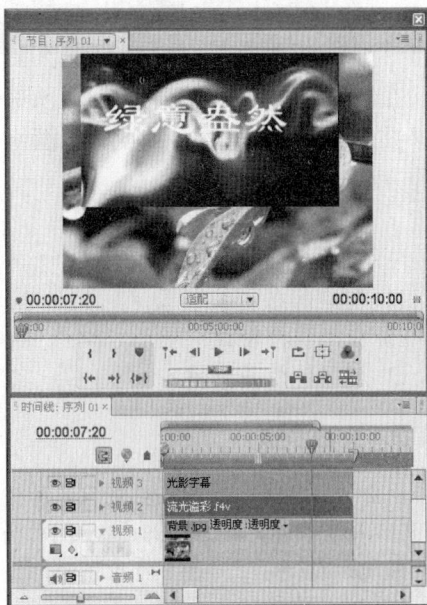

图 9-99　调整视频素材

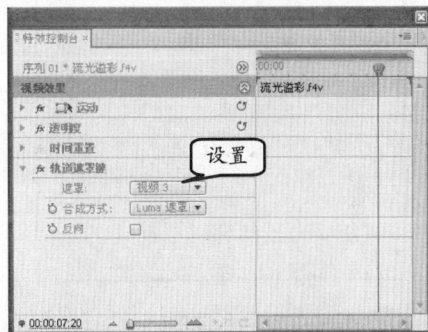

图 9-100　调整滤镜参数

图 9-101　预览字幕效果

第 9 章　创建字幕

9.9 实验指导：制作光芒字幕效果

在制作视频广告或影视节目片头时，动态的、光彩夺目的文字内容较普通文字更加能够吸引观众的注意力。为此，下面将介绍利用 Premiere 内置滤镜来制作泛光光芒字的制作方法。

1. 实验目的

❑ 创建静态文本字幕
❑ 应用视频特效
❑ 应用特效关键帧

2. 实验步骤

1 创建"光芒字" Premiere 项目，并使用 DV-PAL 文件夹中的【标准 32kHz】作为预置方案创建序列，如图 9-102 所示。

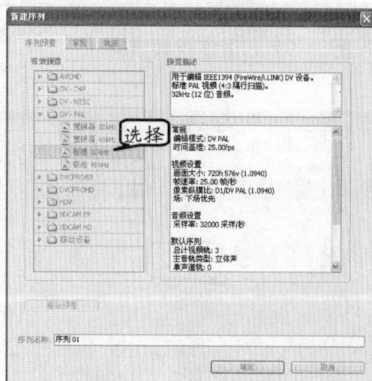

图 9-102 创建序列

2 进入 Premiere 主界面后，将"背景.jpg"导入至当前项目，并在将该素材添加至"视频 1"轨道后，调整该素材在视频画面中的尺寸，如图 9-103 所示。

3 在【项目】面板内单击【新建分项】按钮后，执行【字幕】命令。然后，将弹出的对话框内的【名称】选项修改为"龙之战争"，如图 9-104 所示。

4 在【字幕】面板中，使用【文字工具】创建字幕文本后，为其应用【方正金质大黑】字幕样式，如图 9-105 所示。

5 返回 Premiere 主界面后，将"龙之战争"字幕素材添加至"视频 2"轨道内，并为该素材添加【风格化】文件夹中的【Alpha 辉光】视频特效，如图 9-106 所示。

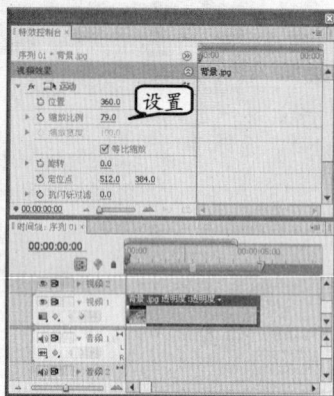

图 9-103 添加并调整素材

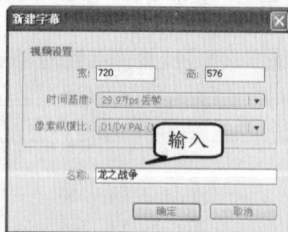

图 9-104 创建字幕素材

图 9-105 创建字幕文本

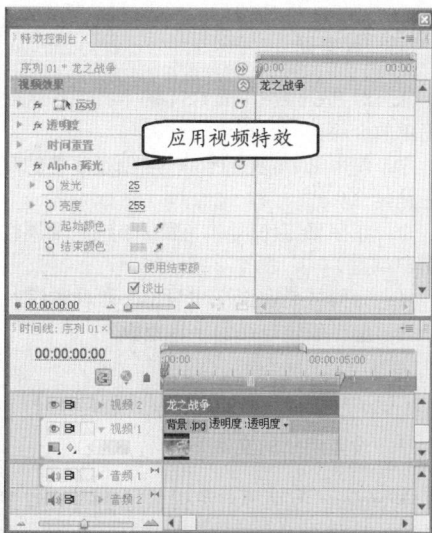

図 9-106 应用视频特效

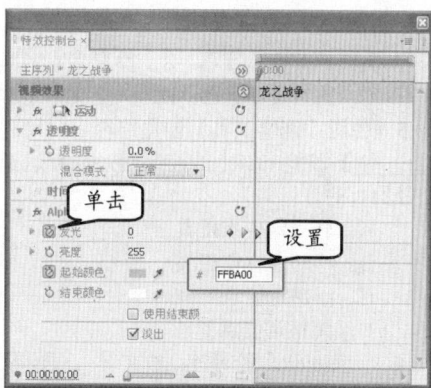

图 9-107 设置特效关键帧

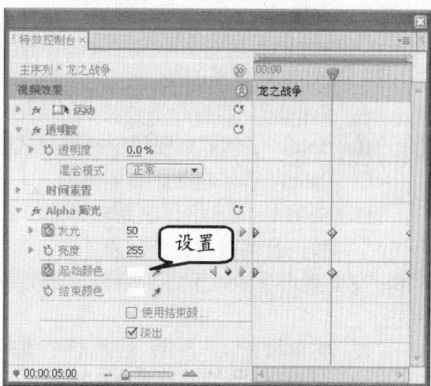

图 9-108 修改关键帧参数

6 在影片起始位置处分别为【Alpha 辉光】选项组内的【发光】和【起始颜色】选项设置关键帧后，分别修改这两个选项的参数值，如图 9-107 所示。

7 接下来在影片的中间和末尾部分添加【发光】和【起始颜色】关键帧后，修改中间部分关键帧的参数，如图 9-108 所示。

8 上述操作全部完成后，即可在【节目】面板内预览光芒字幕的播放效果。

9.10 思考与练习

一、填空题

1. 所谓_____，是指在视频素材和图片素材之外，由用户自行创建的可视化元素，例如文字、图形等。

2. _____面板是用户创建、编辑字幕的主要工作场所，用户不仅可在该面板内直观地了解字幕应用于影片后的效果，还可直接对其进行修改。

3. 在字幕工作区中，使用【_____】在【字幕】面板内的编辑窗口任意位置单击后，即可输入相应文字，从而创建水平文本字幕。

4. _____字幕的特点是能够通过调整路径形状而改变字幕的整体形态，但必须依附于路径才能够存在。

5. _____字幕对象主要通过【矩形工具】、【圆角矩形工具】、【切角矩形工具】等绘图工具绘制而成。

6. 在 Premiere 中，描边分为_____描边和_____描边两种类型。

7. 选择字幕对象后，只需在【_____】面板内单击某个字幕样式的图标，即可将该样式应用于当前所选字幕。

8. 根据素材类型的不同，Premiere 中的字幕素材分为静态字幕和动态字幕两大类型，其中动态字幕又分为_____字幕和滚动字幕。

二、选择题

1. 在 Premiere Pro CS4 中，字幕工作区共由【字幕】面板、【字幕工具】面板、_____、【字幕样式】面板和【字幕属性】面板所组成。

　A.【字幕对象】面板　B.【对齐】面板
　C.【字幕动作】面板　D.【分布】面板

2. 在下列选项中，不属于 Premiere 文本字幕类型的是_____。

    A．水平文本字幕   B．垂直文本字幕

    C．路径文本字幕 D．矢量文本字幕

3．使用【钢笔工具】创建路径后，可利用【_____】调整节点上的控制柄，从而达到调整路径的目的。

    A．转换定位点工具

    B．移动定位点工具

    C．添加定位点工具

    D．调整定位点工具

4．Premiere 字幕包含文本、图形、_____共 3 种内容元素，通过有机地组合这些元素，用户可以创建出各种各样精美的字幕素材。

    A．图标   B．标志

    C．表格   D．蒙版

5．在 Premiere 为字幕文本所提供的字体样式中，所有字体都可使用的是_____。

    A．Regular，即标准字体样式

    B．Bold，字体笔划要粗于标准样式

    C．Italic，字体略微向右侧倾斜

    D．Bold Italic，字体笔划较标准样式要粗，且略微向右侧倾斜

6．在下列选项中，不属于字幕填充类型的是_____。

    A．实色填充   B．线性渐变填充

    C．三维填充   D．残像填充

7．利用字幕模板创建字幕拥有哪些优点？_____

    A．模板的样式丰富，供用户挑选的范围较大

    B．字幕背景与属性都已经设置完成，只须稍做修改即可使用

    C．操作简单，使用方便

    D．以上内容皆为字幕模板的优点

8．在下列关于字幕的介绍中，描述错误的是_____。

    A．Premiere 拥有强大的字幕创建与编辑功能，但实际上字幕在整个影片中的作用并不突出

    B．字幕样式的功能是保存字幕属性的预设方案，这使得用户能够快速为众多字幕元素应用相同的属性设置方案

    C．字幕是现代影片中的重要组成部分，包含文本、徽标、图形等多种类型

    D．根据字幕播放样式的不同，Premiere 将字幕分为静态字幕和动态字幕两种类型

三、简答题

1．对 Premiere Pro CS4 的字幕工作区做一番简单的介绍。

2．使用 Premiere Pro CS4 创建字幕的基本流程是什么？

3．在字幕工作区中，都有哪些字幕属性可供用户调整？

4．如何从 Premiere 中导出字幕样式库？

5．怎样创建自己的字幕模板？

四、上机练习

1．设置虚化的文本字幕

Premiere 为字幕对象提供了丰富的属性设置选项，这使得用户能够制作出样式丰富、效果出众的字幕素材。例如，在将字幕的【填充类型】选项设置为"线性渐变"后，使用"非透明色彩"至"透明色彩"的过渡，便可制作出具有虚化效果的字幕素材，如图 9-109 所示。

图 9-109　制作虚化效果的字幕

2．制作影视节目片尾的演职人员字幕表

现如今，几乎所有影视节目在片尾播出演职人员表时都采用了滚动字幕的播放方式。通过在 Premiere 内制作滚动字幕，可以方便地创建出演职人员字幕表，如图 9-110 所示。

图 9-110　影视节目片尾的演职人员字幕

第 10 章

获取和编辑音频

心理学家经过研究后发现，成功的影视节目总是有适当的背景音乐与之相配合，原因在于它们能够为影视节目带来更为震撼的冲击力和感染力。因此，编辑音频也就成为制作高质量影视节目时必不可少的一个环节。

在现代影视节目的制作过程中，所有节目都会在后期编辑时添加适合的背景音效，从而使节目能够更加精彩、完美。为了帮助用户更好地处理节目的音频部分，Premiere 提供了各种便捷的音频处理功能。在这一过程中，用户不仅可以在多个音频素材之间添加过渡效果，还可根据需要为音频素材添加音频滤镜，从而改变原始素材的声音效果，使视频画面和声音效果能够更加紧密地结合起来。

本章学习要点：

➢ 音频概述
➢ 编辑音频素材
➢ 处理音频素材
➢ 音频过渡
➢ 音频特效

10.1 音频概述

人类能够听到的所有声音都可被称为音频，如话语声、歌声、乐器声和噪声等，但由于类型的不同，这些声响都具有一些与其他类音频不同的特性。

10.1.1 了解声音

声音通过物体振动所产生，正在发声的物体被称为声源。由声源振动空气所产生的疏密波在进入人耳后，会通过振动耳膜产生刺激信号，并由此形成听觉感受，这便是人们"听"到声音的整个过程。

1．不同类型的声音

声源在发出声音时的振动速度称为声音频率，以 Hz 为单位进行测量。通常情况下，人类能够听到的声音频率在 20Hz～20kHz 范围之内。按照内容、频率范围和时间领域的不同，可以将声音大致分为以下几种类型。

❑ **自然音**

自然音是指大自然的声音，如流水声、雷鸣声或风的声音等。

❑ **纯音**

当声音只由一种频率的声波所组成时，声源所发出的声音便称为纯音。例如，音叉所发出的声音便是纯音，如图 10-1 所示。

❑ **复合音**

复合音是由基音和泛音结合在一起形成的声音，即由多个不同频率声波构成的组合频率。复合音的产生原因是声源物体在进行整体振动的同时，其内部的组合部分也在振动而形成的。

❑ **协和音**

协和音由两个单独的纯音组合而成，但它与基音存在正比的关系。例如，当按下钢琴相差 8 度的音符时，两者听起来犹

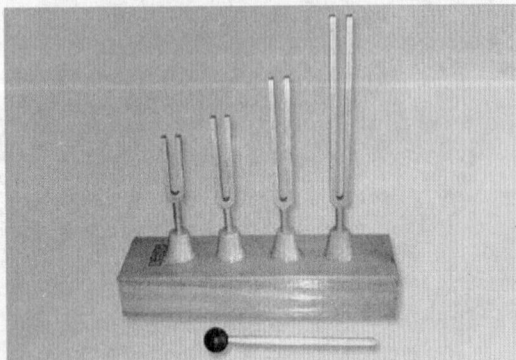

图 10-1　音叉

如一个音符，因此被称为协和音；若按下相邻 2 度的音符，则由于听起来不融合，因此会被称为不协和音。

❑ **噪声**

噪声是一种会引起人们烦躁或危害人体健康的声音，其主要来源于交通运输、车辆鸣笛、工业噪声、建筑施工等。

❑ **超声波与次声波**

频率低于 20Hz 的音波信号称为次声波，而当音波的频率高于 20kHz 时，则被称为超声波。

2. 声音的三要素

在日常生活中可以发现，轻轻敲击钢琴键与重击钢琴键时感受到的音量大小会有所不同；敲击不同钢琴键时产生的声音不同；甚至钢琴与小提琴在演奏相同音符时的表现也会有所差别。根据这些差异，人们从听觉心理上为声音归纳出响度、音高与音色这 3 种不同的属性。

❑ 响度

又称声强或音量，用于表示声音能量的强弱程度，主要取决于声波振幅的大小，振幅越大响度越大。声音的响度采用声压或声强来计量，单位为帕（Pa），与基准声压比值的对数值称为声压级，单位为分贝（dB）。

响度是听觉的基础，正常人听觉的强度范围在 0～140dB 之间，当声音的频率超出人耳可听频率范围时，其响度为 0。

❑ 音高

音高也称为音调，表示人耳对声音高低的主观感受。音调由频率决定，频率越高音调越高。一般情况下，较大物体振动时的音调较低，较小物体振动时的音调较高。

❑ 音色

音色也称为音品，由声音波形的谐波频谱和包络决定。举例来说，当人们在听到声音时，通常都能够立刻辨别出是哪种类型的声音，其原因便在于不同声源在振动发声时产生的音色不同，因此会为人们带来不同的听觉印象。

提 示

音色由发声物体本身的材料、结构决定。

10.1.2 音频信号的数字化处理技术

随着科学技术的发展，无论是广播电视、电影、音像公司、唱片公司还是个人录音棚，都在使用数字化技术处理音频信号。数字化正成为一种趋势，而数字化的音频处理技术也将拥有广阔的前景。

1. 数字音频技术概述

所谓数字音频是指把声音信号数字化，并在数字状态下进行传送、记录、重放以及加工处理的一整套技术。与之对应的是，将声音信号在模拟状态下进行加工处理的技术称为模拟音频技术。

模拟音频信号的声波振幅具有随时间连续变化的性质，音频数字化的原理就是将这种模拟信号按一定时间间隔取值，并将取值按照二进制编码表示，从而将连续的模拟信号变换为离散的数字信号的操作过程。

与模拟音频相比，数字音频拥有较低的失真率和较高的信噪比，能经受多次复制与处理而不会明显降低质量。在多声道音频领域中，数字音频还能够消除通道间的相位差。不过，由于数字音频的数字量较大，因此会提高存储与传输数据时的成本和复杂性。

2. 数字音频技术的应用

由于数字音频在存储和传输方面拥有很多模拟音频无法比拟的技术优越性，因此数字音频技术已经广泛地应用于音频制作过程中。

❑ **数字录音机**

数字录音机采用了数字化方式记录音频信号，因此能够实现很高的动态范围和极好的频率响应，抖晃率也低于可测量的极限。与模拟录音机相比，剪辑功能也有极大的增强与提高，还可以实现自动编辑。

❑ **数字调音台**

数字调音台除了具有 A/D 和 D/A 转换器外，还具有 DSP 处理器。在使用及控制方面，调音台附设有计算机磁盘记录、电视监视器，且各种控制器的调校程序、位置、电平、声源记录分组等均具有自动化功能，包括推拉电位器运动、均衡器、滤波器、压限器、输入、输出、辅助编组等，均由计算机控制。

❑ **数字音频工作站**

数字音频工作站是一种计算机多媒体技术应用到数字音频领域后的产物。它包括了许多音频制作功能。多轨数字记录系统可以进行音乐节目录音、补录、搬轨及并轨使用，用户可以根据需要对轨道进行扩充，从而能够更方便地进行音频、视频同步编辑等后期制作。

10.2　添加和编辑音频素材

所谓音频素材，是指能够持续一段时间含有各种乐器音响效果的声音。在制作影片的过程中，声音素材的好坏将直接影响影视节目的质量。

10.2.1　使用音频单位

对于视频来说，视频帧是其标准的测量单位，通过视频帧可以精确地设置入点或者出点。然而在 Premiere 中，音频素材应当使用毫秒或音频采样率来作为显示单位。

若要查看音频的单位及音频素材的声波图形，应当先将音频素材或带有声音的视频素材添加至【时间线】面板内，如图 10-2 所示。

展开音频轨道，并单击【设置显示样式】下拉按钮，执行【显示波形】命令，即可在【时间线】面板中显示该素材的音频波形，如图 10-3 所示。

提 示

用户可以调整音频轨的宽度，以便查看音频素材的波形文件。

图 10-2　时间线中的音频素材

若要显示音频单位，只需在【时间线】面板内单击【面板菜单】按钮后，执行【显示音频单位】命令，即可在时间标尺上显示相应的音频单位，如图10-4所示。

默认情况下，Premiere项目文件会采用音频采样率作为音频素材单位，用户可根据需要将其修改为毫秒。操作时，需要首先单击【项目】菜单，执行【项目设置】|【常规】命令。在弹出的【项目设置】对话框中，单击【音频】栏中的【显示格式】下拉按钮，选择"毫秒"选项即可，如图10-5所示。

图 10-3　查看音频波形

图 10-4　显示音频单位

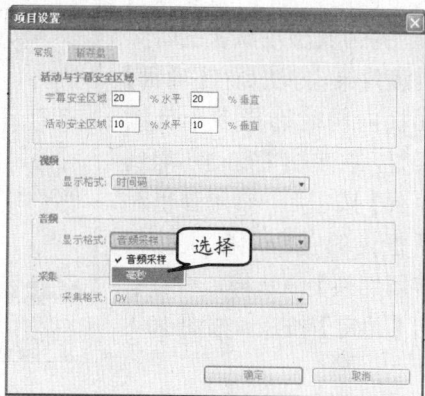

图 10-5　更改音频单位

10.2.2　在时间线上编辑音频

在对声音和音频技术有了一定了解后，便可开始对影片中的音频素材进行编辑处理。本节将介绍添加音频素材的不同方法，以及如何设置音频素材的播放速度和声道等内容。

1．添加音频素材

在Premiere中，添加音频素材的方法与添加视频素材的方法基本相同，同样是通过在菜单或是【项目】面板来完成。

❑　利用【项目】面板添加音频素材

在【项目】面板中，用户既可以利用右键菜单添加音频素材，也可以使用鼠标拖动的方式添加音频素材。

若要利用右键菜单，可以在【项目】面板中右击要添加的音频素材，执行【插入】

命令，即可将相应素材添加到音频轨中，如图 10-6 所示。

在使用右键菜单添加音频素材时，需要先在【时间线】面板中激活要添加素材的音频轨道。被激活的音频轨道将以白色显示在【时间线】面板中。

若要利用鼠标拖动的方式添加音频素材，则只需在【项目】面板内选择音频素材后将其拖至相应音频轨即可，如图 10-7 所示。

图 10-6　利用右键菜单添加音频素材

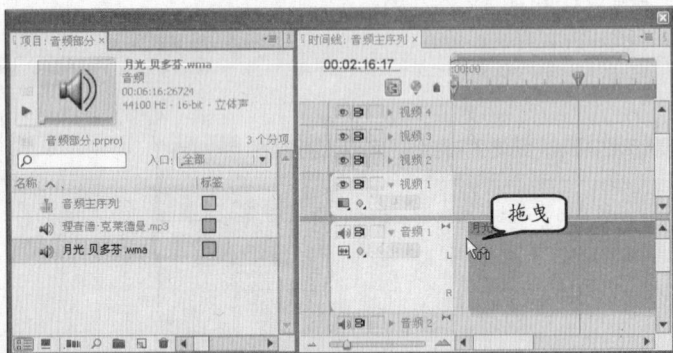

此外，用户还可在音频轨中同时添加多个音频素材，并为其应用默认的音频过渡效果。方法是在【项目】面板内同时选择多个音频素材，在单击【自动匹配到序列】按钮后，禁用弹出对话框内的【应用默认视频转场切换】复选框，然后单击【确定】按钮，如图 10-8 所示。

图 10-7　以拖动方式添加音频素材

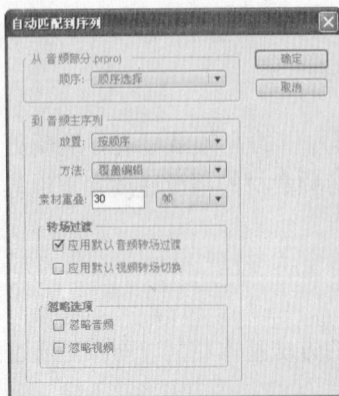

此时，在【项目】面板内同时选中音频素材将会自动添加到音频轨内，如图 10-9 所示。

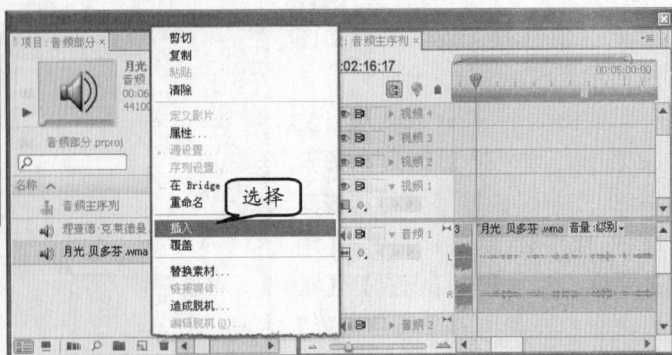

图 10-8　自动匹配到序列　　图 10-9　同时添加多个音频素材

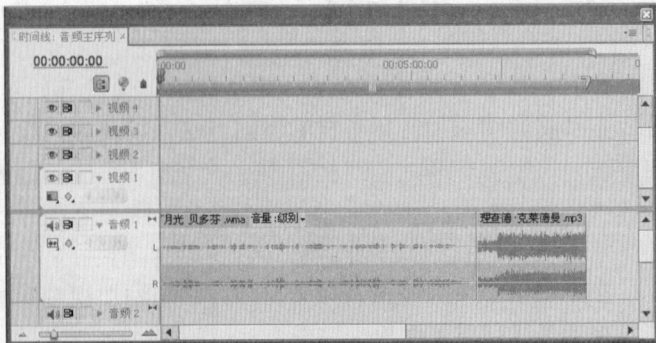

❏ 利用菜单添加音频素材

若要利用菜单添加音频素材，需要先激活要添加音频素材的音频轨，并在【项目】

面板中选择要添加的音频素材后，单击【素材】菜单，执行【插入】命令，如图10-10所示。

如果在【时间线】面板中没有激活相应的音频轨，则在【项目】菜单中【插入】选项将被禁用。

图 10-10 利用菜单添加音频素材

2. 调整音频素材的持续时间

音频素材的持续时间是指音频素材的播放长度，用户可以通过设置音频素材的入点和出点来调整其持续时间。除此之外，Premiere 还允许用户通过更改素材长度和播放速度的方式来调整其持续时间。

若要通过更改其长度来调整音频素材的持续时间，可以在【时间线】面板中，将鼠标置于音频素材的末尾，当光标变成✛形状时，拖动鼠标即可更改其长度，如图10-11所示。

在调整素材长度时，向左拖动鼠标则持续时间变短，向右拖动鼠标则持续时间变长。但是当音频素材处于最长持续时间状态时，将不能通过向右拖动鼠标的方式来延长其持续时间。

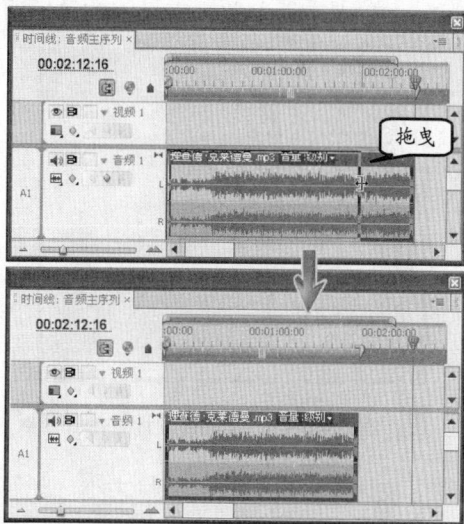

图 10-11 利用鼠标调整音频素材的持续时间

需要指出的是，使用鼠标拖动来延长或者缩短音频素材持续时间的方式会影响到音频素材的完整性。因此，若要在保证音频内容完整的前提下更改持续时间，则必须通过调整播放速度的方式来实现。

操作时，应当在【时间线】面板内右击相应音频素材，并执行【速度/持续时间】命令，如图10-12所示。

接下来，在弹出的【素材速度/持续时间】对话框内调整【速度】选项，即可改变音频素材持续时间的长度，如图10-13所示。

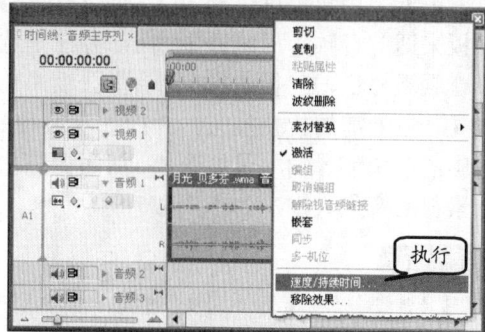

图 10-12 执行【速度/持续时间】命令

在【素材速度/持续时间】对话框中，也可直接更改【持续时间】选项，从而精确控制素材的播放长度。

3. 设置音频素材的音量

设置音频素材音量大小的意义在于，可以使相邻音频素材的音量相匹配，或者使其完全静音。

当通过【时间线】或【节目】面板播放音频素材时，Premiere 内置的【主音频计量器】面板将会显示音频素材的总体音量级别，如图 10-14 所示。

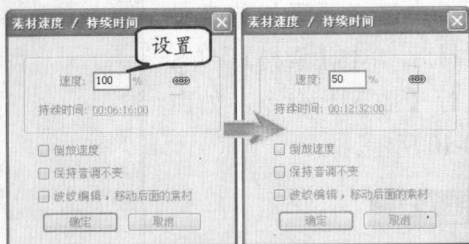

图 10-13　调整速度

在【主音频计量器】面板中，峰值指示器用于显示播放音频素材时达到的峰值音量。通常情况下，用户希望的峰值应介于 0 和–6dB 之间，而如果红色剪辑指示器亮起，则将会降低一个或者多个音频素材的音量，如图 10-15 所示。

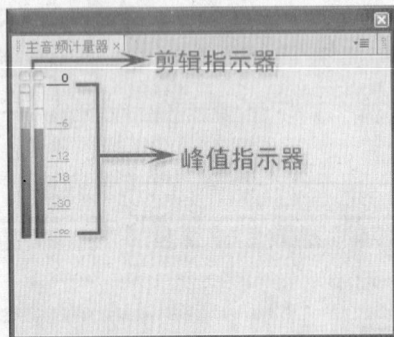

图 10-14　【主音频计量器】面板

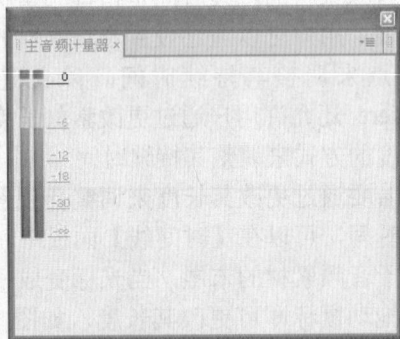

图 10-15　红色剪辑指示器

若要调整音频素材的音量大小，则可以通过【时间线】或者【特效控制台】面板来完成。而且，用户不仅可以调整整个音频素材的音量大小，同时也可以设置音频素材在不同位置具有不同的音量大小，从而实现声音忽高忽低的特殊效果，如图 10-16 所示。

另外，用户也可以利用【特效控制台】面板来调节音频素材的音量大小。方法是选择音频素材后，在【特效控制台】面板中单击【音量】前的折叠按钮，并拖动【级别】栏中的滑块或者输入具体数值，从而调整所选素材的音量大小，如图 10-17 所示。

提　示

在【特效控制台】面板中，【旁路】选项主要用于素材添加特效前后的对比。该选项含有"取消"的含义，任何一种特效在启用【旁路】复选框之后，都会禁止该特效的应用。

若要使音频素材在不同的位置具有不

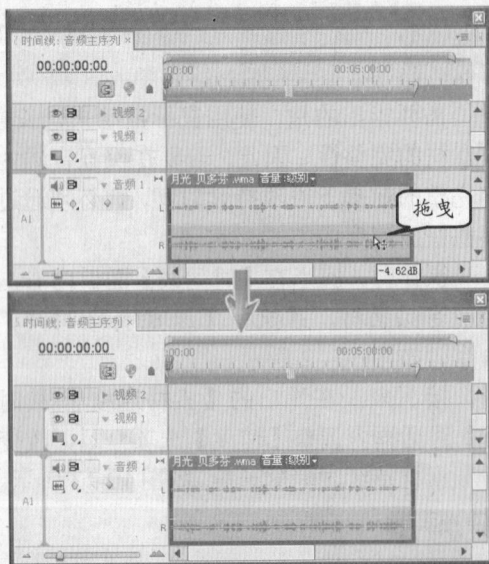

图 10-16　调整音量

同大小的音量，则需要为其添加关键帧。

在【特效控制台】面板中，拖动时间线视图中的当前时间指示器至合适的位置并添加关键帧。然后，向上或者向下拖动该关键帧，即可增加或者降低该位置上音频素材的声音大小，如图 10-18 所示。

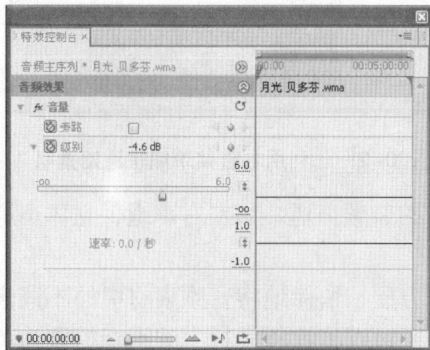

图 10-17　利用【特效控制台】调节音量大小

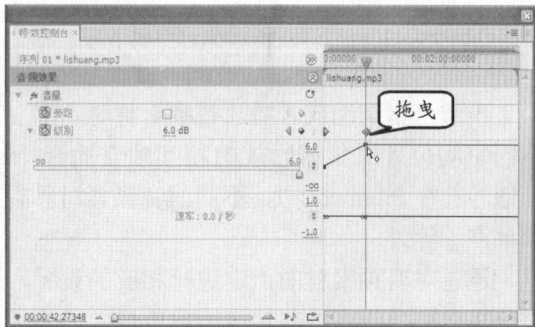

图 10-18　调节关键帧位置上的音量大小

> **提　示**
>
> 在【特效控制台】面板的时间线视图中，将在开始位置默认显示一个关键帧，用户可以直接单击【添加/移除关键帧】按钮，添加第二个关键帧。当不显示关键帧时，可以单击【级别】前的【切换动画】按钮，从而添加关键帧。

同样，用户也可以利用【时间线】面板在音频素材中添加关键帧，并设置其音量大小，如图 10-19 所示。

图 10-19　利用【时间线】视图调整音量大小

10.2.3　编辑源素材

若要编辑音频源素材，可以在【时间线】面板内选择音频素材后，单击【编辑】菜单，执行【编辑原始素材】命令，如图 10-20 所示。稍等片刻后，即可打开相应的音频文件编辑程序。

此外，右击【时间线】面板内的音频素材后，执行【编辑原始素材】命令，也可打开相应的

图 10-20　编辑原始素材

程序对音频素材进行编辑，如图 10-21 所示。

编辑完成之后，保存编辑结果，并关闭音频素材编辑程序，用户所做的更改便会自动反映到 Premiere 项目中。

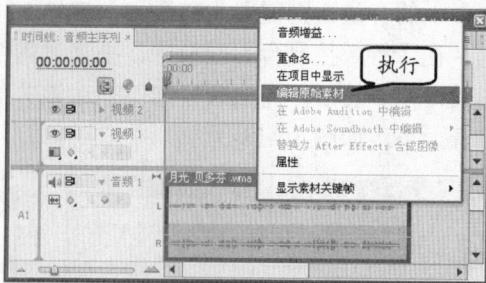

10.2.4 映射音频声道

声道是指录制或者播放音频素材时，在不同空间位置采集或回放的相互独立的音频信号。在 Premiere 中，不同的音频素材具有不同的音频声道，如左右声道、立体声道和单声道等。

图 10-21 利用右键菜单编辑原始素材

通过对音频素材的声道进行相应的设置，可以方便、快捷地将音频素材中的不同声道分离出来，或者将其转换为单声道。另外，用户还可以将视频素材中的声音提取为单独的音频文件。

1. 源声道映射

在编辑影片的过程中，经常会遇到卡拉 OK 等双声道或多声道的音频素材。此时，如果只需要使用其中一个声道中的声音，则应当利用 Premiere 中的源声道映射功能，对音频素材中的声道进行转换。

在执行源声道映射操作时，需要先将待处理的音频素材导入 Premiere 项目内。在【素材源】面板中，可以查看到相应音频素材的声道情况，如图 10-22 所示。

图 10-22 原始的音频素材

> **提 示**
>
> 在【项目】面板中，双击音频素材，即可在【素材源】面板中预览该素材。

接下来，在【项目】面板内选择素材文件后，执行【素材】|【音频素材】|【源声道映射】命令。在弹出的【源声道映射】对话框中，左侧显示了音频素材的所有轨道格式，而右侧则列出了当前音频素材具有的源声道模式，如图 10-23 所示。

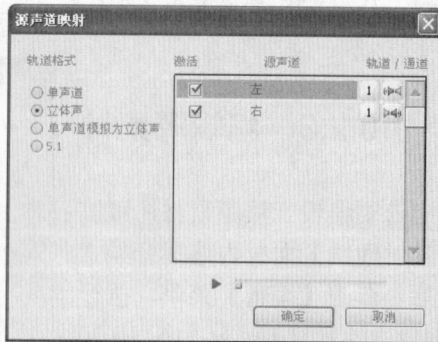

图 10-23 【源声道映射】对话框

> **提 示**
>
> 在【源声道映射】对话框中，所有选项的默认设置均与音频素材的属性相关。这里导入的音频素材格式为立体声，因此该对话框中的【轨道格式】默认为"立体声"。此外，单击对话框底部的【播放】按钮▶后，还可以对所选音频素材进行试听。

在【源声道映射】对话框中，禁用【左声道】栏中的【激活】复选框后，即可"关闭"音频素材左声道，从而使音频素材仅保留右声道中的声音，如图 10-24 所示。

提 示

如果用户在【源声道映射】对话框内禁用的是【右声道】栏中的【激活】复选框，则音频素材将只保留左声道中的声音。

2. 强制为单声道

Premiere 除了具备映射声道的功能外，还可以将音频素材中的各个声道分离为单独的音频素材。也就是说，能够将一个多声道的音频素材强制分离为多个单声道的音频素材。

进行此类操作时，只需在【项目】面板内选择音频素材后，执行【素材】|【音频选项】|【强制为单声道】命令，即可将原始素材分离为多个不同声道的音频素材，如图 10-25 所示。

此时，即可在【素材源】面板内分别预览分离后的单声道音频素材，如图 10-26 所示。

图 10-24　映射声道效果

3. 提取音频

在编辑某些影视节目时，可能只是需要某段视频素材中的音频部分，此时

图 10-25　强制为单声道

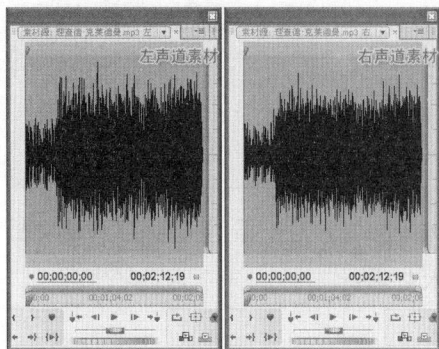

便需要将素材中的音频部分提取为独立的音频素材。方法是在【项目】面板内选择相应的视频素材后，执行【素材】|【音频选项】|【提取音频】命令。稍等片刻后，Premiere便会利用提取出的音频部分生成独立的音频素材文件，并将其自动添加至【项目】面板内，如图 10-27 所示。

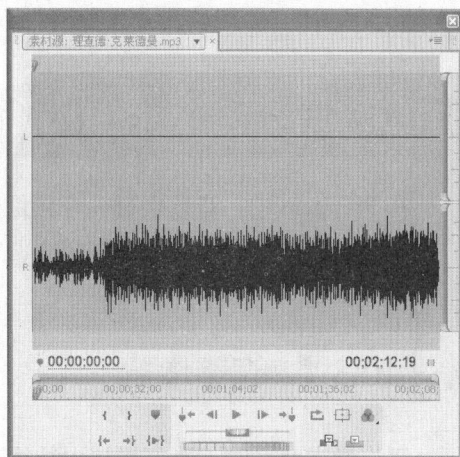

图 10-26　分离后的音频素材

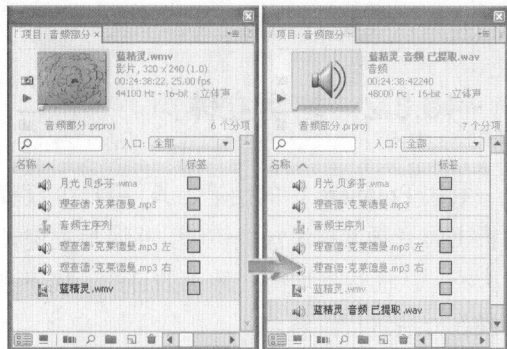

图 10-27　提取音频

10.3　增益、淡化和均衡

在 Premiere 中，音频素材内音频信号的声调高低称为增益，而音频素材内各声道间的平衡状况被称为均衡。本节将介绍调整音频增益，以及调整音频素材均衡状态的操作方法。

10.3.1　调整增益

制作影视节目时，整部影片内往往会使用多个音频素材。此时，便需要对各个音频素材的增益进行调整，以免部分音频素材出现声调过高或过低的情况，并最终影响整个影片的制作效果。

调节音频素材增益时，可在【项目】或【时间线】面板内选择音频素材后，执行【素材】|【音频选项】|【音频增益】命令，如图 10-28 所示。

在接下来弹出的【音频增益】对话框中，选中【设置增益为】单选按钮后，即可直接在其右侧文本框内设置增益数值，如图 10-29 所示。当设置的参数值大于 0dB 时，表示增大音频素材的增益；当其参数值小于 0dB 时，则为降低音频素材的增益。

图 10-28　执行【音频增益】命令

10.3.2　均衡立体声

利用 Premiere 中的钢笔工具，用户可直接在【时间线】面板上为音频素材添加关键帧，并调整关键帧位置上的音量大小，从而达到均衡立体声的目的。接下来，本节将对其操作方法进行讲解。

图 10-29　【音频增益】对话框

首先，在【时间线】面板内添加音频素材，并在音频轨内展开音频素材后，单击【显

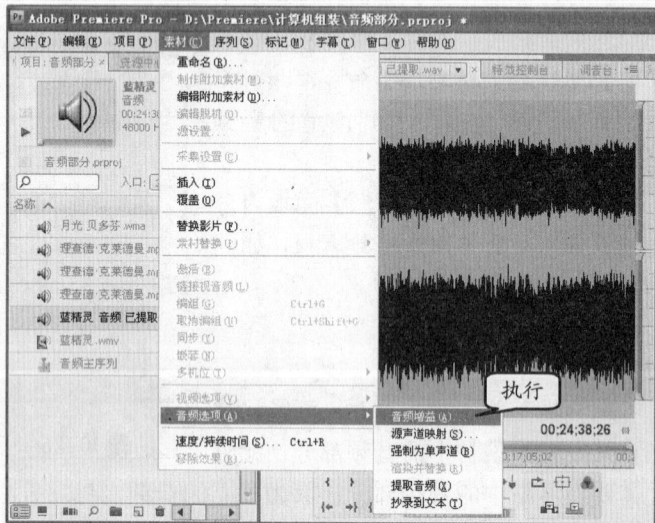

示关键帧】下拉按钮，执行【显示
轨道关键帧】命令，从而在音频轨
中显示出轨道关键帧的调节线，如
图 10-30 所示。

在【时间线】面板中，单击【轨
道：音量】下拉按钮，执行【声像
器】|【平衡】命令，如图 10-31
所示。这样一来，便可将【时间线】
面板中的关键帧控制模式切换至
【平衡】音频效果方式。

接下来，单击相应音频轨道中
的【添加-移除关键帧】按钮，并
使用【工具】面板中的钢笔工具调
整关键帧调节线，即可调整立体声
的均衡效果，如图 10-32 所示。

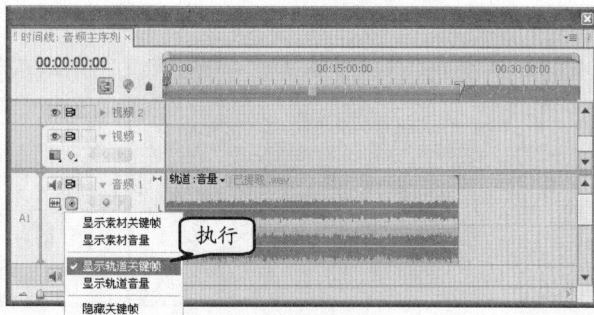

图 10-30 显示轨道关键帧

图 10-31 切换【平衡】音频效果

10.3.3 淡化声音

在影视节目中，对背景音乐最
为常见的一种处理效果是随着影
片的播放，背景音乐的声音逐渐减
小，直至消失，这种效果称为声音
的淡化处理，可以通过调整关键帧
的方式来制作。

若要实现音频素材的淡化效
果，至少应当为音频素材添加两处
音量关键帧：一处位于声音开始淡
化的起始阶段，另一处位于淡化效
果的末尾阶段，如图 10-33 所示。

接下来在【工具】面板内使用
钢笔工具降低淡化效果末尾关键
帧的增益，即可实现相应音频素材
的逐渐淡化至消失的效果，如图
10-34 所示。

在实际编辑音频素材的过程
中，如果对两段音频素材分别应用
音量逐渐降低和音量逐渐增大的
设置，则能够创建出两段音频素材
交叉淡出与淡入的效果，如图

图 10-32 均衡立体声

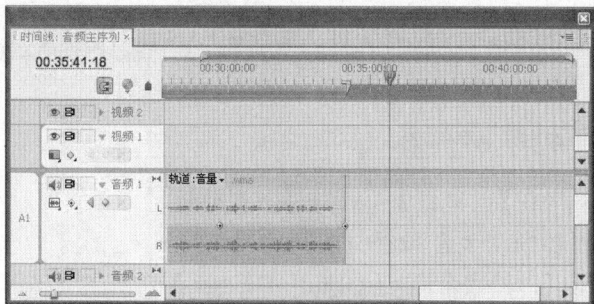

图 10-33 为淡化声音设置音量关键帧

10-35 所示。

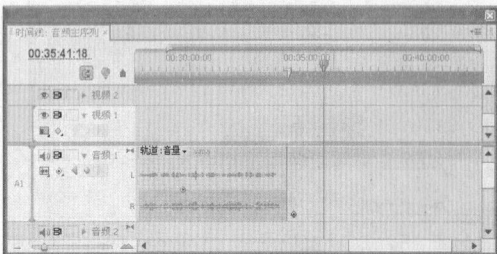

图 10-34　调整音量关键帧

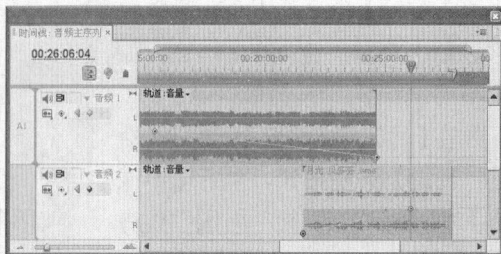

图 10-35　交叉淡出与淡入

10.4　音频特效与音频过渡

在制作影片的过程中，为音频素材添加音频过渡效果或音频特效，能够使音频素材间的连接更为自然、融洽，从而提高影片的整体质量。接下来，本节将向用户介绍在 Premiere 中如何利用系统内置的过渡效果和音频特效来对音频素材进行修饰。

10.4.1　应用音频过渡

与之前所介绍的视频过渡相同，Premiere 将音频过渡也集中放置在【效果】面板中。在【效果】面板内依次展开【音频过渡】|【交叉渐隐】选项后，即可显示 Premiere 内置的 3 种音频过渡效果，如图 10-36 所示。

1．添加音频过渡

【交叉渐隐】文件夹内的不同音频转场可以实现不同的音频处理效果。例如，【恒定功率】音频转场可以使音频素材以逐渐减弱的方式过渡到下一个音频素材；【恒定增益】音频转场则能够让音频素材以逐渐增强的方式进行过渡。

图 10-36　音频过渡

若要为音频素材应用过渡效果，只需先将音频素材添加至【时间线】面板后，将相应的音频过渡效果拖动至音频素材的开始或末尾位置即可，如图 10-37 所示。

2．默认的音频过渡

当在【时间线】面板内将当前时间指示器拖动至音频素材的开始或结尾位置时，按组合键 Ctrl+Shift+D，也可为该音频素材添加默认的音频过渡。通常情况下，Premiere 会为素材添加"恒

图 10-37　应用音频过渡

定功率"音频过渡，但当用户在【效果】面板内右击音频过渡，并执行【设置所选为默认切换效果】命令时，则可更改Premiere 的默认音频过渡，如图 10-38 所示。

3．设置音频过渡

默认情况下，所有音频过渡的持续时间均为 1 秒。不过，当在【时间线】面板内选择某个音频过渡后，在【特效控制台】面板中，还可在【持续时间】右侧选项内设置音频的播放长度，如图 10-39 所示。

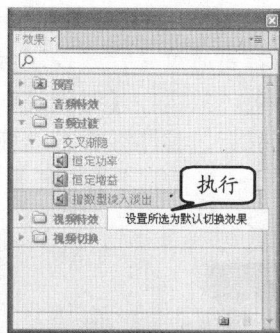

图 10-38 　更改默认的音频过渡

10.4.2　应用音频特效

尽管 Premiere 并不是专门用于处理音频素材的工具，但仍旧为音频这一现代电影中不可或缺的重要部分提供了大量音频特效滤镜。利用这些滤镜，用户可以非常方便地为影片添加混响、延时、反射等声音特技。

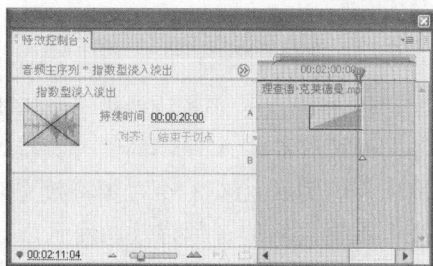

图 10-39 　【特效控制台】面板

1．添加音频特效

由于 Premiere 将音频素材根据声道数量划分为不同类型的原因，其内置的音频特效也被分为 5.1 声道、立体声和单声道三大类型，并被集中放置在【效果】面板内的【音频特效】文件夹中，如图 10-40 所示。

在应用音频特效时要注意的是，不同类型的音频特效必须应用于对应的音频素材。例如，5.1 文件夹内的音频特效就必须应用于 5.1 轨道内的音频素材上。不过，就添加方法来说，添加音频特效的方法与添加视频特效的方法相同，用户既可通过【时间线】面板来完成，也可通过【特效控制台】面板来完成。

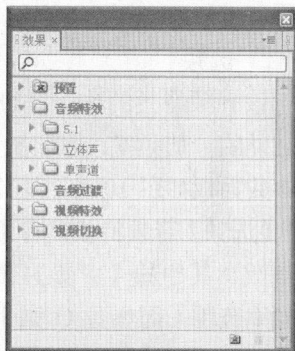

图 10-40 　不同类型的音频特效

❑ 通过【时间线】面板添加音频特效

若要通过【时间线】面板添加音频特效，只需在【效果】面板内选择音频特效后，将其拖动至相应的音频素材上即可，如图 10-41 所示。

提　示

为音频素材成功添加音频特效的标志是【时间线】面板内的音频素材中会出现一条紫色的水平线。

图 10-41 　利用【时间线】面板添加音频特效

❑ **通过【特效控制台】面板添加音频特效**

若要通过【特效控制台】面板添加音频特效，只需在【时间线】面板内选择音频素材后，将【效果】面板内的音频特效拖至【特效控制台】面板即可，如图 10-42 所示。

> **注　意**
>
> 当要添加的音频特效与音频素材所在的轨道不符时，光标将呈 🚫 形状，表示不能添加该音频特效。

2. 相同的音频特效

尽管 Premiere 音频特效由于声道类型的不同而被放置在 3 个不同的音频特效文件夹内，但实际上这 3 个音频特效文件夹内拥有很多同名的音频特效。而且，这些音频特效不仅名称相同，就连作用也完全一样，本节将对音频特效的使用方法和技巧进行讲解。

❑ **选频**

该音频特效的作用是过滤特定频率范围之外的一切频率，因此被称为选频滤镜，其参数面板如图 10-43 所示。

【选频】音频特效具有【中置】和 Q 两个参数，其中的【中置】选项用于确定中心频率范围，而参数 Q 则用于确定被保护的频率带宽。一般来说，如果 Q 值较低，则需要建立一个相对较宽的频率范围，而 Q 值高时则应建立一个较窄的频率范围。例如，在【特效控制台】面板内将【中置】选项设置为 1495Hz，参数 Q 的值设置为 5.2，则音频素材在应用音频特效前后的波形变化如图 10-44 所示。

> **注　意**
>
> 经过音频滤镜处理过的音频素材，其波形变化不会在 Premiere 中显示。为方便用户的理解，这里将处理过的音频作为素材重新导入到 Premiere 中。

图 10-42 利用【特效控制台】面板添加音频特效

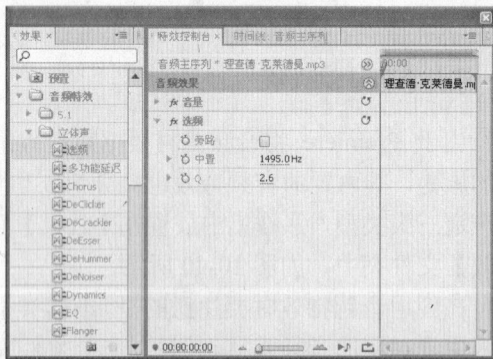

图 10-43 【选频】参数面板

图 10-44 波形变化对比效果

❑ 多功能延迟

该音频特效能够对音频素材播放时的延迟进行更高层次的控制，对于在电子音乐内产生同步、重复的回声效果非常有用，图 10-45 所示为该特效的参数控制面板。

在【特效控制台】面板中，【多功能延迟】音频特效的参数名称及其作用如表 10-1 所示。

❑ 多频段压缩

多频段压缩音频特效具有对高、中、低 3 个波段进行压缩控制的能力。例如，当用户需要一个较为柔和的声音时，就可以使用该效果来替代动态效果进行工作，图 10-46 所示即为该音频特效的参数控制面板。

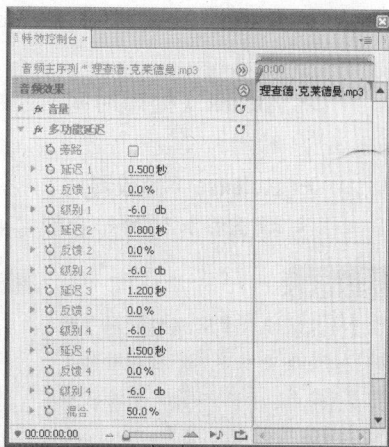

图 10-45　【多功能延迟】音频特效

表 10-1　【多功能延迟】音频特效参数介绍

名　　称	作　　用
延迟	该音频特效的【效果控制】面板中含有 4 个【延迟】选项，用于设置原始音频素材的延迟时间，最大的延迟为 2 秒
反馈	该选项用于设置有多少延迟音频反馈到原始声音中
级别	该选项用于设置每个回声的音量大小
混合	该选项用于设置各回声之间的融合状况

在【特效控制台】面板中，【多频段压缩】音频特效的控制参数内含有 3 个不同的图形控制器。这些图形控制器分别对应下方的 Low、Mid 和 High 波段，即低频、中频和高频。

当 Solo 复选框处于启用状态时，表示仅播放当前所选的一个波段。至于 MakeUp 选项，则用于调整各波段的音量大小，其余参数的功能作用如下。

➢ **Threshold**（极限值）该参数用于指定引入音频信号、激活压缩器所必须超过的数值，因为只有当超过极限值时，Premiere 才会开始压缩工作。

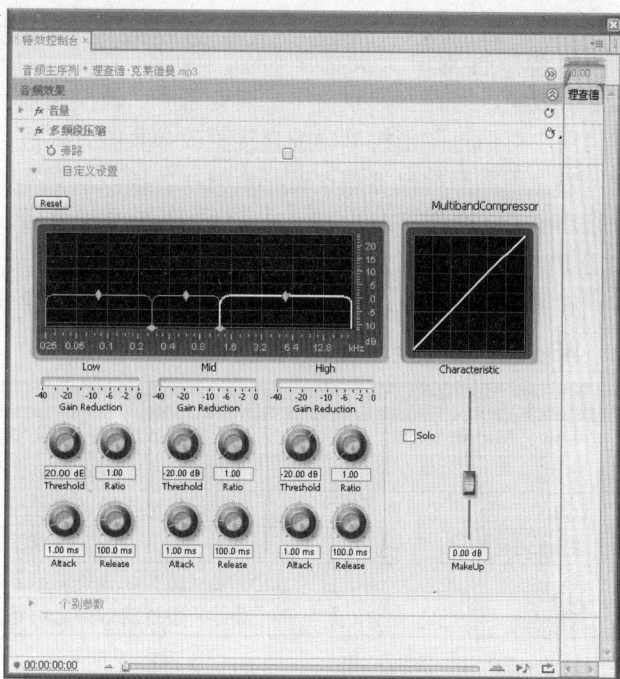

图 10-46　【多频段压缩】音频特效

> ➤ **Ratio**（比率） 参数 Ratio 同样适用于 3 个波段，其作用在于设置压缩的比率值。

> ➤ **Attack**（处理时间） 该参数用于设置当信号超过极限值时，压缩器的响应时间。

> ➤ **Release**（释放时间） 参数 Release 用于设置当信号低于极限值时，所设置的增益添加到原始音阶需要的时间。

提 示

在【多频段压缩】音频特效的【特效控制台】面板底部，还包含【个别参数】栏，用户可以在该栏中针对具体参数进行设置。

在【特效控制台】面板中，分别对 Low、Mid 和 High 波段的分贝进行调整后，其波形变化如图 10-47 所示。

提 示

在【特效控制台】面板中，单击【多频段压缩】音频特效选项组内的 Reset 按钮后，即可快速恢复该特效的默认设置。

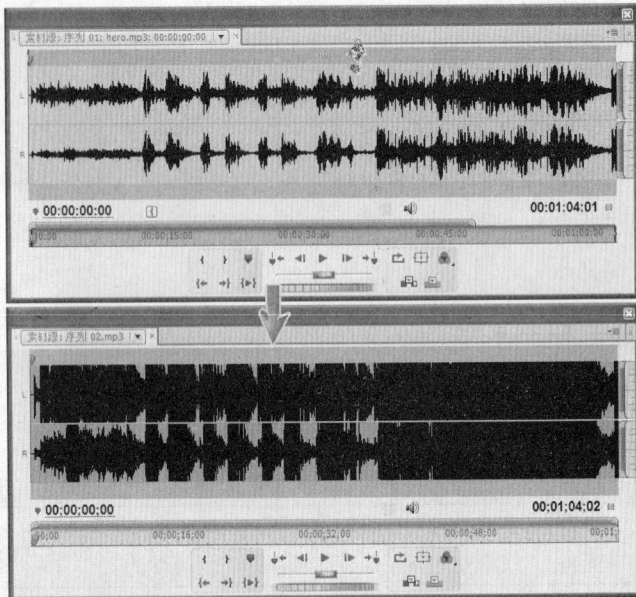

图 10-47 【多频段压缩】音频特效波形变化

❑ **EQ**（均衡器）

该音频特效用于实现参数平衡效果，可对音频素材中的声音频率、波段和多重波段均衡等内容进行控制。设置时，用户可通过图形控制器或直接更改参数的方式进行调整，如图 10-48 所示。

当使用图形控制器调整音频素材在各波段的频率时，只需在【特效控制台】面板内分别启动 EQ 选项组内的 Low、Mid 和 High 复选框后，利用鼠标拖动相应的控制点即可。如图 10-49 所示，即为调整前后的波形效果对比。

在 EQ 选项组中，部分重要参数的功能与作用如表 10-2 所示。

表 10-2 部分 EQ 音频特效参数介绍

名　称	作　用
Low、Mid 和 High	用于显示或隐藏自定义滤波器
Gian	该选项用于设置常量之上的频率值
Cut	启用该复选框，即可设置从滤波器中过滤掉的高低波段
Frequency	该选项用于设置波段增大和减小的次数
Q	该选项用于设置各滤波器波段的宽度
Output	用于补偿过滤效果之后造成频率波段的增加或减少

❑ **低通**

低通音频特效的作用是去除高于指定频率的声波。该音频特效仅有【屏蔽度】一项参数，作用是指定可通过声音的最高频率。例如，当指定其值为 300 时，波形如图 10-50

所示。

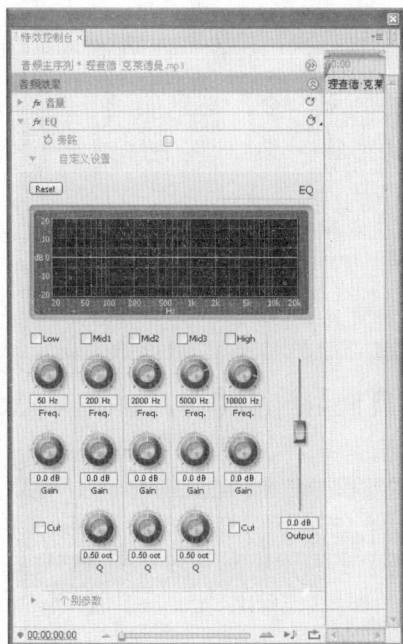

图 10-48　EQ 音频特效参数

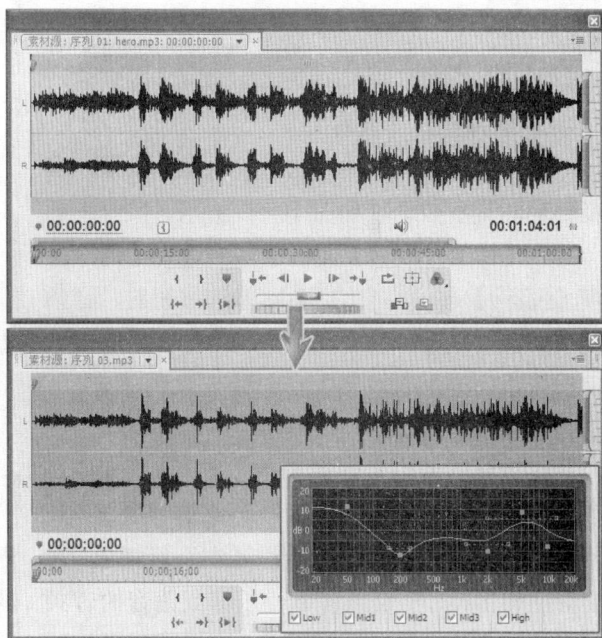

图 10-49　利用图形控制器调整波段参数

提　示

在 Premiere 的音频特效中，【高通】音频特效与【低通】音频特效恰好相反，其作用在于去除声音中的低频部分。

❏ 低音

顾名思义，【低音】音频特效的作用便是调整音频素材中的低音部分，其中的【放大】选项是对声音的低音部分进行提升或降低，取值范围为–24～24。当【放大】选项的参数为正时，表示提升低音，负值则表示降低低音，如图 10-51 所示。

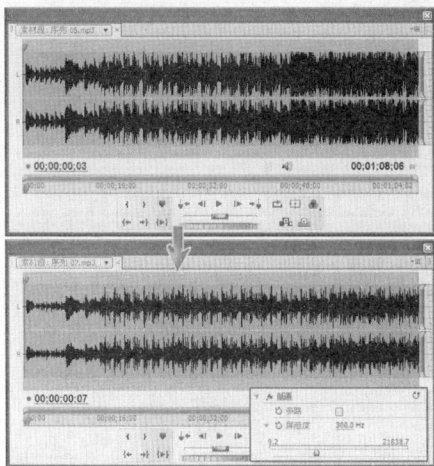

图 10-50　【低通】音频特效波形变化

图 10-51　【低音】音频特效应用效果

与【低音】音频特效相对应的是,【高音】音频特效用于提升或降低音频素材内的高音频率。

□ 消除丝声（齿音）

该音频特效的作用是去除音频素材中的"嘶嘶"声,其参数选项如图 10-52 所示。

在【特效控制台】面板中,当选中【消除丝声（齿音）】选项栏中的 Male 单选按钮时,音频特效的作用是减少高音的数量;如果选中 Female 单选按钮,则用于设置低音的减少数量。

图 10-52　【消除丝声（齿音）】音频特效参数

□ 和声

该音频特效用于创造和声效果,其原理是对复杂原始音频素材进行降调或频率偏移处理,最后再将形成的效果音与原始声音混合后播放。在实际应用中,对于仅包含单一乐器或语音的音频信号应用【和声】音频特效时,可以获得更佳的和声效果,图 10-53 所示即为【和声】音频特效的参数控制面板。

在【特效控制台】面板的【和声】选项栏中,按照图 10-54 所示参数进行设置后,其波形变化如图 10-54 所示。

在【和声】音频特效的选项栏中,部分参数的作用如下所示。

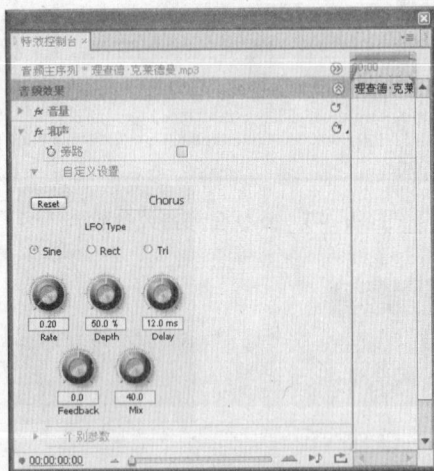

图 10-53　【和声】音频特效参数

➢ **Rate**　该参数的设置可以使音频素材产生不自然的声音效果。

➢ **Depth**　该参数可以使和声效果听起来更加自然、广阔。

➢ **Delay**　参数 Delay 可以设置效果声音的延迟程度。较高的数值可以产生较大的音调变化,通常设置为较小的数值。如果要加深和声效果,只需设置较高的数值即可。

➢ **Feedback**　该参数用于设置音频素材的回音效果。

➢ **Mix**　参数 Mix 可以设置原始声音与效果声音的混合程度,通常情况下为 50％。

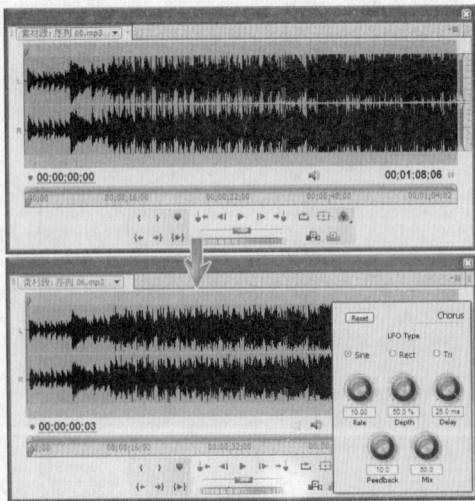

图 10-54　【和声】音频特效波形变化

若要恢复【和声】音频特效的默认设置，只需单击【特效控制台】面板中的 Reset 按钮即可。

❑ 消除噪声

该音频特效的作用是自动发现并移除素材中的噪声，例如去除磁带或其他类似载体在实现素材数字化时产生的杂音等，图 10-55 所示即为【消除噪声】音频素材的参数控制面板。

在【特效控制台】面板中，【消除噪声】选项栏内各参数的作用如下。

> **Freeze** 在当前检测中停止对噪声水平的评估，使用这个选项可用于查找外部条件起落不稳定的素材噪声。

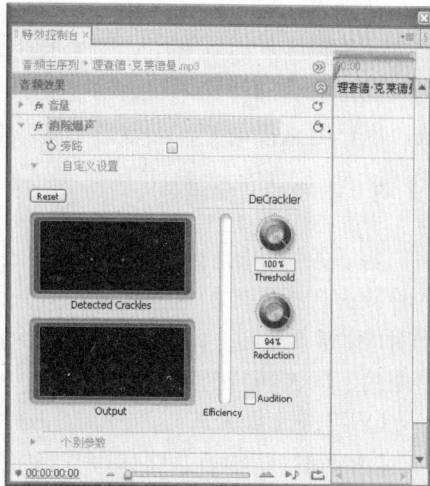

图 10-55 【消除噪声】音频特效

> **Noise floor** 该参数用于指定播放音频素材时噪声底限的级别，其单位为 dB。

> **Reduction** 该参数可以在 –20 ~ 0dB 范围内去除指定的噪声。

> **Offset** 该参数可以在自动监测噪声和评估噪声水平之间设定一个偏移值，当自动降噪不能很好地去除噪声时，Offset 参数可以辅助去除。

❑ 混响

【混响】音频特效用于模拟在室内播放音乐时的效果，从而能够为原始音频素材添加环境音效。通俗的说，【混响】音频特效能够添加家庭环绕式立体声效果，图 10-56 所示是该音频特效的参数面板。

在【特效控制台】面板中，用户可通过拖动图形控制器中的控制点，或通过直接设置选项栏中的具体参数来调整房间大小、混音、衰减、漫射以及音色等内容，如图 10-57 所示。

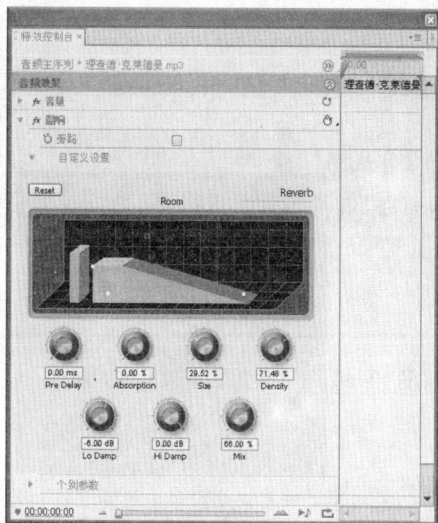

图 10-56 【混响】音频特效

图 10-57 应用【混响】音频特效

❑ **音量**

在编辑影片的过程中，如果要在标准特效之前渲染音量，则应当使用【音量】音频特效代替默认的音量调整选项。为了便于操作，【音量】音频特效仅有【级别】这一项参数，用户可直接调整该参数调节音频素材的声音大小。

3．不同的音频特效

除了各种相同的音频特效外，Premiere 还根据音频素材声道类型的不同而推出了一些独特的音频特效，这些音频特效只能应用于对应的音频轨道内。本节将对三大声道类型中的不同音频特效进行具体讲解。

❑ **平衡（立体声）**

【平衡】音频特效是立体声音频轨道独有的音频特效，其作用在于平衡音频素材内的左右声道。在调节选项上，该音频特效仅含有【平衡】一项参数，如图 10-58 所示。

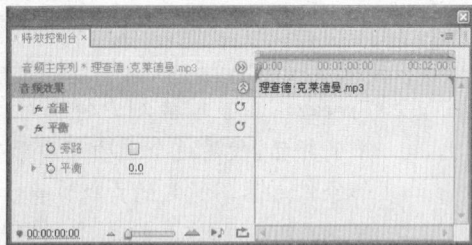

▄ 图 10-58 　【平衡】特效参数

当【平衡】音频特效的参数值为正值时，Premiere 将对右声道进行调整，而为负值时则会调整左声道，如图 10-59 所示。

❑ **使用右声道**

该音频特效仅用于立体声轨道中，功能是将右声道中的音频信号复制并替换左声道中的音频信号，如图 10-60 所示。

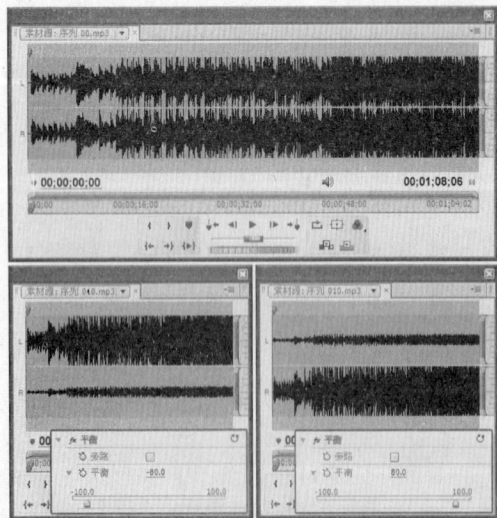

▄ 图 10-59 　应用【平衡】音频特效

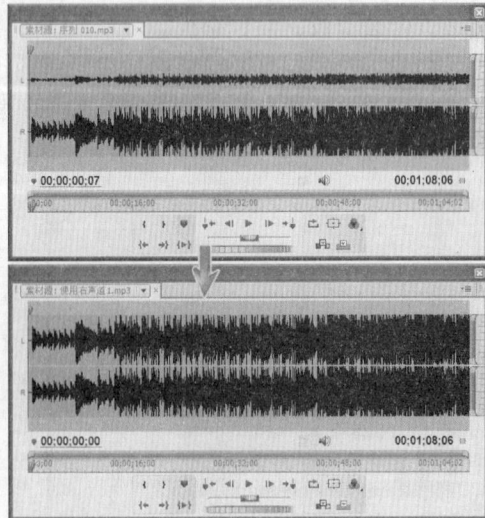

▄ 图 10-60 　【使用右声道】音频特效

提　示

与【使用右声道】音频特效相对应的是，Premiere 还提供了一个【使用左声道】音频特效，两者的使用方法虽然相同，但功能完全相反。

❏ **互换声道**

利用【互换声道】音频特效，可以使立体声音频素材内的左右声道信号相互交换。由于功能的特殊性，该音频特效多用于原始音频的录制、处理过程中。

提　示

【互换声道】音频特效没有参数，直接应用即可实现声道互换效果。

❏ **声道音量**

【声道音量】音频特效适用于 5.1 和立体声音频轨道，其作用是控制音频素材内不同声道的音量大小，其参数面板如图 10-61 所示。

图 10-61　【声道音量】音频特效

10.5　实验指导：制作交响乐效果

交响乐是一种器乐体材的总称，通常由管弦乐队演奏，并且具有较为严谨的结构和丰富的表现手段。不过在 Premiere 中，只需借助其内置的【多频段压缩】音频特效，即可为一段普通音乐打造出交响乐般的高低起伏特殊效果。

1. 实验目的

❏ 应用音频滤镜
❏ 添加关键帧
❏ 自定义关键帧

2. 实验步骤

1 创建 Premiere 项目后，在当前项目内导入"月光 贝多芬.wma"音频素材，并在【项目】面板内双击该素材后，通过【素材源】面板进行预览，如图 10-62 所示。

图 10-62　预览素材

2 将【素材源】面板的当前时间指示器移至 00:03:48:10 位置处后，单击【设置出点】按钮，接下来单击【插入】按钮，如图 10-63 所示。

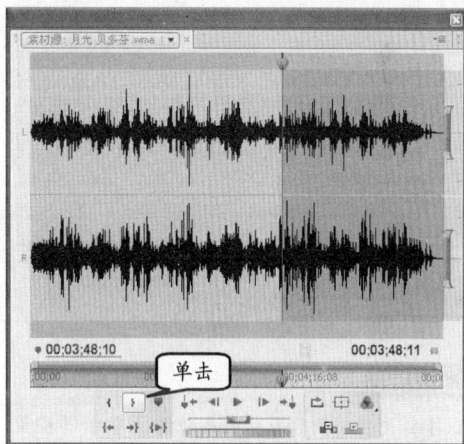

图 10-63　设置素材出点

3 在将"月光 贝多芬.wma"音频素材的部分片段添加至当前序列后，在【效果】面板【音频特效】中找到【立体声】文件夹中的【多频段压缩】音频特效，并将其拖曳至当前序列中的"月光 贝多芬.wma"音频素材上，如图 10-64 所示。

图 10-64　应用音频滤镜

4 在【特效控制台】面板中，依次展开【多频段压缩】及其【个别参数】选项组，并单击各参数名称前的【切换动画】按钮，从而为其添加关键帧，如图 10-65 所示。

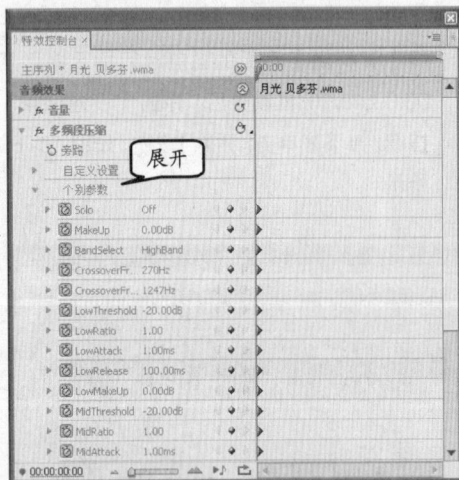

图 10-65　添加关键帧

注　意

在添加关键帧时，必须将当前时间指示器移至音频素材的起始位置。

5 将当前时间指示器移至 00:00:37:08 位置处，设置【个别参数】选项组内的部分参数。此时，Premiere 将自动添加第二批关键帧，如图 10-66 所示。

6 将当前时间指示器移至 00:01:27:02 位置后，再次调整滤镜参数，如图 10-67 所示。

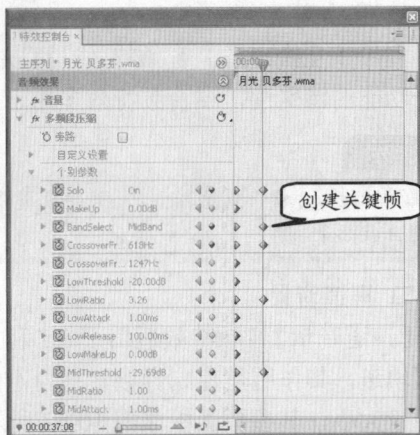

图 10-66　调整滤镜参数

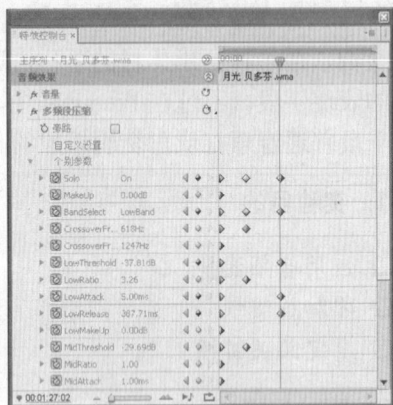

图 10-67　生成第二批关键帧

7 运用相同的方法，通过不断移动当前时间指示器并调整滤镜参数的方法创建更多的关键帧，如图 10-68 所示。

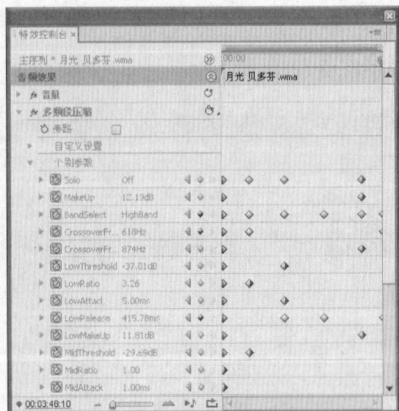

图 10-68　创建关键帧

8 所有关键帧全部创建完成后，即可在【节目】 | 面板内预览调整后的音频播放效果。

10.6 实验指导：制作左右声道 MTV

当视频光盘或 MTV 内包含两条不同的音频轨道时，便可以在播放过程中任意切换当前所播放的音频轨道，从而达到欣赏不同声道的播放效果。本例将通过为 Flash 视频短片设置背景音乐，并应用【音量】和【平衡】音频特效，实现 MTV 左右声道各自播放的效果。

1. 实验目的

❑ 应用音频特效
❑ 编辑 MTV
❑ 设置左右声道效果

2. 实验步骤

1 在 Premiere 内创建新的编辑项目后，在【新建序列】对话框内选择 DV-PAL 文件夹中的"标准 48kHz"预置方案，如图 10-69 所示。

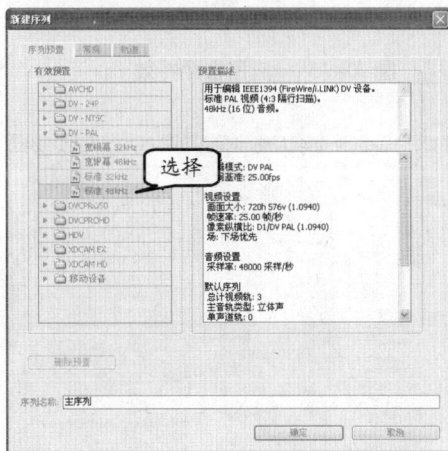

图 10-69 创建序列

2 在【常规】选项卡中，将【编辑模式】调整为"桌面编辑模式"后，调整【像素纵横比】以及其他序列设置选项，如图 10-70 所示。

3 进入 Premiere 主界面后，将素材"动画短片.swf"、Because of you.mp3 和"伴奏.mp3"导入当前项目，并将"动画短片.swf"添加到序列内，如图 10-71 所示。

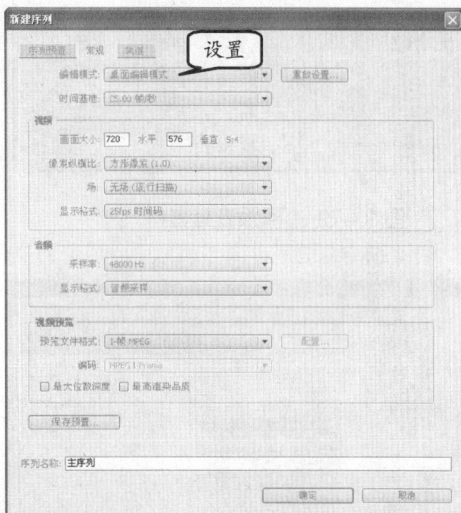

图 10-70 调整序列设置

图 10-71 添加素材

4 双击 Because of you.mp3 音频素材后，在【素材源】面板内为其在 00:01:45:00 位置处设置出点，并在单击【插入】按钮后，将其添加到"音频 1"轨道内，如图 10-72 所示。

5 选择视频轨道中的"动画短片.swf"素材剪辑后，将其持续时间调整为 1 分 45 秒，从而使视频与音频素材的持续时间相同，如图

289

10-73 所示。

设置出点

图 10-72　添加音频素材

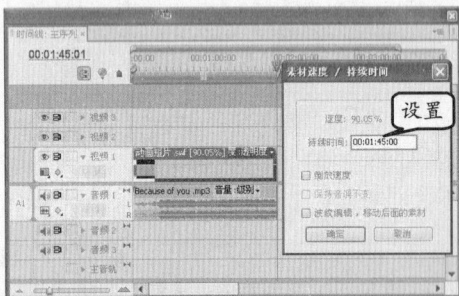

设置

图 10-73　调整素材持续时间

提 示

右击序列中的视频素材后，执行【速度/持续时间】命令，即可在打开的【素材速度/持续时间】对话框中调整素材的持续时间。

6　将"伴奏.mp3"音频素材添加至"音频 2"轨道内，并在使用【剃刀工具】将该素材从 00:01:45:00 位置处分割为两部分后，删除第二部分，如图 10-74 所示。

7　打开【效果】面板后，为"音频 1"轨道中的素材添加【立体声】文件夹中的【音量】音频特效，并在【特效控制台】面板内将【级别】设置为 6dB，如图 10-75 所示。

8　使用相同方法，为"伴奏.mp3"应用相同的音频特效，并将【级别】设置为-6dB，如图 10-76 所示。

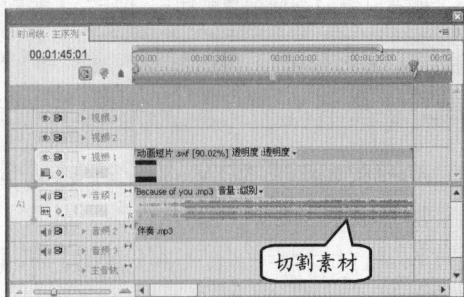

切割素材

图 10-74　添加音频素材

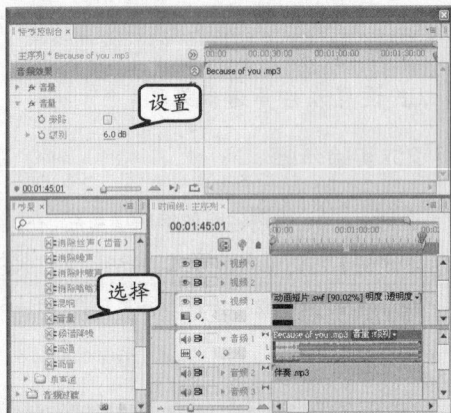

设置

选择

图 10-75　应用音频特效

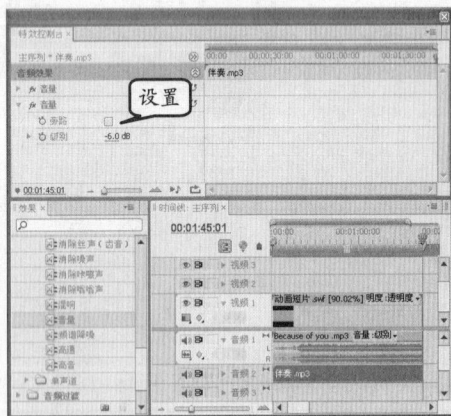

设置

图 10-76　应用音频特效

9　为 Because of you .mp3 音频素材添加【平衡】音频特效，并在【特效控制台】面板内将【平衡】设置为-100。然后，为"伴奏.mp3"应用相同的音频特效，但【平衡】选项的参数值为 100，如图 10-77 所示。

图 10-77 应用音频特效

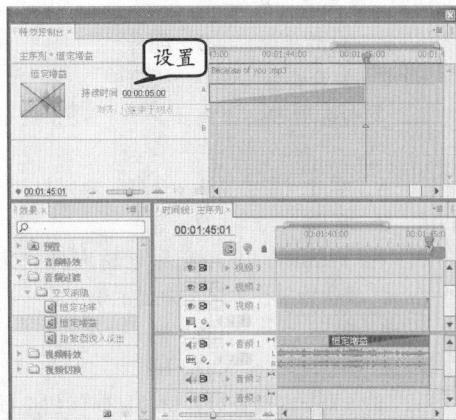

图 10-78 应用音频切换

10 在 Because of you .mp3 音频素材结束位置处应用【恒定增益】音频过渡后，将音频过滤的持续时间设置为 5 秒，如图 10-78 所示。

11 运用相同方法，为"伴奏.mp3"音频素材在末尾处添加【指数型淡入淡出】过渡效果后，将该过渡效果的持续时间也设置为 5 秒，如图 10-79 所示。

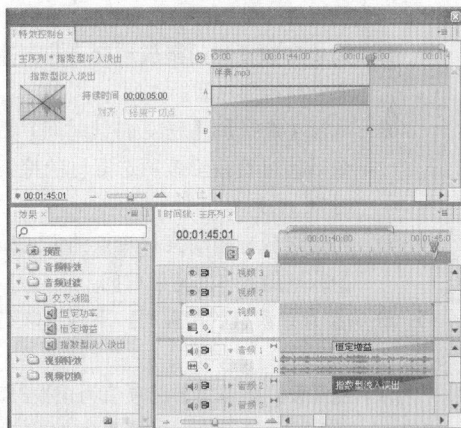

图 10-79 更改音频切换的持续时间

10.7 思考与练习

一、填空题

1. 声音通过物体振动所产生，正在发声的物体被称为_____。

2. 声源在发出声音时的振动速度称为声音频率，以_____为单位进行测量。

3. 所谓_____是指把声音信号数字化，并在数字状态下进行传送、记录、重放以及加工处理的一整套技术。

4. 默认情况下，Premiere 项目文件会采用音频采样率作为音频素材单位，用户可根据需要将其修改为_____。

5. 若要利用菜单添加音频素材，则必须首先_____需要添加音频素材的音频轨。

6. _____是指录制或者播放音频素材时，在不同空间位置采集或回放的相互独立的音频信号。

7. 为音频素材添加_____的作用是为了让音频素材间的连接更为自然、融洽，从而提高影片的整体质量。

8. 根据所应用音频素材类型的不同，Premiere 将音频特效分别放置在 5.1、_____和单声道这 3 个不同的文件夹内。

二、选择题

1. 当声音只由一种频率的声波所组成时，

声源所发出的声音便称为_____。

    A．自然音   B．纯音

    C．复合音   D．噪音

2．下列选项中，不属于声音三要素的是_____。

    A．响度   B．音高

    C．音调   D．音色

3．在 Premiere 中，音频素材应当使用_____或音频采样率来作为显示单位。

    A．毫秒   B．秒

    C．帧   D．Hz

4．下列关于调整音频素材持续时间的选项中，描述错误的是_____。

    A．音频素材的持续时间是指音频素材的播放长度

    B．调整音频素材的播放速度可起到改变素材持续时间的作用

    C．执行【素材】|【速度/持续时间】命令后，可直接修改所选素材的持续时间

    D．可通过鼠标拖动素材端点的方式减少或增加素材的持续时间

5．在调整音频素材的增益时，下列选项错误的是_____。

    A．当【设置增益为】选项值为正数时，表示增大音频素材的音量

    B．当【设置增益为】选项值为负数时，表示减小音频素材的音量

    C．当【设置增益为】选项值为负数时，表示增大音频素材的音量

    D．当【设置增益为】选项值为 0 时，表示不会对音频素材音量进行处理

6．在下列操作中，无法为音频素材成功添加音频特效的是_____。

    A．直接将音频特效从【效果】面板内拖曳至【时间线】面板中的素材上

    B．直接将音频特效从【效果】面板内拖曳至【特效控制台】面板内

    C．将音频特效从音频素材 1 内复制到音频素材 2 内

    D．直接将音频特效从【效果】面板内拖曳至【项目】面板中的素材上

三、简答题

1．声音三要素都是什么？

2．在什么情况下需要对音频素材进行映射音频声道的操作？

3．简述对音频素材进行增益、淡化和均衡的作用。

4．为音频素材添加音频过渡的方法是什么？

四、上机练习

Premiere 提供的音频素材提取功能虽然强大，但很多时候用户只需要进行简单的操作，即可将音频部分从整个素材剪辑内独立出来。例如，在之前学习时已经了解到素材剪辑内的音频与视频部分之间存在一定的关联，而用户只要解除它们之间的相互关系，并删除素材中的视频部分，即可对素材剪辑中的音频部分进行单独操作。

操作时，只需在【时间线】面板内右击素材后，执行【解除视音频链接】命令，即可删除素材剪辑在视频轨道中的素材内容，如图 10-80 所示。

图 10-80　解除素材中的视音频链接关系

第 11 章

调音台

在现代电台广播、舞台扩音等系统中，调音台是播送和录制节目时必不可少的重要设备之一。在整套音响系统中，调音台的作用是对多路输入信号进行放大、混合、分配及音质的修饰及音响效果的加工等。

与音响系统中的硬件调音台相比，Premiere 中的调音台虽然并不完全相同，但却有着几分相似之处，且同样是音响系统内不可或缺的部分。例如，用户不仅可以通过调音台调整素材的音量大小、渐变效果，还可以进行均衡立体声、录制旁白等操作。

本章学习要点：

➢ 了解调音台的作用
➢ 混合音频素材
➢ 创建特殊效果
➢ 创建子混音音轨

11.1 调音台概述

调音台是 Premiere 为用户制作高质量音频所准备的多功能音频素材处理平台。利用 Premiere 调音台,用户可以在现有音频素材的基础上创建复杂的音频效果。不过在此之前需要首先对调音台有一定的了解,并熟悉调音台各控件的功能及使用方法。

从【调音台】面板内可以看出,调音台由若干音频轨道控制器和播放控制器所组成,而每个轨道控制器内又由对应轨道的控制按钮和音量控制器等控件组成,如图 11-1 所示。

> **提 示**
>
> 默认情况下,【调音台】面板内仅显示当前所激活序列的音频轨道。因此,如果希望在该面板内显示指定的音频轨道,就必须将序列嵌套至当前被激活的序列内。

> **提 示**
>
> 【调音台】面板内的轨道数量与【时间线】面板内的音频轨道数量相对应,当用户在【时间线】面板内添加或删除音频轨道时,【调音台】面板也会自动做出相应的调整。

下面,将针对【调音台】面板中的各个控件进行具体介绍。

□ 自动模式

在【调音台】面板中,自动模式控件对音频的调节作用主要分为调节音频素材和调节音频轨道两种方式。当调节对象为音频素材时,音频调节效果仅对当前素材有效,且调节效果会在用户删除素材后一同消失。如果是对音频轨道进行调节,则音频特效将应用于整个音频轨道内,即所有处于该轨道的音频素材都会在调节范围内受到影响。

在实际应用时,将音频素材添加至【时间线】面板内的音频轨道后,在【调音台】面板内单击相应轨道中的【自动模式】下拉按钮,即可选择所要应用的自动模式选项,如图 11-2 所示。

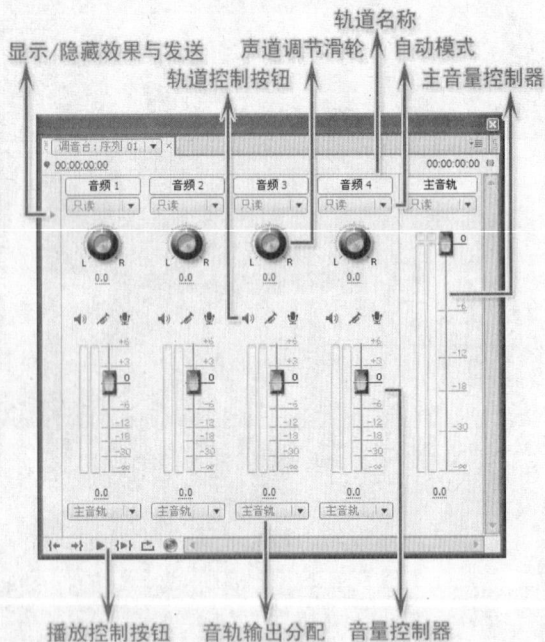

图 11-1 Premiere 调音台界面

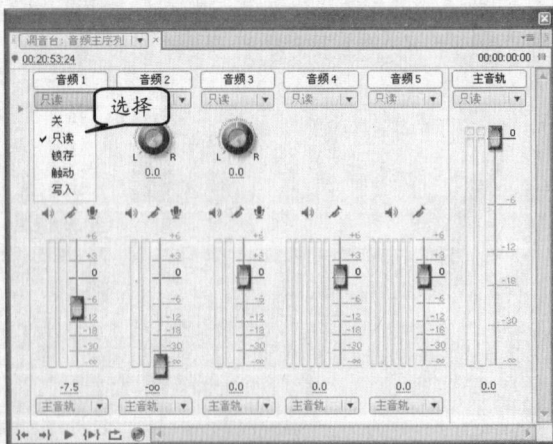

图 11-2 自动模式列表

在【自动模式】下拉列表中，根据用户所选列表项的不同，将决定 Premiere 能否读取或保存用户在【调音台】面板内做出的音频素材调整结果。

❑ **轨道控制按钮**

在【调音台】面板中，【静音轨道】、【独奏轨】、【激活录制轨】等按钮的作用是在用户预览音频素材时，让指定轨道以完全静音或独奏的方式进行播放。

例如在"音频 1"和"音频 2"轨道都存在音频素材的情况下，预览播放时【调音台】面板内相应轨道中均会显示素材的波形变化。但是，当单击"音频 2"轨道中的【静音】按钮后再预览音频素材，则"音频 2"轨道内将不再显示素材波形，这表示该音频轨道已被静音，如图 11-3 所示。

图 11-3 让指定轨道静音

在编辑项目内包含众多音频轨道的情况下，如果只想试听某一音频轨道中的素材播放效果，则应在预览音频前在【调音台】面板内单击相应轨道中的【独奏轨】按钮，如图 11-4 所示。

提 示

【激活录制轨】按钮仅在单声道和立体声普通音频轨道中出现，单击该按钮后即可利用输入设备将声音直接录制到目标轨上。

提 示

若要取消音频轨道中素材的静音或者独奏效果，只需再次单击【静音轨道】或【独奏轨】按钮即可。

❑ **声道调节滑轮**

当调节的音频素材只有左、右两个声道时，声道调节滑轮可用来切换音频素材的播放声道。例如，当向左拖动声道调节滑轮时，相应轨道音频素材的左声道音量将会得到提升，而右声道音量会

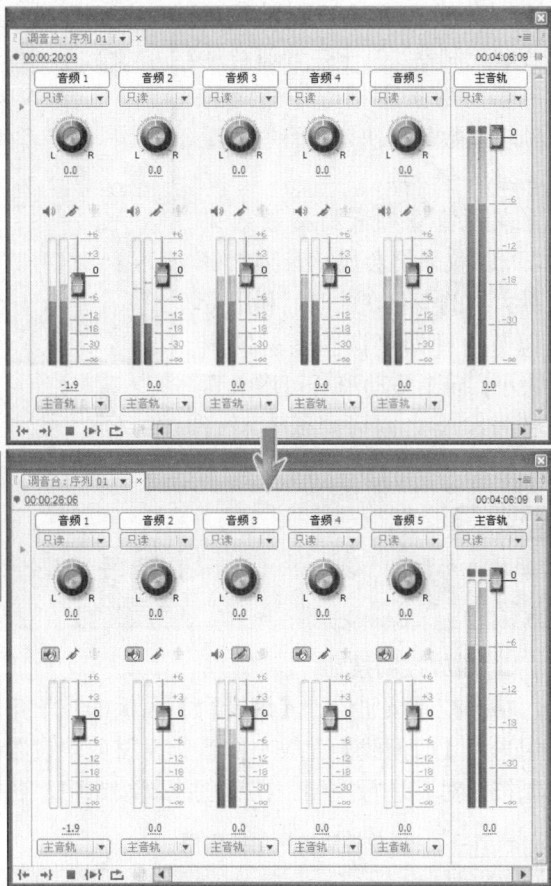

图 11-4 设置独奏轨

降低；若是向右拖动声道调节滑轮，则右声道音量将得到提升，而左声道音量会降低，如图11-5所示。

技 巧

除了拖动声道调节滑轮设置音频素材的播放声道外，还可以直接单击其数值，使其进入编辑状态后，采用直接输入数值的方式进行设置。

❏ **音量控制器**

音量控制器的作用是调节相应轨道内的音频素材播放音量，由左侧的 VU 仪表和右侧的音量调节滑杆所组成。根据类型的不同分为主音量控制器和普通音量控制器。其中，普通音量控制器的数量由相应序列内的音频轨道数量所决定，而主音量控制器只有一项。

在预览音频素材播放效果时，VU 仪表将会显示音频素材音量大小的变化。此时，利用音量调节滑杆即可调整素材的声音大小，向上拖动滑杆可增大素材音量，反之则可降低素材音量，如图11-6所示。

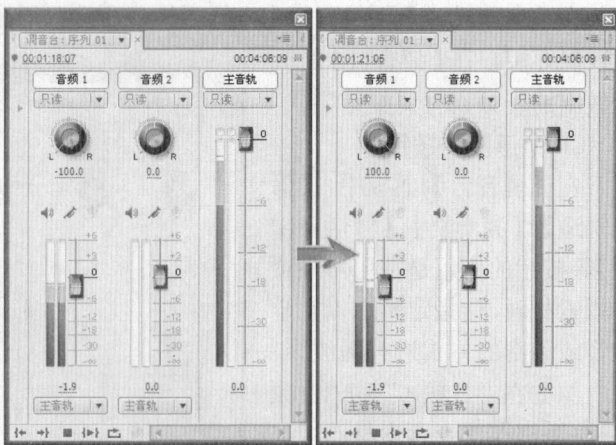

图 11-5 使用声道调节滑轮

图 11-6 调整音量大小

注 意

完成播放声道的设置后，在【调音台】面板中预览音频素材时，可以通过主 VU 仪表查看各声道的音量大小。

❏ **播放控制按钮**

播放控制按钮位于【调音台】面板的左下角，其功能是控制音频素材的播放状态。当用户为【时间线】面板中的音频素材剪辑设置入点和出点之后，便可以利用各个播放控制按钮对其进行控制。在这些控制按钮中，各按钮的名称及其作用如表11-1所示。

表 11-1 播放控制按钮功能作用

按 钮	名 称	作 用
⏮	跳转到入点	将当前时间指示器移至音频素材的开始位置
⏭	跳转到出点	将当前时间指示器移至音频素材的结束位置
▶	播放-停止切换	播放音频素材，单击后按钮图案将变为"方块"形状 ■

按　钮	名　　称	作　　用
▐►▌	播放入点到出点	播放音频素材入点与出点间的部分
⟲	循环	使音频素材不断进行循环播放
⦿	录制	单击该按钮后，即可开始对音频素材进行录制操作

❑ 显示/隐藏效果与发送

默认情况下，效果与发送选项被隐藏在【调音台】面板内，但用户可通过单击【显示/隐藏效果与发送】按钮的方式展开该区域，如图 11-7 所示。

在【调音台】面板中，每个音频轨在【效果与发送】调整区域上均有一条对应的水平直线。以该直线为分界面，利用上面的部分可以为相应轨道中的音频素材添加音频特效，利用下面的部分则能够为音频素材创建发送。

在为音频素材添加特效或创建发送时，只需单击效果列表或发送列表右侧的任务一个下拉按钮，并在弹出的列表内选择所需选项即可，如图 11-8 所示。

图 11-7 显示【效果和发送】调整区域

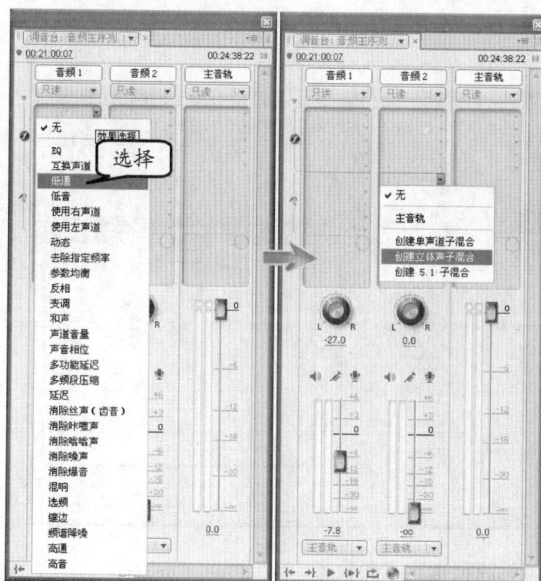

在为音频轨道内的素材设置合适的效果与发送后，【效果与发送】调整区域内便会显示相应的名称，以及发送至的音频轨道信息，如图 11-9 所示。

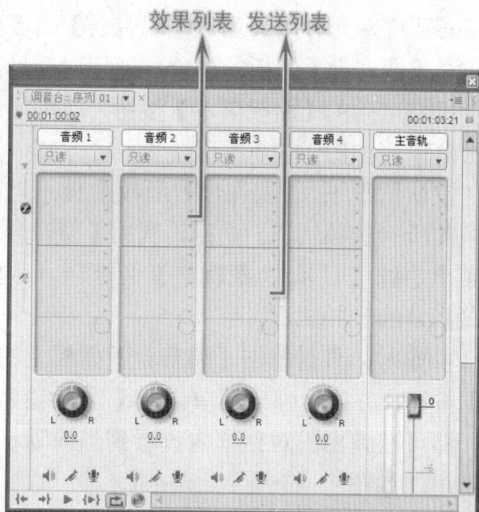

图 11-8 效果和发送列表

图 11-9 添加效果和发送

提 示

在【调音台】面板中，每个音频轨道最多允许添加 5 种音频特效，但允许用户在添加之后再对其进行相应调整。

□ 【调音台】面板菜单

由于【调音台】面板内的控制选项众多，Premiere 特别允许用户通过【调音台】面板菜单自定义【调音台】面板的功能。使用时，只需单击面板右上角的【面板菜单】按钮，即可显示该面板菜单，如图 11-10 所示。

默认情况下，【调音台】面板会显示当前序列中的所有音频轨道。然而，利用【调音台】面板菜单中的【显示/隐藏轨道】命令后，则能够隐藏指定的音频轨道。

操作时，只需单击【调音台】面板上的【面板菜单】按钮，并执行弹出菜单内的【显示/隐藏轨道】命令，即可在弹出的对话框内查看到当前默认显示的所有轨道，如图 11-11 所示。

技 巧

激活【调音台】面板后，按组合键 Ctrl+Alt+T 也可打开【显示/隐藏轨道】对话框。

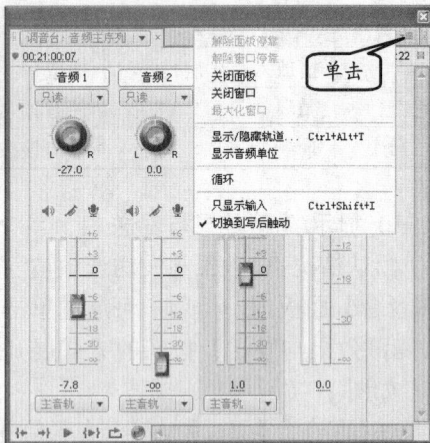

图 11-10　　【调音台】面板菜单

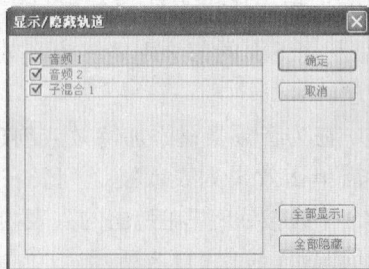

图 11-11　　【显示/隐藏轨道】对话框

在【显示/隐藏轨道】对话框中，禁用音频轨道左侧的复选框后，单击【确定】按钮，即可在【调音台】面板内隐藏相应音频轨道控制项，如图 11-12 所示。

提 示

在【显示/隐藏轨道】对话框中，单击【全部显示】或者【全部隐藏】按钮，即可显示或者隐藏【调音台】面板中的所有轨道。

在编辑音频素材的过程中，执行【调音台】面板菜单内的【显示音频单位】命令后，还可在【调音台】面板内按照音频单位显示音频时间，从而能够以更精确的方式来设置音频处理效果，如图 11-13 所示。

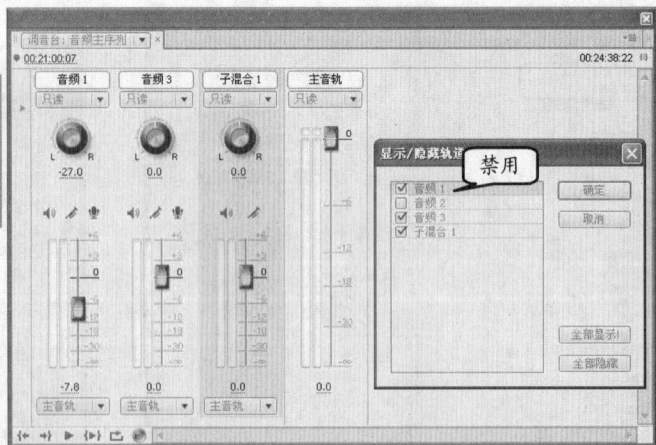

图 11-12　　隐藏指定音频轨道

此外，【调音台】面板菜单内还包含了【切换到写后触动】命令。利用该命令，可以在【调音台】面板内自动转换其轨道模式。在实际应用中，当指定某音频轨道的自动模式为写入模式时，停止对音频素材的预览，即可看到写入模式将自动调整为触动模式，如图 11-14 所示。

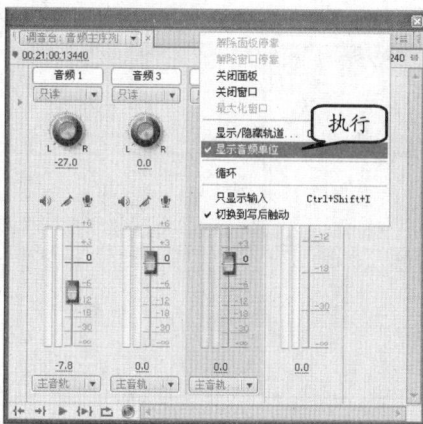

图 11-13 　　显示音频单位

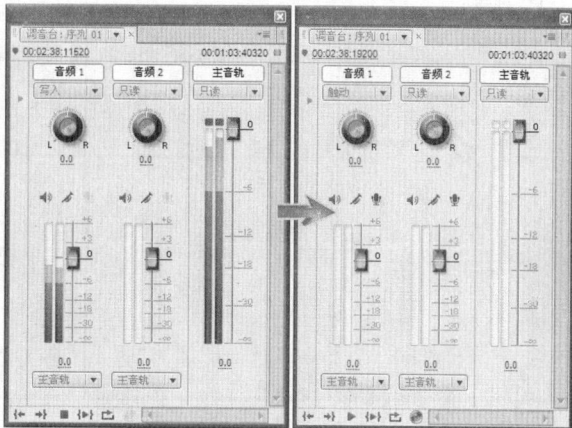

图 11-14 　　自动切换模式

11.2　混合音频

混合音频是【调音台】面板的重要功能之一，利用该功能可以让用户实时混合不同轨道内的音频素材，从而实现单一素材无法实现的特殊音频效果。本节将对混合音频的操作方法，以及混音前必须进行的设置自动模式方法进行介绍。

11.2.1　自动化设置

在 Premiere 中，自动模式的设置直接影响着混合音频特效的制作是否成功。在认识【调音台】面板的各控件时，已经了解到每个音频轨的自动模式列表中各包含了 5 种模式，如图 11-15 所示。

在自动模式列表中，不同列表选项的含义与作用如下。

❏ 关

选择该选项后，Premiere 将会忽略当前音频轨道中的音频特效，而只按照默认设置来输出音频信号。

❏ 只读

这是 Premiere 的默认选项，作用是在回放期间播放每个轨道的自动模式设置。例如，在调整某个音频素材的音量级别后，既能够在回放时听到差别，又能够在 VU 仪表内看到波形变化，如图 11-16 所示。

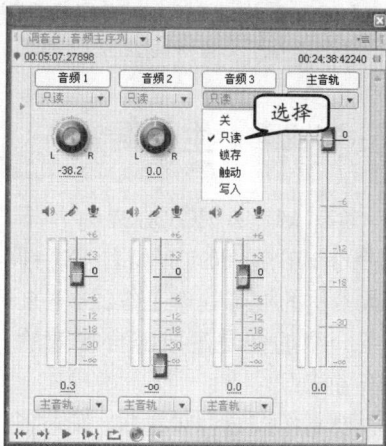

图 11-15 　　自动模式选项列表

□ 锁存

【锁存】模式会保存用户对音频素材做出的调整，并将其记录在关键帧内。用户每调整一次，调节滑块的初始位置就会自动转为音频素材在进行当前编辑前的参数，如图11-17 所示。

图 11-16　　只读模式的音量变化

图 11-17　　【锁存】模式

在【时间线】面板中，单击音频轨道前的【显示关键帧】下拉按钮，并执行【显示轨道关键帧】命令，即可查看 Premeire 自动记录的关键帧，如图 11-18 所示。

□ 触动

该模式与【锁存】模式相同，也是将做出的调整记录到关键帧。

注　意

当自动模式设置为"触动"模式时，将由【自动匹配时间】选项控制返回到各值的速度。该选项的默认时间为"1 秒"。

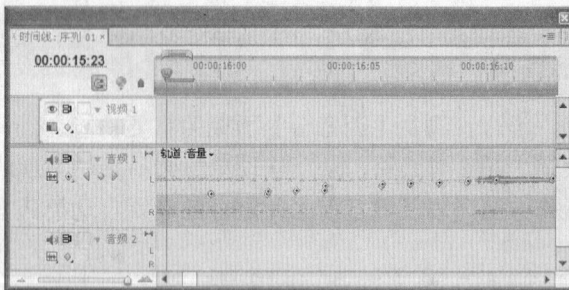

图 11-18　　自动记录的关键帧

□ 写入

【写入】模式可以立即保存用户对音频轨道所做出的调整，并且在【时间线】面板内创建关键帧。通过这些关键帧，即可查看对音频素材的设置。

11.2.2　生成混音

在了解自动模式列表内各个选项的作用后，即可开始着手进行音频素材的混音处理工作。接下来将要介绍的便是生成混合音效的操作方法。

要制作混合音频特效，首先需要将待合成的音频素材分别放置在不同音频轨道内，并将当前时间指示器移至音频素材的开始位置，如图 11-19 所示。

图 11-19　　准备混音所用的音频素材

> **提 示**
>
> 要制作混合音频特效,【时间线】面板内至少应当包括两个音频轨道。

接下来,在【调音台】面板中为音频轨道选择相应的自动模式,如【写入】模式。此时,音频轨道底部将显示信号被发送到的位置。默认情况下,音轨输出会发送到主音轨中,如图 11-20 所示。

> **提 示**
>
> 根据制作需要,用户也可以将音轨输出发送到子混合音频轨道中。

▶ **图 11-20** 音轨输出分配

> **注 意**
>
> 如果不希望某些控件影响到轨道,则可以在【调音台】面板内右击相应控件后,执行【安全写入】命令。

单击【调音台】面板内的【播放】按钮后,即可在播放音频素材的同时对相应控件进行设置,如调整音频轨道中的素材音量,如图 11-21 所示。

在完成对音频轨道的设置后,单击【停止】按钮,并将【时间线】面板内的轨道模式切换为【显示轨道关键帧】,如图 11-22所示。

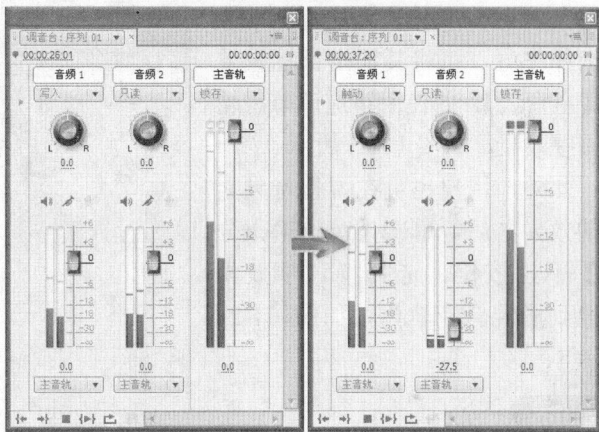

▶ **图 11-21** 调整音量

> **提 示**
>
> 在使用【调音台】面板制作混合音效时,若要撤销某操作,可以利用【历史】面板恢复之前的操作。

完成混合音效的制作之后,将当前时间指示器移至音频素材的开始位置,并单击【播放】按钮,即可试听制作完成的混音效果。

▶ **图 11-22** 显示轨道关键帧

11.3 摇动和平衡

在为影片创建背景音乐或旁白时,根据需要还可为声音添加摇动或平衡效果,从而达到突出指定声道中的声音或均衡音频播放效果的目的。本节将介绍对音频进行摇动和平衡处理的操作方法。

11.3.1 摇动/平衡单声道及立体声素材

与混合音频不同，为音频素材创建摇动和平衡效果时，最终效果都要依赖于正在回放的音频轨道和输出音频时的目标轨道。例如，在对某个单声道/立体声道进行摇动或平衡操作时，可将其输出目标设置为【主音轨】，并使用声道调节滑轮来调整效果，如图 11-23 所示。

此外，用户也可在调整音频素材的效果之后，单击【音轨输出分配】下拉按钮，选择将音频效果输出到子混合音轨内，如图 11-24 所示。

图 11-23 输出到主音轨

提　示

当为单声道或立体声道创建摇动和平衡效果之后，即可在【时间线】面板内观察相应的关键帧效果。

图 11-24 输出到子混合音轨

11.3.2 摇动 5.1 声道素材

在 Premiere 中，只有当序列的主音轨为 5.1 声道时，才能够创建 5.1 声道的摇动和平衡效果。这就要求用户在创建 Premiere 项目时，将【新建序列】对话框【轨道】选项卡内的【主音轨】选项设置为 5.1，如图 11-25 所示。

由于声道类型的差异，5.1 声道【调音台】面板内的声道调节滑轮将被摇动/平衡托盘所代替，如图 11-26 所示。

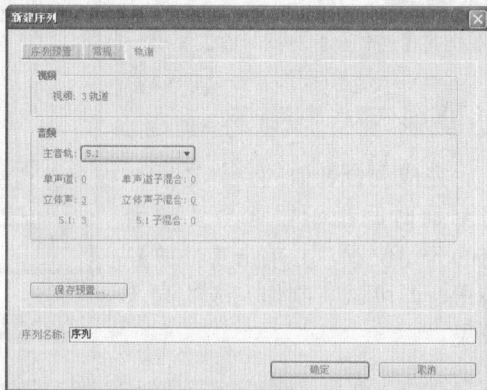

图 11-25 设置主音轨

在摇动/平衡托盘中，沿着边缘分别放置了 5 个环绕声扬声器，调整时只需要将摇动

/平衡托盘中心位置的黑色控制点置于不同
的位置，即可产生不同的音频效果。预览时，
还可在【调音台】面板内通过主音轨下的 VU
仪表来查看其变化，如图 11-27 所示。

在摇动/平衡托盘中，用户可以将黑色控制点移动
到托盘内的任意位置。

此外，利用摇动/平衡托盘右侧的【中心
百分比】旋钮，通过快速调整音频素材的中
间通道。调整时，向左拖动旋钮可减小其取
值，而向右拖动旋钮则会增大其取值。完成
中心百分比的取值调整后，同样可通过 VU
仪表来查看波形的变化。图 11-28 所示即为
取值分别为 0% 和 100% 时的波形效果。

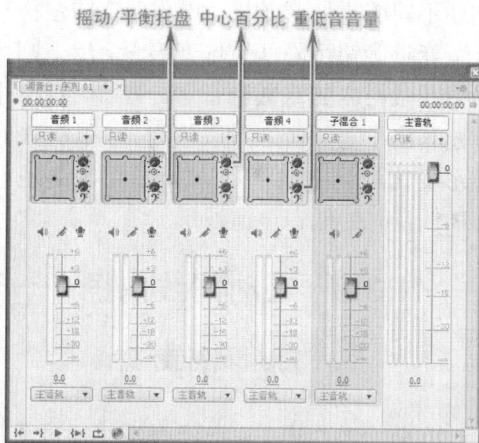

摇动/平衡托盘　中心百分比　重低音音量

图 11-26　　5.1 声道【调音台】面板内的
摇动/平衡托盘

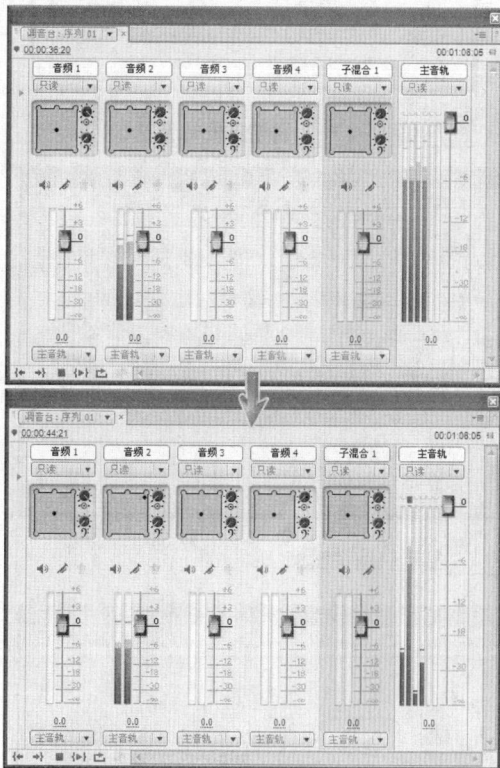

图 11-27　　调整摇动/平衡托盘扬声器

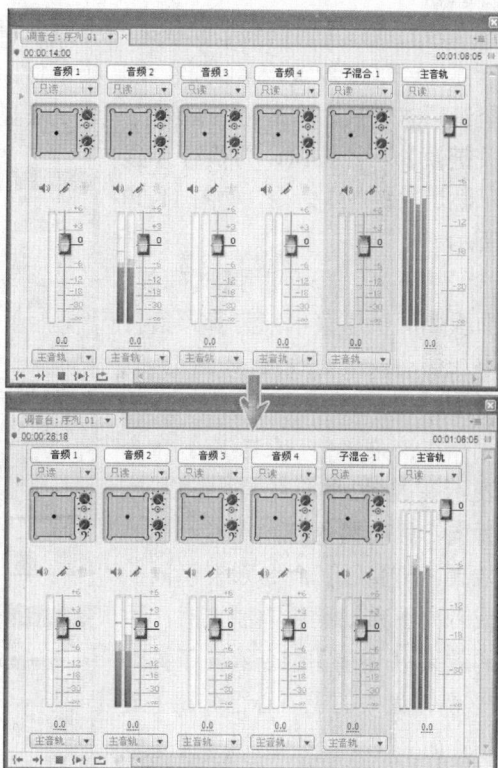

图 11-28　　中心百分比调整前后效果对比

当调整【中心百分比】旋钮的值时，将鼠标置于该控件之上，即可查看当前取值的大小。

在调整摇动/平衡托盘的过程中，还可通过调整重低音音量取值的方式，为音频素材

第 11 章　调音台

303

创建不同的重低音效果。操作时，向左拖动重低音音量旋钮可降低重低音音量，反之则可提高音频素材内的重低音音量。在图 11-29 中，分别列出了重低音音量取值为−∞和 0dB 时的波形变化，其中在 VU 仪表内可清楚地看到 0dB 低音时的低音声道波形。

11.3.3 在时间线内摇动/平衡声音

在前面的内容中，已经介绍了通过【调音台】面板来为音频素材添加平衡与摇动效果的方法。接下来，本节将介绍通过在【时间线】面板内设置关键帧来创建摇动与平衡效果的方法。

若要通过【时间线】面板来对音频素材进行摇动或平衡设置，就必须在将音频素材添加至音频轨道后，单击相应音频轨道内的【显示关键帧】下拉按钮，并执行【显示轨道关键帧】命令，如图 11-30 所示。

接下来，即可利用【时间线】面板中的轨道菜单来为音频素材添加摇动或平衡效果，如图 11-31 所示。

在该菜单中，【左-右】命令表示在摇动/平衡托盘中向左或者向右移动黑色控制点时产生的效果；【前-后】命令则表示向上或者向下移动黑色控制点时产生的效果；【中置】命令等同于摇动/平衡托盘中的【中心百分比】旋钮；而 LFE 命令则等同于【重低音音量】旋钮。

在【轨道】菜单中，执行相应的调整命令后，即可使用鼠标拖动音频轨道上的调节线，从而实现相应的调整效果，如图 11-32 所示。

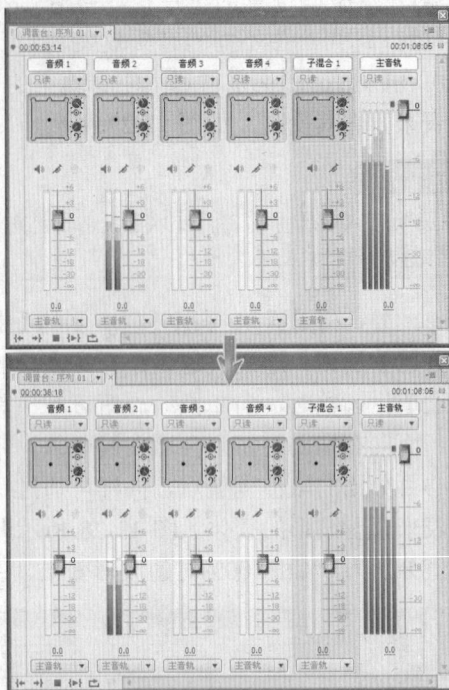

图 11-29　调整重低音音量

图 11-30　显示轨道关键帧

图 11-31　轨道菜单

在【时间线】面板中，若向上拖动调节线，则等同于在摇动/平衡托盘中向左拖动黑色控制点；若向下拖动，则等同于向右拖动黑色控制点。

需要指出的是，当用户使用【选择工具】在【时间线】面板内调整轨道调节线时，调节范围将是整个音频素材。如果用户需要调整音频素材指定位置上的摇动或平衡效果，则需要利用【钢笔工具】。操作时，需要首先单击【工具】面板内的【钢笔工具】按钮，然后按住 Ctrl 键拖动轨道中的调节线，即可在局部范围内调整音频素材，如图 11-33 所示。

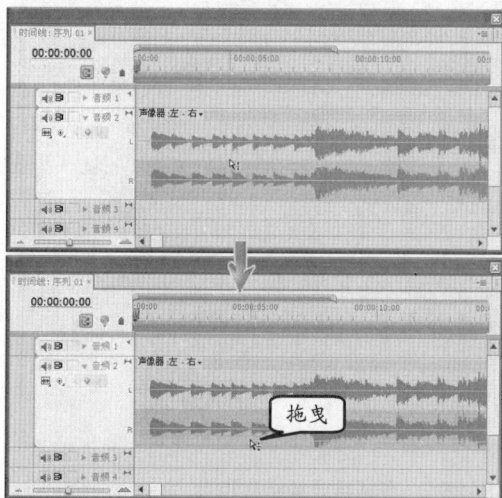

图 11-32　利用【时间线】面板设置摇动效果

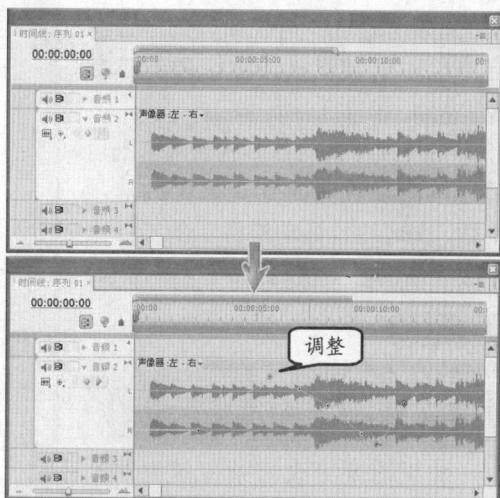

图 11-33　调整指定位置的摇动和平衡效果

提 示

在使用【钢笔工具】调整轨道时间线时，如果不使用 Ctrl 键，则调整效果同样会影响整个音频素材。

当音频素材的摇动和平衡效果调整完成之后，单击【播放】按钮，即可试听调整结果。与此同时，还可在【调音台】面板内查看调整后的音频波形变化，如图 11-34 所示。

提 示

在试听音频素材调整效果的过程中，摇动/平衡托盘内的黑色控制点会随着波形的不断变化而不断变更其位置。

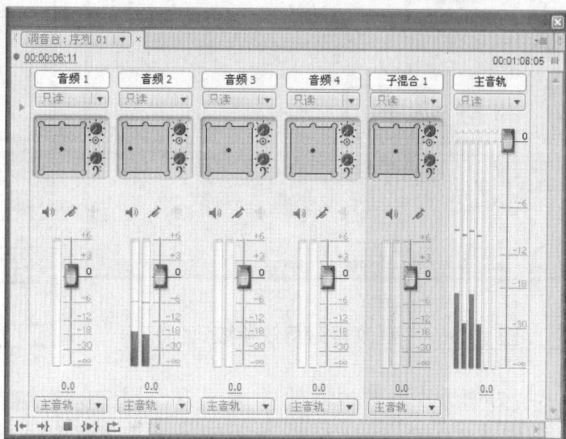

图 11-34　查看调整后的音频波形

在熟悉【调音台】面板的工作界面后，接下来，将介绍通过效果与发送区域添加各种特效效果的方法。

11.4.1 设置和删除效果

在【调音台】面板中，所有可以使用的音频特效都来源于【效果】面板中的相应滤镜。在【调音台】面板内为相应音频轨道添加效果后，折叠面板的下方将会出现用于设置该音频特效的参数控件，如图 11-35 所示。

在音频特效的参数控件中，既可通过单击参数值的方式来更改选项参数，也可通过拖动控件上的指针来更改相应的参数值，如图 11-36 所示。

技 巧

将鼠标置于所要调整的参数值上后，当光标变成 形状时拖动鼠标也可进行调整。

如果需要更改音频特效内的其他参数，只需在单击控件下方的下拉按钮后，在列表内选择所要设置的参数名称即可，如图 11-37 所示。

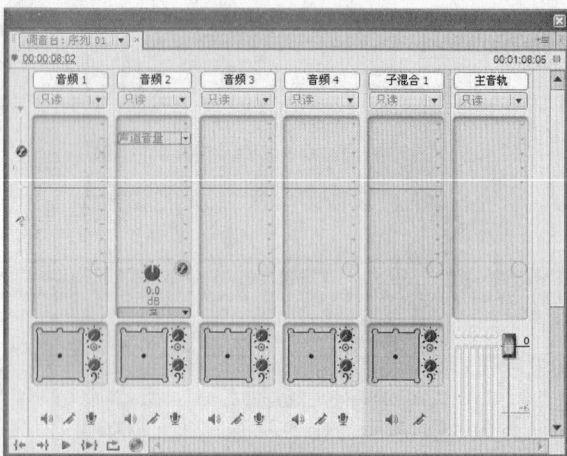

图 11-35 音频特效的参数控件

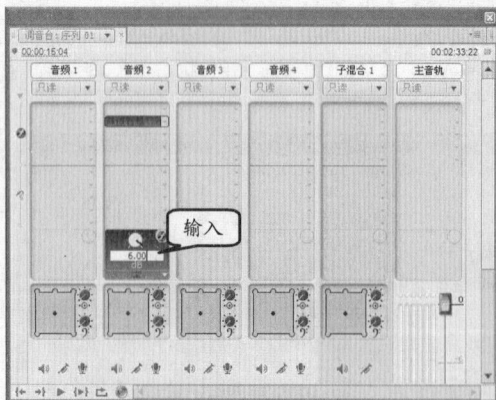

图 11-36 更改音频特效参数值

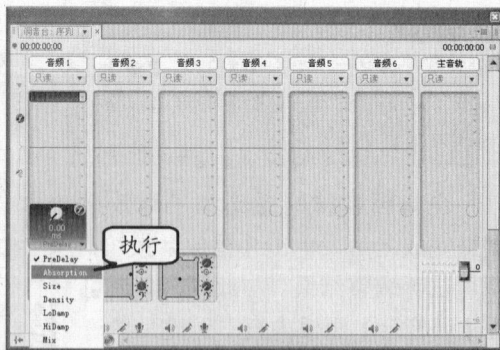

图 11-37 更改音频特效参数

在应用多个音频特效的情况下，用户只需选择所要调整的音频特效后，控件位置处即可显示相应特效的参数调整控件，如图 11-38 所示。

如果需要在效果与发送区域内清除部分音频特效，只需单击相应音频特效右侧的下拉按钮后，选择【无】选项即可，如图 11-39 所示。

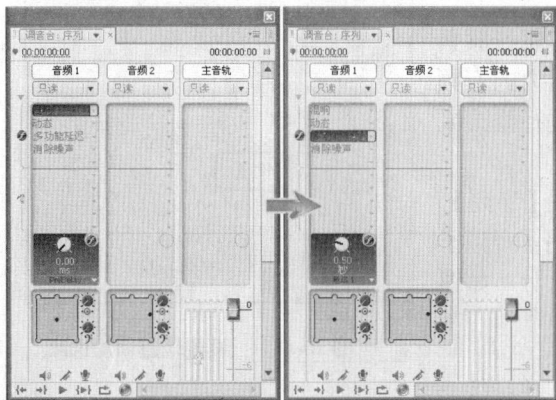

图 11-38　不同效果具有不同的控件参数

图 11-39　删除音频特效

11.4.2　绕开效果

顾名思义，绕开效果的作用就是在不删
除音频特效的情况下，暂时屏蔽音频轨道内
的指定音频特效。设置绕开效果时，只需在
【调音台】面板内选择所要屏蔽的音频特效
后，单击参数控件右上角的【绕开】按钮即
可，如图 11-40 所示。

图 11-40　绕开指定音频特效

11.5　创建子混音音轨

制作混音是【调音台】面板的重要功能之一，该功能可以让用户将多个轨道内的音
频信号发送至一个混合音频轨道内，并对该混合音频应用音频特效。在处理方式上，混
音音轨与普通音轨没有什么太大的差别，输出的音频信号也会被并入主音轨内，这样便
解决了为普通音轨创建相同效果时的重复操作。

11.5.1 创建子混合音轨

为混音效果创建独立的混音轨道是编辑音频素材时的良好习惯，这样做能够使整个项目内的音频编辑工作看起来更具条理性，从而便于进行修改或其他类似操作。

若要创建子混合音频轨道，只需执行【序列】|【添加轨道】命令后，在弹出的对话框内将【音频子混合轨】选项组内的【添加】选项设置为 1，如图 11-41 所示。

图 11-41 设置轨道添加选项

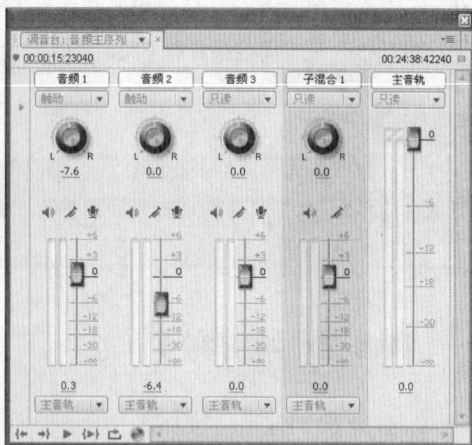

> **提 示**
>
> 在创建子混合音频轨道时，用户也可以选择创建单声道子混合音轨或者 5.1 声道子混合音轨。

> **提 示**
>
> 按照 Premiere 的默认设置，用户在创建子混合音轨的同时还会创建一条视频轨和一条音频轨。

在单击【添加视音轨】对话框中的【确定】按钮后，【调音台】面板内便会多出一条名为"子混合 1"的混合音频轨道，如图 11-42 所示。

创建子混合音频轨道后，即可将其他轨道内的音频信号发送至混音轨道内，如图 11-43 所示。

图 11-42 添加子混合音频轨道

在混音轨道包含至少两条音频轨道内的信号后，Premiere 便会自动对其进行混音处理。与此同时，用户还可为混合音轨添加各种音频特效，如图 11-44 所示。

图 11-43 将音频信号发送至混音轨道内

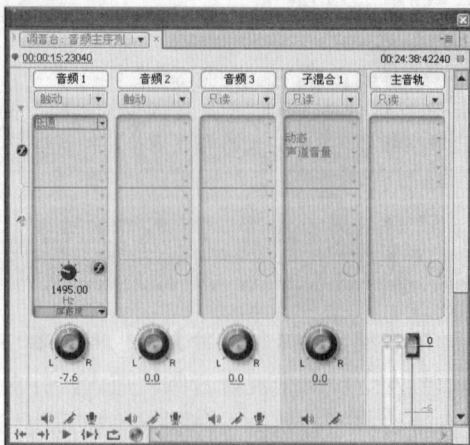

图 11-44 为子混合音轨添加效果

11.5.2　创建发送

通过在【调音台】面板内创建发送，可以将音频轨道内的部分信号发送到子混合音轨内。创建时，只需在效果与发送区域内单击任意一个【发送任务选择】下拉按钮后，选择目标音轨，即可将相应轨道内的音频信号发送至目标音轨内，如图 11-45 所示。

在创建发送后，相应轨道的效果与发送区域内将会出现一个旋钮控件，其功能是调整发送至混合音轨中的信号量大小。此时，用户还可选择是在调整轨道音量控制器之前发送信号，还是在调整音量控制器之后发送信号。

默认情况下，Premiere 会选择在调整之后发送信号，但这样会使得用户对音频轨道音量的调整全部反映至发送结果，因此在部分情况下需要对该设置进行调整。操作时，只需在效果与发送区域内右击创建好的发送选项后，执行【预前-衰减】命令即可，如图 11-46 所示。

图 11-45　选择发送目标

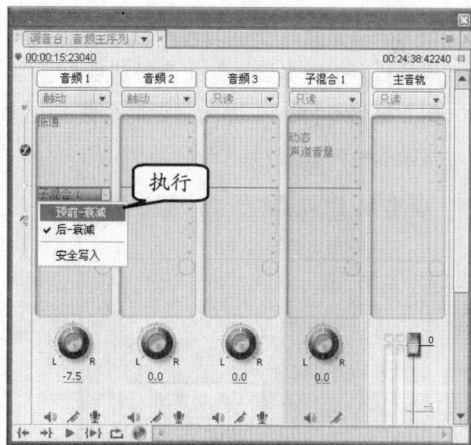

图 11-46　设置发送选项

11.6　实验指导：制作 5.1 声道效果

所谓 5.1 声道，是指由前、后、左、右和中置 5 个声道，以及被称为 ".1" 的重低音声道所构成。在实际应用中，由于 5.1 声道的音响系统能够给观众带来身临其境般的真实音效感受，因此受到广大用户的青睐。本例将利用 Premiere 中的调音台，来制作一段具有 5.1 环绕立体声效果的音乐片段。

1. 实验目的

❑ 创建序列
❑ 切割素材
❑ 调整音频素材的播放效果

2. 实验步骤

1　新建 Premiere 项目，并在创建序列时，在【新建序列】对话框的【轨道】选项卡中，调整音视频轨道的数量与类型，如图 11-47

所示。

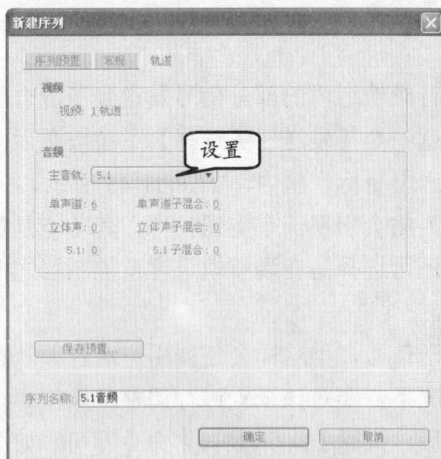

Premiere Pro CS4 中文版标准教程

图 11-47　设置序列的轨道数量

2 将"走过绿意.wma"音频素材导入至当前项目后，执行【素材】|【音频选项】|【强制为单声道】命令，从而得到两个分离出的音频素材，如图 11-48 所示。

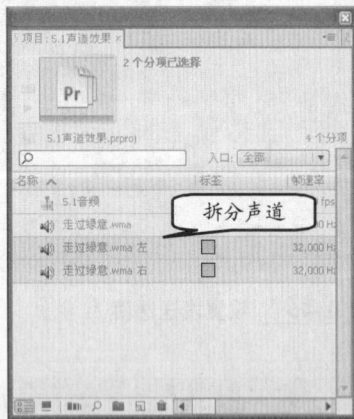

图 11-48　强制分离音频素材

3 右击【项目】面板中的"走过绿意.wma 左"音频素材后，执行【插入】命令，并将其添加至当前序列的"音频 1"轨道中，如图 11-49 所示。

4 在【时间线】面板内选择"走过绿意.wma 左"音频素材后，使用【剃刀工具】分别从 40 秒、1 分 21 秒、1 分 59 秒、2 分 38 秒、2 分 57 秒和 3 分 15 秒处切割该素材，如图 11-50 所示。

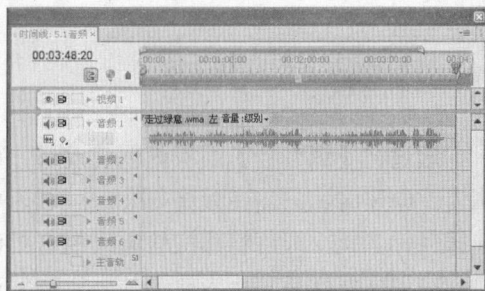

图 11-49　添加音频素材

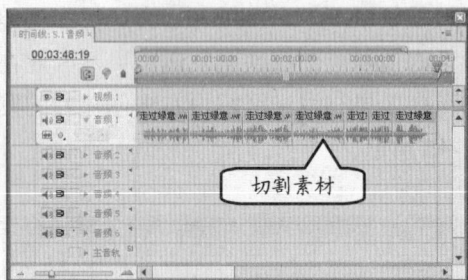

图 11-50　切割素材

5 使用【选择工具】将"音频 1"轨道内的素材片段分别移至不同的轨道内，并在各个音频轨道内创建最后一个素材片段的副本，如图 11-51 所示。

图 11-51　移动并复制素材

6 选择"音频 1"轨道中的第一段素材后，在【调音台】面板内将摇动/平衡托盘中的黑色控制点移至左上角，如图 11-52 所示。

7 使用相同方法，依次将"音频 2"、"音频 3"、"音频 4"、"音频 5"轨道中第一段音频素材在摇动/平衡托盘中的黑色控制点移至右上、左下、右下和正上方，如图 11-53

所示。

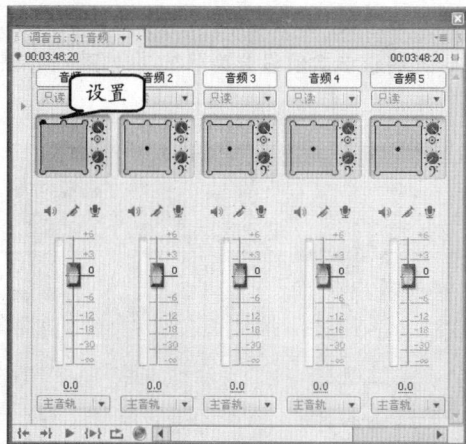

图 11-52 调整音频素材的播放效果

8 所有效果制作完成后，即可保存项目文件，

并单击【节目】面板中的【播放-停止切换】按钮，试听制作的 5.1 声道效果。

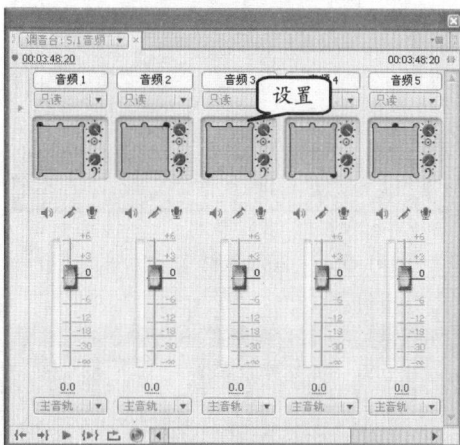

图 11-53 设置其他轨道的声音效果

11.7 实验指导：制作回声效果

回音是声波折射后与原有声音混合在一起后造成的物理现象，通常发生在山谷、密室等环境内。在 Premiere 中，只需利用调音台中的音频特效，即可创建出类似山谷回音的效果。

1. 实验目的

❏ 应用音频特效
❏ 自定义音频特效参数
❏ 调节音频轨道音量

2. 实验步骤

1 创建名为"回音效果"的 Premiere 项目，在创建序列时的【新建序列】对话框中，将视频轨道的数量设置为 1 后，将音频轨道的【主音轨】设置为"立体声"，如图 11-54 所示。

2 将"原声.mp3"音频素材导入至当前项目后，将该素材添加至"音频 1"轨道内，如图 11-55 所示。

3 在【时间线】面板内选择"原声.mp3"音频素材后，在【调音台】面板内展开效果与发送区域。然后，在"音频 1"轨道对应的

效果列表内单击任意一个【效果选择】下拉列表，并选择【多功能延迟】选项，如图 11-56 所示。

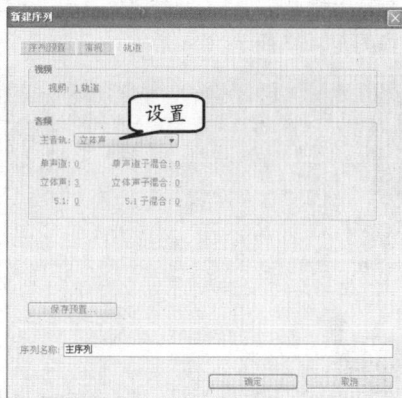

图 11-54 调整声道设置

提 示

如果为音频素材添加【延迟】音频特效，也可实现回声，但该音频特效仅能产生一次回声。

图 11-55 添加素材

图 11-56 添加音频特效

4 添加音频特效后，在该音频特效对应的参数控件中将【延迟 1】的参数设置为 "1秒"，如图 11-57 所示。

图 11-57 调整音频特效参数

5 在【多功能延迟】音频特效参数控件内单击参数列表下拉按钮后，选择【反馈 1】选项，并将该参数值设置为 10%，如图 11-58 所示。

图 11-58 调整【反馈 1】选项的参数值

6 运用相同方法，将【多功能延迟】音频特效的【混合】选项参数值设置为 60%，如图 11-59 所示。

图 11-59 调整【混合】选项参数值

7 接下来，依次将 "延迟 2"、"延迟 3" 和 "延迟 4" 的参数设置为 "1.5秒"、"1.8秒" 和 "2秒"，如图 11-60 所示。

8 将 "音频 1" 轨道的音量调节按钮移至 1 的位置，如图 11-61 所示。完成后，即可在【节目】面板内预览回音效果。

Premiere Pro CS4 中文版标准教程

图 11-60 设置音频特效的其他参数

图 11-61 调整音频轨道的音量

11.8 思考与练习

一、填空题

1. _____是 Premiere 为用户准备的多功能音频素材处理平台。

2. 在【调音台】面板中，自动模式控件对音频的调节作用主要分为调节音频素材和调节_____两种方式。

3. _____的作用是将不同轨道内的多个音频素材混合在一起进行播放，从而实现单一素材无法实现的特殊音频效果。

4. 为音频素材添加_____效果后，可以达到突出指定声道中的声音或均衡音频播放效果的目的。

5. 只有当序列的主音轨为_____声道时，才能够创建 5.1 声道的摇动和平衡效果。

6. 在【调音台】面板的效果与发送区域中，所有可供使用的音频特效都来源于【_____】面板中的相应滤镜。

7. 通过在【调音台】面板内创建_____，可以将音频轨道内的部分音频信号发送到子混合音轨内。

二、选择题

1. 在下列选项中，不属于自动模式下拉列表项的是_____。

   A. 只读　　　　B. 锁存
   C. 触控　　　　D. 写入

2. 在下列选项中，默认情况下不会显示的是_____。

   A. 效果与发送区域
   B. 轨道控制按钮
   C. 主音量控制器
   D. 音量控制器

3. 在调音台提供的多种自动模式中，只有【_____】和【触动】模式会将用户对音频素材做出的调整记录到关键帧内。

   A. 只读　　　　B. 锁存
   C. 写入　　　　D. 记录

4. 在【时间线】面板内摇动/平衡声音时，通过局部调整轨道线的操作方法是_____。

   A. 使用【选择工具】拖动轨道线
   B. 按住 Ctrl 键后，使用【选择工具】拖动轨道线
   C. 使用【钢笔工具】拖动轨道线
   D. 按住 Ctrl 键后，使用【钢笔工具】拖动轨道线

5. 下列关于绕开效果的描述中，正确的是_____。

   A. 绕开效果的作用是从混合音频内隐藏当前音频素材的影响
   B. 绕开效果的作用是暂时隐藏音频特效对音频素材的影响
   C. 绕开效果的作用是删除音频素材中的指定音频特效

D．绕开效果与音频特效无关

6．下列选项中，无法作为子混合音频轨道类型的是_____。

  A．单声道 B．立体声

  C．5.1 声道 D．重低音

7．下列关于混音的描述中，错误的是_____。

  A．混音功能可以让用户实时混合不同轨道内的音频素材

  B．混音的最终效果由各个音源的效果所决定

  C．用户无法控制混音的最终效果

  D．用户既可将混音效果发送至主音轨，也可发送至独立的子混音轨

三、简答题

1．什么是调音台？在 Premiere 内如何打开【调音台】面板？

2．什么是混音？简单介绍在 Premiere 内混合音频的操作方法。

3．摇动立体声素材和摇动 5.1 声道素材的差别是什么？

4．简单描述在【调音台】面板内创建绕开效果的操作方法。

5．什么是发送？如何创建发送？

四、上机练习

在之前已经讲到，Premiere 在对待混音轨与对待普通音频轨道时没有什么不同。因此，根据音频的制作需要，编辑人员可以将子混音轨中的音频信号作为信号源发送至其他的混音轨内，从而制作出更为复杂的混音效果，如图 11-62 所示。

图 11-62 将混音轨中的信号发送至其他子混音轨道内

第 12 章

输出影片剪辑

通过之前章节对视频编辑的理论知识、操作方法与应用技巧等内容的介绍，相信此时的用户已经能够利用 Premiere Pro CS4 制作出一些精彩的视频剪辑。接下来，本章所要介绍的是如何将这些制作完成的影片编辑项目输出为 Quick Time、Video for Windows 或 MPEG 格式的文件，以便使用主流媒体播放器来欣赏这些制作完成的影片剪辑。

本章学习要点：

➢ 认识 Adobe Media
➢ 视频文件的输出流程
➢ 常见视频格式的输出方法
➢ 输出剪辑注释文件

12.1 影片输出设置

在完成整个影视项目的编辑操作后，便可以将项目内所用到的各种素材整合在一起输出为一个独立的、可直接播放的视频文件。不过，在进行此类操作之前，还需要对影片输出时的各项参数进行设置，本节将对其设置方法进行介绍。

12.1.1 影片输出的基本流程

完成 Premiere 影视项目的各项编辑操作后，在主界面内执行【文件】|【导出】|【媒体】命令，将弹出【导出设置】对话框。在该对话框中，可以对视频文件的最终尺寸、文件格式和编辑方式等一系列内容进行设置，如图 12-1 所示。

完成【导出设置】对话框内各个选项的设置后，单击【确定】按钮。此时，Premiere 将自动启动 Adobe Media Encoder CS4，并将所要导出的影片编辑项目添加至 Media Encoder 的输出队列内，如图 12-2 所示。

进行到这里后，只需单击 Adobe Media Encoder CS4 主界面内的【开始队列】按钮，即可开始根据输出队列内的项目文件来生成视频文件。

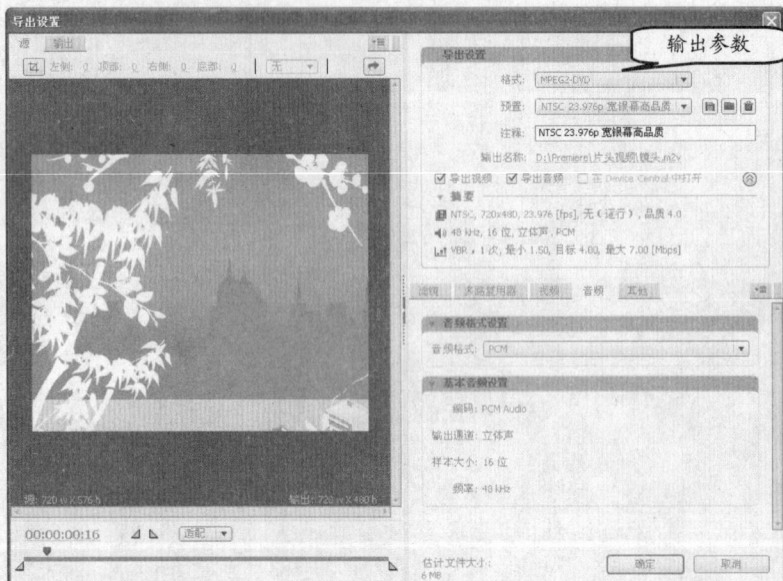

图 12-1 【导出设置】对话框

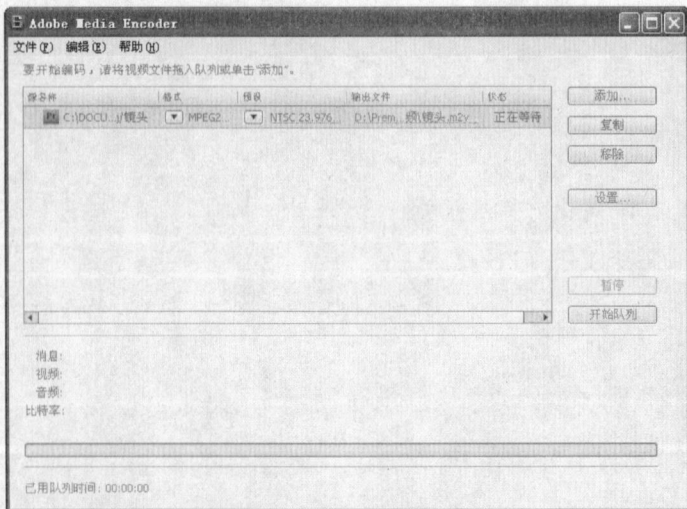

图 12-2 等待输出的 Premiere 编辑项目

12.1.2 调整影片的导出设置选项

在【导出设置】对话框中，各种导出选项的
参数决定着影片的最终输出效果。为此，本节将
对影片的各种导出设置进行简单介绍，以便用户
能够通过更改导出设置来获取符合要求的导出
结果。

【导出设置】对话框的左半部分为视频预览区
域，右半部分为参数设置区域。在左半部分的视
频预览区域中，可分别在【源】和【输出】选项
卡内查看到项目的最终编辑画面和最终输出为视
频文件后的画面。在视频预览区域的底部，调整
滑杆上方的滑块可控制当前画面在整个影片中的
位置，而调整滑杆下方的两个"三角"滑块则能
够控制导出时的入点与出点，从而起到控制导出
影片持续时间的作用，如图 12-3 所示。

图 12-3　调整导出影片的持续时间

与此同时，在【源】选项卡中单击【裁剪】
按钮后，还可在预览区域内通过拖动锚点，或在【裁剪】按钮右侧直接调整相应参数的
方法来更改画面的输出范围，如图 12-4 所示。完成此项操作后，即可在【输出】选项卡
内查看到调整结果，如图 12-5 所示。

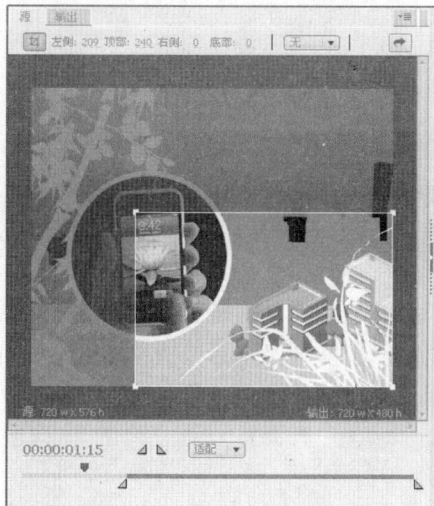

图 12-4　调整导出影片的画面输出范围

图 12-5　预览导出影片的画面输出

提　示

当影片的原始画面比例与输出比例不匹配时，影片的输出结果画面内便会出现黑边。

12.1.3 选择视频文件输出格式与输出方案

在完成对导出影片持续时间和画面范围的设定后，在【导出设置】对话框的右半部分中，调整【格式】选项可确定导出影片的文件类型，如图12-6所示。根据导出影片格式的不同，用户还可在【预置】下拉列表中，选择一种Premiere之前设置好参数的预设导出方案，完成后即可在【导出设置】选项组内的【摘要】区域内查看部分导出设置内容，如图12-7所示。

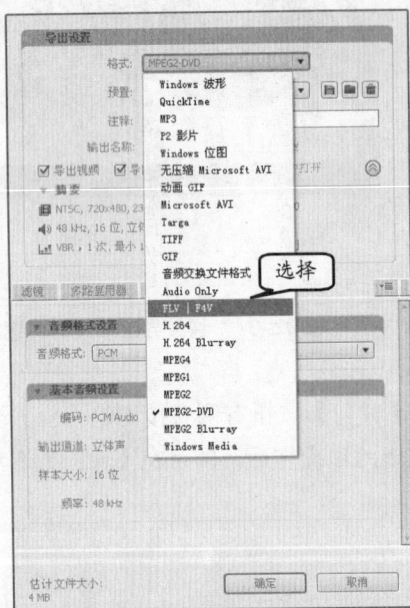

图 12-6　设定影片的输出类型　　　　图 12-7　选择影片输出方案

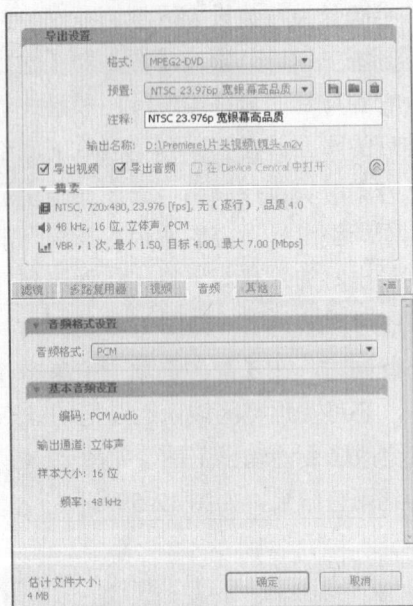

12.2　设置常见视频格式的输出参数

现阶段，视频文件的格式众多，在输出不同类型视频文件时的设置方法也不相同。因此，当用户在【导出设置】选项组内选择不同的输出文件类型后，Premiere便会根据所选文件类型的不同，调整不同的视频输出选项，以便用户更为快捷地调整视频文件的输出设置。

12.2.1　输出 AVI 文件

若要将视频编辑项目输出为AVI格式的视频文件，则应将【格式】下拉列表设置为Microsoft AVI选项。此时，相应的视频输出设置选项如图12-8所示。

在上面所展示的 AVI 文件输出选项中，并不是所有的参数都需要调整。通常情况下，所需调整部分的选项功能和含义如下。

❑ 视频编解码器

在输出视频文件时，压缩程序或者编解码器（压缩/解压缩）决定了计算机该如何准确地重构或者剔除数据，从而尽可能地缩小数字视频文件的体积。

❑ 场类型

该选项决定了所创建视频文件在播放时的扫描方式，即采用隔行扫描式的"上场优先"、"下场优先"，还是采用逐行扫描进行播放的"逐行"。

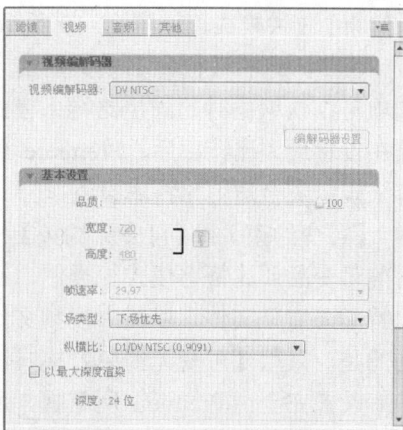
图 12-8　AVI 文件输出选项

12.2.2　输出 WMV 文件

WMV 是由微软公司推出的视频文件格式，由于具有支持流媒体的特性，因此也是较为常用的视频文件格式之一。在 Premiere 中，若要输出 WMV 格式的视频文件，首先应将【格式】设置为 Windows Media 选项，此时其视频输出设置选项如图 12-9 所示。

1．1 次编码时的参数设置

1 次编码是指在渲染 WMV 时，编解码器只对视频画面进行 1 次编码分析，优点是速度快，缺点是往往无法获得最为优化的编码设置。当选择 1 次编码时，【比特率模式】会提供【固定】和【可变品质】两种设置项供用户选择。其中，【固定】模式是指整部影片从头至尾采用相同的比特率设置，优点是编码方式简单，文件渲染速度较快。

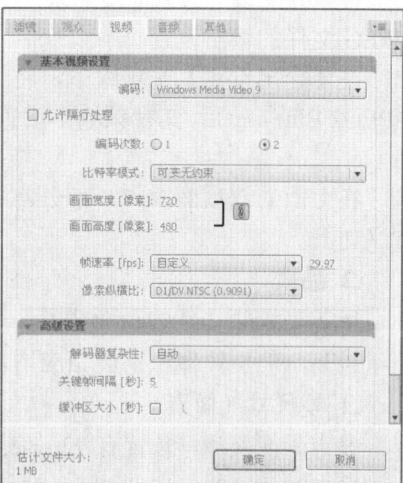
图 12-9　WMV 文件输出选项

至于【可变品质】模式，则是指在渲染视频文件时，允许 Premiere 根据视频画面的内容来随时调整编码比特率。这样一来，便可以在画面简单时采用低比特率进行渲染，从而降低视频文件的体积；在画面复杂时采用高比特率进行渲染，从而提高视频文件的画面质量。

2．2 次编码时的参数设置

与 1 次编码相比，2 次编码的优势在于能够通过第 1 次编码时所采集到的视频信息，在第 2 次编码时调整和优化编码设置，从而以最佳的编码设置来渲染视频文件。

在使用 2 次编码渲染视频文件时，比特率模式将包含【固定】、【可变约束】、【可变无约束】3 种模式，如图 12-10 所示。

其中，选择【固定】模式后的【比特率设置】选项与 1 次编码时的固定比特率模式相同，用户只需在设置最大比特率后，Premiere 便会根据视频内容来确定最合适的比特率设置。

【可变约束】和【可变无约束】模式与 1 次编码时的可变品质比特率模式相类似，都能够通过多种比特率来渲染文件，以减小视频文件的体积。所不同的是，采用【可变无约束】模式渲染文件时的比特率设置完全由 Premiere 所掌握，而采用【可变约束】模式时还需要用户设定比特率的变动范围。

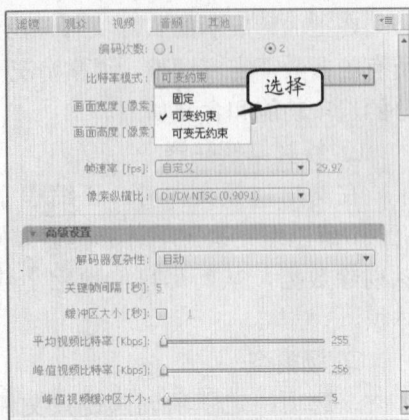

图 12-10 2 次编码时的选项

12.2.3 输出 MPEG 文件

作为业内最为重要的一种视频编码技术，MPEG 为多个领域不同需求的使用者提供了多种样式的编码方式。接下来，将以目前最为流行的 MPEG2 Blue-ray 为例，简单介绍 MPEG 文件的输出设置。

在【导出设置】选项组中，将【格式】设置为 MPEG2 Blue-ray 后，其视频输出设置选项如图 12-11 所示。

在上面的选项面板中，部分常用选项的功能及含义如下。

❑ **品质**

所渲染视频文件的画面质量，取值越高，画面质量越高，但文件体积也会相应增加。

❑ **帧尺寸（像素）**

设定画面尺寸，预置有 720×576、1280×720、1440×1080 和 1920×1080 四种尺寸供用户选择。

❑ **比特率编码**

确定比特率的编码方式，共包括 CBR、VBR 1 次和 VBR 2 次三种模式。其中，CBR 指固定比特率编码，VBR 指可变比特率编码方式。

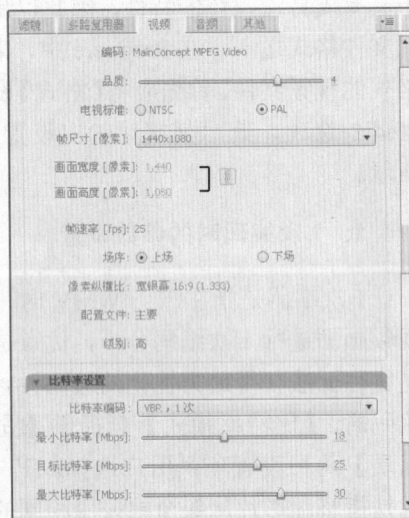

图 12-11 MPEG2 Blue-ray 视频输出设置选项

此外，根据所采用编码方式的不同，编码时所采用比特率的设置方式也有所差别。

❑ **比特率**

仅当【比特率编码】选项为 CBR 时出现，用于确定固定比特率编码所采用的比特率。

❑ **最小比特率**

仅当【比特率编码】选项为 VBR 1 次或 2 次时出现，用于在可变比特率范围内限制比特率的最低值。

❑ **目标比特率**

仅当【比特率编码】选项为 VBR 1 次或 2 次时出现，用于在可变比特率范围内限制比特率的参考基准值。也就是说，多数情况下 Premiere 会以该选项所设定的比特率进行编码。

❑ **最大比特率**

该选项与【最小比特率】选项相对应，作用是设定比特率所采用的最大值。

12.2.4 输出 MOV 文件

与之前所介绍的 3 种视频文件输出设置相比，QuickTime 视频文件的输出设置较为简单。通常来说，用户只需在选择相应的编解码器后，调整影片尺寸与输出品质，并对帧速率、扫描方式等常规选项进行设置即可，其输出设置选项如图 12-12 所示。

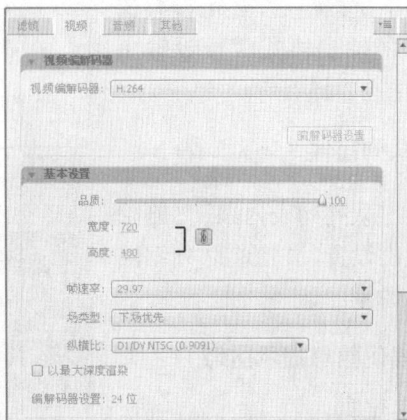

图 12-12 Quick Time 视频输出设置选项

12.3 Adobe Media Encoder

Adobe Media Encoder 是 Premiere Pro 的编码输出终端，其功能是将素材或时间线上的成品序列编码输出为 MPEG、MOV、WMV、QuickTime 等格式的音视频媒体文件。在目前最新的 CS4 版本中，Adobe Media Encoder 还可独立运行，并支持队列输出、后台编码等功能。与之前集成于 Premiere 中的编码输出模块相比，独立的 Media Encoder 在输出与转换的功能上更加纯粹，避免了用户在输出音视频文件时的重复操作，提高了工作效率。

12.3.1 Media Encoder 界面简介

作为 Premiere Pro 的编码输出终端，Media Encoder 会随着 Premiere Pro 一起被安装至计算机中，其主界面如图 12-13 所示。

1．导出队列列表

用于查看和管理导出队列，还可用于调整导出队列内的某些设置。例如，在【预设】列表项内单击预置输出方案名称后，即可弹出【导出设置】对话框，以便用户调整相应队列的输出设置，如图 12-14 所示。

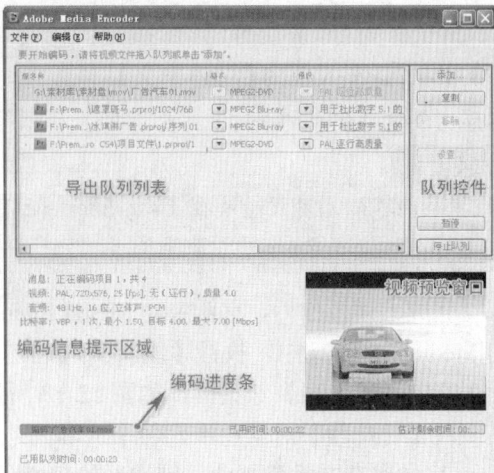

图 12-13 Adobe Media Encoder 主界面

此外,在单击某一导出文件列表项前的下拉按钮后,还可调整该导出文件的输出格式或预设输出方案,如图 12-15 所示。

2. 队列控件

在导出队列列表内添加、删除或调整输出设置,并控制队列编码的开始与暂停。

3. 编码信息提示区域

当 Adobe Media Encoder 开始输出视频文件时,该区域便会显示当前所导出文件的编码信息。

4. 编码进度条

为用户显示当前所输出文件的编码进度、所用时间及剩余时间。

12.3.2 Media Encoder 初始设置

默认情况下,Adobe Media Encoder 采用英文界面。若要更改软件的界面语言,可在启动该软于件后,在主界面内执行 Edit| Preferences 命令,并将弹出对话框内的 Language 设置为【简体中文】选项,如图 12-16 所示。

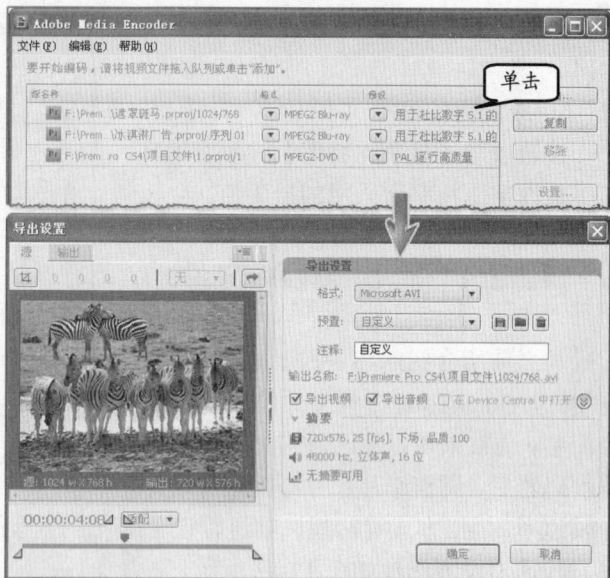

图 12-14 通过导出队列列表调整输出设置

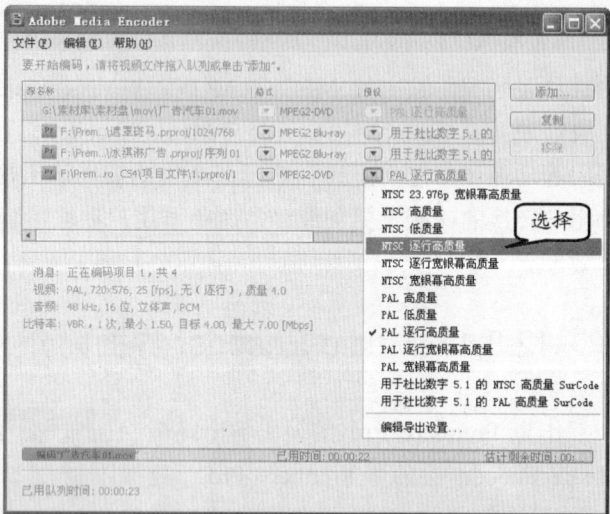

图 12-15 调整队列预设输出方案

提　示

根据个人喜好,用户还可在 User Interface Brightness 滑杆上调整滑块的位置,从而更改 Adobe Media Encoder 的界面亮度。

完成上述操作后,重新启动 Media Encoder,即可完成界面语言的更改。在中文界面的 Media Encoder 中,执行【编辑】|【首选项】命令后,即可再次打开之前用于调整界面语言的【首选项】对话框,如图 12-17 所示。

在【首选项】对话框中,各个选项的功能及其含义如下所示。

❑ **如果存在重名文件,则递增输出文件名**

默认情况下,当用户对同一文件进行多次编码时,Adobe Media Encoder 会使用相同的名称来为编码后的文件命名，不过会在文件名后附加递增编号，以便与其他文件相区分。如果禁用该选项，则 Adobe Media Encoder 会始终以同一文件名来命名编码后的文件。

图 12-16　设置界面语言

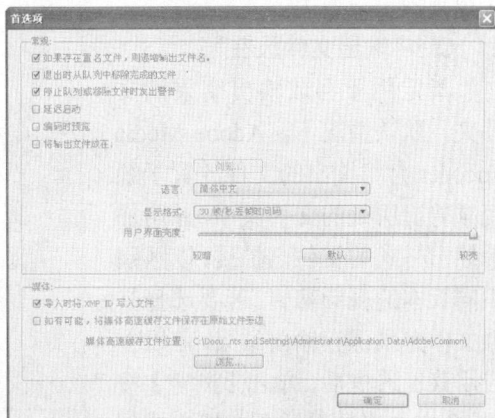

图 12-17　中文界面的【首选项】对话框

注　意

禁用【如果存在重名文件，则递增输出文件名】复选框后，Adobe Media Encoder 会在输出文件时覆盖目标文件夹内的同名文件。若要防止此类事件的发生，则必须使用彼此间不会无意覆盖的方式来命名视频剪辑。

❑ **退出时从队列中移除完成文件**

启用该复选框后，Adobe Media Encoder 会在退出时从任务队列内移除已经完成的任务。

❑ **停止队列或移除文件时发出警告**

默认情况下，当用户尝试在编码过程中停止输出队列或移除文件时，Adobe Media Encoder 会发出警告提示。若禁用该复选框，Adobe Media Encoder 便不会在上述情况下发出警告信息。

❑ **延迟启动**

默认情况下，Adobe Media Encoder 会在用户单击【开始队列】按钮后马上开始编码队列中的文件输出操作。但当启用该复选框后，Adobe Media Encoder 则会在用户单击【开始队列】按钮后，在弹出的【延迟启动】对话框中要求用户设定延迟启动时间，以便在相应时间后自动开始输出队列中的媒体文件，如图 12-18 所示。

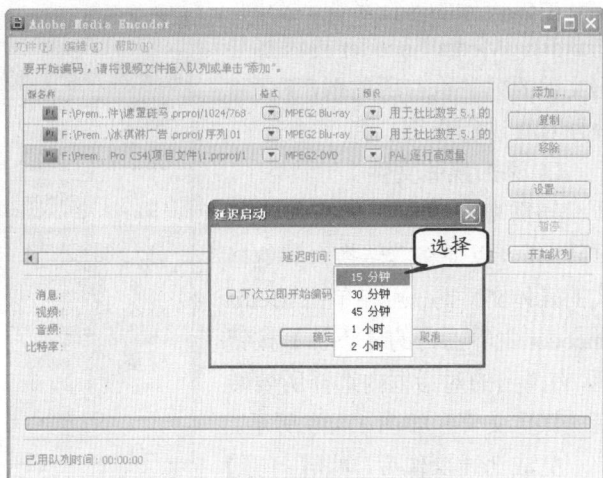

图 12-18　设置延迟编码时间

❏ 编码时预览

将当前正在编码的视频显示在视频预览窗口内。

❏ 将输出文件放在

指定用于存放输出结果的文件夹。默认情况下，Adobe Media Encoder 会将输出的文件放置于源视频剪辑所处的文件夹中，并附加所导出格式的文件名扩展，以区别不同版本的视频剪辑。若要选择其他文件夹来保存输出结果，可以在启用该复选框后，单击【浏览】按钮，并在弹出的对话框内指定或创建新的文件夹，如图 12-19 所示。

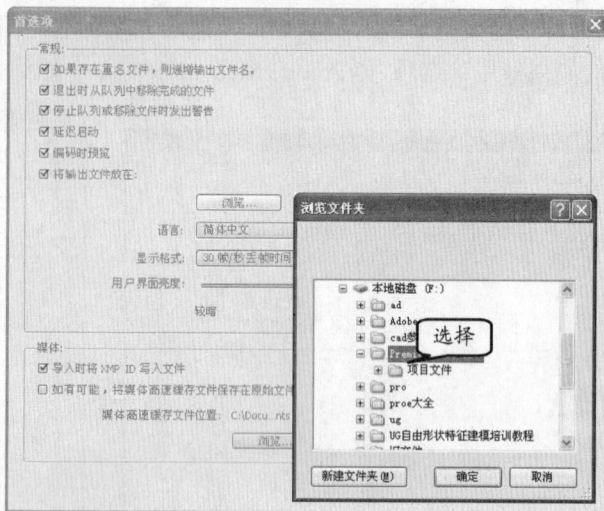

图 12-19 设定目标文件夹

❏ 显示格式

用于指定【导出设置】对话框预览区域内的显示格式时间码。

❏ 导入时将 XMP ID 写入文件

指定导入时文件的 GUID 标签。

12.3.3 管理和导出编码文件

相对于旧版本的 Media Encoder，新版本的 Adobe Media Encoder 不仅具有可独立运行、支持更多格式等特点，还具有强大的编码文件管理与导出功能。

1. 添加导出文件

根据待编码文件来源的不同，在 Adobe Media Encoder 内添加导出文件的方法也有所差别，下面将分别对其进行介绍。

❏ 添加媒体文件

当需要对现有媒体文件进行重新编码，以便将其转换为其他格式的媒体文件时，可在单击 Media Encoder 主界面内的【添加】按钮后，在弹出的对话框内选择所要转换的媒体文件，如图 12-20 所示。

完成上述操作后，单击【打开】对话框内的【打开】按钮，即可将所选文件添加至导出队列列表内。

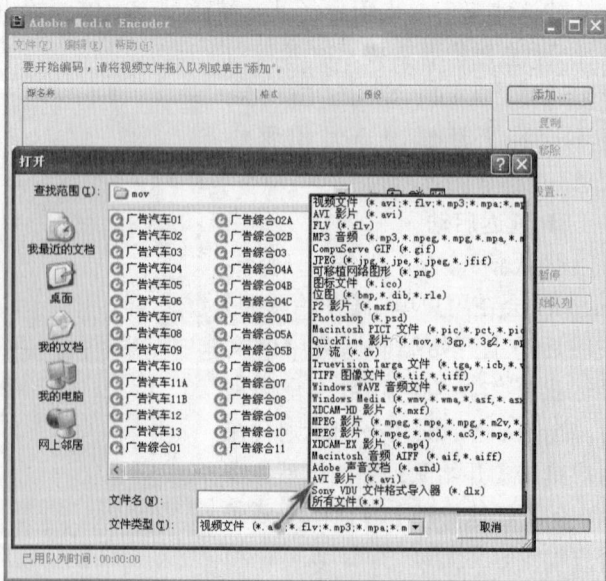

图 12-20 添加媒体文件

❏ **添加 Premiere 序列**

在 Media Encoder 主界面中，执行【文件】|【添加 Premiere Pro 序列】命令，即可在弹出对话框左侧的【项目】窗格内选择 Premiere 项目文件。然后，在对话框右侧的【序列】窗格中选择当前项目内所要导出的序列，如图 12-21 所示。

完成上述操作后，单击【导入 Premiere Pro 序列】对话框内的的【确定】按钮，即可将所选序列添加至导出队列列表内。

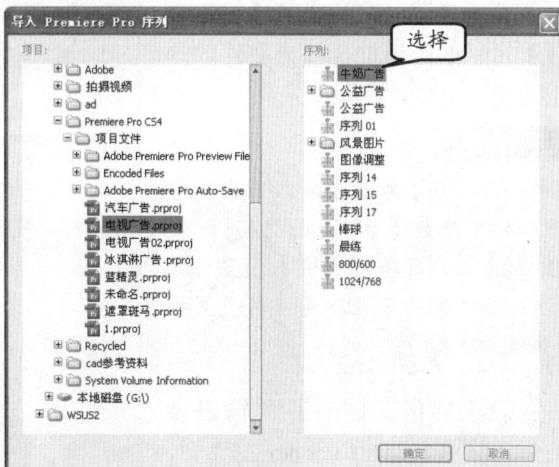

图 12-21　选择所要输出的 **Premiere Pro** 序列

2．跳过导出文件

在批量输出媒体文件时，选择导出队列中的某个导出项目后，执行【编辑】|【跳过所选项目】命令，即可在导出队列任务的过程中直接跳过该项目。

对于已经设置为"跳过"状态的项目来说，选择这些项目后，执行【编辑】|【重置状态】命令，即可将其任务执行状态恢复为"正在等待"。这样一来，便可在批量输出媒体文件时，随同其他项目一同被输出为独立的媒体文件。

3．添加监视文件夹

监视文件夹的作用在于，Media Encoder 会自动查找位于监视文件夹内的音视频文件，并使用事先设置的输出设置对文件进行重新编码输出。本节将对添加监视文件夹的方法进行讲解。

在 Media Encoder 主界面中，执行【文件】|【创建监视文件夹】命令后，即可在弹出的对话框内选择或创建监视文件夹，如图 12-22 所示。

完成后，单击【浏览文件夹】对话框内的【确定】按钮，即可在导出队列列表内添加监视文件夹，如图 12-23 所示。

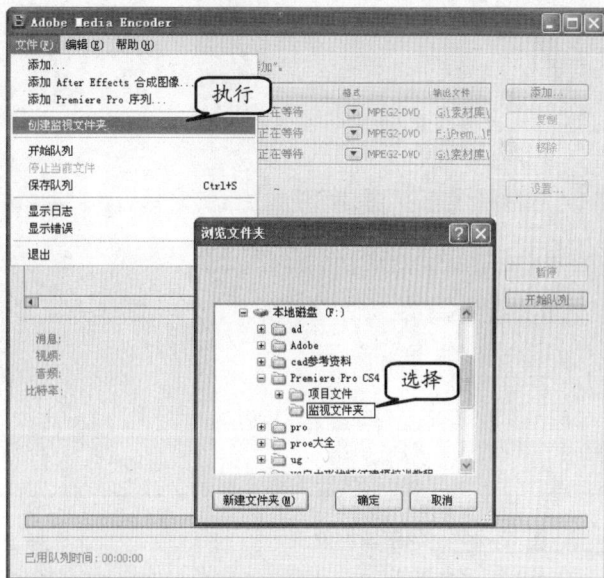

图 12-22　创建监视文件夹

4．调整媒体文件的输出设置

在导出队列列表内添加所要导出或重新编码的文件后，单击队列控件区域中的【设置】按钮，即可在弹出的【导出设置】对话框内调整音视频文件的输出设置，如图 12-24 所示。

提 示

事实上，在 Media Encoder 内设置媒体文件输出设置的方法与在 Premiere 内设置序列输出设置的方法完全相同，因此不再对其设置方法进行介绍。

设置导出文件的各项输出参数后，返回 Media Encoder 主界面，并单击【开始队列】按钮，Adobe Media Encoder 便会先将监视文件夹内的音视频文件添加至导出队列列表内，然后依次对导出队列列表内的所有项目进行输出操作。

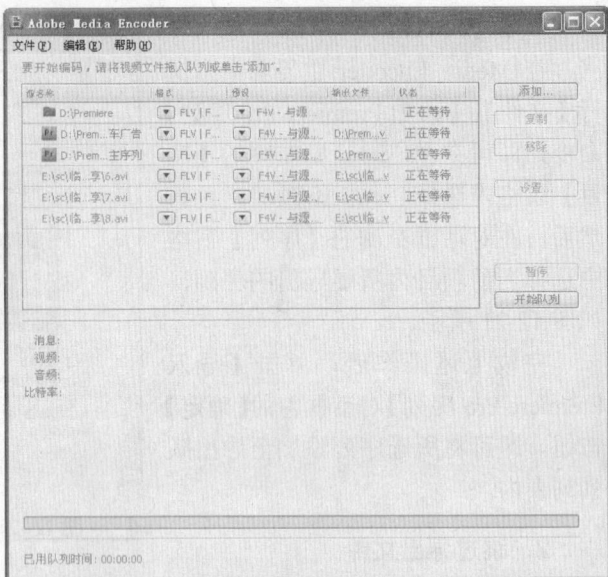

图 12-23 导出队列列表中的监视文件夹

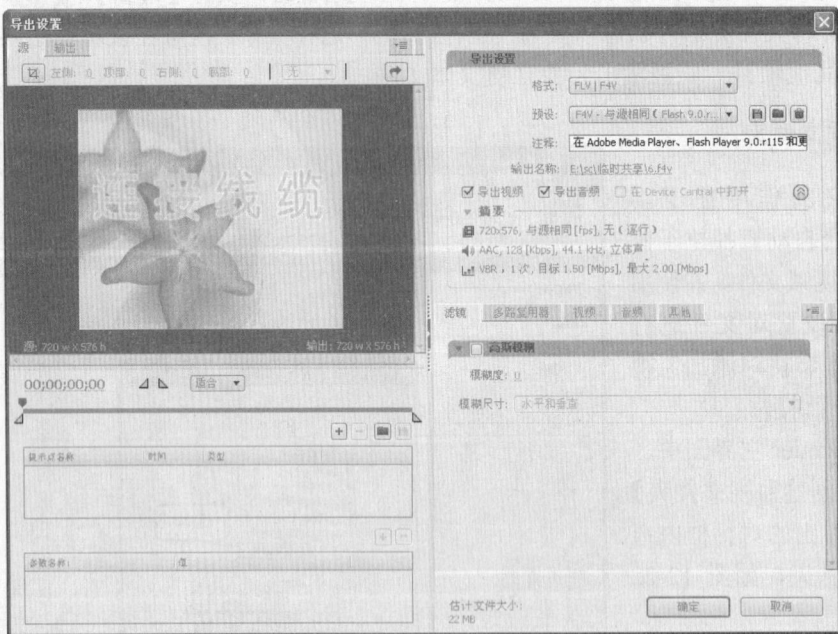

图 12-24 调整输出设置

12.4 创建剪辑注释

Adobe 剪辑注释最早出现于 Premiere Pro 2.0 时代，其功能是将视频剪辑压缩后嵌入 PDF 文件内，以便通过电子邮件将这些带有特定时间码的注释文件发送给客户加以评论。

或者，查看其他人在剪辑注释文件内添加的各种评论。

1. 创建 Adobe 剪辑注释

在 Premiere Pro 主界面中，执行【文件】|【导出】|【Adobe 剪辑注释】命令后，系统将弹出【导出设置】对话框，如图 12-25 所示。在这里，【格式】下拉列表内仅包含 Clip Notes QuickTime 和 Clip Notes Windows Media 两项内容供用户选择。

接下来，从【预置】下拉列表内选择一种合适的输出方案，如图 12-26 所示。

或者，也可在单击【导出设置】选项组内的【高级设置】按钮后，在对话框右下方的选项区域内自定义 Adobe 剪辑注释的输出设置，如图 12-27 所示。

完成上述操作后，单击【导出设置】对话框内的【确定】按钮，Premiere 便会启动 Media Encoder，并将该输出任务添加至 Media Encoder 的任务队列内。单击 Media Encoder 主界面内的【开始队列】按钮后，即可开始对该文件进行输出操作，如图 12-28 所示。

提 示

> 与之前所导出的媒体文件不同的是，Adobe 剪辑注释会被导出为 .PDF 文件，这是一种由 Adobe 公司推出的电子文档，用户可使用免费的 Adobe Reader 来读取该类型电子文档的内容。

2. 编辑剪辑注释

完成 Adobe 剪辑注释的导出

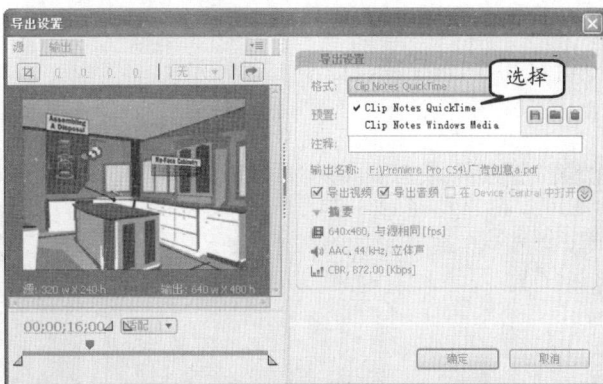

图 12-25　选择 Adobe 剪辑注释的格式

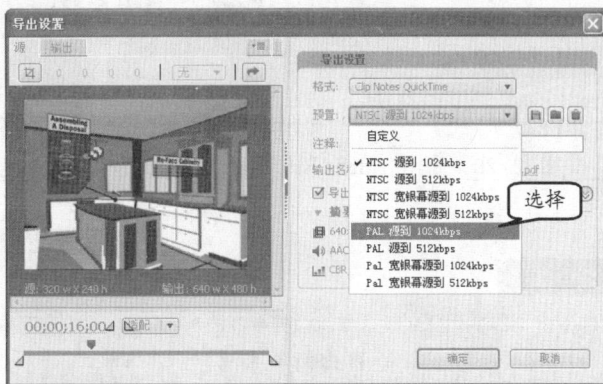

图 12-26　选择预置输出方案

图 12-27　自定义 Adobe 剪辑注释

操作后，即可使用 Adobe Reader 打开由 Adobe 剪辑注释所导出的电子文档，并查看该文档所包含的剪辑注释，如图 12-29 所示。

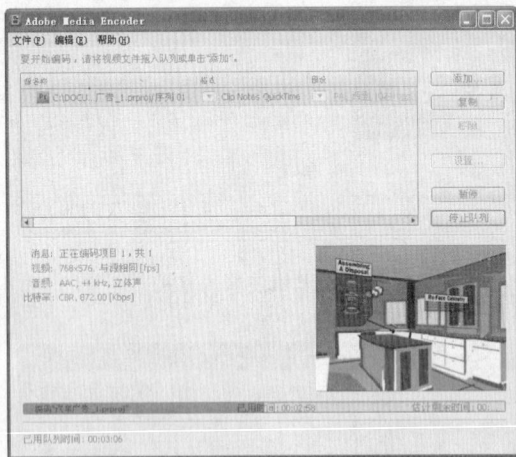

图 12-28　输出 Adobe 剪辑注释

图 12-29　查看 Adobe 剪辑注释

注　意

在第一次打开某个 Adobe 剪辑注释时，Adobe Reader 会弹出两个警告对话框。用户必须在依次单击这两个对话框内的【播放】和【确定】按钮后，才能够正常播放 Adobe 剪辑注释内的视频。

在 Adobe 剪辑注释中，视频播放区域下方即为评论区域。用户在填写自己的名称及评论内容后，执行【文件】|【保存】命令，即可将评论内容保存在当前所打开的 PDF 文件中，并在下次打开该 PDF 文件时直接查看或添加新的评论，如图 12-30 所示。

图 12-30　编辑评论内容

12.5　导出为交换文件

现如今，一档高品质的影视节目往往需要多个软件共同协作后才能完成。为此，Premiere 在为用户提供强大的视频编辑功能的同时，还提供了输出多种交换文件的功能，以便用户能够方便地将 Premiere 编辑操作的结果导入至其他非线性编辑软件内，从而在多款软件协同编辑后获得高质量的影音播放效果。

12.5.1 输出 EDL 文件

EDL（Edit Decision List）是一种广泛应用于视频编辑领域的编辑交换文件，其作用是记录用户对素材的各种编辑操作。这样一来，用户便可在所有支持 EDL 文件的编辑软件内共享编辑项目，或通过替换素材来实现影视节目的快速编辑与输出。

1. 了解 EDL 文件

EDL 最初源自于线性编辑系统的离线编辑操作，这是一种用源素材拷贝替代源素材进行初次编辑，而在成品编辑时使用源素材进行输出，从而保证影片输出质量的编辑方法。在非线性编辑系统中，离线编辑的目的已不再是为了降低素材的磨损，而是通过使用高压缩率、低质量的素材提高初次编辑的效率，并在成品输出时替换为高质量的素材，以保证影片的输出质量。为了完成这一目的，非线性编辑软件需要将初次编辑时的各种编辑操作记录在一种被称为 EDL 的文本类型文件内，以便在成品编辑时快速确立编辑位置与编辑操作，从而加快编辑速度。

不过，EDL 文件在非线性编辑系统内的使用仍有一些限制。下面是一些经常会出现两种问题及其解决方法。

❑ **部分轨道的编辑信息丢失**

EDL 文件在存储时只保留 2 轨的初步信息，因此在用到 2 轨以上的视频时，2 轨以上的视频信息便会丢失。

要解决此问题，只能在初次编辑时将视频素材尽量安排在 2 轨以内，以便 EDL 文件所记录的信息尽可能地全面。

❑ **部分内容的播放效果与初次编辑不符**

当初次编辑内包含多种特效与转场效果时，EDL 文件将无法准确记录这些编辑操作。例如，在初次编辑时为素材添加慢动作，并在每个素材间添加叠化效果后，编辑软件会在成品编辑时从叠化部分将素材切断，从而形成自己的长度，最终造成镜头跳点和混乱的情况。

要解决此问题，只能是在保留叠化所切断素材片段的基础上，分别从叠化部分的前后切点处向外拖动素材，直至形成原来的素材长度与序列的原貌。

2. 输出 EDL 文件

在 Premiere Pro CS4 中，输出 EDL 文件变得极为简单，用户只需在主界面内执行【文件】|【导出】|【输出到 EDL】命令后，将弹出【EDL 输出设置】对话框，如图 12-31 所示。

在该对话框中，调整 EDL 所要记录的信息范围后，单击【确定】按钮，即可在弹出的对话框内保存 EDL 文件。

图 12-31 【EDL 输出设置】对话框

12.5.2 输出 OMF 文件

OMF（Open Media Framework）最初是由 Avid 推出的一种音频封装格式，能够被多种专业的音频编辑与处理软件所读取。在 Premiere 中，执行【文件】|【导出】|【输出为 OMF】命令后，即可打开【OMF 输出设置】对话框，如图 12-32 所示。

根据应用需求，对【OMF 输出设置】对话框内的各项参数进行相应调整后，单击【确定】按钮，即可在弹出的对话框内保存 OMF 文件。

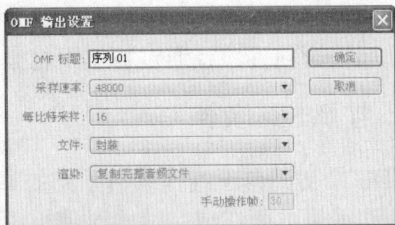

图 12-32　【OMF 输出设置】对话框

12.6　实验指导：为移动设备输出视频

现如今，很多移动设备都配备了强大的视频播放能力，从而使人们能够随时随地欣赏各种精彩的视频节目。不过，由于移动设备支持的视频格式往往有限，因此很多时候还需要将视频文件转换为特定的视频格式后，才能在移动设备上正常播放。

1. 实验目的

❏ 输出 Premiere 序列
❏ 调整视频输出格式
❏ 自定义视频输出设置

2. 实验步骤

1 启动 Media Encoder 后，执行【文件】|【添加 Premiere Pro 序列】命令，如图 12-33 所示。

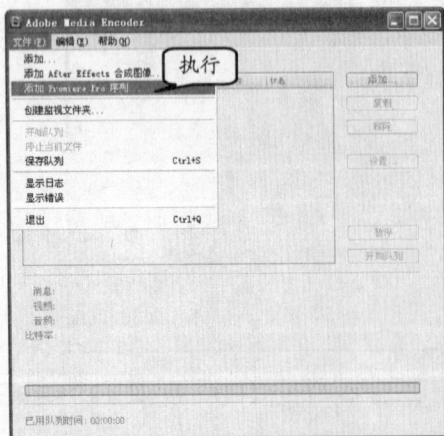

图 12-33　准备添加 **Premiere Pro** 序列

2 在弹出的【导入 Premiere Pro 序列】对话框中，在【项目】列表内选择 Premiere 项目文件后，在【序列】列表内选择要导入的序列，如图 12-34 所示。

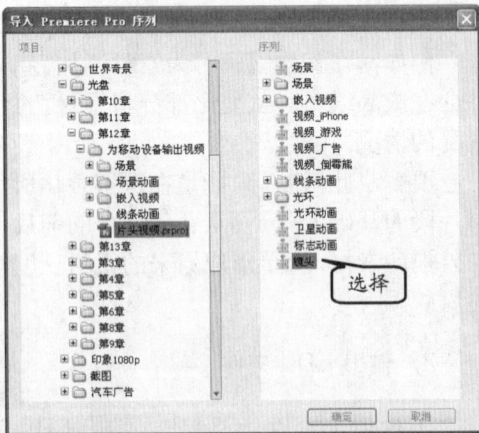

图 12-34　选择要导入的序列

3 返回 Media Encoder 主界面后，在【导出队列】列表内单击【预设】列中的黑色箭头 ▼ 按钮，并执行【编辑导出设置】命令，如图 12-35 所示。

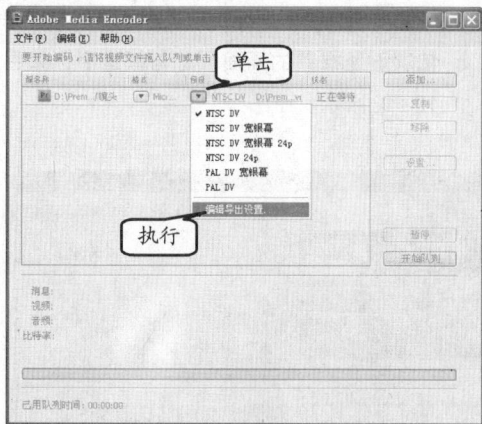

図 12-35　执行命令

4 在弹出的对话框中，将【导出设置】选项组中的【格式】调整为 MPEG1，并禁用【导出音频】复选框，如图 12-36 所示。

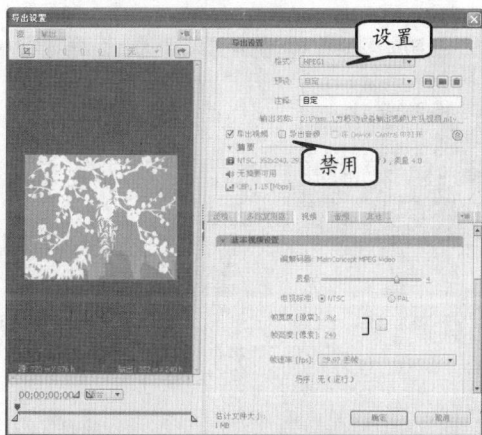

图 12-36　设置输出格式与内容

5 接下来在【视频】选项卡中，将【帧速率】设置为 25、【像素长宽比】设置为 1，【比特率编码】设置为 "VBR，1 次"，如图 12-37 所示。

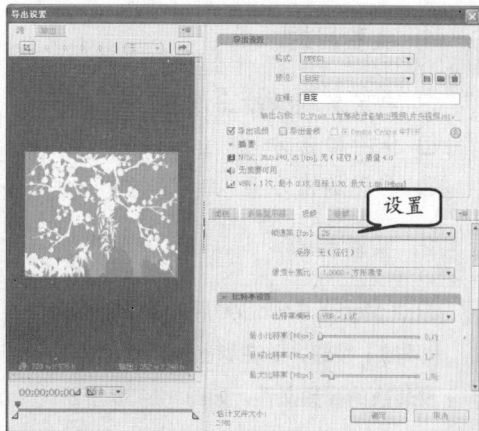

图 12-37　调整视频输出设置

6 确认上述设置操作后，返回 Media Encoder 主界面，并单击【开始队列】按钮，即可按照之前进行的设置来为移动设备输出视频文件，如图 12-38 所示。

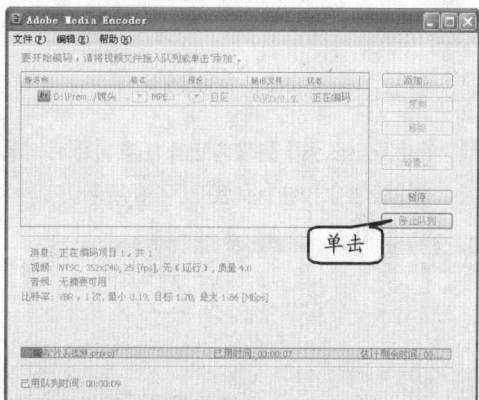

图 12-38　正在输出视频文件

提　示

在 Media Encoder 主界面内单击【开始队列】按钮后，该按钮便会变为【停止队列】按钮。

12.7　实验指导：输出 FLV 流媒体文件

随着互联网的普及，通过网络分享视频已经成为极为普通的事情。不过，由于只有部分类型的视频文件能够通过网络进行播放，因此很多时候还需要对视频文件进行格式转换后，才能通过互联网与他人进行分享。

1. 实验目的

□ 自定义视频输出设置
□ 保存输出方案
□ 应用输出方案

2. 实验步骤

1️⃣ 启动 Media Encoder 后，单击主界面中的【添加】按钮，并在弹出的对话框内选择所要转换的视频文件，如图 12-39 所示。

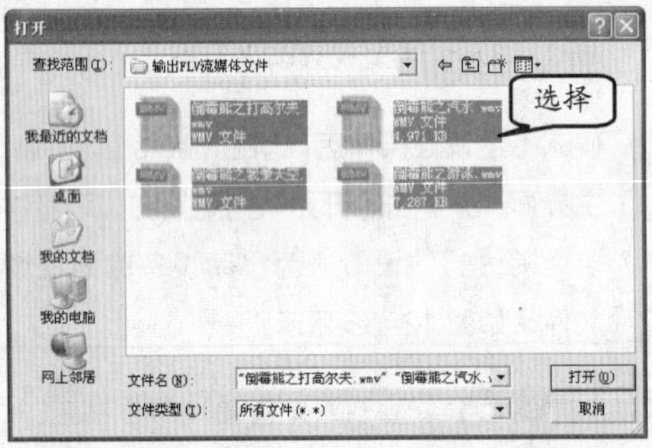

图 12-39 选择待转换文件

2️⃣ 在【导出队列】列表内选择任意项目后，单击【设置】按钮，如图 12-40 所示。

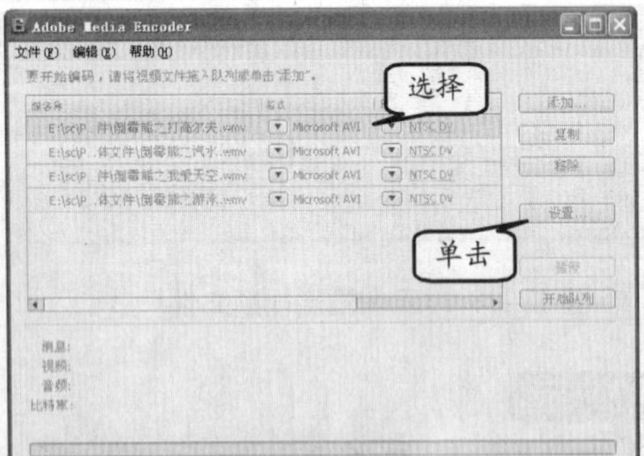

图 12-40 选择视频文件转换项目

3️⃣ 在打开的【导出设置】对话框中，将【格式】设置为 FLV|F4V。然后，在【多路复用器】选项组内选中 FLV 单选按钮，如图 12-41 所示。

4️⃣ 在【视频】选项卡中，选中 ON2 VP6 单选

按钮后，启用【调整视频大小】复选框，并依次调整视频的画面尺寸与帧速率，如图 12-42 所示。

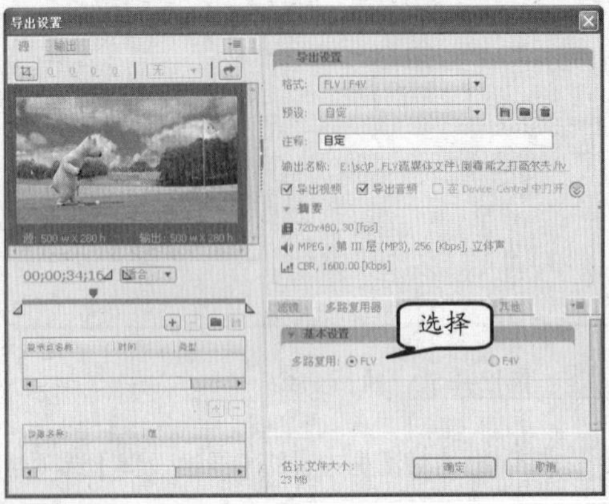

图 12-41 调整视频文件的输出格式

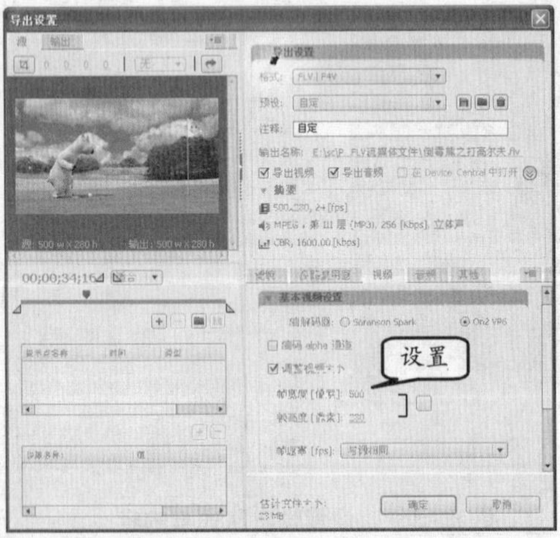

图 12-42 调整画面大小与帧速率

5️⃣ 在【比特率设置】选项组中，将【比特率编码】设置为 VBR，【编码次数】调整为 1，如图 12-43 所示。

6️⃣ 在【音频】选项卡中，将【比特率】设置为 192，如图 12-44 所示。

7️⃣ 完成上述设置后，单击【导出设置】选项组内的【保存预设】按钮，并在弹出的对话框内输入 "FLV 流媒体" 文字，如图 12-45 所示。

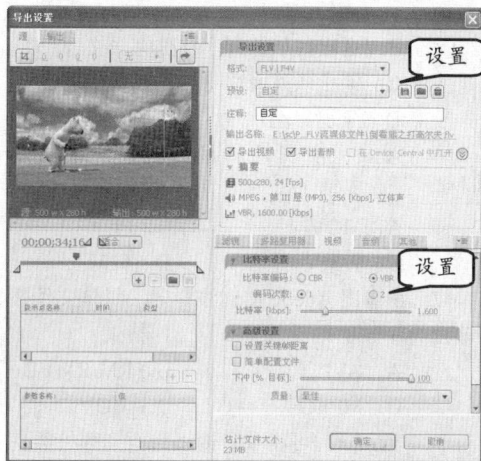

图 12-43 调整视频编码比特率

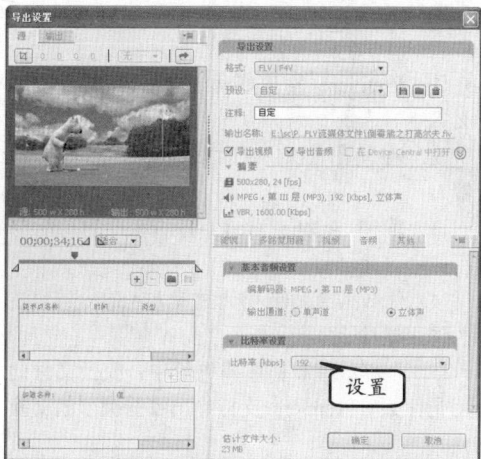

图 12-44 调整音频编码比特率

[8] 返回 Media Encoder 主界面后，将其他 WMV 文件的输出格式设置为 FLVIF4V，并将其预置输出方案设置为"FLV 流媒体"，

如图 12-46 所示。

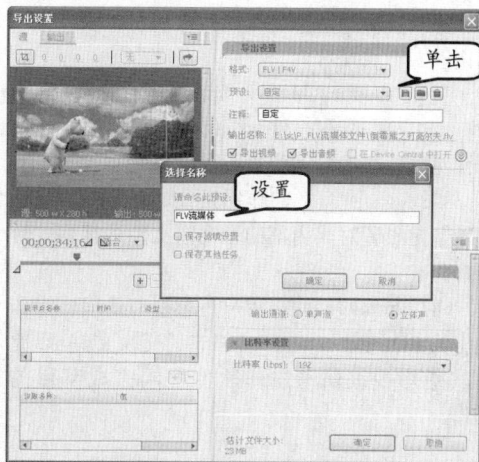

图 12-45 保存输出方案

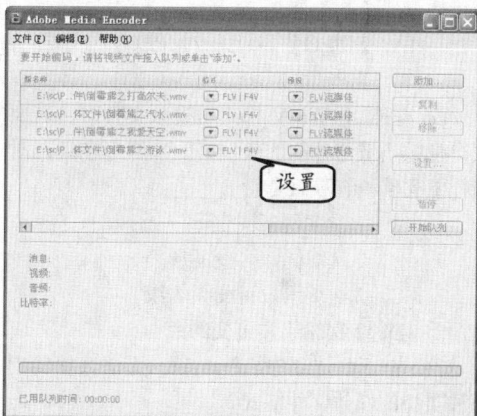

图 12-46 选择预置输出方案

[9] 在 Media Encoder 主界面内单击【开始队列】按钮后，即可开始转换【导出队列】列表内的视频文件。

12.8 思考与练习

一、填空题

1. 在【导出设置】对话框中，左半部分为_____区域，右半部分为输出参数设置区域。

2. 在【导出设置】对话框的左下角处，调整滑杆下方的两个"三角"滑块能够控制输出影片时的_____。

3. 在输出 AVI 格式的视频文件时，【场类型】选项用于设置视频文件的扫描方式，即确定视频文件在播放时采用隔行扫描还是采用_____扫描。

4. _____是由微软推出的视频文件格式，由于具有支持流媒体的特性，因此也是较为

常用的视频文件格式之一。

5. 在输出 WMV 文件的过程中，1 次编码的优点是＿＿＿＿＿，缺点是通常无法获得最为优化的编码设置。

6. Adobe Media Encoder 主界面由＿＿＿＿＿、队列控件、编码信息提示区域、视频预览窗口和编码进度条所组成。

7. ＿＿＿＿＿的作用是让 Media Encoder 按照预定设置对其内部的音视频文件进行格式转换操作。

8. Premiere 允许用户将影视节目编辑操作输出为 EDL 或＿＿＿＿＿格式的交换文件，以便与其他影视编辑与制作软件协同完成节目的制作。

二、选择题

1. Premiere 能够输出的 MPEG 类媒体文件不包括下列哪种类型？＿＿＿＿＿

    A. MPEG4   B. MPEG7

    C. MPEG2   D. MPEG1

2. 在输出 WMV 格式的视频文件时，若要获得视频质量与体积的最佳搭配，应当在编码时选择下列哪种选项组合？＿＿＿＿＿

    A. 1 次编码，固定

    B. 1 次编码，可变品质

    C. 2 次编码，可变无约束

    D. 2 次编码，可变约束

3. 在下列选项中，Premiere 无法直接输出哪种类型的媒体文件格式？＿＿＿＿＿

    A. AVI   B. MPEG2

    C. RM/RMVB D. FLV

4. 下列关于 Adobe Media Encoder 的选项中，描述错误的是＿＿＿＿＿。

    A. Adobe Media Encoder 是 Premiere Pro 的编码输出终端

    B. Adobe Media Encoder 的功能是将素材或时间线上的成品序列编码输出为 MPEG、MOV、WMV、QuickTime 等格式的音视频媒体文件

    C. 默认情况下，Adobe Media Encoder 采用英文界面

    D. Adobe Media Encoder 无法独立运行

5. 在 Media Encoder 中，用于避免输出文件时发生新文件覆盖旧文件的选项是＿＿＿＿＿。

    A. 如果存在重名文件，则递增输出文件名

    B. 退出时从队列中移除完成文件

    C. 停止队列或移除文件时发出警告

    D. 延迟启动

6. Adobe 剪辑注释最终的输出格式是＿＿＿＿＿。

    A. MOV   B. PDF

    C. WMV   D. FLV

7. 在输出 Adobe 剪辑注释时，媒体文件必须输出为 WMV 格式或＿＿＿＿＿格式。

    A. AVI   B. RM/RMVB

    C. MPEG   D. MOV

8. Premiere 可将项目输出为下列哪种类型的交换文件？＿＿＿＿＿

    A. EDL 和 OMF   B. EDL 和 XMP

    C. XMP 和 OMF   D. AAF 和 XMP

三、简答题

1. Premiere 输出媒体文件的大致流程是什么？

2. 在输出 AVI 文件时都需要进行哪些设置？

3. 简述 Adobe Media Encoder 的功能与作用。

4. 什么是 Adobe 剪辑注释？Adobe 剪辑注释的作用是什么？

5. 在非线性视频编辑领域中，交换文件的作用是什么？Premiere 支持导出哪些类型的交换文件？

四、上机练习

1. 自定义影片输出方案

在设置影片输出设置时，每当用户调整所要输出的文件格式后，Premiere 都会在【导出设置】选项组的【预置】下拉列表内自动显示相关的预设列表。多数情况下，Premiere 所提供的这些预设可以满足用户绝大多数情况下的输出任务。即便如此，Premiere 还是为用户提供了自定义预设方案的功能，以便 Premiere 能够按照特定的输出方案进行音视频文件的输出。

当用户根据应用需求而调整某种预设的输出设置后，【预置】下拉列表框内的选项都会变为【自定义】。此时，用户可将【注释】文本框中的内容修改为易于标识的内容，并单击【预置】列

表框右侧的【保存预置】按钮。然后，在弹出的对话框内设置预设方案的名称及其他相关选项，如图 12-47 所示。

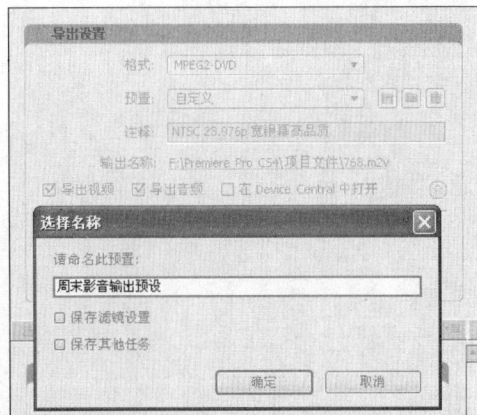

图 12-47 保存自定义预设输出方案

提 示

默认情况下，Windows XP 操作系统内的预设方案保存在 "C:\Documents and Settings\user\Application Data\Adobe\ Premiere Pro \4.0\Presets" 文件夹中，而 Windows Vista 操作系统内的预设方案则保存在 "C:\Users\user\AppData\Roaming\Adobe\Premiere Pro\4.0\Presets" 文件夹中。

2. 导入影片输出预设方案

在【导出设置】对话框中，单击【导出设置】选项组内的【导入设置】按钮后，即可在弹出的对话框内选择所要导入的预设方案文件，如图

12-48 所示。

图 12-48 选择预设方案文件

接下来，用户便可在弹出的对话框内为刚刚导入的预设输出方案设置新的名称。完成后，单击【选择名称】对话框内的【确定】按钮，即可使用刚刚导入的预设方案输出视频文件了，如图 12-49 所示。

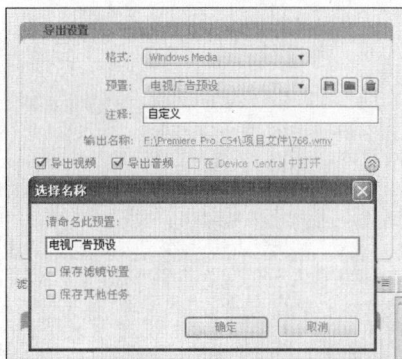

图 12-49 导入预设输出方案

第 13 章

使用 Adobe Encore CS4 创建 DVD

在利用 Premiere 完成影片编辑工作后，除了可以通过 Adobe Media Encoder 将其输出为音视频类型的媒体文件外，还可使用 Adobe Encore 将其制作为 DVD 或蓝光光盘，以便进行长时间存储和收藏。本章将对 Adobe Encore 的使用方法进行介绍，此外还会讲解各类视频光盘及其弹出菜单的制作方法，从而帮助用户制作能够直接在光盘类播放设备上直接放映的视频光盘。

本章学习要点：

➢ 熟悉 Adobe Encore 工作界面
➢ 了解 Adobe Encore 工作流程
➢ 掌握 Adobe Encore 使用方法
➢ 制作视频播放光盘

13.1 认识 Adobe Encore

Encore 是由 Adobe 公司开发的一款 DVD 设计、编码与刻录软件，过去曾作为一款完全独立的软件存在，但从 CS3 开始便划归为 Premiere Pro 的附属组件。现如今，Encore 已经成为 Premiere Pro 必不可少的输出组件，其功能也变得更为专业，其界面如图 13-1 所示。

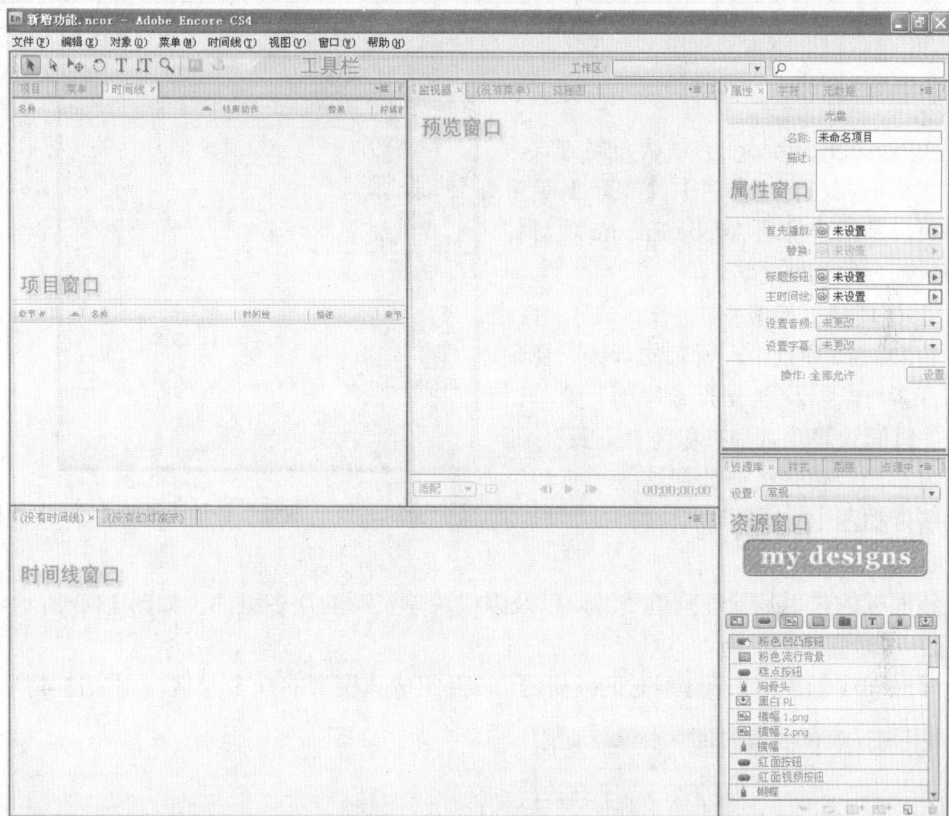

图 13-1 Adobe Encore 主界面

本节将对 Adobe Encore 各个组成部分的功能及作用进行简单的讲解。

1. 工具栏

Encore 工具栏内放置着多个编辑 Encore 项目时常用的工具，以及其他一些选项按钮，这些工具及选项按钮的功能如表 13-1 所示。

表 13-1 工具栏各工具及选项按钮的功能

图标	工具名称	说明
	选择工具	选取对象
	直接选择工具	可直接选择并移动对象
	移动工具	可直接在屏幕上移动对象

图标	工 具 名 称	说　明
↻	旋转工具	可任意旋转所选对象
T	文字工具	创建编辑水平文本
⬍T	垂直文字工具	创建编辑垂直文本
🔍	缩放工具	放大和缩小
Ps	在 Photoshop 中编辑菜单	单击该按钮后将启动 Photoshop，以便编辑当前对象
▶	预览	单击该按钮后，即可预览当前所构建光盘的播放效果

2．项目窗格

按照 Adobe Encore 的默认布局方式，项目窗格内共包含【项目】、【菜单】等多个面板，是用户管理 Adobe Encore 项目各个组成部分的重要区域。

❑ 【项目】面板

在 Encore 项目中，所有的音频、视频和图片素材，以及 Premiere 序列、菜单、按钮、时间线等元素都被称为"资源"，而【项目】面板便是统一放置这些"资源"的场所，如图 13-2 所示。

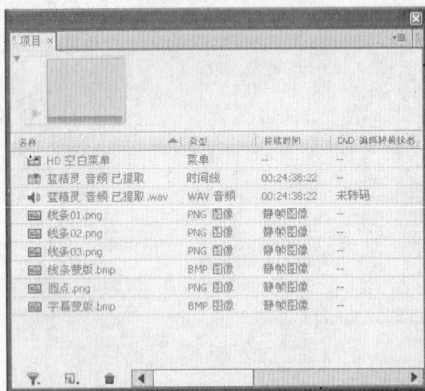

图 13-2　放置了各种资源的【项目】面板

❑ 【菜单】面板

该面板的作用是管理菜单资源，以及组成菜单资源的众多组件，如图 13-3 所示。

❑ 【时间线】面板

【时间线】面板用于管理时间线资源，以及组成该资源的众多元素，如图 13-4 所示。

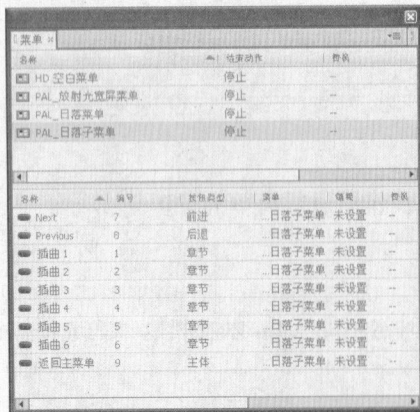

图 13-3　【菜单】面板

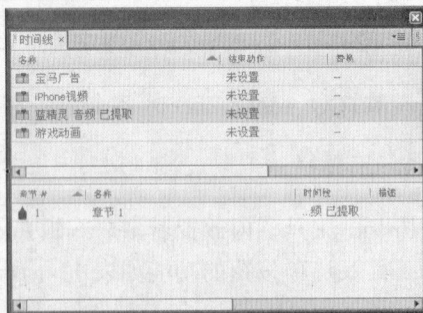

图 13-4　【时间线】面板

❑ 【构建】面板

该面板用于设置输出项目时的目标介质、输出方式，以及输出时的细节设置。在 Adobe Encore CS4 中，输出介质分为 DVD、蓝光盘和 Flash 三种类型，根据所选输出介质的不同，输出时的相关设置也不一样。

其中，输出为 DVD 或蓝光盘时，都需要首先设置光盘的素材源、输出目标和光盘信息，如图 13-5 所示。

3. 预览窗格

该窗格内共包含【监视器】、【菜单编辑器】和【流程图】3 个功能面板，各面板的功能如下。

❑ 【监视器】面板

该面板用于预览时间线中的视频内容，如图 13-6 所示。

❑ 【菜单编辑器】面板

该面板用于编辑和预览光盘菜单，如图 13-7 所示。

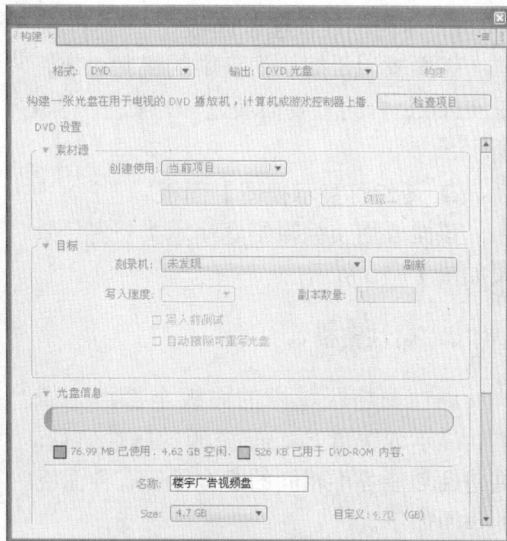

图 13-5 输出 DVD 光盘时的基本设置

图 13-6 预览时间线上的内容

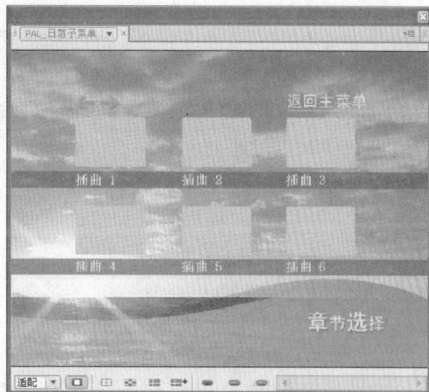

图 13-7 预览和编辑菜单资源

❑ 【流程图】面板

【流程图】面板用于查看光盘内各个组成部件间的链接关系与流程，如图 13-8 所示。

4. 时间线窗格

该窗格共包含【时间线视图】和【幻灯演示视图】两个功能面板，各个面板的作用如下。

□ 【时间线视图】面板

该面板用于编排光盘中的视频内容，是 Encore 内的重要面板之一，如图 13-9 所示。

□ 【幻灯演示视图】面板

该面板用于编辑幻灯演示类资源，效果如图 13-10 所示。

5. 属性窗格

属性窗格区域内的面板全都用于查看、显示或编辑 Encore 资源的属性信息，共包括功能各不相同的 3 个面板，各面板的作用如下。

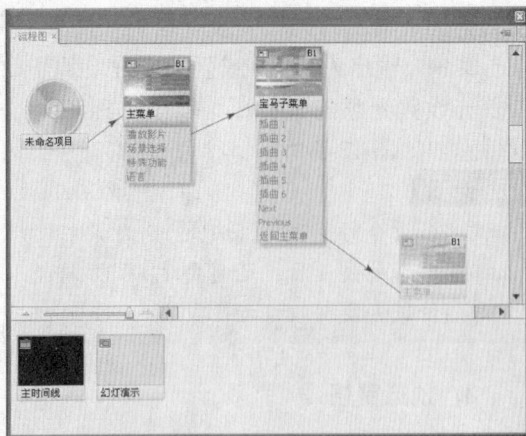

图 13-8 查看光盘组成部件间的链接关系

□ 【属性】面板

【属性】面板用于查看和编辑资源的名称、播放时间、出入点，以及转场特效和视频特效使用情况等内容，如图 13-11 所示。

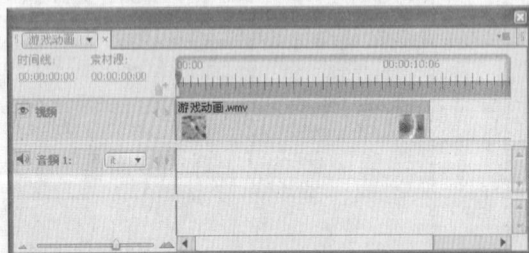

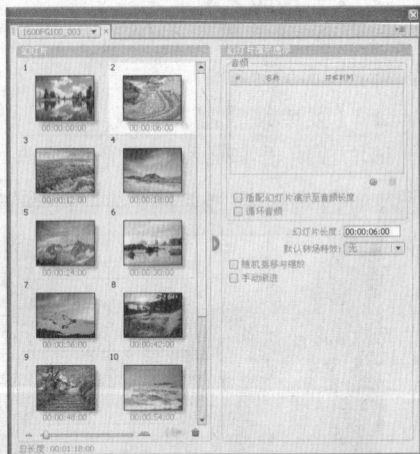

图 13-9 【时间线视图】面板

图 13-10 查看项目中的幻灯演示资源

提 示

根据用户当前所选资源类型的不同，【属性】面板中的内容会发生极大的变化。

□ 【字符】面板

当用户在【菜单编辑器】面板内选择文字对象后，【字符】面板内将显示所选文字对象的各项属性信息。此时，用户既可以调整文字对象的字体类型、字号、字符间距等内容，也可以对文字的上标、下标及文字样式等内容进行调整，如图 13-12 所示。

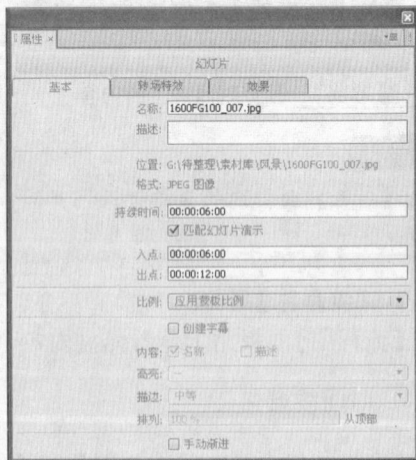

图 13-11 查看和编辑资源的基本信息

在没有选择文字对象的情况下，Encore 将在【字符】面板内显示默认的文本属性设置项。

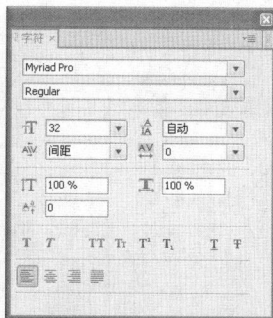
图 13-12 调整文本属性

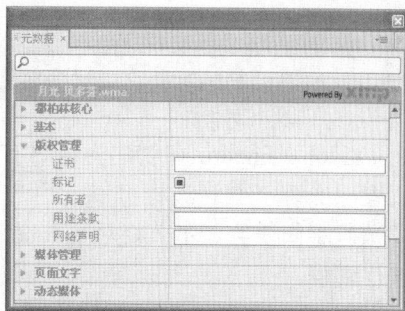
图 13-13 查看和编辑元数据

❑ 【元数据】面板

【元数据】面板主要用于查看、编辑和管理素材资源的版权证书、网络声明信息、修改和创建时间等关于资源的数据，如图 13-13 所示。

6. 资源窗格

该窗格共包含【资源库】、【样式】、【图层】和【资源中心】这 4 个功能面板，各面板的作用如下。

❑ 【资源库】面板

该面板内显示有 Encore 内置的各种菜单、按钮、图像、背景等资源，如图 13-14 所示。

❑ 【样式】面板

该面板内保存了大量 Encore 预置的样式设置方案，这使得用户只需挑选一种合适的样式，即可快速将其应用于对应的素材资源，如图 13-15 所示。

❑ 【图层】面板

在编辑菜单资源时，菜单资源内的所有图层信息都会显示在该面板内，如图 13-16 所示。

❑ 【资源中心】面板

该面板用于接收和查阅 Adobe 在其官方网站上发布的各种文档资料，是用户学习和获取 Encore 应用技巧与知识的重要区域。

只有在计算机已经接入互联网的情况下，才能够正常获取 Adobe 官方网站上的各种 Encore 学习资源。

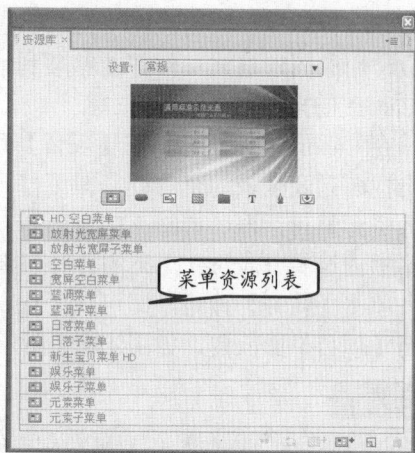
图 13-14 查看 Encore 中的预置资源

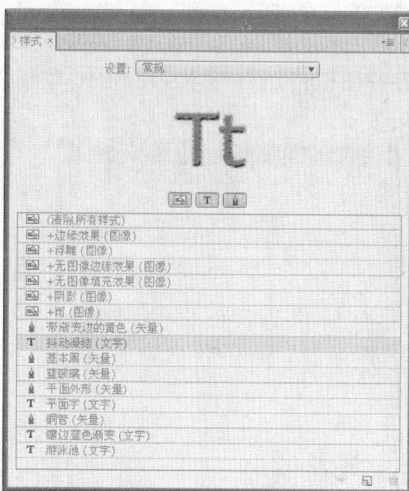
图 13-15 预览样式效果

13.2 Adobe Encore 工作流程

Adobe Encore 在创建光盘时有着一套完整的工作流程，熟练掌握该流程可以让用户更高效、快捷地完成光盘制作任务。本节将对 Adobe Encore 的工作流程进行讲解。

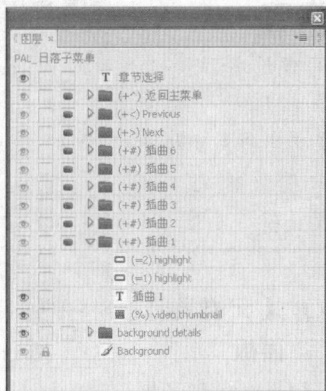

13.2.1 导入原始视频和音频

由于媒体文件编码的原因，Adobe Encore 只允许用户导入 AVI、WAV 或 MPEG 等少量类型的视频文件作为制作视频光盘时的原始资源。不过，对于图像类资源的导入限制却没有那么严格，大多数常用的图形格式文件都能够顺利地导入至 Encore 的光盘制作项目内。

图 13-16　菜单资源内的图层

在 Encore 主界面中，在【项目】面板内双击资源列表区域的空白处，即可打开【导入为资源】对话框，如图 13-17 所示。在该对话框内选择 Encore 支持的各种资源文件后，单击【打开】按钮，即可将所选文件导入至【项目】面板内，如图 13-18 所示。

注　意

Adobe Encore 支持 AVI、WMV 或其他兼容 DVD 的视频文件类型，不过在导入 MPEG 文件时需要单独导入音频。

图 13-17　【导入为资源】对话框

此外，执行【文件】|【Adobe 动态链接】|【导入 Premiere 序列】命令后，还可在弹出的对话框内进行导入 Premiere 项目及序列的操作，如图 13-19 所示。

图 13-18　导入图像资源

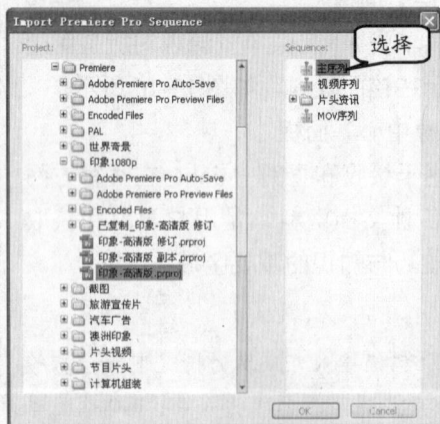

图 13-19　在 **Premiere** 项目内选择要导入的序列

13.2.2 使用菜单模板

在 DVD 及其他类型的视频光盘（VCD 或蓝光光盘）中，"菜单"的概念不再是计算机应用程序中的命令列表，而是一个具有交互式选项、能够与用户进行有限互动的屏幕画面。多数情况下，在播放 DVD 时看到的第一个屏幕画面即为菜单屏幕，而在使用摇控器选择屏幕画面内的选项后即可进入另一个相应子菜单，或直接开始播放视频内容，如图 13-20 所示。

在 Encore 中，利用菜单模式创建菜单的操作全部在【资源库】面板内进行。操作时，可首先单击【资源库】面板内的【开关菜单显示】按钮，从而使【资源库】面板内仅显示菜单资源，如图 13-21 所示。

图 13-20 典型的视频光盘菜单界面

提 示

> 过滤资源并不是应用资源模板前必须进行的操作，但该操作可以让用户更快速地找到所需资源。

找到合适的菜单模板后，在【资源库】面板内双击相应的资源模板，即可将其添加至【项目】面板内。与此同时，还可在【菜单】和【菜单视图】面板内查看到相应的菜单组件及菜单效果，如图 13-22 所示。

图 13-21 筛选菜单资源

图 13-22 应用菜单模板

13.2.3 编辑菜单

成功应用菜单模板后，即可在【菜单视图】面板内使用工具栏中的各种工具进行自定义菜单的操作。例如，在使用【选择工具】选择菜单内的菜单按钮后，使用【移动工具】来调整菜单按钮的位置，如图 13-23 所示。

在单击工具栏中的【文字工具】按钮后，还可单击菜单中的标题文本或菜单按钮文本，并修改这些文本的内容，如图 13-24 所示。

图 13-23　调整菜单项的位置

图 13-24　修改菜单内的文本

13.2.4　创建按钮链接

本节将介绍将菜单内的选项按钮与视频相关联的方法，这样当用户操作这些按钮时，便会自动播放相应的视频。

操作时，用户只需从【项目】面板内选择视频资源后，将其拖至【菜单视图】的相应菜单按钮上，即可在该视频与菜单按钮之间创建关联，如图 13-25 所示。

提　示

在菜单按钮与媒体文件之间创建链接关系后，Encore 将在【项目】面板内以链接目标为内容创建时间线，并使用链接目标的名称来命名该时间线。

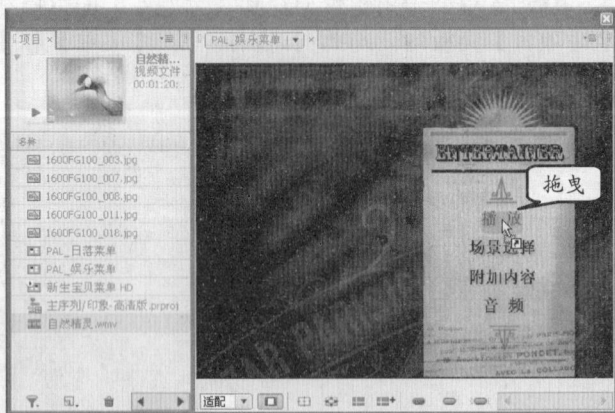

图 13-25　为菜单按钮与视频创建关联

此时，在【菜单】面板内选择相应的菜单按钮后，即可在【属性】面板内查看到该菜单按钮的链接关系，如图 13-26 所示。

提　示

默认情况下 Encore 自动创建的时间线资源不包含章节标记，因此按钮链接只能让视频从起始处开始播放。如果在时间线上为视频创建多个链接，便可根据设置从视频的中间部分开始播放。

13.2.5 预览和录制 DVD

在光盘内容创建完成后，便可以开始进行压制光盘的操作了。本节便将对预览和压制视频光盘的方法进行简单介绍。

1. 检测并预览光盘

为光盘菜单内的所有按钮创建相应的媒体文件关联后，还需要检查一遍光盘内的各种链接是否正确，同时预览光盘的播放效果。

在【流程图】面板中，右击光盘图标后执行【检查项目】命令，如图 13-27 所示，即可打开【检查项目】面板。

然后，单击【检查项目】面板内的【开始】按钮，Encore 便会自动检查已选择的光盘项目，并将检查结果显示在面板下方的列表内，如图 13-28 所示。

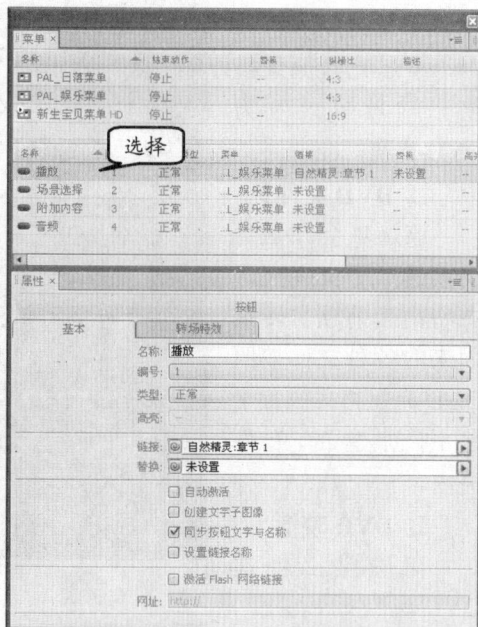

图 13-26　查看菜单按钮的属性

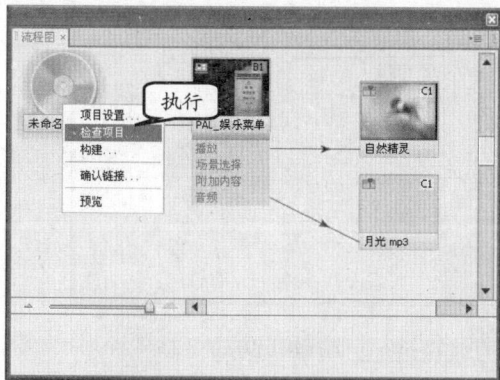

图 13-27　打开【检查项目】面板

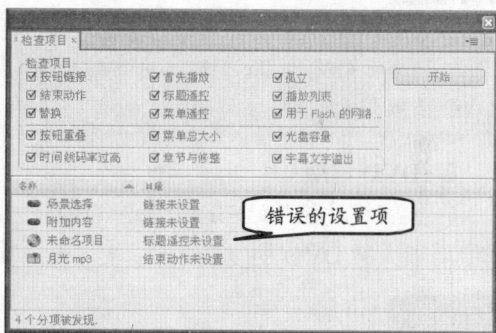

图 13-28　查看光盘项目

在修复检查出的各种问题后，单击工具栏内的【预览】按钮，即可在弹出的窗口内预览光盘的播放效果，如图 13-29 所示。

2. 录制视频光盘

在完成光盘预览以及各个按钮的正确性检测后，即可开始压制视频光盘。接下来，将以制作 DVD 光盘为例，介绍视频光盘的制作方法。

在【构建】面板中，将【格式】选项设置为 DVD，并根据实际情况在【输出】下拉列表内选择恰当的输出方式。在这里，选择【DVD 映像】选项，也就是将压制好的视频光盘输出为光盘镜像文件，如图 13-30 所示。

在【输出】下拉列表中，各输出选项的含义如下。

❏ **DVD 光盘**

通过光盘刻录机将当前项目录制为 DVD 光盘。

❏ **DVD 文件夹**

该选项会在磁盘上创建一个文件夹，并将由当前项目转换而来的各种文件按照 DVD 光盘格式放置于刚刚创建的文件夹内。

❏ **DVD 映像**

在磁盘上创建 DVD 映像文件，用户可随时利用该映像文件来刻录真正的 DVD 光盘。

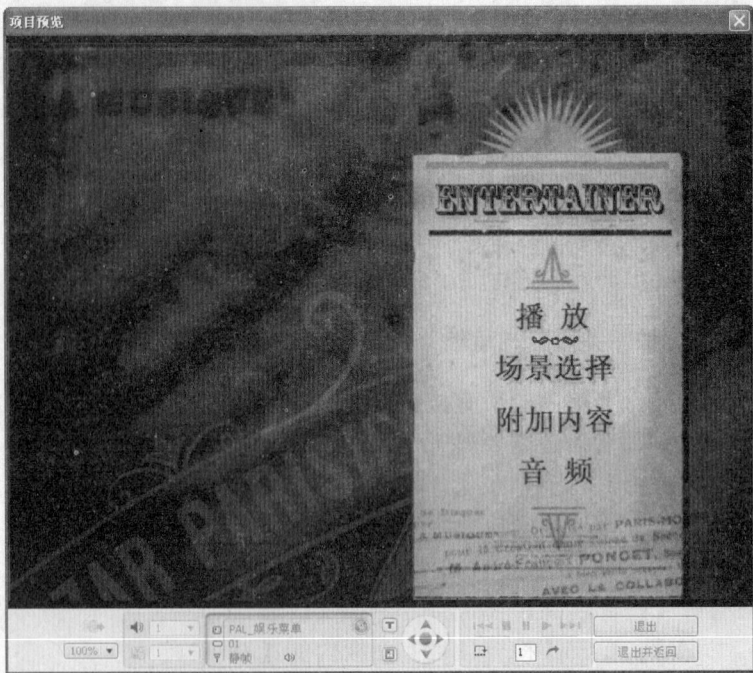

图 13-29 预览光盘播放效果

提 示

利用 Nero Burning ROM 光盘刻录程序，即可将 Encore 创建的 DVD 映像文件刻录为 DVD 视频光盘。

❏ **DVD 母版**

在数字线性磁带（DLT）上创建 DVD，以便用于大量 DVD 的复制。

注 意

选择【DVD 光盘】输出选项时需要计算机安装有 DVD 刻录机，而选择【DVD 母版】输出选项时则需要计算机连接到 DLT 设备。

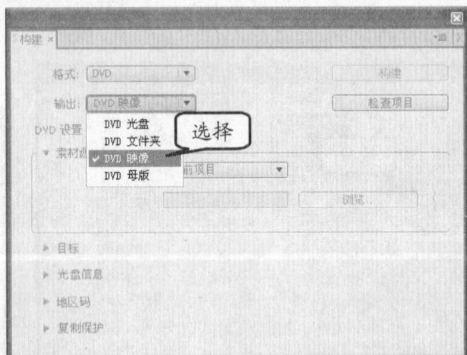

图 13-30 选择输出方式

展开【目标】选项组，并单击【浏览】按钮后，在弹出的对话框内设置所输出 DVD 映像文件的保存位置与名称，如图 13-31 所示。

展开【光盘信息】选项组后，还可对光盘的名称、光盘容量等内容进行设置，如图 13-32 所示。

图 13-31 设置 DVD 映像名称与保存位置

接下来，依次展开【地区码】和【复制保护】选项组，并分别设置 DVD 光盘的播放区域与授权复制次数等选项，如图 13-33 所示。

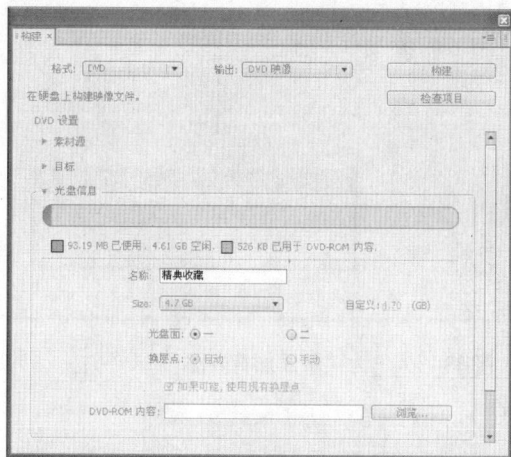

图 13-32　设置光盘名称与容量

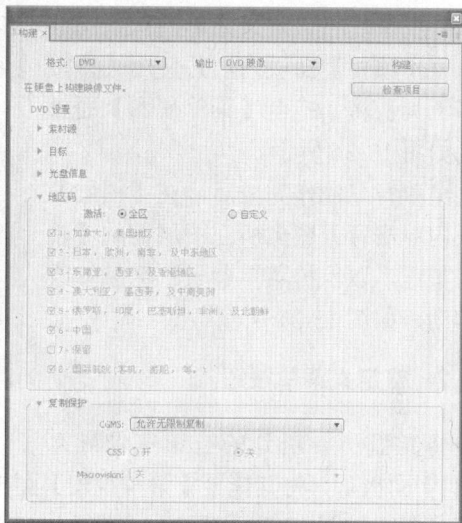

图 13-33　设置光盘地区码与复制保护选项

完成上述设置后，单击【构建】面板内的【构建】按钮，即可开始编码及录制光盘，如图 13-34 所示。

13.3　自定义界面和导航菜单

在上面的内容中，已经介绍了利用 Encore 预置资源快速创建光盘项目的方法。本节将介绍创建自定义光盘的方法，从而制作出与众不同的视频光盘。

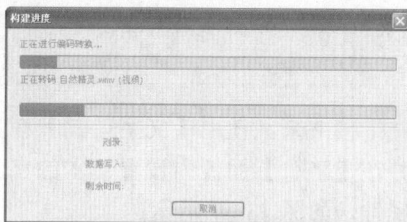

图 13-34　开始录制光盘

13.3.1　自定义菜单与按钮

尽管 Encore 内置的菜单模板为用户提供了一种快速制作菜单及按钮的方法，但在多数情况下却无法满足用户个性化的需求。此时，用户便不得不利用各种图像、文本等的素材，创建自定义菜单与按钮。

1. 创建菜单背景

在【项目】面板中，右击资源列表内的空白区域，执行【新建】|【菜单】命令，如图 13-35 所示。

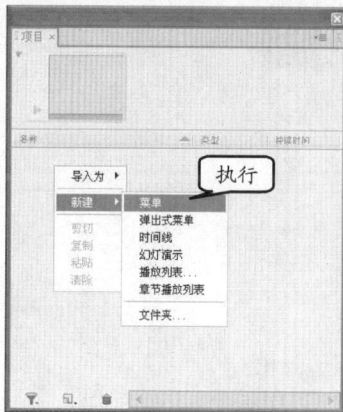

图 13-35　创建菜单资源

技 巧

在 Encore 主界面中，执行【菜单】|【新建菜单】命令，或直接按组合键 Ctrl+M，也可新建空白菜单。

接下来，将自定义菜单的背景图片导入至【项目】面板内，并使用【直接选择工具】将其拖至【菜单视图】面板内，如图 13-36 所示。

菜单背景制作完成后，在【图层】面板内单击背景图像所在图层前的【锁定】按钮，以保护菜单背景不会被修改或移动，如图 13-37 所示。

2. 自定义菜单按钮

将光盘所要用到的按钮图像导入【项目】面板后，将其拖至【菜单视图】面板内，并调整其位置，如图 13-38 所示。

提 示

使用带有透明图层的 png 图像，即可创建出拥有不规则外形的按钮。

接下来，使用【文字工具】在按钮上添加文本，并在【字符】面板内设置文本的字体、字号、颜色等属性，如图 13-39 所示。

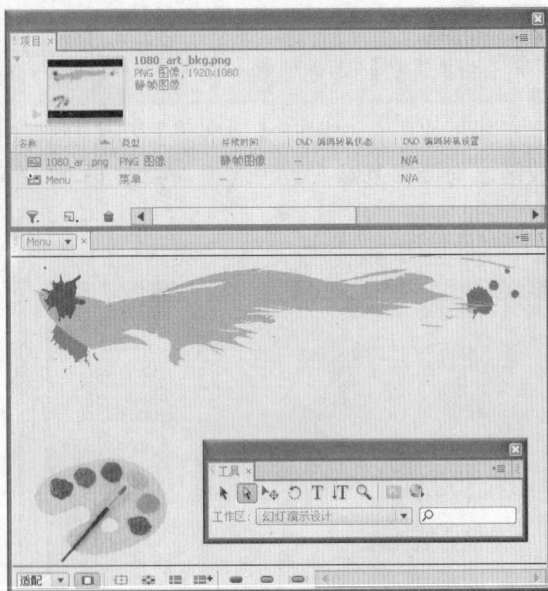

图 13-36　为菜单添加背景图

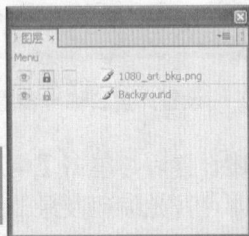

图 13-37　锁定菜单背景图层

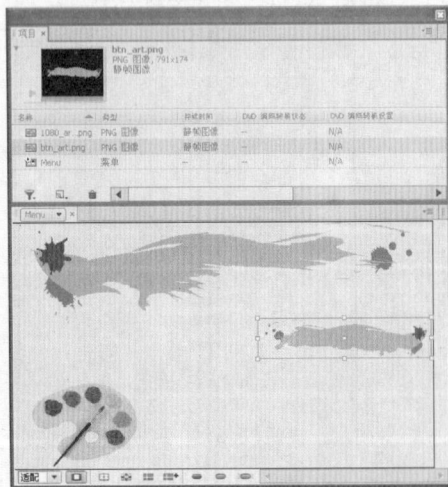

图 13-38　添加按钮图像

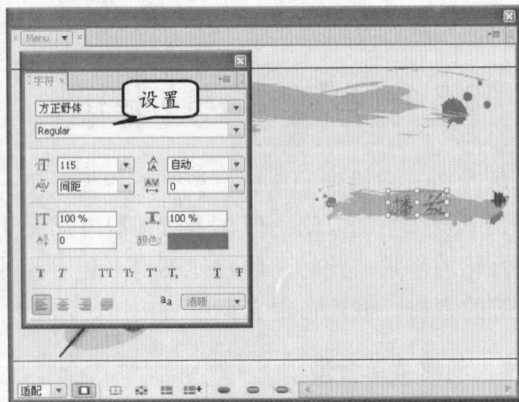

图 13-39　编辑按钮文字

在【图层】面板中，单击"btn_art.png"图层前的【编组】按钮，从而利用该图层创建按钮，如图 13-40 所示。然后，右击【菜单视图】面板内的文本，执行【排列】|【退后一层】命令，将文本图层移至按钮编组内，如图 13-41 所示。

此时，便完成了"播放"按钮的制作。使用相同方法，完成其他按钮及菜单标题的制作后，效果如图 13-42 所示。

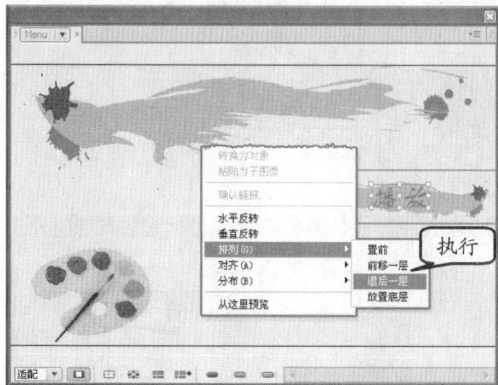

图 13-40 编组图层

图 13-41 调整文本图层的位置

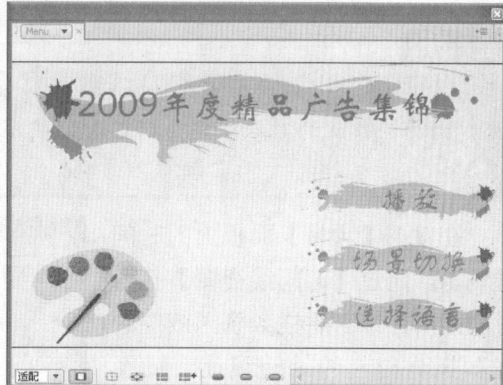

图 13-42 自定义菜单最终效果图

13.3.2 创建和使用时间轴

完成光盘菜单及按钮的制作后，还需要为视频光盘创建相应的时间线，以便在各种视频文件与按钮之间创建关联。与 Premiere 时间线不同的是，Encore 时间线内仅包含一个视频轨道和一个音频轨道。图 13-43 所展示的便是一个具有当前时间指示器和章节标记的 Encore 时间线。

> **提示**
>
> 在时间线中，视频的持续时间由其自身的播放时间所决定，而静态图像的默认持续时间为 6 秒。

1. 将资源添加至时间线

Encore 时间线承载视频、图像等

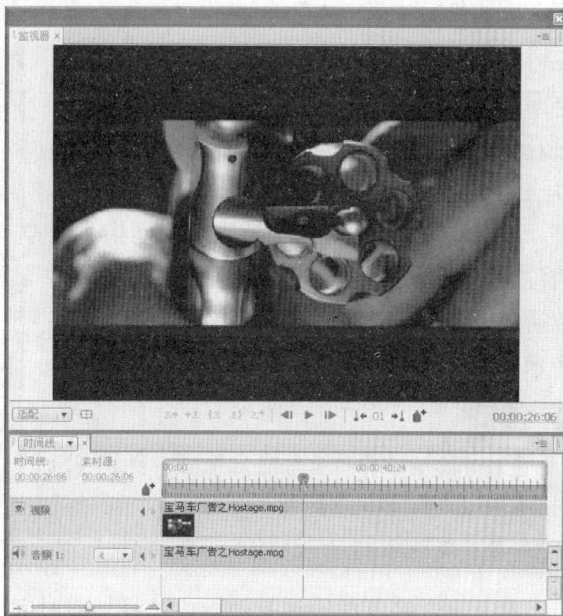

图 13-43 利用时间线快速浏览视频内容

类型媒体文件的资源，媒体文件必须被放置在各个 Encore 时间线上后，才能够制作作为真正的视频光盘。而且，在前面为视频资源与按钮创建关联时，实质上也是 Encore 在利用视频文件生成相应时间线后，在时间线与菜单按钮之间创建关联。

单击【项目】面板内的【新建一个分项】按钮，并执行【时间线】命令后，新建空白时间线。然后，重命名该时间线资源，如图 13-44 所示。

提 示

右击【项目】面板内的时间线资源后，执行【重命名】命令，即可在弹出的对话框内为所选时间线资源设置新的名称。

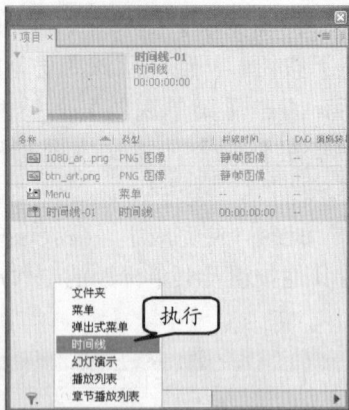

图 13-44 新建时间线

在双击【项目】面板内的时间线资源，通过【时间线视图】打开时间线后，即可将视频资源或图片资源拖至相应的时间线上，如图 13-45 所示。

2. 在时间线上添加章节标记

在视频类光盘中，章节标记是快速定位播放对象和跳转至其他视频内容的优秀工具。Encore 提供了在时间线上添加章节标记的功能，下面介绍的便是在时间线上添加章节标记，并对章节标记进行重命名、添加注释等操作的办法。

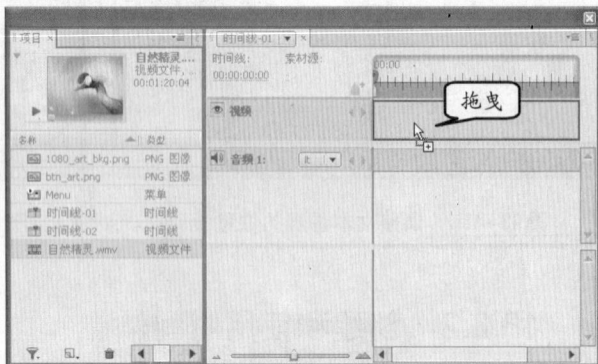

图 13-45 在时间线内添加资源

在【时间线】面板内调整当前时间指示器的位置后，单击【添加章节】按钮，即可在该位置处增加一个新的章节标记，如图 13-46 所示。

技 巧

将当前时间指示器移至合适位置后，执行【时间线】|【添加章节点】命令，也可在当前位置添加章节标记。

图 13-46 添加章节标记

接下来，在【时间线】面板内选择当前时间线资源后，在其下方的章节列表内选择章节标记。然后，执行【编辑】|【重命名】命令，即可在弹出的对话框内重新设置相应

章节标记的名称，如图 13-47 所示。

13.3.3 自定义导航界面

当用户完成菜单、按钮及时间线的制作，并将其相互链接在一起后，接下来所要做的工作便是确保按钮能够正确引导观众。本节将对循环菜单按钮、菜单导航、First Play 选项、菜单停留在屏幕上的持续时间，以及按钮导航的详细创建方法进行讲解。

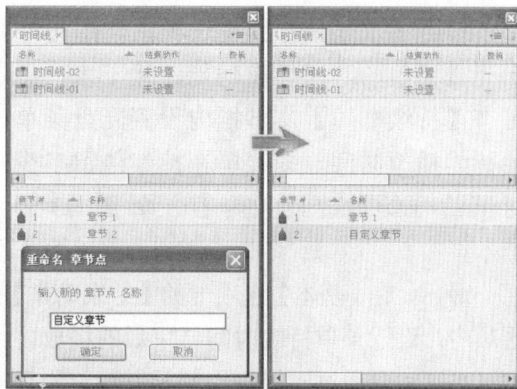

图 13-47　重命名章节标记

1. 设置 First Play 链接

First Play 是播放设备在读取到光盘数据后首先执行的动作，通常情况下该动作会引导播放设备打开光盘菜单，以便用户进行下一步的播放操作。

在 Encore 中，激活【构建】面板后即可在【属性】面板的【首先播放】选项处查看到光盘目前的 First Play 设置，如图 13-48 所示。

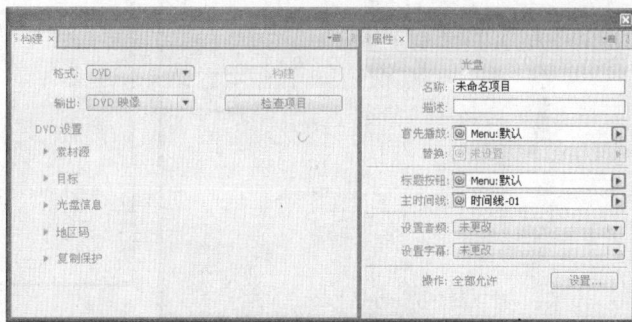

图 13-48　查看光盘 First Play 设置

在【属性】面板中，单击【首先播放】文本框右侧的"黑色箭头"按钮后，即可在弹出的菜单内调整 First Play 设置，如图 13-49 所示。

2. 设置菜单持续时间和循环次数

根据视频光盘应用场所的不同，还应当为光盘菜单及光盘的播放过程设置相应的持续时间与循环播放次数。例如，在公共场所等无人控制光盘播放的情况下，

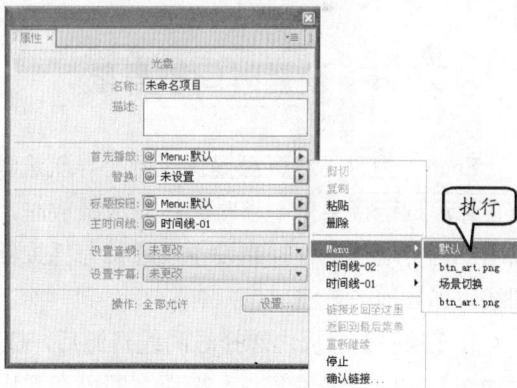

图 13-49　调整 First Play 设置

便需要利用时间来完成光盘的导航任务：播放画面既不能一直停留在菜单画面，又应该在整个光盘播放完成后进行循环播放。为此，接下来将对通过时间控制光盘导航的方法进行讲解，以便用户能够制作出可循环播放的视频光盘。

在【项目】面板中，选择需要按照时间自动播放的菜单后，在【属性】面板内打开【动态】选项卡，如图 13-50 所示。

禁用【永远保持】复选框后，即可开启光盘菜单的时间导航功能。接下来，便可在【持续时间】文本框内设置光盘菜单的持续播放时间，即菜单在持续停留多少时间后开始播放视频内容，如图 13-51 所示。

最后，在【基本】选项卡的【结束动作】选项中，设置菜单持续时间结束后的播放内容，即可达到通过时间来控制导航菜单的目的，如图 13-52 所示。

图 13-50　打开【动态】选项卡

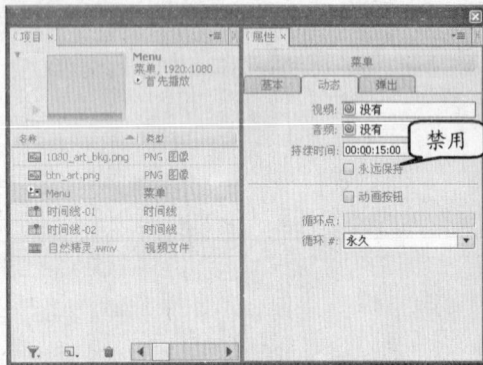

图 13-51　设置菜单停留时间

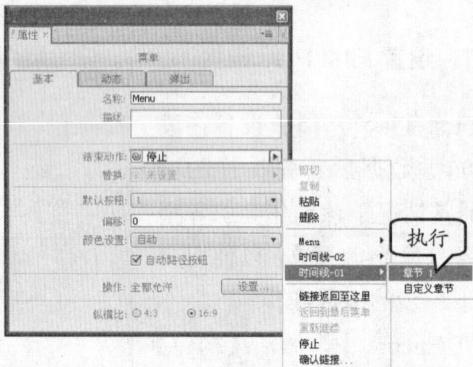

图 13-52　设置菜单持续时间结束后的播放内容

13.3.4　设置时间轴导航

Encore 为时间线资源提供了两个导航选项，一个是时间线结束动作，另一个则能够设置为远程链接菜单。当时间线完成播放时，结束动作会为播放设备指明导航方向，当然用户也可通过远程控制设备（通常为摇控器）返回指定的菜单。接下来，将介绍为时间线添加导航的方法。

在【项目】面板内选择时间线资源后，打开相应的【属性】面板。接下来，单击【结束动作】后的"黑色箭头"按钮，即可在弹出菜单的相应子菜单内选择导航方向，如图 13-53 所示。

【提　示】

用户也可通过拖动【结束动作】链接绳图标的方法，使用链接绳将其与目标对象链接在一起。

使用相同方法，可在【菜单摇控】选项内设置摇控设备的导航方向，如图 13-54 所示。

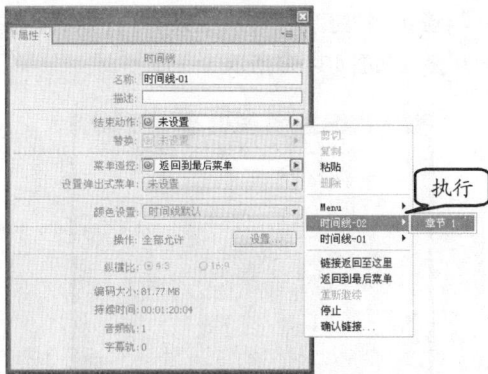

图 13-53 设置时间线结束时的导航动作   图 13-54 设置摇控设备导航方向

13.4 实验指导：制作 Ble-ray 光盘菜单

随着高清播放设备的日益普及，人们对于高清视频源的需求越来越大。在这样的环境下，以蓝光光盘为主的高清视频光盘开始进入市场，并显示出了逐步取代 DVD 视频光盘的势头。接下来，本例将利用 Encore 的蓝光光盘制作功能，制作一套简单的蓝光光盘菜单。

1. 实验目的

- ❑ 创建蓝光光盘项目
- ❑ 创建蓝光光盘菜单
- ❑ 添加动态菜单效果

2. 实验步骤

1. 启动 Encore 后，单击欢迎界面内的【新建项目】按钮，然后在弹出的对话框中设置 Encore 项目的名称、存储位置及其他项目参数，如图 13-55 所示。

2. 在【项目】面板中，单击【新建一个分项】按钮，并在弹出的菜单内执行【菜单】命令，如图 13-56 所示。

3. 将刚刚创建的菜单资源重命名为"主菜单"后，单击工具栏中的【在 Photoshop 中编辑菜单】按钮。然后，将"菜单背景.psd"文件中的图像拖曳至当前文档内，如图 13-57 所示。

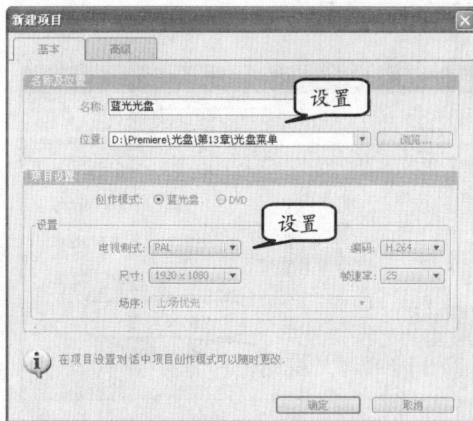

图 13-55 创建 Encore 项目

4. 在 Photoshop 中，使用【横排文字工具】在 Encore 菜单文档内创建文字图层，并在分别输入相应的标题文字与菜单按钮文字后，在【字符】调板内设置这些文字的大小、字型等参数，如图 13-58 所示。

图 13-56 创建菜单资源

图 13-57 导入菜单背景

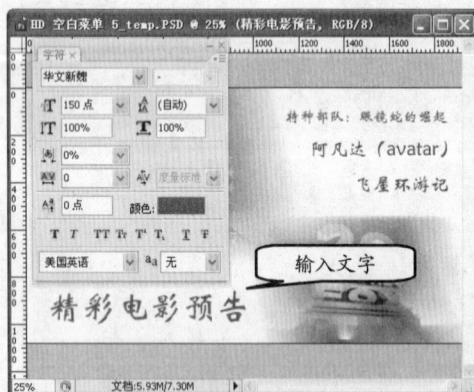

图 13-58 创建文字图层

5 按组合键 Ctrl+S 保存文档后，返回 Encore。然后，在【图层】面板内依次单击影片名称前的【编组】按钮，从而利用这些文本图层创建相应的菜单按钮，如图 13-59 所示。

6 在【项目】面板内单击空白处后，在【属性】面板内单击【首先播放】选项右侧的"黑色

箭头"按钮，并执行【主菜单】|【默认】命令，如图 13-60 所示。

图 13-59 创建菜单按钮

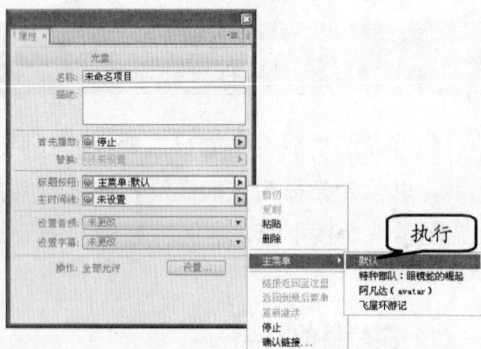

图 13-60 设置 First Play

7 完成上述操作后，双击【项目】面板内的空白处，并在弹出的对话框内选择蓝光光盘的视频源素材，如图 13-61 所示。

图 13-61 选择视频素材

8 在【项目】面板中，右击刚刚导入的视频素材，并执行【新建】|【时间线】命令，以便

利用该素材直接生成时间线资源，如图
13-62 所示。

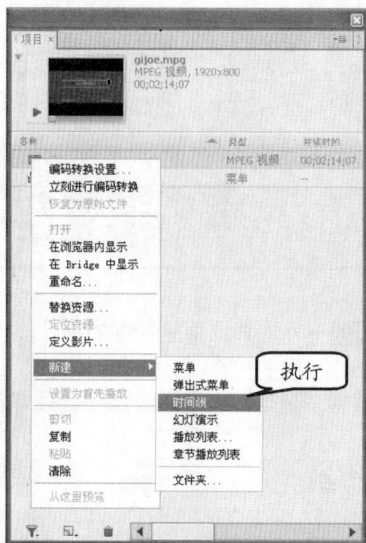

图 13-62 生成时间线资源

9 在【菜单】面板中，先选择【菜单】资源列
   表中的"主菜单"资源后，在【菜单按钮】
   列表内选择"特种部队：眼镜蛇的崛起"，
   如图 13-63 所示。

10 在【属性】面板中，单击【链接】选项右侧
   的"黑色箭头"按钮后，执行 gijeol【章节
   1】命令，如图 13-64 所示。

11 单击工具栏中的【预览】按钮后，在弹出的

对话框内检测光盘菜单及"特种部队：眼镜
蛇的崛起"按钮能否正常工作。一切正常后，
即可使用相同方法导入其他视频素材，并与
相应的按钮建立播放链接关系。

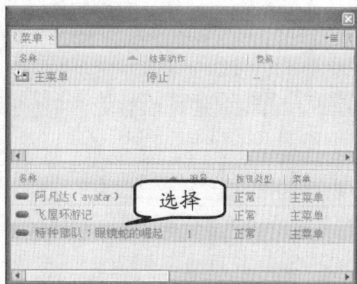

图 13-63 选择操作对象

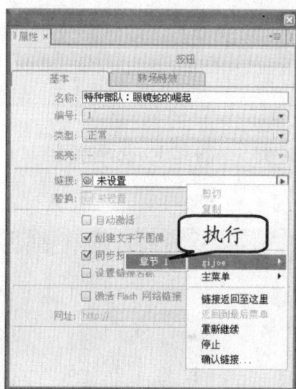

图 13-64 设置按钮链接

13.5 实验指导：创建循环播放的广告光盘

　　在楼宇、公交、电梯等场所的视频广告播放系统中，由于通常采取无人控制的方式
来循环播放内容，因此各个广告间的切换完全依靠视频自动进行控制。在本例中，将利
用 Encore 的导航功能，创建能够自动切换播放内容，并且循环播放的广告视频盘。

1. 实验目的

❏ 创建 Encore 光盘项目
❏ 调整光盘导航设置
❏ 制作循环播放光盘

2. 实验步骤

1 启动 Encore 后，在欢迎界面内单击【新建

项目】按钮，并在弹出的对话框内调整
Encore 项目设置，如图 13-65 所示。

2 进入 Encore 主界面后，双击【资源库】面
板内的【日落菜单】资源项，如图 13-66
所示。

3 单击工具栏中的【在 Photoshop 中编辑菜
单】按钮后，在 Photoshop 内使用【横排
文字工具】修改菜单标题及按钮中的文字，

如图 13-67 所示。

提 示

在【资源库】面板中，首先单击【开关菜单显示】按钮，可以筛选出所有的预置菜单资源，以便更快地找到【日落菜单】资源项。

图 13-65 创建 Encore 项目

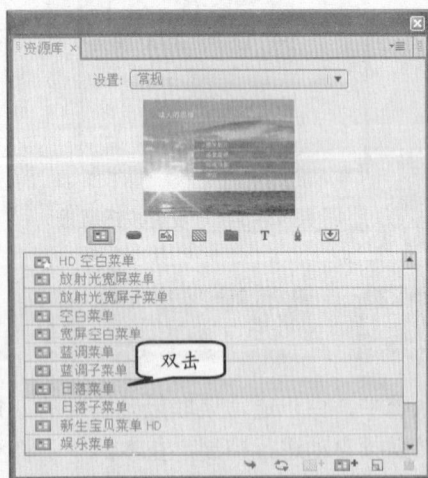

图 13-66 使用预置菜单资源

4 复制"飙车记"图层编组，并在调整其位置与文字内容后保存文档，返回 Encore，如图 13-68 所示。

5 执行【文件】|【导入为】|【时间线】命令后，在弹出的对话框内选择用于播放的视频素材，如图 13-69 所示。

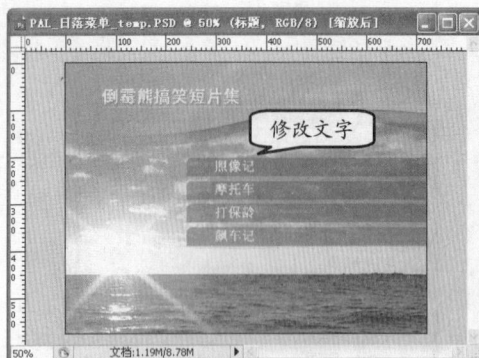

图 13-67 修改菜单中的文字

图 13-68 修改菜单项

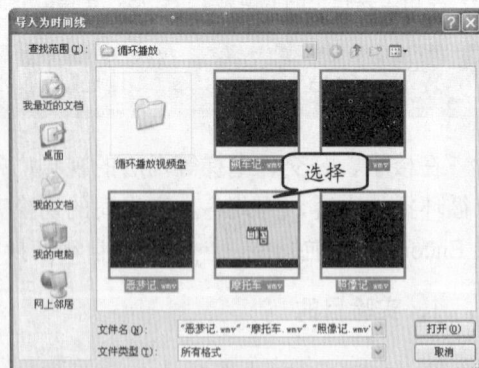

图 13-69 利用导入的视频素材创建时间线

6 将"PAL_日落菜单"资源重命名为"照像记菜单"后，在【属性】面板的【动态】选项卡中,禁用【永远保持】复选框,并将【持续时间】设置为 10 秒,如图 13-70 所示。

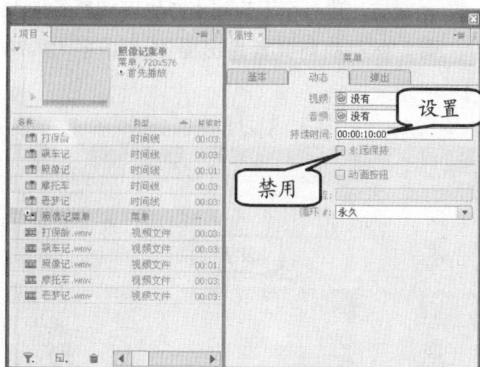

具】拖曳各个时间线资源,并将拖出的链接绳与菜单资源相连,效果如图 13-74 所示。

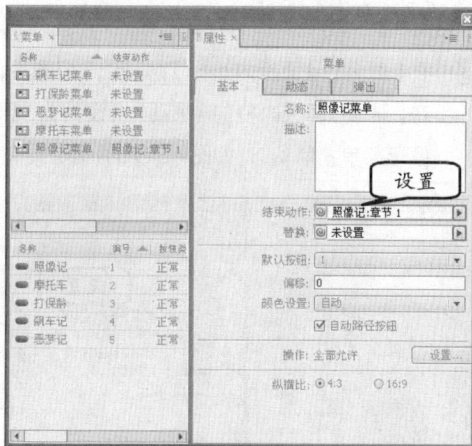

图 13-70 设置菜单保持时间

7 复制多个"照像记菜单"资源,并将这些副本依次重命名为"摩托车菜单"、"打保龄菜单"、"飙车记菜单"、"恶梦记菜单",如图 13-71 所示。

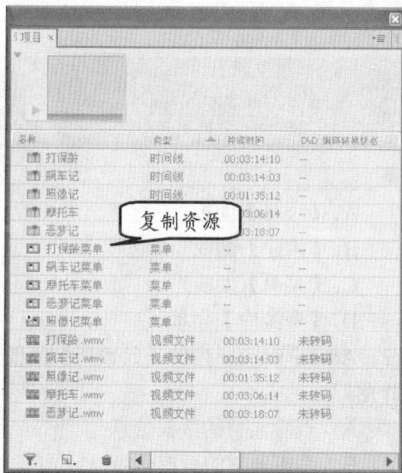

图 13-72 设置结束动作

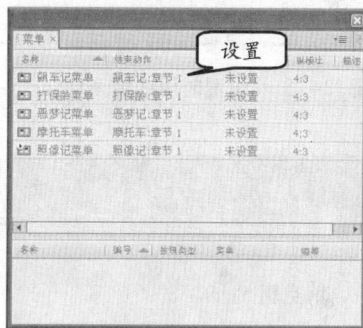

图 13-73 设置结束动作

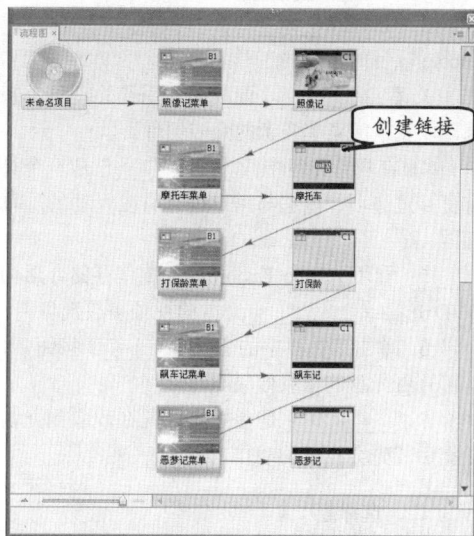

图 13-71 复制菜单资源

8 在【菜单】面板内选择"照像记菜单"资源后,在【属性】面板内将【结速动作】设置为"照像记:章节 1",如图 13-72 所示。

9 使用相同方法,根据菜单资源的名称为其结束动作设置相应的链接对象,如图 13-73 所示。

10 在【流程图】面板中,将各个菜单资源全部拖曳至流程图布局区域中后,使用【选择工

图 13-74 调整光盘流程图

提·示

在【流程图】面板中，右击布局区域内的菜单资源缩略图后，执行【显示按钮】命令，即可隐藏该菜单的按钮元素。

11 在【时间线】面板内选择"恶梦记"资源后，在【属性】面板内将【结束动作】设置为"照像记菜单：默认"，如图 13-75 所示。

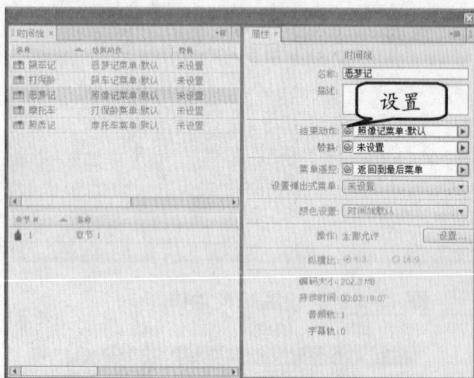

图 13-75 设置时间线结束动作

12 完成上述操作后，即可单击工具栏中的【预览】按钮，检验光盘的循环播放效果。确认无误后，即可在【构建】面板内调整各项设置，然后执行光盘输出操作，如图 13-76 所示。

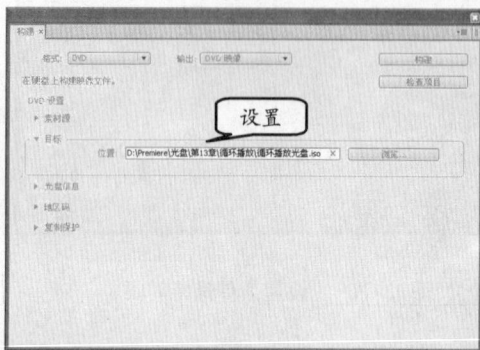

图 13-76 构建光盘

13.6 思考与练习

一、填空题

1．Encore 是由 Adobe 公司开发的一款 DVD 设计、编码与_____软件。

2．Encore_____内放置着多个编辑 Encore 项目时常用的工具。

3．【_____】面板的作用是管理菜单资源，以及组成菜单资源的众多组件。

4．在视频光盘中，"_____"是一个具有交互式选项、能够与用户进行有限互动的屏幕画面。

5．利用 Adobe Encore，可制作存储介质为 DVD 光盘或_____光盘的视频播放光盘。

6．单击工具栏中的【_____】按钮后，即可查看光盘的播放效果。

7．_____是指播放设置在读取到光盘数据后首先会执行的动作。

二、选择题

1．在下列面板中，用于存放 Encore 预置资源的是_____。

A．【项目】面板

B．【构建】面板

C．【菜单】面板

D．【资源库】面板

2．Adobe Encore 内的【元数据】面板具有什么作用？_____

A．查看素材的版权信息

B．编辑素材的版权信息

C．查看和编辑素材的描述信息

D．以上都是

3．在制作光盘时，Adobe Encore 无法导入下列哪种资源？_____

A．Premiere 序列

B．AutoCAD 文件

C．Photoshop 文件

D．After Effects 合成图像

4．若要使用菜单模板来制作 DVD 光盘菜单，需要在下列哪个面板内进行操作？

_____

A．【属性】面板

B.【项目】面板

C.【图层】面板

D.【资源库】面板

5. 在制作光盘菜单时，还可借助_____
来调整光盘菜单。

A. Photoshop B. After Effects

C. Flash   D. Premiere

6. 如果需要大批量地制作 DVD 视频光盘，
则在输出 Adobe Encore 项目时，首选输出方式为
_____。

A. DVD 光盘 B. DVD 文件夹

C. DVD 映像 D. DVD 母版

7. 在创建自定义按钮时，必须对用作按钮
的图像进行下列哪项操作？_____

A. 锁定   B. 复制图层

C. 编组   D. 隐藏图层

8. Encore 中的时间线资源共有两个导航选
项，其中一个是时间线结束动作，具有自动导航
导向的功能；另一个是远程链接菜单，该导航功
能主要针对下列哪种设备进行设计？_____

A. 计算机   B. 键盘

C. 摇控器   D. 鼠标

三、简答题

1. 简单介绍 Adobe Encore 的界面布局。

2. Adobe Encore 的工作流程是什么？

3. 在 Adobe Encore 内如何预览光盘播放
效果？

4. 简述自定义导航界面的操作过程。

四、上机练习

1. 使用链接绳创建按钮链接

为菜单按钮创建链接是一项极其重要的工
作，为此 Encore 准备了多种创建按钮链接的方
法。接下来所要介绍的便是一种操作简单且较为
直接的按钮链接创建方式——使用链接绳创建按
钮链接。

所谓链接绳，是指在设置按钮链接时，从选
项名称右侧图标上拖曳出的线状对象，如图 13-77
所示。

使用链接绳时，只需在设置按钮链接动作或
导航方向时，将链接绳拖曳至目前资源上，即可
完成相应的链接或导航设置操作，如图 13-78
所示。

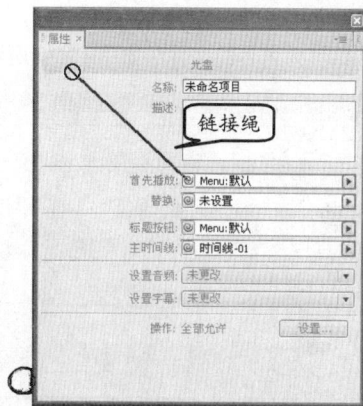

图 13-77 链接绳

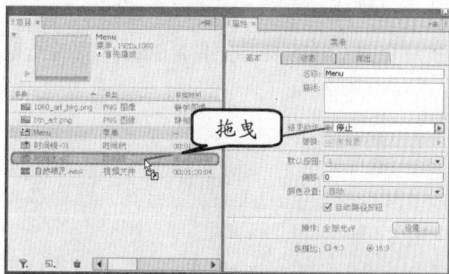

图 13-78 使用链接绳创建链接

2. 使用 Photoshop 修整菜单画面

Adobe Encore 虽然拥有强大的视频光盘制
作能力，但在光盘界面的美化上却没有什么特别
的功能。为此，Encore 允许用户将光盘菜单导入
Photoshop 后进行修饰，从而增强光盘菜单的视觉
效果。

在【菜单视图】面板中，右击菜单画面后执
行【在 Photoshop 中编辑菜单】命令，如图 13-79
所示。

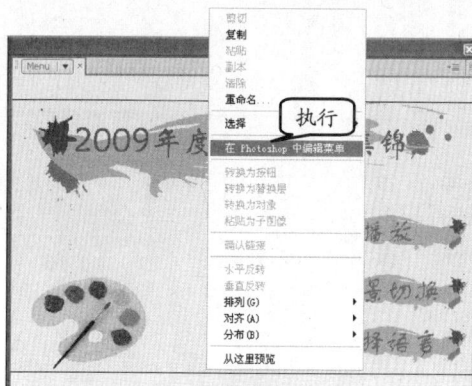

图 13-79 执行菜单命令

此时，Encore 会自动启动 Photoshop，并打开以相应菜单为内容的文件，如图 13-80 所示。

菜单界面便会发生相应的变化，如图 13-81 所示。

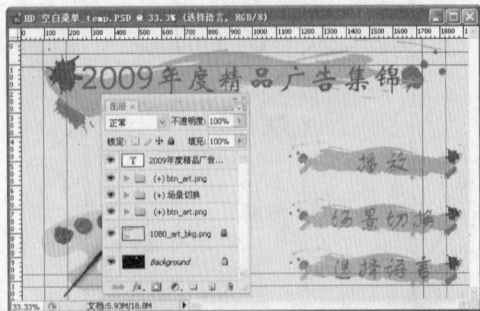

图 13-80　使用 Photoshop 编辑菜单

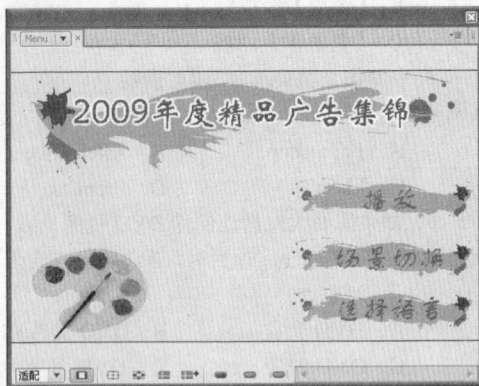

图 13-81　光盘菜单调整结果

在使用 Photoshop 完成对光盘菜单的调整后，按组合键 Ctrl+S 保存文件，Encore 内的光盘

Premiere Pro CS4 中文版标准教程